国家哲学社会科学成果文库

NATIONAL ACHIEVEMENTS LIBRARY
OF PHILOSOPHY AND SOCIAL SCIENCES

水资源协商管理与决策

王慧敏 著

科学出版社

内 容 简 介

水资源协商管理是水资源合理高效利用、冲突解决的有效途径。本书从理论、方法和实践应用三个方面系统地研究了水资源协商管理与决策问题。本书沿着"现实需求—制度安排—行动决策—政策选择—智能监控—实践应用"逻辑框架，给出了水资源协商管理的现实路径，即将决策科学与制度经济学相结合，通过宏观协商制度安排与微观主体行为决策的互馈行为促进协商，提升了水资源协商效率；构建水资源协商管理的政策选择程序和建立基于"互联网+"的监控系统体系，加强协商效果。最后，结合我国不同区域的水资源特点和突出问题，开展西北缺水地区、华北水冲突严重地区、华中丰水地区和西南干旱地区水资源协商管理实践应用研究，为政府、管理部门应对水资源短缺或冲突等的政策制定提供科学依据。

本书可作为高等院校公共管理类、经济管理类、资源环境类相关专业师生的参考书，也可供相关科研单位、管理部门及决策部门的科技、管理人员参考。

图书在版编目（CIP）数据

水资源协商管理与决策 / 王慧敏著.—北京：科学出版社，2018.3
（国家哲学社会科学成果文库）
ISBN 978-7-03-056823-6

Ⅰ.①水… Ⅱ.①王… Ⅲ.①水资源管理–研究–中国 Ⅳ.①TV213.4

中国版本图书馆 CIP 数据核字（2018）第 048414 号

责任编辑：魏如萍 / 责任校对：贾娜娜　贾伟娟
责任印制：张克忠 / 封面设计：肖　辉　黄华斌

科学出版社出版
北京东黄城根北街 16 号
邮政编码：100717
http://www.sciencep.com

北京通州皇家印刷厂 印刷
科学出版社发行　各地新华书店经销
*

2018 年 3 月第 一 版　开本：720×1000　1/16
2018 年 3 月第一次印刷　印张：31 3/4　插页：4
字数：528 000

定价：238 元
（如有印装质量问题，我社负责调换）

作者简介

王慧敏 河海大学商学院副院长，长江学者特聘教授，博士生导师。曾在美国得克萨斯大学奥斯汀分校、美国杜克大学、香港中文大学、香港科技大学等地做高级访问教授。江苏高校哲学社会科学优秀创新团队"水资源安全与管理决策"带头人。

　　长期瞄准国家资源环境保护的重大战略需求和国际公共管理科学前沿热点问题，针对水资源这一公共资源，研究了水资源治理、优化配置、洪旱灾害风险控制等关键技术。先后主持和完成国家重点研发计划"水−能源−粮食协同安全保障关键技术"、国家科技支撑计划"南水北调工程建设与调度管理决策支持技术研究"、国家自然科学基金重点项目"变化环境下水资源冲突管理研究"、国家社会科学基金重大项目"保障经济、生态和国家安全的最严格水资源管理制度体系研究"及其他各类国家级、省部级基金项目 80 多项。科研成果多次获省部级科技进步奖及哲学社会科学奖，在全国 20 多个重要流域和地区的应用推广，产生显著的社会、经济、生态环境效益。

《国家哲学社会科学成果文库》

出版说明

为充分发挥哲学社会科学研究优秀成果和优秀人才的示范带动作用，促进我国哲学社会科学繁荣发展，全国哲学社会科学规划领导小组决定自 2010 年始，设立《国家哲学社会科学成果文库》，每年评审一次。入选成果经过了同行专家严格评审，代表当前相关领域学术研究的前沿水平，体现我国哲学社会科学界的学术创造力，按照"统一标识、统一封面、统一版式、统一标准"的总体要求组织出版。

全国哲学社会科学规划办公室

2011 年 3 月

序

就我看来，在水利事业中，工程技术与管理是一个统一的整体，其中尤以管理更为重要。管理与工程技术所占总关注度和总工作量的比例为六比四也不为过。然而，在中国半个多世纪以来的水利事业中，"重建轻管"却是一个长期存在的现实。

为什么会这样？从历史的回顾中可归纳出两个原因：其一，中华人民共和国成立伊始，百废待兴，大量水利工程需要修建，人们把更多的精力、物力投入工程建设中，而对所建工程的管理在当时尚未提上议事日程。其二，工程建设立竿见影，政绩凸显，而且可以为工程单位带来显著经济效益，也有利于国家 GDP（国内生产总值）的增长。而管理的效益却是细水长流润物无声的。况且，管理工作远比工程建设复杂得多，困难得多。长此以来，重建轻管就成为形成今天水资源问题的重要原因之一。

20 世纪 80 年代中期以来，中国水资源短缺问题显现，随之水环境问题、河流与水生态健康问题也相继突出，且日趋尖锐。人们开始意识到并以较大的关注度开展水资源管理的工作。在这一背景下，水资源管理的科学研究也蓬勃兴起，并取得长足进步。王慧敏教授的专著《水资源协商管理与决策》是这一时期在理论研究和实践方面具有代表性的成果。该专著在综合且深刻分析了中国国情的基础上，应用了当代先进的供应链管理、经济博弈等理论与技术，提出了水资源协商管理的概念和理论，提出"水资源冲突"的概念和解决思路，设计了"现实需求—制度安排—行动决策—政策选择—智能监控—实践应用"的研究框架和处理复杂水资源问题的路线图。该专著立意高屋建瓴,提出的"协商管理与决策"在概念和理论上是水资源管理理论与方法的重要创新;在技术层面上采用了最新的决策与信息研究成果,是近年来该领域不多见的高水平学术专著。它的出版,是作者30余年来研究和实践的总结。书中提出的概念、理论与方法也经历了长期的河沙淘金般的洗涤与打磨。

　　我第一次见到作者是1997年在博士后进站的开题报告会上,当时她提出构建水资源管理"综合集成研讨厅"平台的概念,我为之一振,因为综合集成研讨厅是钱学森先生1992年提出的一种面向复杂系统决策的方法,在军事沙盘推演中获得巨大成功。因此当时对她的科学视野和思维敏感印象深刻。2003年我和她参加陆桂华教授主持的"江苏省水资源承载力评价"科研项目,在讨论江苏省南水北调与江水北调关系时,她首次提出将供应链的概念与方法应用于水资源系统调度中。这是一个开拓性的想法,我建议她以此思想为核心,申请国家自然科学基金——"基于供应链的南水北调东线水资源系统配置与调度"并获得成功。其成果获得教育部科技进步一等奖。2005年左右,她在关于水市场的研究中,遇到各省(自治区、直辖市)和地方水行政主管部门既是市场参与者,又是市场管理者的双重身份所引起的利益相关者纠葛的难题,这是水管理中最大的难题之一。在一次学术沙龙的讨论中,她提出多主体(Agent)协商的概念,并由此带领她的学生进行了多年关于多主体协商的理论、方法与决策平台的研究,取得了丰硕成果,再次获得教育部科技进步一等奖。在2009年前后,她向我谈到诺贝尔经济学奖得主埃莉诺·奥斯特罗姆的工作,即在对小型渔场、灌溉系统、牧场、森林等公共资源利用成败案例的实证考察的基础上,凝练出分析公共事物解决之道的理论模型,认为这是一条成功的研究路线。从那时起,她开始以极大的兴趣投入从北方到南方、从工业到农业、从流域到城市的水管理个案研究中。功夫不负有心人,长期的坚持和不畏劳苦的付出,终于结出丰硕的果实。

　　我仅以此序祝贺她的成功,望其更上一层楼。

刘国纬

2017年11月6日于南京

前　言

　　党的十九大上习近平同志明确指出坚持人与自然和谐共生，坚持节约资源和保护环境的基本国策，坚持节约优先、保护优先、自然恢复为主的方针。水作为战略性生产要素，水资源的节约保护是缓解当前水资源短缺的基本途径，关系着国计民生和国家安全。国际水协会指出传统水资源的供需矛盾问题已经成为当今世界许多国家的共性问题，而中国水危机引起世界关注。面对严峻的水资源形势，中国从 1998 年开始了"从工程水利向资源水利、从传统水利向现代水利的可持续发展水利转变"的治水思路，水资源管理进入了从"开源"为主的供水管理到"开源与节流"并重的需水管理阶段。然而，随着气候变化和人类活动的加剧，水资源变化的不确定性与水资源计划控制式管理的矛盾愈演愈烈，传统的基于确定性的水资源短缺的调度、控制已难以适应不确定性加大的环境变化；传统模式下集中式决策的治理体制也难以满足日益复杂的水资源问题。客观基本水情和严峻的水资源形势，对中国水资源管理带来新的更大的挑战，水资源管理改革势在必行。

　　当前中国的水资源短缺不仅仅是资源本身的短缺，更是管理制度上的短缺，管理制度的短缺又加剧了资源短缺，结果不同程度的资源性缺水、水质性缺水、工程性缺水及管理性缺水成为中国常见的水资源短缺形式。水资源短缺及水资源管理制度上的不完善所引发的水资源冲突问题愈演愈烈，已经成为影响流域人水和谐与区域稳定的不利因素。而这种水资源冲突尤其以跨行政区边界的形式发生在流域层面，流域作为一个整体性较强、关联度很高的水资源生态系统，却往往被不同的行政区域分割管辖。流域水资源冲突由于涉及流域内多个行政区域决策者而具有明显的流域跨界特征，已成为中国水资源管理中的棘手问题。因此，探讨水资源协商管理的相关理论和方法，研究如何通过合作与协商决策来解决水资源冲突、实现水资源合理分配，进而指导中国水资源管理的实践工作，是现代水资源管理面临的重要课题之一。

根据《中华人民共和国水法》（简称水法）的规定，国家对水资源实行的是流域管理与行政区域管理相结合的管理体制。因此，目前解决水资源冲突仍主要以行政手段为主、市场调控为辅的方式，这种传统的单纯依靠行政手段进行水资源管理的方式，既缺少各个行政区域决策者的积极主动参与，又缺少解决水资源冲突应有的激励约束机制，其解决方案虽然具有强制性却并不总是能得到各个行政区域决策者的积极有效执行，结果反而不利于水资源冲突的协商解决。在中国推行最严格的水资源管理制度、建设水生态文明和节水型社会及保障国家水安全的水利变革发展新时期，水资源冲突协商应该引入新的解决思路，突破原有的水资源冲突管理及分配思维定式，坚持以人为本、生态文明的治水理念，充分发挥市场在资源配置中的决定性作用，统筹协调水资源承载能力，做到还水于民、还利于民、还权于民。

为全面实现"两个一百年"的奋斗目标和两个"奋斗十五年"战略安排，新时期水资源管理要深入落实习近平总书记关于"节水优先、空间均衡、系统治理、两手发力"的治水新思路，以制度循环理论为依托，确立合适的水资源协商管理模式和路径，落实政府为主导、企业为主体、社会组织和公众共同参与的治理体系，以期通过人人关系的调整适应人水关系的改变，坚持量水而行，因水制宜，以水定城、以水定产，高度审视人口、经济与资源环境的关系，统筹水资源综合管理，协调水资源问题。

因此，水资源协商管理更应关注协商什么、怎样协商、协商效果如何等问题。结合中国的国情，面向人与自然和谐共生的需求，本书围绕这一系列问题构建了水资源协商管理的"现实需求—制度安排—行动决策—政策选择—智能监控—实践应用"研究框架。研究发现协商解决需要做好三件事：一是为协商管理做好制度安排；二是为更有效地协商做好科学决策和政策选择；三是为规范地协商管理做好管控工作。为此，本书对水资源协商管理内涵给予界定，提出了水资源协商管理的现实路径，即将决策科学与制度经济学结合，通过宏观协商制度安排与微观主体行为决策的互馈行为促进协商，提升了水资源协商效率。在此基础上，构建水资源协商管理的政策选择程序，选择更有利于社会经济发展的协商政策，加强协商效果。同时，为了提升水资源协商管理效率，建立了基于"互联网+"的监控系统体系。最后，结合中国不同区域的水资源特点和突出问题，开展西北缺水地区、华北水冲突严重地区、华中丰水地区和西南干旱地区水资源协商管理实践研究，为政府、管理部门应对水资源短缺或冲突等制定政策提供科学依据。

本书围绕水资源协商管理与决策开展讨论和介绍。全书共分 13 章。第 1 章和第 2 章通过我国水资源现状与冲突问题，以及国内外水资源管理演变、经验与启示分析，提出我国加强水资源协商管理的现实需求；第 3~9 章侧重阐述水资源协商管理相关理论与方法，包括水资源协商制度安排、个体行为利益决策、集体行为利益决策、协商政策选择及协商管理监控等内容；第 10~13 章侧重介绍实践与应用，选取我国水资源问题比较突出的区域展开水资源协商管理实践研究，对理论方法进行验证分析。

本书得到了国家社会科学基金重大项目（编号：12&ZD214）和国家社会科学基金重点项目（编号：10AJY005）、国家自然科学基金重点项目（编号：71433003）、国家自然科学基金面上项目（编号：50979024）及江苏省社会科学基金重点项目（编号：15JAZ006）资助，在这些项目的实践研究中笔者获得了较多心得体会，丰富了水资源协商管理理论与实践内容。本书的写作正是在以上工作经历的基础上完成的。

感谢课题组佟金萍教授、仇蕾副教授、刘高峰副教授、刘钢博士、邓敏博士、李昌彦博士、孙冬营博士、褚钰博士、张乐博士为书稿的校对与出版所付出的辛苦工作。研究工作得到了水利部、环境保护部、国家发展和改革委员会（简称国家发改委）等国家部委，河北、河南、山西、江西、云南、新疆等省区及所在的相关流域机构的大力协助，在此一并表示感谢。

本书在编写过程中参考了大量文献资料，谨向所有的参考文献资料作者表示由衷的感谢。

限于笔者水平，书中可能存在不完善之处，恳请广大读者批评指正。

笔　者

2017 年 10 月 31 日于河海大学

目　　录

Contents

第 1 章

中国水资源现状与冲突问题

水是生命之源、生产之要、生态之基。水资源是关系国计民生的重要战略性自然资源，水是一切生命活动存在的物质基础，更是人类赖以生存和发展的基础性自然资源，水是维系生态环境系统的命脉。作为战略性的经济资源，水资源一直是影响人类社会发展的重要因素。然而当前水资源短缺、不断增长的水资源消耗以及严重的水污染现状使得中国面临着日益严峻的"水危机"。

1.1 中国水资源概况

中国淡水资源总量为 2.8 万亿立方米，约占全球水资源总量的 6%，位居世界第 4 位。多年平均年降水总量约 6 万亿立方米，水资源总量占降水总量的比例为 44.6%。由于中国人口基数较大，水资源总量经不住十几亿人口的"平摊"，人均水资源量仅为 2 200 立方米，约为世界平均水平的 1/4，人均水资源量世界排名第 121 位，被联合国列为全球 13 个人均水资源最贫乏的国家之一[1]。

中国水资源呈现出地区分布不均和时程变化两大特点。中国降水量分布从东南沿海向西北内陆递减，简单概括为"五多五少"：总量多、人均少；南方多、北方少；东部多，西部少；夏秋多，冬春少；山区多，平原少。北方六区土地面积、人口、耕地和地区生产总值分别占全国的 64%、46%、60% 和 45%，水资源总量却只占全国的 19%。长江流域和长江以南地区的耕地仅占全国的 36%，而拥有的水资源量却占到全国的 80%，南北地区水资源、耕地面积相差悬殊。另外降水量年内、年际分配不匀，区域性旱涝灾害频繁[2]。大部分地区年内连续 4 个月的降水量可以占到全年总降水量的 60%~80%，连续丰水年或连续枯水年较为常见[3]。

中国地处东亚季风区，水资源年内和年际不规则变化是中国水资源系统脆弱性的主要特征。全球范围内的气候变化改变了水文循环过程，影响着水资源系统的结构与功能，最直接影响就是改变径流的大小及其空间分布[1]。联合国政府间气候变化专门委员会（Intergovernmental Panel on Climate Change，IPCC）第五次评估报告指出：1880~2012 年，全球海陆表面平均温度呈线性上升趋势，升高了 0.85℃；2003~2012 年平均温度比 1850~1900 年平均温度上升了 0.78℃[4]。在全球变暖的气候背景下，全球的水分和能量循环将进一步加快，极端天气气候事件有增多趋势。气候变化及极端天气气候事件造成中国各地旱涝频发，改变了中国水资源的时空分布，南北方水资源分布不均的情况加剧。

气候变化对径流的影响主要通过气温升降或降水增减而引起径流量发生变化。气候变化在过去的 100 多年中已经引起中国水资源的变化：近 40 年来，中国六大江河（长江、黄河、珠江、松花江、海河、淮河）的实测径流量都呈下降趋势。下降幅度最大的是海河流域黄壁庄的测量结果，每 10 年递减率达 36.64%；其次为淮河的三河闸，每 10 年递减率为 26.95%；松花江为 1.65%。而过去 100 多年来中国主要河流径流均处于减少趋势，其中黄河流域减少最大，长江流域减少较小，见表 1.1。

表 1.1 中国主要河流控制站不同时段年径流变化趋势对比（单位：%/年）

河流	水文站	1870~2000 年	1930~2000 年	1950~2000 年
澜沧江-湄公河	Mukdahan（莫达汉府）		-4.24	-5.63
珠江（西江）	梧州	-1.81	-2.63	-1.17
长江	宜昌	-0.68	-0.99	-1.19
	大通		-0.97	0.54

续表

河流	水文站	1870~2000 年	1930~2000 年	1950~2000 年
长江	唐乃亥乡			-0.53
黄河	兰州		-3.7	-4.07
	三门峡	-0.45	-7.61	-11.65
松花江	哈尔滨	4.1	-1.39	-3.8
	哈巴罗夫斯克（伯力）	-0.46	-3.37	

资料来源：叶柏生，陈鹏，丁永建，等.100多年来东亚地区主要河流径流变化[J].冰川冻土，2008，（4）：556-561

张建云等学者通过对黄河中游降水、径流历史变化的考察，基于对天然时期水文过程的模拟，定量评价了气候变化和人类活动对黄河中游河川径流的影响。研究显示，人类活动在各个年代对径流量的相对影响均超过 55%，其中在 20 世纪 80 年代的相对影响接近 70%；气候因素对径流的相对影响量呈现先减小后增大的变化，其中在 70 年代的相对影响量最大，超过 40%。就 1970~2000 年的总体情况而言，人类活动是黄河中游河川径流量减少的主要因素，气候变化和人类活动对径流的影响分别占径流减少总量的 38.5% 和 61.5%，见表 1.2。

表 1.2　气候变化和人类活动对黄河中游河川径流量的影响

起止年份	实测值/亿立方米	计算值/亿立方米	总减少量/亿立方米	气候变化		人类活动	
				径流量/亿立方米	百分比/%	径流量/亿立方米	百分比/%
背景值	237.5						
1970~1979 年	148.5	198.5	89.0	39.0	43.8	50.0	56.2
1980~1989 年	172.7	217.6	64.8	19.9	30.7	44.9	69.3
1990~2000 年	95.3	181.1	142.2	56.4	39.6	85.8	60.4
1970~2000 年	138.8	199.5	98.7	38.0	38.5	60.6	61.5

注：由于舍入修约，部分数据有误差
资料来源：张建云，王国庆.气候变化对水文水资源影响研究[M].北京：科学出版社，2007

中国一项"十五"国家科技攻关研究的结果表明，未来气候变化将对中国水资源产生较大影响[1]：

（1）未来 50~100 年，全国多年平均径流量在北方地区，特别是宁夏、甘肃等省区可能明显减少，在南方的湖北、湖南等部分省份可能有所增加，这表明气候变化将可能增加中国洪涝和干旱灾害发生的概率。

（2）未来 50~100 年，中国北方地区水资源短缺形势不容乐观，特别是宁夏、甘肃等省区的人均水资源短缺矛盾可能加剧。

（3）中国水资源应对气候变化最脆弱的地区为海河、滦河流域，其次为淮河、黄河流域，且整个内陆河地区由于干旱少雨，水资源承载能力非常脆弱。

在人类活动与气候变暖的共同影响下，20 世纪 50 年代以来，中国湖泊干涸萎缩的状况十分严重。尤其是中国位于青藏高原寒区和蒙新高原旱区的湖泊对气候变化显示出高度的敏感性。气候对中国寒区和旱区湖泊变化具有重要影响，表现在时间尺度上的年代际变化和空间尺度上的区域性变化的气候对湖泊变化的影响均是十分显著的。中国有 142 个大于 10 平方千米的湖泊萎缩，总面积减少 9 574 平方千米，占萎缩前湖泊面积的 12.4%，蓄水量减少 515.8 亿立方米，占湖泊总蓄水量的 6.5%。其中长江、海河与黄河区湖泊萎缩比较严重。长江区有 79 个湖泊发生萎缩，萎缩面积 6 003 平方千米，占萎缩前湖泊面积的 28.1%，占全国湖泊萎缩面积的 63%。海河区 5 个湖泊萎缩，湖泊面积减少 1 013 平方千米，占萎缩前湖泊面积的 67.3%。全国及各水资源一级区湖泊萎缩情况见表 1.3。

表 1.3　全国及各水资源一级区湖泊萎缩情况

一级区	湖泊数量/个	湖泊面积		湖泊蓄水量	
		面积减少/平方千米	占总面积百分比/%	蓄水量减少/亿立方米	占总蓄水量百分比/%
全国	142	9 574	12.4	515.8	6.5
松花江区	10	65	1.6	1.7	1.0
海河区	5	1 013	67.3	10.2	60.6
黄河区	11	602	21.3	18.1	8.9
淮河区	7	703	13.0	11.1	12.4
长江区	79	6 003	28.1	282.6	27.3
珠江区	4	35	8.8	1.9	0.9
西北诸河区	26	1 153	2.8	190.2	1.1

资料来源：秦大河. 中国气候与环境演变：2012·第二卷，影响与脆弱性（上册）[M]. 北京：气象出版社，2012：249

如果按湖泊类型分类统计，各类湖泊中以淡水湖泊萎缩最为严重，萎缩面积占全国湖泊萎缩面积的 81%，蓄水减少量占全国的 60%，见表 1.4。

表 1.4　中国不同类型湖泊萎缩情况统计

湖泊类型	湖泊数量/个	湖泊面积		湖泊蓄水量	
		面积减少/平方千米	占总面积百分比/%	蓄水量减少/亿立方米	占总蓄水量百分比/%
淡水湖	105	7 797	19.8	310.8	11.7
咸水湖	27	1 176	4.3	189.0	4.1
盐湖	10	601	5.6	16.0	2.7
全国	142	9 574	12.4	515.8	6.5

资料来源：秦大河. 中国气候与环境演变：2012·第二卷，影响与脆弱性（上册）[M]. 北京：气象出版社，2012：249

中国湖泊干涸情况主要发生在西北内陆地区和东部平原区。新疆玛纳斯湖 1962 年干涸，罗布泊和台特玛湖 1972 年干涸，艾丁湖 1980 年干涸。青海省自 20 世纪 50 年代以来已有卡巴纽尔多湖等多个湖泊完全干涸。据统计，20 世纪 50~90 年代，全国约 417 个湖泊干涸，干涸面积 5 279.6 平方千米，其中大于 10 平方千米的有 94 个湖泊干涸，干涸面积 4 327 平方千米。中国部分代表性湖泊萎缩干涸情况见表 1.5。

表 1.5　中国部分代表性湖泊萎缩干涸情况

湖泊名称	20 世纪 50 年代面积/平方千米	2000 年面积/平方千米	萎缩干涸面积/平方千米	面积萎缩率/%
艾比湖	1 070	735	335	31.3
博斯腾湖	996	992	4	0.4
艾丁湖	124	50	74	59.7
布伦托海	835	753	82	9.8
青海湖	4 568	4 236	332	7.3
岱海	200	119	81	40.5
罗布泊	1 280	0	1 280	100.0
玛纳斯湖	550	0	550	100.0
台特玛湖	150	0	150	100.0
西居延海	267	0	267	100.0
鄱阳湖	5 190	3 750	1 440	27.7
洞庭湖	4 350	2 625	1 725	39.7

续表

湖泊名称	20世纪50年代面积/平方千米	2000年面积/平方千米	萎缩干涸面积/平方千米	面积萎缩率/%
太湖	2 498	2 338	160	6.4
洪泽湖	2 069	1 597	472	22.8
洪湖	638	344	294	46.1
南四湖	1 185	1 097	88	7.4

资料来源：秦大河. 中国气候与环境演变：2012·第二卷，影响与脆弱性（上册）[M]. 北京：气象出版社，2012：249

刘吉峰等认为，中国湖泊演变特征存在着明显区域性差异[5]。在影响中国湖泊演变的因素中，既有自然因素，又有人类活动因素，而且人类活动对湖泊水资源和湖泊生态环境的破坏在许多地区已经超出了自然环境演变的作用。其中，在中国东部地区最为明显，其次是西南区域；而蒙新高原区和黄土高原区的湖泊演变则是气候与人类活动双重影响的结果；在青藏高原区，气候显然正主导着湖泊水量变化。

气候变化对中国水资源的影响还表现为通过引发冰川退缩，最终加剧水荒。冰川变化对水资源的影响表现为：短期内，冰川的加速萎缩可导致河川径流增加；随着冰川的大幅度萎缩，冰川径流趋于减少，势必引发河川径流的持续减少，不仅减少水资源量，更使冰川失去对河川径流的调节作用，导致水资源—生态与环境恶化的连锁反应。冰川是中国极其重要的固体水资源，对中国淡水资源发挥着重要的调节作用：一是水资源补给作用；二是对河径流的削峰补缺调节作用。中国共有冰川46 377条，面积达59 426平方千米，冰储量5 600立方千米，折合水储量50 310亿立方米（相当于5条长江以固态形式储存于西部高山）。每年平均冰川融水量约为620亿立方米，与黄河多年平均入海径流量相当[1]。

在过去的300~350年，由于气候变化，中国的冰川已减少了1/4。近40年来，中国冰川面积缩小了3 248平方千米，相当于20世纪60年代冰川面积的5.5%，冰储量约减少389立方千米，减少率为7%，冰面平均降低6.5米。20世纪90年代以来，冰川退缩的幅度急剧增大，原来前进或稳定的冰川转入了退缩状态。随着冰川的加速消融，对冰川补给性河流而言，虽然短期内增加了径流，但最终会导致河流枯竭、水荒发生[1]。

据统计，自小冰期（15~19 世纪）以来，中国西部山区冰川面积减少 16 013.2 平方千米，约为小冰期时冰川面积的 21.2%，储量减少了 1 373.1 立方千米冰量，折合水储量 12 494 万亿立方米（表 1.6）。

表 1.6　中国西部小冰期以来冰川面积变化统计

水系	条数/条	现代冰川/平方千米	小冰期以来减少面积/平方千米	面积变化/%	现代储量/立方千米	小冰期以来减少储量/立方千米	储量变化/%
额尔齐斯河-鄂毕河	403	289.3	−137.4	−32.2	17.2	−11.6	−40.2
黄河	176	172.4	−60.8	−26.1	12	−5.1	−29.9
长江	1 332	1 895.0	−470.2	−19.9	141.6	−39.6	−21.8
澜沧江-湄公河	380	316.3	−130.3	−29.2	17.2	−10.9	−38.8
怒江-萨尔温江	2 021	1 730.3	−693.7	−28.6	111.2	−58.4	−34.4
恒河	13 008	18 102.1	−4 584.5	−20.2	1 573.4	−389.6	−19.8
印度河	2 033	1 451.3	−692.8	−32.3	91.1	−58.4	−39.1
伊犁河等流域	2 385	2 048.2	−818.7	−28.6	140.3	−69	−33
塔里木盆地、柴达木盆地内流区	19 298	25 584.3	−6 779.4	−20.9	2 610.2	−582.4	−18.2
青藏高原内流区	5 306	7 825.6	−1 645.4	−17.4	748.5	−148.1	−16.5
合计	46 342	59 414.8	−16 013.2	−21.2	5 462.7	−1 373.1	−20.1

中国西部冰川分布区是亚洲 10 条大江大河（长江、黄河、塔里木河、怒江-萨尔温江、澜沧江-湄公河、伊犁河、额尔齐斯河-鄂毕河、雅鲁藏布江-布拉马普特拉河、印度河、恒河）的水资源形成区。中国主要的大江大河都有冰川融水补给，尤其是干旱区的水资源很大程度上依赖于冰川融水，如塔里木河冰川融水补给比例达 40%以上。冰川进退对绿洲萎扩和湖泊消涨具有重要的调节和稳定作用，冰川是中国干旱区绿洲稳定和发展的生命之源。实际上，正是冰川和积雪的存在，才使得中国深居内陆腹地的干旱区形成了许多人类赖以生存的绿洲，也使得中国干旱区有别于世界上其他地区的干旱区。可以说，没有冰川积雪就没有绿洲，也就没有在那里千百年来生息的人民。在过去的几十年间，中国西部冰川变化十分显著，尤其是近十几年来，冰川呈现加速变化之势，已对中国西部及周边地区的水资源变化产生了明显的影响。在气候变化和人类活动的共同作用下，塔里木河已经出现不同

程度的断流，截至目前 90.8% 的河道出现断流[1, 6]。

更严重的是，作为中华文明发源地和经济动脉的长江、黄河上游冰川融化加剧，对中国的水资源造成严重影响，危及中华民族的生活质量乃至生存。历史上，平均海拔 4461 米的三江源地区水源丰富，长江总水量的 25%、黄河总水量的 49%、澜沧江-湄公河总水量的 15% 都来自这一地区，三江源也因此被人们称为"中华水塔"。长江源区冰川面积 1971 年时为 1283.66 平方千米，到 2002 年时为 1215.53 平方千米，31 年间冰川面积总体萎缩了 5.3%[1]。

到 2008 年，长江源区冰川总面积已缩减至 1051 平方千米，冰川年消融量达 9.89 亿立方米。2005 年中国科学院寒区旱区环境与工程研究所完成的报告"黄河源之危——气候变化导致黄河源区生态环境恶化"指出，近 50 年来黄河源区的平均气温上升了 0.88℃，在这种趋势下，仅最近 30 年间黄河源区冰川面积就减少了 17%，直接造成水资源损失 23.9 亿立方米，不仅威胁到黄河源区人民的生活，而且将对黄河全流域产生深远影响[1]。

根据对观测到的气候变化的线性外推，与 1961~1990 年相比，预计到 2050 年，中国西北地区地表气温预估的上升会导致冰川面积减少 27%、冻土面积减少 10%~15%、洪水和泥石流增加，且会出现更严重的缺水状况。在高山地区，即青藏高原、新疆和内蒙古，预计其季节性积雪的持续时间会缩短，导致雪量减少，造成春季严重干旱。到 21 世纪末，宁夏、新疆和青海的人均径流量可能会减少 20%~40%。

1.2　水资源情势的深刻变化

1.2.1　水短缺危机

世界范围内的水资源短缺①，是困扰当今世界经济发展的突出问题，成

---

① 从世界范围来看，世界海水占地球水总量的 96.54%，世界人均水资源量为 7342 立方米，远在 3000 米³/人的缺水上限之上，折合地表径流深达 296 毫米，也远在 150 毫米的生态缺水线以上；但淡水只占 2.53%，其中将近 2/3 以冰雪形式存在，这些水是人类难以开发利用的，并且世界水资源分布极不均匀。世界正陷于严重的淡水短缺局面，通常会表现为蓄水层的超量开采和地下水位下降等。

为可持续发展的制约因素。在约翰内斯堡可持续发展世界首脑会议上，水被列为全球持续发展的五大问题之首，反映出水对人类生存与发展的极端重要性。国际上有此说法，"19 世纪争煤，20 世纪争石油，21 世纪看水"和"21 世纪国际投资与经济发展，一看人，二看水"等。联合国《世界水资源综合评估报告》指出：水问题将严重制约 21 世纪全球经济与社会发展，甚至导致国家间的冲突[7]。

受气候波动影响，不同时段的全国水资源数量不同，1956~2010 年全国水资源平均为 27 550 亿立方米，1991~2010 近 20 年年均水资源量比 1961~1990 年年均水资源量仅增加 1%。海河、黄河、辽河流域水资源开发利用率已经达到 106%、82%、76%，远远超过国际公认的 40% 的水资源开发生态警戒线。此外，全国地下水超采区面积达 23 万平方千米，引发地面沉降、海水入侵等。在水资源总量基本没变的情况下，水资源需求却在不断增加：1980 年全国总用水量为 4 437 亿立方米，1999 年全国总用水量为 5 591 亿立方米，2013 年，全国用水总量为 6 183 亿立方米，33 年的时间里用水量增长了将近 40%。钱正英等预测我国用水高峰将在 2030 年前后出现，用水总量为 7 000~8 000 立方米，根据《全国节水规划纲要（2001—2010 年）》可知，预计 2050 年我国需水总量为 8 500 亿立方米[8]。按照国际经验，一个国家的用水总量超过其拥有的水资源总量的 20% 时，就很有可能引发水资源危机。从最近几年的水资源利用状况分析（图 1.1），我国目前已接近水资源危机的边缘。水利部的公开资料显示，我国用水总量正逐步接近国务院于 2011 年中央一号文件中确定的 2020 年用水总量控制目标，未来开发空间十分有限，目前全国年平均缺水量达 500 多亿立方米。我国水资源短缺是现实，按照国际标准，人均水资源数量低于 3 000 立方米为轻度缺水，低于 2 000 立方米为中度缺水，低于 1 000 立方米为重度缺水，低于 500 立方米为极度缺水。目前我国有 16 个省区属于重度缺水，6 个省区属于极度缺水；全国 600 多个城市中有 400 多个属于缺水城市，其中又有 108 个为严重缺水城市。京津冀区域人均水资源量仅有 286 立方米，为全国人均水平的 1/8，世界人均水平的 1/32，远远低于国际公认的人均 500 立方米的极度缺水标准。全国城市年缺水量高达 60 亿立方米。

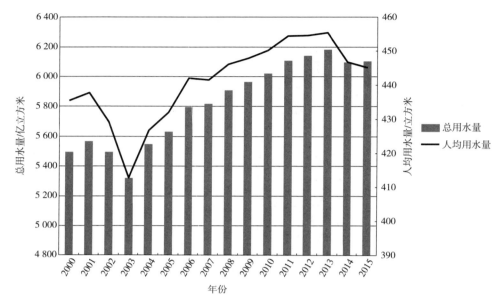

图 1.1   2000~2015 年我国年总用水量及人均用水量

淮河中游 1999 年也出现了历史上罕见的断流现象。总体来看，不论是水资源总量还是人均水资源量，其变化过程总体均呈下降趋势[7, 9]。

事实上，影响水资源需求的主要是生产用水和生活用水，即人口因素和经济因素。根据《中国可持续发展战略报告——水：治理与创新（2007）》可知，到 2030 年我国需水预测结果如下。

（1）生活需水[①]预测。预计 2030 年，我国人均用水量将增加至约 66 立方米，比 2000 年 47 立方米增加了 19 立方米，如果乘上逐年增长的人口基数，未来生活需水量就不容小觑。报告指出，到 2030 年，我国城镇生活需水量将达到 658 亿立方米，较 2000 年增长 1 倍；农村生活需水达 332 亿立方米。因此，2030 年我国生活需水总量将接近 1 000 亿立方米，较基准年净增约 400 亿立方米，如表 1.7 所示。

---

①　生活需水包括城镇生活需水和农村生活需水。城镇生活需水包括城镇居民需水和城镇公共事业需水，城镇公共事业主要是指第三产业和建筑业；农村生活需水包括农村居民需水和牲畜需水。

表 1.7　生活需水预测

流域	城镇生活				农村生活			
	定额/[升/(人·日)]		需水量/亿立方米		定额/[升/(人·日)]		需水量/亿立方米	
	2000 年	2030 年	2000 年	2030 年	2000 年	2030 年	2000 年	2030 年
松花江	161	195	19	33	107	155	12	16
辽河	155	214	16	31	90	160	9	14
海河	175	172	31	66	68	117	20	25
黄河	122	139	16	38	63	130	17	27
淮河	129	172	28	83	87	139	443	47
长江	192	205	104	219	99	156	101	117
东南诸河	221	221	26	50	111	158	16	17
珠江	237	241	59	115	145	187	49	47
西南诸河	157	233	2	9	116	189	7	10
西北诸河	171	175	6	14	116	194	8	12
北方六片	148	173	116	265	81	139	109	141
南方四片	207	217	191	393	111	165	173	191
全国	180	197	307	658	97	153	282	332

注：北方六片指松花江、辽河、海河、黄河、淮河、西北诸河六个水资源一级区；南方四片指长江、东南诸河、珠江、西南诸河四个水资源一级区

（2）工业需水预测。尽管到 2030 年我国将进入"后工业化"时期，但目前来看工业仍然是我国国民经济的主导产业，工业需水量势必会继续增长。据报告可知，2030 年工业需水总规模接近 1 600 亿立方米，较基准年净增 433 亿立方米，其中 21 世纪前 20 年增长幅度较大，净增约 370 亿立方米，占增长总量的 85%。工业与农业需水预测如表 1.8 所示。

表 1.8　工业与农业需水预测

流域	工业需水量				农业需水量			
	增加值定额/（米³/万元）		需水量/亿立方米		总和灌溉定额/（米³/亩）		需水量/亿立方米	
	2000 年	2030 年	2000 年	2030 年	2000 年	2030 年	2000 年	2030 年
松花江	342	39	78	7 103	463	383	243	365
辽河	154	24	35	57	365	395	136	125
海河	145	18	69	90	236	199	282	248
黄河	241	34	59	89	415	340	345	327
淮河	189	24	101	140	288	245	479	446
长江	439	50	556	737	462	409	1 178	1 166
东南诸河	250	28	87	114	639	473	210	157

流域	工业需水量				农业需水量			
	增加值定额/（米³/万元）		需水量/亿立方米		总和灌溉定额/（米³/亩）		需水量/亿立方米	
	2000年	2030年	2000年	2030年	2000年	2030年	2000年	2030年
珠江	293	35	157	233	633	461	527	415
西南诸河	298	91	3	8	439	395	94	109
西北诸河	258	38	15	22	674	582	569	594
北方六片	202	26	357	501	377	327	2 054	2 105
南方四片	372	43	803	1 092	512	424	2 009	1 847
全国	295	35	1 160	1 593	434	366	4 063	3 952

注：1 亩≈666.67 平方米

（3）农业需水预测。预计我国农业需水将在 2030 年基本稳定在 4 000 亿立方米左右，见表 1.8。

总之，到 2030 年我国需水峰值约为 6 500 亿立方米，较基准年净增约 720 亿立方米，其中生活需水增长 400 亿立方米、工业需水增长 433 亿立方米、农业需水减少近 100 亿立方米，并且我国生活、工业、农业比重将变化为 16∶25∶60，生活和工业需水比重较基准年分别上升了 5 个和 4 个百分点。尽管我国农业需水在未来有所下降，但预计 2030 年农业需水比重还将维持在 70% 左右，并且农业需水增长主要集中在北方地区，特别是松花江区。因此，从区域来看，北方增长约 380 亿立方米，其中松花江区占总增长量的 50%；而南方新增 350 亿立方米，主要集中在生活和工业需水方面。可见，结合水资源现状问题与特点可知，我国水资源供需矛盾尖锐，这将进一步加剧水资源短缺危机。

1.2.2　水污染严重

《2015 年中国水资源公报》调查公布了水资源污染状况。

（1）河流水质。2015 年，水利部对全国 23.5 万千米的河流水质状况进行了评价。全年 I 类河长占评价河长的 8.1%，II 类水河长占 44.3%，III 类水河长占 21.8%，IV 类水河长占 9.9%，V 类水河长占 4.2%，劣 V 类水河长占 11.7%[10]。从水资源分区看，I～III 类水河长占评价河长比例为：西北诸河区、西南诸河区在 97% 以上；长江区、东南诸河区、珠江区为 79%~85%；黄河区、松花江区为 66%~70%；辽河区、淮河区、海河区分别为 52%、45% 和 34%。

（2）湖泊水质。2015 年，对 116 个主要湖泊共 2.8 万平方千米水面进行了水质评价。全年总体水质为 I ~III 类的湖泊有 29 个，IV~V 类湖泊 60 个，劣 V 类湖泊 27 个，分别占评价湖泊总数的 25.0%、51.7% 和 23.3%。对 115 个湖泊进行营养状态评价，处于中营养状态的湖泊有 25 个，占评价湖泊总数的 21.7%；处于富营养状态的湖泊有 90 个，占评价湖泊总数的 78.3%。

（3）水功能区水质达标状况。2015 年全国评价水功能区 5 909 个，满足水域功能目标的有 3 257 个，占评价水功能区总数的 55.1%。其中，满足水域功能目标的一级水功能区（不包括开发利用区）占 61.4%；二级水功能区占 50.7%。评价全国重要江河湖泊水功能区 3 048 个，符合水功能区限制纳污红线主要控制指标要求的有 2 158 个，达标率为 70.8%。其中，一级水功能区（不包括开发利用区）达标率为 72.9%，二级水功能区达标率为 69.3%。

（4）地下水水质。2015 年，长江、黄河、淮河、海河和松辽等流域机构按照水利部统一部署，开展了流域地下水水质监测工作，对分布于松辽平原、黄淮海平原、山西及西北地区盆地和平原、江汉平原重点区域的 2 103 眼地下水水井进行了水质监测，监测对象以易受地表或土壤水污染下渗影响的浅层地下水为主，水质综合评价结果总体较差。水质优良、良好、较好、较差和极差的测站比例分别为 0.6%、19.8%、0、48.4% 和 31.2%。"三氮"污染较重，部分地区存在一定程度的重金属和有毒有机物污染[11]。

总体来看，全国十大水系水质一半污染；国控重点湖泊水质四成污染；31 个大型淡水湖泊水质 17 个污染；全国 4 778 个地下水监测点中，约六成水质较差和极差。

此外，根据《中国统计年鉴》数据统计，2015 年废水排出总量达到 770 亿吨，是 1980 年废水排出总量的两倍多（1980 年全国废水排放总量为 315 亿吨），2006~2010 年，城市污水处理率从 56% 提升到 82%，截至 2015 年，城市污水处理率依旧低于 85%。污水排放总量增长速度较快，主要污染物排放量居高不下。

2009 年中国工程院重点咨询项目"城市水资源可持续利用"报告指出，2010 年不经处理直接排放至水体的城市废水量将比 1997 年的基准值增加 14.6%；2010~2030 年，废水处理量的增加仍不能超过废水排放量的增加，因此 2030 年的不经处理直接排放废水量仍将比 1997 年多 1.5%，我国的水污染仍将继续加重。2000~2015 年全国废水排放量及其组成如图 1.2 所示，2015年全国跨省界断面水质状况见图 1.3。

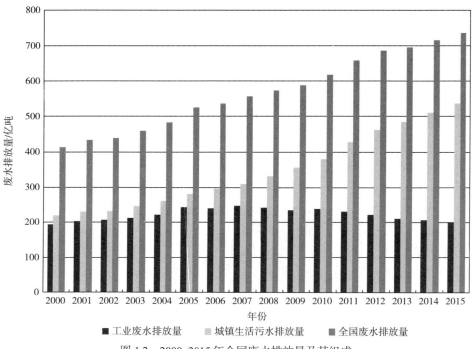

图 1.2　2000~2015 年全国废水排放量及其组成

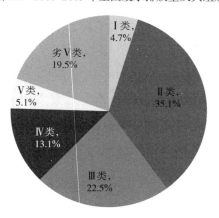

图 1.3　2015 年全国跨省界断面水质状况

地下水污染问题日益突出，90%的城市浅层地下水不同程度地遭受有机或无机污染物的污染，据环保部门对 118 个大中城市的调查，地下水严重污染的城市占 64%，轻污染的占 33%，目前已经呈现由点向面的扩展趋势。资源型缺水与水质型缺水并存，已经危及人民群众的身体健康和生产生活，全国目前有 3.6 亿多人无法获取安全饮用水。有关资料显示，我国有 24%的人饮用不良水质的水，约 1 000 万人饮用高氟水，约 3 000 万人饮用高硬质水，5 000 万人饮用高氟化污水，而这些数据每年均呈上升趋势。总体看来，水污染恶化趋势仍在继续发展，污染控制的速度赶不上污染增加的速度，污染负荷早已超过水环境容量[12]。

1.2.3　水生态迅速恶化

我国西北、华北和中部广大地区因水资源短缺造成水生态失衡，引发江河断流、湖泊萎缩、湿地干涸、地面沉降、海水入侵、森林草原退化、土地荒漠化等一系列生态问题，如长江干流存在岸边污染带累计超过 600 千米，由于长期过度开采地下水，长三角地区地面沉降大于 200 毫米的范围近 1 万平方千米，上海、苏锡常和杭嘉湖的最大累计沉降量分别达到 2.63 米、1.80 米和 0.82 米。华北地区因地下水超采而形成了 3 万~5 万平方千米的漏斗区。国际公认的流域水资源利用率警戒线为 30%~40%，而我国大部分河流的水资源利用率均已超过该警戒线，如淮河为 60%、辽河为 65%、黄河为 62%、海河高达 90%。黄河、淮河、海河三大流域目前都已处于不堪重负的状态。河流系统在众多的水利工程的"雕琢"下，不断渠道化、破碎化，造成洪水调蓄能力、污染物净化能力、水生生物的生产能力等不断下降。水资源的过度开发利用，使众多珍稀的水生生物数量锐减，生物多样性明显丧失，如长江流域因围垦建坝、水运繁忙、环境污染等导致长江水生态不断退化，白鳍豚、江豚、鲥鱼、胭脂鱼、银鱼等数量减少。城镇水生态系统面临着严峻的挑战。大多数城镇因工业、生活污水排放和农业面源污染超过了当地水系生态自我修复的临界点，不仅引发了大量水生物种的消失，而且导致富营养化，使水质不断恶化。城镇水系的生态一旦步入恶性循环之后，要恢复昔日的水生态的代价是十分昂贵的[12]。

1.2.4 水灾害频发

进入 21 世纪以来，随着工业化和城市化的加速，在经济社会持续高速发展的同时，长期以来我国经济社会发展所积累的诸多重大矛盾和突出问题以其特有的方式所爆发——重大突发公共水灾害事件。对由国家减灾委员会主持评选出的 2006~2010 年国内 50 件重大自然灾害事件进行分类统计得出 2006~2010 年国内重大自然灾害统计（表 1.9），洪涝干旱几乎占到了总数的一半（48%）。

表 1.9   2006~2010 年国内重大自然灾害统计

类型	沙尘	洪涝干旱	台风	火灾	地震	暴风雪	泥石流	总数
发生次数	1	24	6	1	6	7	5	50
占总数百分比/%	2	48	12	2	12	14	10	100

区域性的洪水干旱灾害几乎年年发生，影响范围广、强度大、灾情重。随着城市化和工业化加速，水污染正成为危害人们生存健康的又一大水灾害问题。相关资料显示，近年来我国发生的环境污染与破坏事故中，水污染事故约占到了 50%[4]。

水污染事件频繁发生，1994 年淮河水污染事件，2004 年沱江污染事故，2005 年松花江污染事件、广州北江污染事件、湖南资江污染事件等，2007 年无锡蓝藻事件[13]，2009 年内蒙古赤峰、福建生态溪、江苏盐城水污染事件，2010 年福建紫金矿业污染事件，2013 年河湖污染、地下水污染共不少于 21 起，2014 年甘肃兰州、汉江武汉段重大水污染及多地重金属水污染被曝光共 11 起，2015 年广东练江、四川广元水库、安徽巢湖等地水体污染，表明水环境危机已经敲响了警钟。

除了水污染灾害事件外，我国洪水灾害也频发。20 世纪上半叶，长江中下游 1931~1949 年仅 19 年，荆州地区被淹 5 次，汉江中下游被淹 11 次；黄河下游 1900~1951 年决口 13 次；淮河中下游是"两年一小水，三年一大水"，其中 1921 年、1931 年洪水尤其严重；松辽流域平均 2~3 年发生一次洪水；海河 1910~1949 年发生较大洪水 7 次，平均 5.5 年一次。20 世纪后半叶，我国主要发生的较大洪水灾害有：1950 年淮河大洪灾，1954 年长江大洪灾，1963 年海河大洪灾，1975 年河南特大暴雨洪灾，1981 年四川暴雨洪灾，1983 年安康城特大洪灾，1985 年辽河洪灾，1988 年嫩江、柳江、洞庭湖洪灾，1991 年淮河、太湖、滁河发生大洪水，1994 年长江、珠江、海河、黄河、松花江、辽河等流域的支流发生不同程度的大洪水，1995 年我国多地区发生了严重洪水灾害，1996 年长江中下游受灾最重，1998 年我国经历了一场长江、松花江、嫩江全流域性特大洪水灾害，全国直接经济损失达 2 500 多亿元。进入 21 世纪以来，2003 年、2005 年、2006 年、2007 年、2010 年均发生严重的洪水灾害。

据统计，1950~2010 年全国因洪水灾害累计受灾约 59 920 万公顷，倒塌房屋 1.22 亿间，死亡 27.88 万人[7]。1990~2010 年我国洪水灾害灾情统计见表 1.10，年平均直接经济损失 1 237.8 亿元，我国水灾直接经济损失约占全国自然灾害损失的 56%，约占同期 GDP 的 1.5%，远远高于西方发达国家的水平（如日本 20 世纪 90 年代以来平均洪灾经济损失仅占同期 GDP 的 0.22%，而美国只有 0.03%）。

表 1.10　1990~2010 年我国洪水灾害灾情统计

年份	受灾面积 /万公顷	成灾面积 /万公顷	死亡人数 /人	倒塌房屋 /万间	直接经济损失	
					绝对值 /亿元	占 GDP 比重 /%
2010	1 786.669	872.789	3 222	227.10	3 745.43	0.93
2009	874.816	379.579	538	55.59	845.96	0.25
2008	886.782	453.758	633	44.70	955.44	0.30
2007	1 254.892	596.902	1 230	102.97	1 123.30	0.42
2006	1 052.186	559.242	2 276	105.82	1 332.62	0.63
2005	1 496.748	821.668	1 660	153.29	1 662.20	0.90
2004	778.190	401.710	1 282	93.31	713.51	0.45
2003	2 036.570	1 299.980	1 551	245.42	1 300.51	0.96
2002	1 238.421	743.901	1 819	146.23	838.00	0.70
2001	713.778	425.339	1 605	63.49	623.03	0.57
2000	904.501	539.603	1 942	112.61	711.63	0.72
1999	960.520	538.912	1 896	160.50	930.23	1.13
1998	2 229.180	1 378.500	4 150	685.03	2 550.90	3.26
1997	1 313.480	651.460	2 799	101.06	930.11	1.25
1996	2 038.810	1 182.330	5 840	547.70	2 208.36	3.25
1995	1 436.670	800.080	3 852	245.58	1 653.30	2.83
1994	1 885.890	1 148.950	5 340	349.37	1 796.60	3.84
1993	1 638.730	861.040	3 499	148.91	641.74	1.85
1992	942.330	446.400	3 012	98.95	412.77	1.55
1991	2 459.600	1 461.400	5 113	497.90	779.08	3.61
1990	1 180.400	560.500	3 589	96.60	239.00	1.29

资料来源：国家防汛抗旱总指挥部和水利部编制的《中国水旱灾害公报 2010》；《中国统计年鉴》（2010 年）

　　我国干旱灾害也十分突出，1949 年以来的 60 多年，全国年均受旱面积约 2 130 万公顷，因旱损失粮食 160 多亿千克，占各种自然灾害损失粮食的 60% 以上，年均有 2 720 多万农村人口和 2 070 多万头大牲畜发生饮水困难[14]。从地理学角度看，我国有 45% 的土地属于干旱或半干旱地区，加上人类活动对植被、土层结构的破坏使大量天然降水无效流失，导致了水资源持续减少，加大了我国旱灾的发生概率。我国干旱灾害频发，几乎每年都会遭遇范围各异、程度不同的干旱灾害，仅 21 世纪前 12 年中就发生了多次严重干旱灾害。例如，2000 年和 2001 年是特旱年，2002 年、2003 年、2006 年、2007 年、2009 年是严重旱年，2010 年西南地区大旱，但全国范围来看，属于中度干旱年，2011 年西南地区旱情持续、长江中下游地区和太湖河网地区旱情严重。图 1.4 显示了 1950~2011 年我国干旱灾情统计情况。

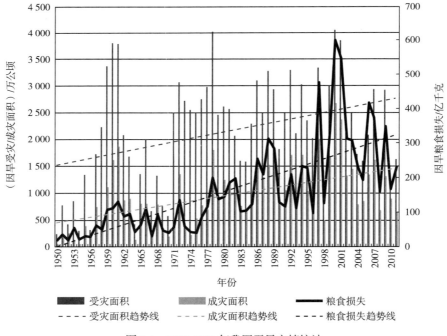

图 1.4　1950~2011 年我国干旱灾情统计

1.2.5　水管理缺位

回顾 20 多年来，我国在解决水资源短缺问题上，经历了"开源为主、提倡节水"到"开源与节流并重"再到"开源、节流与治污并重"等几次战略调整，但总的来看在实施中仍然是重"开源"，轻"节流"；重"工程"，轻"管理"。流域水资源管理一直以来求助于工程和技术手段，尽管这些手段在一定时期内起到了重要的作用，但也带来一定的后果[9]：①水资源配置与管理多采用行政指令模式，形成了较严谨和规范化的管理程序，造成"政府失灵"和"市场失灵"；②水资源配置与管理中权力分散化现象严重，造成"条块分割""多龙管水"，最终带来水资源配置的低效；③水资源配置与管理的复杂性加剧，管理目标越来越呈现多样化，使得经典配置理论和方法的局限性日益显著，导致配置的"技术失灵"。所谓的经典配置理论和方法是指以基础系统科学和运筹学（多目标分析方法）为主要分析工具，研究如何通过方法、模型和技术对水资源配置进行优化的理论和方法，精力重点放在水资源优化配置的系统建模上。

1.3　水资源冲突问题与特征

水既是促进社会经济发展最重要的基础性资源，又是维系生态环境最重要的控制性要素。水资源危机的日益迫近以及有限水资源控制权的争夺导致水资源冲突现象在全球范围内普遍存在。随着人口的增长与社会经济的持续发展，不同用水主体争夺有限水资源供给时引发的水资源冲突问题主要表现为水量、水质的不同需求，以及满足需求的空间上、时间上和经济上的争端。地理意义上的流域是指由分水线所包围的河流汇聚区，是一个以水为核心，由水、土地、生物等自然要素以及社会、经济等人文要素所组成的生态环境与社会经济复合系统，具有整体性、复杂性、地域性和分异性、准公共物品属性和外部性等特征。然而流域通常被不同的行政区，甚至不同的国家人为地分割开来，流域的整体性与行政区分割之间出现不可调和的矛盾[10]，使得地方政府在无强力协调的博弈中，难以协调流域上下游行政区域之间的水资源合作行为。在流域水资源开发利用与治理保护过程中，流域内不同行政区域、不同用水主体间的水资源利用配置冲突日益激化，严重制约着流域水资源可持续开发与利用。1995 年世界银行副行长 Ismail Serageldin 在接受美国《新闻周刊》采访时曾预言："20 世纪的许多战争都是因争夺石油而引起，而到 21 世纪水资源将成为新的引发战争的根源。"美国太平洋研究所水问题专家 Peter Gleick 认为："当水资源稀缺时，各方获取水资源的竞争往往更容易导致相关国家将水资源与国家安全联系起来。水资源短缺、水资源管理不当和水资源分配不均都是可能引起水资源冲突的原因，同时存在两个或多个国家对同一个水资源的依赖也易引发水资源冲突。"世界银行发展研究部首席经济学家 Ariel Dinar 认为："历史上对水资源拥有权的不同、水资源问题与其他冲突的交织以及对水资源分配权的认知差异都是导致水资源冲突的重要原因。"俄勒冈州立大学 Aaron Wolf 等构建了一个 1948~2008 年在跨国河流流域发生的 6 400 起与水有关的冲突与合作的数据集。从这些数据可看出，亚洲、非洲和中东等地的水资源纠纷和用水冲突形势日趋严峻。

近年来，我国水资源具有时空分布不均、水资源总量短缺及水体污染等诸多问题，以致出现人与人争水、人与生态环境争水以及人与水争地等不同形式的水资源冲突现象。此处，人与人争水泛指国家之间、区域之间、行业之间乃至个人之间的用水竞争行为，出现这种现象的根本原因在于水资源供给低于社会对水资源的需求。人的生存和发展需要水资源，同时生态和环境的维持也需要水资源，而有限的水资源如何在人与自然两者之间进行合理的分配也成为摆在人类面前的难题。只考虑人的水资源需求而忽略生态环境需水的后果就是可用水资源的质和量都会不同程度地受到损害，同时人所处的自然环境也会变得不适宜人的可持续发展。至于人与水争地指的是早期围湖造田以及占用蓄滞洪区来发展农业生产活动进而影响水资源规划的行为。历史上最著名的案例是荷兰，20%的荷兰国土是人工填海而来的。考虑到我国当前的自然条件与社会经济状况，水资源已经成为一种稀缺性资源，争夺水资源而导致冲突的危险性正在增加。

按照水资源冲突的主体不同可以将水资源冲突分为国家之间的水资源冲突、国内州府之间的水资源冲突、区域内部行业之间的水资源冲突以及微观层次的用水主体之间的冲突。按照水资源冲突产生的原因可以将水资源冲突分为水资源短缺引起的水资源冲突、水资源污染引起的水质冲突和水资源无序利用引起的水资源开发与利用冲突。国际河流的水资源冲突一般都属于国家之间的水资源冲突，如澜沧江-湄公河流域的跨国界水资源冲突、尼罗河流域的水资源冲突和幼发拉底河流域的水资源冲突。而一国之内的水资源冲突可能包含更多的冲突类型，以我国为例，既有流域跨行政区的水资源冲突，又存在流域跨行政区的水污染冲突，也有因水资源开发利用而产生的冲突，如漳河流域跨行政区水资源冲突[15~17]、太湖流域跨行政区水污染冲突[18~21]、黄柏河流域水资源开发利用冲突[22, 23]。

　　水资源冲突和水资源污染冲突作为我国最常见的水资源冲突形式，在我国七大流域十大水系所构成的水资源系统中都得到不同程度的体现。例如，黄河流域现在所执行的分水方案是 20 世纪 80 年代形成的，30 多年后的今天整个流域的社会经济已经发生了翻天覆地的变化，原有的水资源分配方案与当前的社会经济发展之间具有极大的不适应性，结果流域内各个行政区域之间的用水矛盾已经成为影响整个流域可持续发展的重要硬性约束。又如，在流经山西、河北和河南的漳河，由于地处山区，天然水资源不足，人口密度大，历史上曾发生过多起因群众抢水而产生的纠纷。再如，河北、北京交界的拒马河，拒马河流域本身严重缺水，但是河北省为了保障首都用水需求，在无偿将拒马河水资源供应给北京的同时却又从黄河买水，引发河北省境内的群众不满，使得河北与北京争水矛盾日趋尖锐。塔里木河流域源流及干流上、中、下游分属于不同地方政府，在水资源的开发利用中，为了争夺有限的水资源，不同区域的地方保护主义行为加上经济发展水平的差异造成了地方政府决策的冲突，更加剧了流域各用水区域间的用水竞争。

　　在我国流经数省（自治区、直辖市）的河流流域，如长江、黄河流域都有不同程度的流域水污染所导致的省际利益冲突事件，淮河流域和太湖的水资源污染也时常导致省际冲突频频发生，珠三角经济区内部的广东省相关地市与香港之间也存在着流域跨界水污染冲突的问题[24]。典型的案例有江苏苏州盛泽镇与浙江嘉兴秀洲区交界的麻溪港的流域跨界污染。江苏、浙江两省交界区河流水体由于上游苏州市工业污染，流经嘉兴秀洲区的京杭大运河等大小河流一度成了"黑水河"，河水变得又黑又臭。另有著名的跨省流域污染事件是"淮河污染事件"，淮河流域流经河南、安徽交界处的淮河支流河段，上下游之间的水资源冲突经常性发生。这种流域跨界水污染冲突常常导致严重的社会经济后果：1997 年浙江庆元染化厂污水泄漏造成福建南平地区停水近一周，2001 年江浙交界水污染引发的筑坝事件引发群体性冲突，2003 年山东薛新河水污染导致江苏徐州大面积停水，2005 年松花江跨界水污染重大事故导致哈尔滨停水，2013 年山西长治苯胺泄漏事故导致河北邯郸市污染的纠纷造成邯郸大面积停水，2011 年和 2013 年发生的广西贺江污染广东用水的纠纷都造成广东段污染物超标，影响城镇居民饮水。

出现水资源冲突主要是因为水资源系统具有生态属性、自然属性以及社会和经济属性等多重属性与层次结构，且往往几个行政区域共享同一条河流或湖泊的水资源。各个属性之间及流域内不同行政区域之间对水资源具有不同的需求，这些不同的需求之间如果出现不平衡的情况就会引发相应的水资源冲突。水资源冲突的出现又反过来对水资源系统本身的属性产生不利的影响，进而又可能加重水资源冲突的范围和程度。水资源冲突达到一定程度就会最终影响到人水和谐[25]，而人水和谐的本质是人与人之间的和谐，不利于社会-经济-自然复合生态系统的良性循环和可持续发展。

水资源冲突和水污染治理冲突作为影响范围较大的两类水资源冲突类型，其解决都属于高度复杂的多目标、多主体、多阶段、多层次的群决策问题。流域水资源作为一种公共资源，具有非排他性（non-excludablity）、分离性、外部性和交易的不平衡性等特征[26]，同时具有明显的外部性[27]：上游地区任意取水导致下游来水量减少甚至断流；上游随意排污导致下游来水水质下降甚至丧失使用功能。这种水资源开发利用带来的外部性特征，使得流域上游受益的同时导致下游受损，因此各地区间的利益关系是具有竞争性的，这种用水冲突必然导致以利己为原则的独立决策者（同一流域内的多个行政区域）的决策具有损人利己的特性。

由于我国当前实行水资源流域管理与行政区域管理相结合，以区域管理为主、流域管理为辅的流域水资源管理体制[28]，流域内任何一个行政区域都只对本区域的水资源具有管辖的权限，不论是流域水资源配置问题还是流域水污染治理问题都需要流域所有区域共同一致行动。单方面的有益尝试并非理性决策者的最优策略，会出现所谓的地方政府间关于水资源的"囚徒困境"和"零和博弈"，水资源冲突问题很难得到彻底解决。尤其是对于流域跨界污染的治理，淮河治污 20 余年，虽然干流的水质逐渐趋于好转，不过，流域支流及二级支流污染问题仍然突出，治污形势依然严峻；漳河上游流域管理局成立已经 20 多年，其跨界水资源冲突形势依旧严峻。

新时期，水资源冲突呈现出时代特征：以流域跨行政区边界水资源冲突为主要形式，以水量分配竞争与水污染治理矛盾为主要冲突内容。我国水系众多，内河水系纵横交错，湖泊星罗棋布，不同流域由于地理位置与气候条件不同，呈现出水资源冲突的多样化。北方缺水地区的水资源冲突表现出水量分配与水污染耦合的状态；南方水资源比较丰沛的地区表现出水污染冲突和水资源开发利用冲突的特点。

1.4　新时期的治水思路与变革方向

2009 年，联合国发布的《千年生态环境评估报告》中指出，半个世纪以来，人类活动已给地球生态环境造成巨大破坏，这将危及人类长久的发展。世界银行环境与自然资源全球发展实践局负责人保拉·卡巴雷罗女士认为，环境可持续性已经从一个边缘化的道德问题升级为发展战略的核心问题。国际水协会进一步指出传统水资源的供需矛盾问题已经成为当今世界许多国家的共性问题，并制约着经济社会可持续发展。经历了 20 世纪初以生态环境为代价的黑色发展期，西方发达国家重新意识到人与自然关系的重要性，通过几十年的努力，依靠完善法制、健全规制、明晰产权、系统修复、公众参与等手段多管齐下，包括美国中西部的气象灾害、欧洲的莱茵河污染、日本的琵琶湖重度富营养化治理等，逐步恢复人与自然友好关系。然而，随着全球气候变暖问题日益加剧，各国又开始了新一轮的生态竞争，生态环境保护已成为国际竞争博弈的新焦点。

伴随着经济的加速发展，发展中国家的环境受损已成为不争的事实，中国水危机引起世界关注。面对严峻的水资源形势，1998 年后国务院赋予水利部统一管理全国水资源的职能，并形成"从工程水利向资源水利、从传统水利向现代水利的可持续发展水利转变"的治水思路。2002 年新水法的修订和颁布实施，标志着中国依法治水管水进入了一个新的发展阶段，水资源管理从"开源"为主的供水管理逐步转向了"开源与节流"并重的需水管理。然而，随着水资源受气候变化等因素的影响程度加大，水资源变化的不确定性与水资源计划控制式管理的矛盾愈演愈烈，传统模式下集中式决策的治理体制难以满足日益复杂的水资源问题，我们必须重新审视流域水资源管理问题，探索适合中国国情和水情的人水关系。

2009 年全国水资源工作会议、2011 年中共中央一号文件《中共中央　国务院关于加快水利改革发展的决定》明确提出要"大力发展民生水利"和"实行最严格的水资源管理制度"，水资源管理的地位空前提高。实行最严格的水资源管理制度是经济社会可持续发展的必然要求。从大的方面看有两个内容：一是经济社会的快速发展使我国基本水情中的不均衡和不匹配问题更加严峻。二是不合理的经济结构以及由此带来的不合理用水结构和水污染进一步加剧了基本水情中的不合理情势[15]。实行最严格的水资源管理制度的本质是通过一系列的制度创新和实践创新，完善水资源管理的体制和机制，强化责任意识和执法监督，达到水资源合理配置、用水效率和效益显著提高、城乡饮用水水源水质和重点地区水生态状况明显改善、地下水超采得到有效治理、经济社会发展和保护生态环境用水需求得到保障的目的。其基本要求是通过严格控制水资源开发利用、用水效率和水功能区限制纳污这三条红线管好、用好有限的水资源[29]。

为全面实现"两个一百年"的奋斗目标，党的十八大将生态文明建设纳入"五位一体"的中国特色社会主义总体布局，进一步提出了"四个全面"的总体要求和"一带一路"倡议，这些都为水生态文明建设提供了新方向，即全面协调可持续发展。21 世纪以来，洪水、干旱、水污染等水问题异常突出，特别是近几年我国极端水灾害事件的频繁发生，对人类的生存和社会经济的发展构成了严重威胁，已成为当今国际社会和科学界普遍关注的全球性问题。同时，气候变化问题将进一步加剧水资源时空分布与其他资源配置不协调，与人口、耕地、经济布局不匹配；加剧水资源供需矛盾、水资源严重浪费、水环境污染等。面对水资源变化的不确定性与水资源计划控制管理的矛盾愈演愈烈，传统的基于确定性的水资源短缺的调度、控制已难以适应不确定性加大的环境变化，表现为水资源管理体制不能适应变化了的社会条件，观念因袭陈旧，政策调整缓慢，制度建设滞后，治理能力低下，既不能优化配置稀缺水资源，缓解尖锐的水资源供需矛盾，也不能协调上下游之间、地区之间和部门之间的矛盾。客观基本水情和严峻的水资源形势，对我国水资源管理带来新的更大的挑战，水资源管理改革势在必行。

　　"十二五"时期是我国全面建成小康社会奋斗目标承上启下的关键时期，是我国深化重要领域和关键环节改革的攻坚时期。全国各行各业深入贯彻落实科学发展观，加快实施经济发展方式转变和经济结构调整，努力构建资源节约型、环境友好型社会。我国经济社会发展的新阶段要求，水资源管理改革必须要能够保障经济、生态和国家安全。水资源管理改革方向也要促使我国治水理念从人类向大自然索取向人与自然和谐共处转变；促使水资源配置由传统重"工程"、轻"管理"的供水管理向需水管理转变，更加强调通过政策、制度对水资源进行配置，强调节水型社会的建立；促使治水体制由传统的"多龙治水"向尊重水资源自然特性的流域管理体制转变，从考虑地方单一的经济效益最大化到兼顾生态环境等多目标的流域统一管理转变，从灌区、水库等控制工程的分别优化到流域范围内整体优化转变；促使治水手段由单一的行政配置向加强市场配置转变，从对水资源开发利用为主向开发利用保护并重转变，从局部生态治理向全面建设生态文明转变。可见，新时期水资源管理改革是促进经济发展方式转变的重要举措，是经济、社会、环境协调发展的需要，是全面建成小康社会的需要[30]。

　　考虑到我国当前水资源短缺现状和持续增长的水资源需求之间的矛盾，如何解决水资源不足而引起的流域水资源冲突就成为摆在水资源管理工作者面前的一个重大问题。而这种由于分配而产生的用水冲突又具有明显的流域跨行政区边界特征，流域的天然一体性与行政区域的人为分割之间的矛盾使得流域水资源冲突的解决更加困难。我国的七大流域都属于流经多个行政区域的跨界流域，因此流域跨行政区边界的水资源冲突是一个具有代表性的流域水资源管理问题。国内外的实践表明，对短缺的水资源必须要通过严格管理制度来进行协商，促进水资源高效利用和有效保护，走水资源协商管理的制度创新之路。

　　因此，新时期要在深刻理解水生态文明的建设理念基础上，深入落实习近平总书记关于"节水优先、空间均衡、系统治理、两手发力"的治水新思路，要确立合适的水资源管理模式和水资源开发利用战略。而水资源协商管理必须要以提高水资源用水效率、改善水资源用水方式、协调用水主体利益为目标，以水资源可持续利用为指导，通过人人关系的协调来实现人水关系的和谐。这场水资源管理改革不似以往治水变革过分注重人水关系的和谐，而是以期通过人人关系的调整适应人水关系的改变，实现水资源协商管理的目的；这场变革在人水关系既定下会更多地考虑水资源管理过程中各用水主体适应性协商行为与主体规则变迁的内在规律，从决策科学角度探讨基于多主体合作的水资源协商管理现实路径问题。

水资源管理变革就是要发挥制度创新作用，通过协商、合作等方式进行水资源配置、利用与管理，要坚持量水而行，因水制宜，以水定城、以水定产，高度审视人口、经济与资源环境的关系，统筹协调水资源问题。

1.5　本书研究思路与研究内容

本书以探索水资源协商管理为目标，通过借鉴国内外水资源管理及相关制度的成功经验，结合交叉学科的理论和方法，展开水资源协商管理与决策的理论方法和实践应用，基本沿着水资源协商管理的"现实需求—制度安排—行动决策—政策选择—智能监控—实践应用"脉络进行分析。本书研究思路框架如图 1.5 所示。

本书共分 13 章，主要研究内容如下。

第一，中国水资源管理的历史与现实需求。主要通过对中国水资源管理的历史回顾，总结问题与经验，为水资源协商管理提供一定的行动启示，共 2 章。第 1 章和第 2 章主要探讨中国水资源现状问题及国内外水资源管理的制度变迁与经验借鉴，主要梳理中国水资源管理的发展历程及治水思想演变，分析现阶段中国水资源管理及水资源管理存在的问题，总结历史重大水治理事件的实践经验与教训；着重观察发达国家或地区水资源管理体制、机制、路径，特别关注可供中国水资源协商管理借鉴的经验与启示。

第二，水资源协商管理的制度安排分析。主要针对水资源协商管理的行动困境、核心问题、制度框架和规则设计等方面展开理论探讨，共 3 章。第

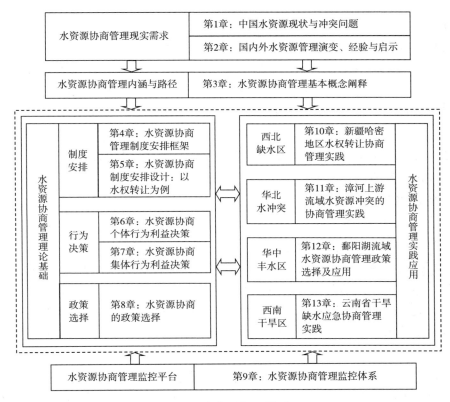

图 1.5　本书研究思路框架

3 章针对水资源协商管理行动困境与核心问题进行考察，给出水资源协商管理内涵界定及共容利益目标，揭示制度安排对水资源协商管理效率提升的重要性；第 4 章构建水资源协商管理的制度安排框架，探讨协商管理中多主体学习规则、合作机制及相关合约机制设计；第 5 章则以水权转让为例对第 4 章的理论方法给出具体事例分析，主要解决协商管理过程中多主体利益学习、协商和合作等具体机制规则设计问题。

　　第三，水资源管理协商主体行为决策。水资源管理行动需要利益相关者参与协商，达到个体或群体利益目标。本书主要以水资源冲突为背景，分别从公平和效率角度探讨水资源管理协商行动的个体和群体理性决策，共 2 章。第 6 章为了保证冲突协商解决的公平性，通过建立个体利益模型，按照可行的破产分配准则将短缺的水资源分配给各个行政区域，得到水资源分配协商方案集合并进行稳定性分析。第 7 章则是考虑冲突协商解决的效率性，将合作博弈理论用于流域内用水合作的研究，建立水资源冲突共容利益协商决策的联盟模型，将水资源合作看作模糊联盟进行协商的群体决策分析。

第四，水资源协商管理的政策选择与监控。政策选择是水资源协商管理有效施行的对策保障，如何选择行动政策是关键问题。第 8 章则是在压力-状态-响应（pressure-state-response，PSR）框架下，针对不同情景水问题展开水资源协商管理政策选择分析，构建了政策选择的一般程序及政策选择工具，为水资源协商管理的运行政策提供合理的选择依据。第 9 章则是从技术层面搭建水资源协商管理政策执行监控体系，包括系统环境、系统功能体系、信息平台体系及公众参与平台体系等，以保障协商管理政策良好运行。

第五，水资源协商管理的实践应用。运用上述理论框架和分析方法，结合新疆哈密、漳河上游流域、鄱阳湖流域、云南省等地进行水资源协商管理实践应用，主要包括新疆哈密地区水权转让协商管理实践、漳河上游流域水资源冲突的协商管理实践、鄱阳湖流域水资源协商管理政策选择及应用和云南省干旱缺水应急协商管理实践，并依据各地情况给出相应具有建设性的对策建议。

总之，本书为水资源紧缺的协商分配问题提供了较好的理论与实践指导，也对中国最严格水资源管理的落实、中国水资源可持续利用的推动具有重要的应用价值。同时，本书研究成果不仅将为中国实行最严格水资源管理的政策制定提供理论参考，也为中国制定"十三五"国民经济和社会发展规划、水利相关发展规划提供科学的决策支撑。

参 考 文 献

[1]姚雪峰，张韧，郑崇伟，等. 气候变化对中国国家安全的影响[J]. 气象与减灾研究，2011，34（1）：56-62.

[2]阎彩萍. 冬小麦节水高产栽培技术经济评价[D]. 中国农业大学硕士学位论文，2003.

[3]韩俊宇. 西藏水资源开发的经济战略思考——中国 21 世纪的水问题与决策[J]. 上海大学学报（社会科学版），2011，18（1）：102-114.

[4]董旭光，李胜利，石振彬，等. 近 50 年山东省农业气候资源变化特征[J]. 应用生态学报，2015，（1）：25-29.

[5]刘吉峰，吴怀河，宋伟. 中国湖泊水资源现状与演变分析[J]. 黄河水利职业技术学院学报，2008，20（1）：1-4.

[6]张海滨. 气候变化与中国国家安全[M]. 北京：时事出版社，2010.

[7]国家防汛抗旱总指挥部，中华人民共和国水利部. 中国水旱灾害公报 2010[M]. 北京：中国水利水电出版社，2010.

[8]中国工程院“21 世纪中国可持续发展水资源战略研究”项目组. 中国可持续水资源战略研究综合报告[J]. 中国工程科学，2000，2（8）：1-17.

[9]佟金萍. 基于 CAS 的流域水资源配置机制研究[D]. 河海大学博士学位论文，2006.

[10]梅锦山. 我国重要江河湖泊水功能区划特征[J]. 中国水利，2012，（7）：38-42.

[11]李燕茹. 试论水权转让过程中农民用水权益的保护[J]. 经济研究导刊，2014，（32）：79-81.

[12]仇保兴. 城镇水环境的形势、挑战和对策[J]. 建设科技，2005，（22）：11-13.

[13]王亚华. 中国治水转型：背景、挑战与前瞻[J]. 水利发展研究，2007，（9）：4-9.

[14]刘兰田. 招远市落实最严格水资源管理制度做法[J]. 水政水资源，2012，（3）：46-47.

[15]王慧敏，于荣，牛文娟. 基于强互惠理论的漳河流域跨界水资源冲突水量协调方案设计[J]. 系统工程理论实践，2014，34（8）：2170-2178.

[16]王慧敏，佟金萍. 水资源适应性配置系统方法及应用[M]. 北京：科学出版社，2011.

[17]牛文娟，王慧敏，牛富. 跨界水资源冲突中地方保护主义行为的演化博弈分析[J]. 管理工程学报，2014，28（2）：64-72.

[18]孙冬营，王慧敏，牛文娟. 基于图模型的流域跨界水污染冲突研究[J]. 长江流域资源与环境，2013，22（4）：455-461.

[19]黄溶冰，赵谦. 环境审计在太湖水污染治理中的实现机制与路径创新[J]. 中国软科学，2010，（3）：66-73.

[20]朱德米. 构建流域水污染防治的跨部门合作机制——以太湖流域为例[J]. 中国行政管理，2009，（4）：86-91.

[21]赵来军. 湖泊流域跨界水污染转移税协调模型[J]. 系统工程理论与实践，2011，31（2）：364-370.

[22]赵微，刘灿. 基于 FH 方法的冲突局势稳定性分析方法及其应用[J]. 长江流域资源与环境，2010，（9）：1058-1062.

[23]韩雪山. 基于冲突分析图模型的结盟稳定性研究[D]. 南京航空航天大学博士学位论文，2013.

[24]李建勇. 我国跨省区流域污染问题治理的困境及司法对策——论司法体制改革与对策研究[J]. 东方法学，2014，（6）：105-111.

[25]王浩，杨小柳，甘泓. 水资源优化配置研究的现状与未来[C]. 中国科学技术协会"科学技术面向新世纪"学术年会，1998.

[26]戴长雷，王佳慧. 国际河流水权初探[J]. 水利发展研究，2003，12：16.

[27]李群，彭少明，黄强. 水资源的外部性与黄河流域水资源管理[J]. 干旱区资源与环境，2008，22（1）：92-95.

[28]刘玉龙，甘泓，王慧峰. 水资源流域管理与区域管理模式浅析[J]. 中国水利水电科学研究院学报，2003，1（1）：52-55.

[29]陈雷. 全面落实最严格水资源管理制度保障经济社会平稳较快发展——在全国水资源工作会议上的讲话[J]. 水政水资源，2012，（3）：5-9.

[30]王慧敏，陈蓉，许叶军，等. 最严格水资源管理过程中政府职能转变的困境及途径研究[J]. 河海大学学报（哲学社会科学版），2015，17（4）：96-101.

第　2　章

国内外水资源管理演变、经验与启示

　　水资源管理是我国自然资源管理领域的一项重要内容，本章依据我国所面临的严峻国情和水情形势，通过学习借鉴国外发达国家和地区已有的水资源管理经验，结合我国水资源现状问题，提出现行水资源管理制度缺陷。

2.1　国外水资源管理演变与经验借鉴

　　目前的水资源稀缺、污染等问题中充斥着各个主体间利益冲突与利益协调的活动。针对某个水资源问题设置政策和规则，应当综合考虑人们对人水复杂系统的影响，以及人水复杂系统自身的演变规律。由于水资源问题是一个复杂、动态、多因素影响的问题，必须从系统的角度来分析它的属性和特征，考察水资源开发、利用和保护等一系列活动的影响因素，以保障全面合理地分析水资源问题。

2.1.1　典型国家和地区水资源管理模式

　　世界各国和地区的水资源管理（治理）体制随着其经济社会的发展而逐步演进。影响水资源治理模式的主要因素有政治体制、经济结构和发展水平、水资源特性、人口、国民素质及人们对水资源和水环境重要性的认知程度等[1]。

1. 美国水资源管理体制

美国为联邦制国家，其水资源管理体制主要特征为：联邦政府与地方政府之间权力主要集中于联邦；联邦各机构之间权力主要集中于联邦环保局。1969 年美国颁布《国家环境政策法》，联邦政府于 1970 年设立联邦环保局，将原来分散于联邦政府内 15 个机构各自执掌的水资源管理权力集中交由联邦环保局行使，使联邦环保局成了一个拥有统一水资源管理权限的核心管理部门。尽管仍有其他部门行使水资源管理的部分权限，但联邦环保局始终居于最高地位。它拥有优先权力和最终权力，直接参与全国水资源管理、监督和处罚。

同时，为了更为有效地在全国范围内实施水环境管理，联邦环保局根据全国水环境状况和特点，将全国分为 10 个水环境保护区域，并在每个区域设立地区办公室，代表联邦环保局行使职权[2, 3]。

在流域管理机构管理方面，田纳西河流域管理局（Tennessee Valley Authority，TVA）执行了流域性水生态治理模式。1933 年美国国会通过法案授权该局负责田纳西河流域水利工程建设，全面负责流域规划的制定与实施，拥有规划、开发、利用、保护流域内各项自然资源的广泛权利，包括防洪、航运、水电、工农业用水、环保与自然生态平衡等，实行高度集中的流域管理。它既是联邦政府部一级的机构，也是一个经济实体，具有很大的独立性和自主性[2]。

美国水资源管理实行以州为单位的管理体制。全国无统一的水资源管理法规，各州自行立法，以州际协议为基本管理规则。州以下分成若干个水务局，对供水、排水、污水处理等水务统一管理。州际水资源开发利用矛盾则由联邦政府有关机构通过司法程序协调解决。

联邦水资源管理有四个部门，依据授权的职能相应地进行水资源管理。农业部自然资源保护局担负农业水资源的开发利用和环保工作；内政部国家地质调查局水资源处负责收集整理、监测、分析和提供全国所有水文资料，为政府、企业和居民提供准确的水文资料，为水利工程建设、水体开发利用提出政策性建议；国家环保署制定环保规定，调控和约束水资源开发利用，防止水资源污染；陆军工程兵团主要负责政府兴建大型水利工程的规划和施工[2]。

2.澳大利亚水资源管理体制

澳大利亚水资源管理体制中最为成功的是墨累-达令流域的管理模式。它由三个层次的机构组成：墨累-达令流域部长级理事会，这是流域管理的最高决策机构；墨累-达令流域委员会，这是部长级理事会的执行机构，负责流域管理日常工作；社区咨询委员会，负责反映各种不同的意见，为部长级理事会决策提供咨询和评议[4]。

通过多年的管理实践，墨累-达令流域逐渐认识到流域的水-土-植被是一个相互依存、相互制约的有机整体，单纯孤立地管理流域内的某一种资源是不可能的。为了促进流域一体化管理，流域实行联邦政府、州政府、各地水管理局三级管理体制，管理机构根据澳大利亚政府与新南威尔士、南澳大利亚、维多利亚、昆士兰 4 个州政府联合制定的墨累-达令流域协议（Murray-Darling Basin Agreement）设置而成，主要包括以下几个方面[5]。

（1）决策机构。墨累-达令流域部长级理事会，由联邦政府、流域内 4 个州的负责土地、水利及环境的部长组成，主要负责制定流域内的自然资源管理政策，确定流域管理方向。

（2）执行机构。墨累-达令流域委员会，由流域内 4 个州政府中负责土地、水利及环境的司局长或高级官员组成，主要负责流域水资源的分配、资源管理战略的实施，向部长级理事会就流域内水利、土地和环境等方面的规划、开发和管理提出建议。

（3）咨询协调机构。社区咨询委员会，成员来自流域内 4 个州、12 个地方流域机构和 4 个特殊组织，主要负责广泛收集各方面的意见和建议，进行调查研究，对相关问题进行协调咨询，确保各方面信息的顺畅交流，并及时发布最新的研究成果。

（4）墨累-达令流域管理过程中注重公众参与。首先，流域机构的设置充分体现广泛的代表性：流域委员会下设一个办公室，负责流域管理中的日常事务，这些人员是来自政府部门、大学、私营企业及社区组织的自然资源管理方面的专家；社区咨询委员会是流域管理中的咨询协调机构，其部分成员来自全国农民联合会、澳大利亚自然保护基金会、澳大利亚地方政府协会、澳大利亚工会理事会。其次，墨累–达令流域委员会通过通信、咨询和教育活动等综合项目支持社区与政府建立伙伴关系，鼓励公众参与流域的决策制定。

3. 欧洲国家的水资源管理体制

1）英国水资源管理体制

目前定型于中央对水资源的按流域统一管理与水务私有化相结合的管理体制。中央依法对水资源进行宏观调控，通过环境署（The Environment Agency，EA）发放取水许可证和排污许可证，实行水权分配、取水量管理、污水排放和河流水质控制，并实施管理成本与收入平衡原则，每年预算约 6 亿英镑，主要来源于防洪税、取水许可证及环保费、政府拨款和项目合作费。

英国水资源管理的特点有：①以政府行为为主，以流域为基础的水资源统一管理。环境署推行流域取水管理战略，按流域分析水的供需平衡、环境平衡、水资源优化配置、跨流域调水的必要及可能性、工程布局及成本、社会成本效益。②以私有企业为主体的水务一体化经营与管理。水权资产化经营转化为水服务商品，水务一体化的载体是水务市场，资本市场融资进行基础配置建设，服务对象是企业、事业单位、家庭等个人和团体。③公民参与水管理机制的完善是通过消费者协会进行的。④政府水资源管理的资金有稳定的来源。环境署年均收入 6 亿英镑中，45%来源于取水、排污及环保[4, 6]。

英国通过立法不断改进和完善水资源开发利用及保护的管理体制，从过去的多头分散管理转变为以流域为单位的综合性统一集中管理，基本上实现了水的良性循环，促进了整个社会和经济的繁荣和发展。这种管理方式被认为最符合水文循环规律和水的多功能特点，是比较理想的水管理模式，得到世界上许多国家的认同和赞赏。

在水务行业私有化的同时，水务局成为国家控股的纯企业性公司并改称为水务公司，负责提供整个英格兰和威尔士地区的供水及排污服务。

英国政府建立了一整套监管体系，其基本框架是将环境、经济和社会及饮用水质量三个方面的监管职能分别纳入三个独立的监管部门。将原国家河流管理局并入环境署，具体负责环境保护方面的监管；新成立水务监管局（Water Services Regulation Authority，OFWAT），负责经济和社会方面的监管；新成立饮用水监督委员会（Drinking Water Inspectorate，DWI），作为饮用水水质的监管单位。由水务办公室、环境署、饮用水监督委员会分别从经济、环境和饮用水等三方面对 10 家水务公司和 14 家供水公司进行监管，其中环境署还同时对工业和农业用水进行监管，饮用水监督委员会还通过独立的实验室对水质进行检测。这三个部门都向国会汇报并对其负责。

2）法国水资源管理体制

法国是以区域为主的水资源管理。1964 年修订水法，对水资源管理进行改革，其主要内容有：①从法律上强化了全社会对水污染的治理，确定治理时间和目标；②建立了以区域为基础的解决水问题的机制；③建立流域委员会和流域管理局，作为流域综合治理的主要融资机构，在保护环境的前提下，实现流域水资源高效开发利用，将全国分成六大流域。

法国对水资源实行全面系统的分权式管理体制。该体制共分四级：其一，国家级——环境部，法国水管理中起主要作用的是环境部。环境部内设水利司，负责监督执行水法规、水政策；分析、监测水污染情况，制定与水有关的国家标准等。环境部在有关地区设有派出机构——环境处，主要是执行国家有关法规和欧盟有关水的指导原则，监督水资源管理和公用事业，与水务局合作制订水资源管理与发展计划，提供有关水环境事务的建议。其二，流域级，流域级有流域水务局和流域委员会。法国 1964 年水法明确将全国划为六大流域区，建立了六个流域水务局。六大流域水务局既没有行政管理职权，也不具体建设、管理和经营任何水工程，而是作为由流域内的用水户、地方政府、中央政府涉及水资源利用部门的代表组成的流域委员会，即"水议会"的执行机构，主要有三项职能，一是制定流域规划，二是流域征费和对流域内水资源开发利用及保护治理单位给予财政支持，三是水信息收集与发布。法国的流域委员会不同于我国的河流水利委员会。它相当于一个在流域层次上的水利议会，其作用是对水务局所制定的流域的长期规划和开发利用方针以及收费计划提供一个权威性的咨询意见。其三，地区级（每个地区由 2~5 个省组成）水管理机构，主要包括地区长官、地区水技术委员会、地区董事会。其职能分别为参与其管辖区小流域开发计划的制订和执行，促进和协调研究工作以及监督和批准项目的执行等。其四，地方级水管理机构，有地方水权管理局和用水户协会[1，2，6]。

　　法国在中央的水资源管理机构是国家水务委员会和部际水资源管理委员会。法国全国共划分为六个流域，每个流域均设立了流域委员会和流域水务局。

　　流域委员会即流域水事务决策机构，它由三级（市镇、省、大区）地方政府代表、水用户代表、有关部门（卫生部、农业部、工业部、环境部、内政部）代表等组成。其主要职责为制定并负责组织落实和协调国家水资源开发管理的政策方针。流域水务局即流域财经机构，隶属于环境部，具有财经自治权，并受委托承担促进其流域内公共利益的一切工作，由一个国家、地方、用户代表组成的董事会负责管理。流域委员会与流域水务局均依照"三三制"原则组成，即国家、地方、水用户的代表各占三分之一。

　　法国水资源管理遵循三个原则[1, 2, 6]：一是流域范围内由相应的流域机构管理；二是各用水户间密切合作，协商解决用水纠纷，批准水资源开发计划，筹措资金，选举代表等；三是建立利益共享、风险共担的财经责任制，造成水污染者缴纳污染税，用水者交水费，这些收益交流域机构用于开发水资源及减少水污染。

　　其水资源管理模式的特点有：①流域委员会是一个综合管理机构，具有权力机构、议会、银行、技术咨询服务、培训等综合职能。②水资源开发利用保护，采取以水养水政策，用法律形式确定流域充足稳定的资金来源，统一规划治理及管理。③城市水务管理实施有计划的委托管理模式。即将经营权租让或特许给私营企业，政府控制水价，居民安全感强。基础设施以政府投资为主[4, 6]。

　　3）西班牙水资源管理体制

　　西班牙在全国跨自治区的河流共设立了九个流域水文地理委员会，统一管理所在流域的一切水事务。流域水文地理委员会挂靠于环境部，在职能上享有完全独立的自主管理权，属独立的公共管理机构。流域水文地理委员会的行政主管部门由中央政府的代表、自治区政府的代表、水用户的代表组成。委员会主席由环境部长提名，首相任命。环境部秘书处具体负责流域机构的业务指导工作[2]。

　　西班牙现行水法明确规定：水资源属国家所有，实行按流域管理，各自治区均不设立水行政管理机构。目前，西班牙采取的国家、地方和用户三方共同治水管水的方法，打破了传统的按行政区域分别治水管水的方法。以胡卡河流域为例，该流域地跨 4 个行政区，其流域机构胡卡河流域水文地理委员会已成立 60 多年，负责管理的流域面积达 4.3 万平方千米，而地方政府却没有一个水资源管理机构，因而大大减少了区域管理与流域统一管理的冲突。

西班牙流域机构的主要职责：一是编制、执行和修订流域水文规划；二是管理和控制用水；三是对于涉及国计民生或其影响超出一个自治区的用水情况予以管理和控制；四是利用本机构人力和物力等条件开展设计、建造等工作[7]。

4. 加拿大水资源管理模式

加拿大有一套成熟的水资源管理模式。首先重视立法，从法律层面明确各级政府的权力，利用法律的强制力进行水资源管理。例如，根据加拿大的宪法，省政府对绝大多数自然资源包括水资源拥有所有权，因此，省政府对其边界内的水资源拥有管理权。各省拥有各种水事务的立法权，包括在民用和工业供水、污染防治、非核热电和水电开发、灌溉和娱乐等涉水领域有立法权[8]。

其次是注重合作，争取双赢。例如，联邦和省政府在水管理方面已经建立了合作关系。加拿大环境部长理事会由联邦、各省和各地政府中的环境部长组成。该理事会定期举行会议，讨论国家在环境方面（包括水资源）的优先项目。然而，要协调好联邦和省在水资源管理方面各自的作用和职责，还需要在预算削减和重新安排各自的职能方面重建合作机制[8]。

联邦及各省的环境和居民健康委员会下属的饮用水分委会 20 多年来在保护饮用水的质量方面发挥了积极的作用。为保持加拿大的饮用水水质，由联邦卫生部、各省或地区卫生和环境方面的管理部门的代表组成的饮用水分委会制定了国家准则。联邦、省和领地政府根据该准则来制定它们自己的饮用水水质标准，如水中微生物、化学药品和放射性污染物质的最大允许含量的标准[8]。

5. 埃及水资源管理体制

埃及水管理的利益主体可以分成三种范畴，即中央政府、地方政府、公共和私有用水户。中央政府包括所有供水或代表用水户利益的政府部门。地方政府包括地方政务会和当地有关机构[9]。公共和私有用水户包括：①农户（包括用水者协会或水利董事会等组织机构）和渔民；②负责供水（包括饮用水和卫生用水）的机构和公司；③工业生产者（公有或私有）；④市民及公共用水部门。

利益主体参与水管理的目的是进行埃及水资源综合管理，要达到的目标是"保证社会经济和可持续发展用水安全，实现高效用水的相应的政策和策略，最优水资源管理和应用，在各实体和部门之间进行协调，增加水利设施良好维护的可能性，减轻国家水资源和灌溉部的财政和行政负担"[9]。

利益主体参与水管理政策正式实行是在斗渠和支渠两个层次进行的。建立在斗渠级别的协会包括用水者协会、用水者联盟和排水者协会。

随着斗渠用水者协会的建立，水资源与灌溉部着手建立支渠协会。这三种模式分别为地方水利董事会、支渠用水者协会和水利董事会。

1995 年以后用水者协会和用水者联盟都具有合法地位，但是排水者协会没有取得这种合法地位，所以这是它们实现目的的主要障碍。

2.1.2 典型国家和地区水资源管理制度安排及实施效果

水资源管理制度安排涉及面广，本节选取较为具有代表性的几个制度安排或水资源政策，阐述其产生背景、实施途径及实施效果，以期从已有实践中获得启示。

1. "莱茵河行动计划"

直到 20 世纪 70 年代，莱茵河还被称为"欧洲下水道"。由于沿河两岸排放工业废水，莱茵河内的鱼虾及沿岸动植物大量死亡。然而经过多年治理，如今莱茵河的受污染程度下降，生态环境基本得到恢复，两岸风光秀丽，莱茵河成为治理河流污染的典范。

莱茵河全长 1 232 千米，流经奥地利、德国、法国等数个欧洲国家，其中大约 860 千米在德国境内，被德国人视为"父亲河"。20 世纪 50 年代末，德国开始大规模战后重建，大批能源、化工、冶炼企业在莱茵河两岸建立，它们向这条河索取工业用水，同时又将大量废水排进河里，导致莱茵河水质急剧恶化[10]。

1950 年，莱茵河沿岸国家联合成立了保护莱茵河国际委员会（International Commission for the Protection of the Rhine，ICPR），总体指挥和协调莱茵河的治理工作。该委员会下设若干工作组，分别负责水质监测、恢复莱茵河流域生态系统、监控污染源等工作。

20 世纪 60 年代，包括德国在内的莱茵河流域各国与欧共体代表签署合作公约，为共同治理莱茵河奠定法律基础。控制污染源是河流治污的关键，因此公约规定，排放未经处理的工业废水的企业可被罚款 50 万欧元以上[1]，不符合排放标准的企业将被关闭[10, 11]。

但莱茵河并没有真正被有效治理，1986 年的桑多兹（Sandoz）事故在莱茵河周边所有国家激起了一阵保护莱茵河的宣传热浪，也引起了政治警惕，随后有三次以上部长会议讨论莱茵河污染问题。1987 年最终制订并实施莱茵河生态系统整体恢复计划，即"莱茵河行动计划"（The Rhine Action Plan，RAP）。

"莱茵河行动计划"明确制定了 2000 年目标[10, 12]。

（1）改善莱茵河生态系统，使较高级的物种，如鲑鱼和海鳟，能够重返原来的栖息地。

（2）保证莱茵河继续作为引用水源。

（3）降低莱茵河淤泥污染，以便随时利用淤泥填地或将淤泥泵入大海。

在"莱茵河行动计划"中，部长们通过了一些很具挑战性的宏伟目标。例如，1985~1995 年，有害物质的排放量降低 50%；到 2000 年，鲑鱼重返莱茵河。

1988 年，北海出现了大量海藻，说明莱茵河污水排放与其对河口外围海洋环境的影响有着密切关系。随后，"莱茵河行动计划"中增加了第四个目标。

（4）改善北海生态。

"莱茵河行动计划"中人们首次做出明确承诺：要拓宽合作范围，而不仅仅限于水质方面的合作。生态系统目标的确立，为莱茵河综合水管理打下基础，不仅防治莱茵河污染，而且要恢复整个莱茵河生态系统[12, 13]。

该计划分为三个阶段实施。在第一阶段，ICPR 确定了一个需要优先解决

---

① 欧元于 1999 年创立，但此处系对文献[10]的引用，不作修改。

的有害物质清单，分析这些有害物质及其来源和排放量。此外，为减少水体和悬浮物污染，ICPR 引入一套有效的工业生产措施，以确定工业生产和城市污水处理的技术和流程。同时，ICPR 开发了一些有效措施，降低诸如 Sandoz 火灾等意外事故造成莱茵河污染的风险。

在第一阶段工作完成基础上，开始了第二阶段的工作（到 1995 年止），目标是真正实施一致通过的措施。第三阶段为 1995~2000 年，进一步实施相关措施，有的方面进行微调，最后再寻求新的实现目标的措施。

为防止污染，沿河采取了各种措施。在 1994 年，ICPR 的报告显示已实现了绝大多数的减污目标。在工业污染源地区，完全达到了减污 50%的目标，许多污染物甚至减少了 90%。为推动莱茵河水质公开、有效评估，ICPR 开发了一套水质目标系统。这些目标不包括污水的绝对指标，主要目的是促进对莱茵河水质简易的定量评估，为解决不同污染物问题的有关措施排序提供工具。这些目标与莱茵河最重要的环境资产（水生动植物和引用水源）保护密切相关，还包括渔业质量标准、悬浮物和淤泥质量（必要的话），对 45 种物质执行了最严格的含量控制指标。

2000 年，在上述行动计划取得显著成效后，该委员会又制订了"莱茵河 2020 行动计划"，旨在进一步改善并巩固莱茵河流域的可持续生态系统。这项计划的主要内容是进一步完善防洪系统、改善地表水质、保护地下水等。

1980~2005 年，有关国家为莱茵河流域治理投入了 200 亿~300 亿欧元。2005~2020 年，有关治理预计还将投入 100 亿欧元。ICPR 称，尽管这条河中的某些重金属和农药含量仍处于警戒值，但 1985~2000 年，莱茵河中的有毒物质减少了 90%。目前，莱茵河中生活着 63 种鱼，曾经绝迹的鲑鱼重新出现，这些都反映了莱茵河治理的成就[11]。

2. 墨累-达令流域协议

最初墨累-达令流域实行的是围绕水资源利用展开的州际协作管理，随着水问题的出现，1914 年由澳大利亚联邦政府、新南威尔士州、维多利亚州及南澳大利亚州政府共同签署并于 1915 年通过了墨累河水协议（River Murray Waters Agreement）。该协议在此后 70 多年的时间里一直发挥着管理作用。但是到了 20 世纪 80 年代，随着水质的恶化和土壤的盐碱化，迫切需要扩大委员会的职权，加强政府间合作的力度以寻求新的对策。1987 年 10 月，经过重新协商，签署了墨累-达令流域协议，该协议最初被认为是墨累河水协议的最终修正。但随着新的水问题的出现，1992 年诞生了新的墨累-达令流域协议，并完全取代了墨累河水协议。

1992 年协议的宗旨是"促进和协调行之有效的计划和管理活动，以实现对墨累-达令流域的水、土及环境资源的公平、高效和可持续发展利用"。协议在政策制定、机构设置和社区参与三个层面上创设了流域协商管理的组织框架，同时确立了新机构的目标、功能和组成，规定了流域机构应遵循的程序，明确了水资源的分配、机构资产管理及财政支出等相关事项。协议于 1995 年正式启用实施。

1992 年协议实施后，墨累-达令流域各州在水资源分配和共享方面可以通过寻求一个相对的利益均衡点，平等分配水资源，满足各州所需，从而减少水资源的浪费，避免水事纠纷，并使水资源向高效益方向转移，取得了很好的经济、社会和环境效益[5, 14]。1992 年协议在一定程度上促进了水资源的高效利用，解决了部分水资源问题，但是用水量的不断增加引发的水资源问题还在增加。为此，在全面核查流域用水量的基础上，1996 年 6 月部长级理事会决定对从流域引用的水量进行用水总量控制。从 1997 年 1 月开始实施用水限额管理，通过建立一个在全流域内共享水资源的新框架，来确保水资源的有效和可持续利用。按照取水量"封顶"（cap）的制度，任何新用户的用水都必须通过购买已有取水许可证用水户的用水权来获得。取水量"封顶"制度是为保证河流和生态的健康、可持续发展，在确定总供水量时对用水量进行上限限制。但是这个上限并不是所有地区都相同且固定不变的，它是根据流域河道的长期流量、结合各个州的用水情况具体制定的，各个州必须确保其掌管下的各条河流的取水量不能超过所分水量的上限，超过水量则需从下一年的分水量中扣除。

自实施新框架以来，墨累-达令流域的水资源问题逐渐得到控制，流域内的水资源平均用量也有所减少，在很大程度上缓解了水资源短缺所引发的环境问题。此外，墨累-达令流域在政府有效调控下，通过完善的水权制度、规范的水市场建设，也逐步实现水资源的优化配置，使有限的水资源为社会创造更大效益，主要包括以下三个方面[2, 5, 14]。

（1）水权的分配。把水权从土地权中剥离出来，新的土地所有者可以通过申请许可证或从水市场购买水权获得供水水源；建立水的交易系统，允许水权转让。

（2）水权类型。水的所有权和使用权归州政府，水权类型有三类：一是批发水权，即授予灌溉和供水职能的管理机构；二是许可证，授予个人及管理工程直接取水、用水的权利，有效期 15 年；三是用水权，与土地相关的农户灌溉、生活和畜牧用水权利。

（3）水权的交易。墨累-达令流域水权交易方式分为临时转让和永久转让，这两种转让方式可以在州内或者州际进行。临时转让主要发生在一年内的水调配量在不同用户之间的转移，是最常用的交易方式；永久性转让是指部分或者全部水权的完全转让，需要经过一定的法律程序和一定的时间来实现。同时实行取水量"封顶"制度，任何新用户，包括灌溉开发、工业用途和城市发展的用水都必须通过购买（贸易）现有的用水权来获得。

3. 排污许可证制度

排污许可，是指环境行政机关依照法律法规，赋予有关组织或个人排放污染物的资格。核发排污许可证是各国在进行水污染防治时一致广泛采用的一种方式。目前，在多个国家被采用，但是各国的相关法律规定又存在较大的区别。

从实施的目的上来讲，一般有三种[4]。一是控制污染总量，如丹麦规定郡议会应将被允许向地下排放污水和废液的总量控制在每年每公顷 3 500 立方米的范围内；二是实现特定的排污标准，如美国的排污许可证是为了保证排放源在一定期限内达到出水限制和出水标准，罗马尼亚的排污许可证是为了保证废水中主要污染物的浓度不超过最高许可浓度；三是实现再次利用，如德国的排污许可证目的就在于确保废水的最佳净化，使其符合收纳水体的质量级。但总体上说来，始终都是围绕防止污染、保护水资源这个大主题来进行的。

在许可证的审批程序公众参与的程度上，各国也不尽相同。美国的透明度水平相对于其他国家较高。依据其《国家环境政策法》，相关方和社会公众均有权参与许可证从申请到审批的全过程，而其他国家则较为保守，一般不赋予公众此项参与的权利。这个问题已经引起各国特别是欧盟国家的重视，1998 年《关于在环境管理中公众获得信息、参与决策的阿巴斯公约》的出现就已经在逐渐改变之前的局限性。

德国的排污许可证制度有其特别之处。它将排污许可分为许可证和执照两大类。共同之处在于，都是行政机关批准的用水许可凭证，这里的用水不同于我们所说的"取水用之"，而是指向地表水、地下水引入或排放物质。二者的区别在于：执照是用水者可供出示的法律依据，具有法律上的效力；许可证只表明用水者具有用水的资格和可能性，在法律上不具有起诉权，且随时都有被吊销的可能[4]。

4.《欧盟水框架指令》

欧盟 2000 年发布了《欧盟水框架指令》（EU Water Framework Directive，WFD），其总体目标是在流域内为所有的水体建立综合的监测和管理系统，发展动态管理措施程序，制订不断更新的流域管理计划，它的中心是要求所有成员国在项目执行过程中鼓励所有感兴趣的团体参与到各类活动中。《欧盟水框架指令》的核心是流域综合管理计划，它要求在 2002 年 12 月 22 日之前，成员国必须识别它们的流域（包括地下水、河口和 1 海里之内的海岸水），而且将其分派到流域（管理）区内。对于所有成员国流域（管理）区而言，必须每 6 年制订一次流域管理规划与行动计划。《欧盟水框架指令》还包含一些经济措施，到 2010 年，家庭、农业和工业都要承担水资源管理的成本，而且将采用水价政策鼓励高效用水。

制定《欧盟水框架指令》时遵循了以下几个原则：①将水保护的范围扩大到所有水源，包括地表水和地下水；②在规定日期前使所有水源达到一个良好的状态；③基于江河流域的水质管理；④使排污不超过限制值并达到质量标准的"兼顾手段"；⑤正确制定水价；⑥使参与的公众更加团结；⑦立法流程。

《欧盟水框架指令》的主要内容和特点可以概括为以下几个方面[2]。

（1）相互独立的水管理系统。水源管理强调独立的系统，符合规律的做法应当是以自然的地理和水文单元为管理单位，而不是由管理部门或政治性原因划定管理边界。"江河流域管理方案"囊括了考虑到各方面情况后进行综合分析的结果，其中包括每条江河流域的具体特征，人类活动产生的影响的回顾，当前立法效用的评估及其在实现所设定的目标中存在的漏洞，还有填补这些漏洞所采取的措施等[15]。

（2）目标的协调共赢。《欧盟水框架指令》要求对所有水源达到一个理想的状态设定截止日期。在水质保护方面有许多需要达成的目标，就欧洲标准水平而言，关键之处在于对水生态的全局保护（或称为一般性保护），对特有的、珍贵的栖息地的特殊保护，饮用水源的保护和浴场水的保护四个方面。

（3）地表水和地下水。《欧盟水框架指令》的革新之一是第一次就欧洲标准水平提出包括地下水和地表水的综合管理的框架，提出对所有地表水都应纳入"良好生态状况"和"良好化学状况"的一般性保护中。对是否依据欧洲标准水平确立的化学物质的所有质量标准来判定是否达到良好的化学状况，指导原则还提供了更新这些标准的机制以及通过危害性化学物质优先处理的方法确定的新标准。

（4）并列的措施指导原则。为实现上述确立的目标，首先要根据大纲确立针对江河流域的目标，再对人为因素的影响做出分析，据此判断每个水域离目标尚存在多大差距。在这一点上，必须考虑当前所有立法得到全面执行的情况下对每个水域的问题所起到的作用。需要判定当前立法是否能够很好地解决问题，框架指导原则也达到了目标？倘若执行情况没有取得什么成效，那么成员国必须准确地判断出原因，并提出实现既定目标的相关措施。这些措施中应当包括对工农业污水排放的更严格的管制，以及对城镇废水源头的严格管理。而这些都应确保其相互协调，共同作用。

（5）综合方法。单独进行源头控制等于在那些有污染源不断渗透的地方放弃了对环境危害极大的累积污染的治理；质量标准则会低估特殊化学物质对生态系统的影响。这是科学知识关于环境中的剂量响应关系和传输体制的局限性所导致的，《欧盟水框架指令》将两者合理结合，保障水污染的治理。

（6）公众参与。在净化水资源的过程中，市民及民间团体将扮演关键角色。欧洲水资源的保护需要更多的市民、利益相关团体和非政府组织（non-governmental organization，NGO）的参与。在制订江河流域管理方案时，《欧盟水框架指令》始终需要得到反馈信息与协商讨论：江河流域管理方案须先发布草案，有关决议依据的背景文献也必须同时发布。在过去，政策的执行总是不能及时地得到考核。而在《欧盟水框架指令》中，通过在水利专家与委员会间建立及时的信息与经验交换网，杜绝了此类现象的重演。

（7）正确制定水价。定价的引入是《欧盟水框架指令》中带有争议的，却也是最重要的革新之一。其推动力量之一，是"保存足以应付不断增长的需求的水源供给"。适当的定价不仅可以遏制水资源的过度利用，还能对实现框架下的目标产生一定的帮助。各成员国被要求保证对水资源消费者按情况制定适当水价，如淡水的提取与分配，废水的收集与处理，都反映了其真实的成本。

《欧盟水框架指令》自颁布以来，上述主要目标的实施程度和效果如何？这个问题可以从《欧盟水框架指令》在欧盟国家实施的情况来考察。

1）法国的实施情况

法国早在 1964 年水法中就规定了水资源行政管理以六大流域为基础，每个流域由一个主管机构负责，这为现代综合性的流域管理提供了良好基础。法国 1992 年水法则改变了法国水资源管理体系，规定每个流域都制定《水资源整治与管理总体规划纲要》。2000 年《欧盟水框架指令》的颁布对法国的水资源管理也产生了一些影响，为使法国的水资源政策与欧盟的整体目标相一致，法国在 2004 年 4 月 21 日通过了将《欧盟水框架指令》进行转换的国内立法，由此确立了法国水资源管理的四大目标，即在 2015 年前实现水体的良好生态状况；减少甚至消除危害物质的排放；保障政策制定和监督中的公众参与；考虑关于用水服务的成本补偿原则[2]。

《欧盟水框架指令》在法国的执行进展和计划推进概观如下：2004 年制定流域区的详细目录；2005 年开展公众咨询；2006 年实施监测方案或公众咨询；2008 年实施公众咨询；2009 年实施管理规划或采纳措施方案；2010 年建立以刺激为基础的收费制度；2012 年运用"联合方法"（combined-approach）原则来控制污染；2015 年实现良好水资源状况的一般目标[16]。

事实上，法国的流域管理和规划方面的部分举措走在了《欧盟水框架指令》的规定之前。在流域区层面，执行《欧盟水框架指令》的最初阶段主要运用现有的行政管理措施，将六大流域转变为流域区，每一个流域区由一个国家主管机构负责，并由选举代表和流域利用者代表组成一个咨询委员会。在流域规划上，法国 1992 年水法要求制定《水资源整治与管理总体规划纲要》和《水资源管理规划》，前者是关于整体流域 10~15 年水资源管理和规划的框架及指导方针，后者是在子流域层面由地方利益相关者支持开展的地方性水资源管理和保护规划。2004 年转换《欧盟水框架指令》的立法中也对流域规划做出了进一步规定，"每个流域或流域群要有一个或多个《水资源整治与管理总体规划纲要》，制定协调的水资源管理的主线，并明确水质和水量的目标"。《水资源整治与管理总体规划纲要》必须每六年提交一次且能够应对水资源部门中的任何行政决定，而且需要与城镇规划相一致[2]。

2）德国的实施情况

在德国联邦政府层面上，《联邦水法》是其水资源管理的基本法。相比德国原有的水资源法律，《欧盟水框架指令》的新颖之处表现在四个方面：一是明确了对水体采取综合性流域管理的方式；二是指明水体的生态标准优于其他各项标准；三是强调成员国内部及国家之间的水资源管理的跨界合作与协调；四是注重展开广泛的公众信息交流和咨询。2002 年，德国根据《欧盟水框架指令》的要求对《联邦水法》进行了第七次修订。此次修订主要涉及德国十大流域区的综合管理，联邦、州之间水资源合作与协调的义务，地表水、地下水、沿海水等的环境目标，流域管理规划和数据收集、传递等方面的内容[2]。

德国在将《欧盟水框架指令》转换为国内法的过程中主要存在以下几方面问题：一是对有关水体的定义不一致，尤其是确定河流、湖泊、沿海水域和过渡水域的生态水质的评估方法的制定，无法在欧盟范围内保持完全一致。二是在保护目标上的不一致。德国对地下水的保护标准比《欧盟水框架指令》更为严格。三是对能否按照《欧盟水框架指令》设定的时间表完成相应措施留有怀疑，因《欧盟水框架指令》的目标和其他欧盟政策有冲突，如全面禁止水资源进一步恶化的目标要求使得新建水电站变得困难，而这成为促进可再生能源发电的相关指令的一种障碍。这些问题对德国主管当局提出了较大的挑战[2]。

根据《欧盟水框架指令》第 8 条的规定，各成员国应当在 2006 年 12 月 22 日之前建立水资源状况评估的监测方案。监测结果将用于确定水体是否处于良好状态，以及为了在 2015 年前达到良好状态在制定流域管理规划和基本措施中起到关键作用。一般而言，欧盟的监测工作是良好的，按照《欧盟水框架指令》的要求，有超过 107 000 个监察站报告了地表水和地下水监测状况。尤其对地表水的监测，监测站的数量是最大的，针对河流、湖泊、沿海水域和过渡水域的监测站数量各占 75%、13%、10%和 2%。《欧盟水框架指令》在管理方面的一个创新内容在于它提出了一个管理框架，综合考虑了水体所受到的所有压力和影响，并整合其他关键的现行欧盟水资源立法的要求，形成水体可持续利用和保护的最低措施保障。《欧盟水框架指令》还要求对保护区进行专门监测，尤其是抽取饮用水的水体以及依赖性生物和物种保护区的水体[16]。但是，在很多个案中这些具体的要求并没有被明确纳入《欧盟水框架指令》的监测方案之中。爱尔兰采取的方案则比较有成效，它主要通过监测支网来完成监测任务。将其他指令中的监测方法和措施整合到《欧盟水框架指令》的监测项目中，被证明在综合规划和分享监测资源方面都有积极成效。另外，为了确保国际流域中项目方案的针对性和完好性，形成完整的关于现存压力和影响的综合评估，成员国还必须协调流域内的监测方案[16]。

2.2　中国水资源管理演变与历史总结

2.2.1　国内水资源管理演变及管理制度变迁过程

纵观人类社会历史的发展进程，人类从开始定居并发展农业后，便与土地和水形成了密切的交互关系。在人们的生活和生产活动中所进行的治理水害，共享水源，是人类社会最早的水事活动，对这一系列水事活动的管理，就是最早的水管理[2]。

1. 中国传统治水管理特征及思想演变

中国的水管理可追溯到大禹治水时期，从西周起就有治水的专官。特别是在防洪治河方面十分强调中央集权和水政的统一。水利事业为中国历代施政重心。经过几千年的发展和演变，经历了从以需定供到需求管理、从完全依靠水利工程到重视水资源管理的转变，水资源管理有了长足的进步[17]，具体见表 2.1。

表 2.1　中国水资源管理的演化历程

时间	水资源管理特征	管理模式	管理思想
初始阶段 （公元前 8000 年前）	需求相对供给小很多，以解决人类生活用水、初期农业生产活动用水和航运等问题为主，维持人类社会生存。水资源管理围绕水源地进行，管理目标单一	分散管理	以需定供
农业革命后 （公元前 8000 年~前 3500 年）	由于需求增加，供水规模和利用效率有较大发展。主要解决供水不足的问题，管理围绕着水利工程的建设、维护和运行。传统水管理常常被定位于防洪、除涝、抗旱等职能，侧重于基础设施的建设，忽视了对在建和已建工程的管理。管理的体制不顺，机制不活，力度不大，存在重建轻管的心理	分散管理	以需定供
民国时代 1912~1948 年	受政局动荡、战争频繁等影响，水管理没有本质的进展。官僚治水逐渐走向专家治水，由以防洪修防为主逐渐走向综合治理，由旧时代的河工逐渐走向近代的水利科学技术，在西方近代法学理论与中国水利实践相结合下出现第一部法律，内容较全，但没有执行下去	混合管理	以需定供
1949~1988 年	以服务农业为主要目的，以防洪、灌溉为重点，重建设，轻管理，是高度集中的计划经济体制下的水管理体制，采用分级、分部门的管理模式	综合管理	供需协调
1989~1996 年	从重点为农业服务逐步转向国民经济各个部门的"全面服务"。水资源管理和水资源价值得到重视，强调"加强经营管理，讲究经济效益"。水利工程建设开始纳入流域水资源开发利用中，水资源管理目标逐渐由单一目标向多目标协调转移，制定了不少水资源开发利用的政策、法规和管理措施	综合管理	供需协调
1996 年至今	以人口、资源、环境和经济协调发展为目标，强调要合理开发、科学管理水资源，保障当代人和后代人永续发展的用水要求，即水资源的可持续利用和发展	综合管理	需求管理

根据水资源管理模式和水管理思想特征的不同，可以将我国水资源管理的演变历程分为四个主要阶段[18]。

1）分散管理、以需定供阶段

这一阶段处于人类社会发展的初期阶段，由于生产力水平低下、生产工具落后、人类活动受自然控制、人类崇拜自然等特点，在该阶段中人类对水资源的需求小于供给。根据社会发展特征该阶段又可细分为"初始阶段"和"农业革命后"阶段。

在"初始阶段"，水资源需求远远小于水资源供给。水资源在人类经济活动中的作用比较简单，主要解决人类的基本生活用水、初期农业生产活动的用水、交通、娱乐等，以维持人类社会生存需要。水资源利用方式采用简单的取水设施，傍河取水，逐水而居，水资源处于开放利用状态。人类对水资源的认识为：水资源取之不尽，用之不竭。到"农业革命后"阶段，人类从食物采集者变成食物生产者，社会生产力有了一定程度的发展；同时，随着社会的发展，水资源的用途拓展到农业灌溉、航运、发电、工业用水等领域，水资源有一定程度的污染。此时水资源可供给量仍大于经济社会发展的总需求量。但随着水资源需求的增加，已有水资源开发利用途径无法满足需求。人们开始通过增加供水设施、供水规模和水资源利用效率来提高水资源的开发利用程度。

在这两个阶段中，人类社会与水资源之间的矛盾冲突，主要表现在人与水（自然）之间的矛盾，尚不存在人与人之间的用水冲突。水资源管理思想为以需定供，即根据用水需求来确定该阶段水资源开发中的各种水利设施的建设及供水规模。水资源管理的目标主要是解决供水不足问题。水资源管理的中心主要围绕着水利工程的建设、维护和运行，属于分散管理模式。到"农业革命后"阶段，人类活动对水资源的影响开始加强，用水紧张、用水冲突也逐渐显现，人们也没有认识到水资源的价值，用水过程中浪费严重。政府开始引用制度措施来协调人类用水行为。

2）混合管理、以需定供阶段

该阶段是我国民国时期的特殊背景和历史关系所导致的。一方面，由于我国封建时期跨度较长，长期的封建社会制度对生产力发展的束缚较大。水管理仍然被定位在防洪、除涝、抗旱等职能上，侧重于基础设施的建设，忽视了对在建和已建工程的管理。管理的体制不顺，机制不活，力度不大，存在重建轻管的心理，历代腐朽的统治阶级阻碍了水利事业的发展[17]。另一方面，在该阶段我国水资源管理逐渐受到西方的科学理论和近代科学技术的影响。全球在工业革命以后，社会生产力水平得到高速发展，人类对水资源开发利用规模越来越大。技术的进步使水资源开发利用成本降低，扩大和加快了水资源开发利用的规模和速度。而人口的增加和经济社会的进一步发展使水资源需求量进一步增加，水资源可利用量与经济社会总需水量基本趋于饱和，局部地区或枯水时段甚至出现一定的用水紧张状态。同时，工业化进程的快速发展加剧了取水或排污引发的冲突。由此引发人们对水资源稀缺程度的认识，并逐渐强调水资源价值、水资源管理、协调用水主体的用水行为的必要性。

受现实问题和理论思想的冲击，我国水资源管理逐渐由分散管理转向综合管理，水利工程的建设开始纳入流域水资源开发利用，水资源管理目标逐渐由单一目标向多目标协调转移，开始建立不同层次的水资源管理机构，并制定相应水利法规，约束各用水主体的行为。各种经济手段开始运用到水资源分配、管理和保护中[17]。

因此，该阶段是一个过渡时期，是推动我国水资源管理实现由官僚治水逐渐走向专家治水，由以防洪修防为主逐渐走向综合治理，由旧时代的河工逐渐走向近代的水利科学技术，由依靠外籍专家逐渐走向发挥国内专家作用的重要阶段。在水管理模式上逐步实现了全国水利行政的统一，立足于流域和区域性开发，对水管理机构和水政进行重大变革，变动了传统的治河、漕运、营田为纲的体制，针对各大流域也形成较为全面的治理规划和重点工程查勘研究，并颁布了我国第一部西方近代法学理论与国家水利实践相结合的水法。但在管理思想上，仍然局限于以需定供，重工程建设和轻管理[17]。

3）综合管理、供需协调阶段

1949年后，生产力水平高速发展，经济社会用水量骤增，可利用水资源量远远不能满足当地的用水需求，供求失衡，水资源短缺成为制约经济发展的关键因素；同时，传统水资源开发利用模式以及水资源利用中的末端治理范式所造成的后果开始显现，生态环境严重恶化，自然水环境容量远远小于水体污染负荷量。从管理思想的不同可将该阶段分为两个部分：从"重建设、轻管理，重点为农业服务"逐步转向"为国民经济各个部门服务"，强调"加强经营管理，讲究经济效益"，同时制定了不少水资源开发利用的政策、法规和管理措施。尤其是水法的颁布实施，标志着我国水资源管理进入了依法管水的新时期[2]。

在这一阶段，人们通过兴建大型跨流域调水工程来缓解局部地区水资源短缺的压力，但是跨流域调水只能暂时缓解水资源短缺的局面，无法从根本上解决水资源短缺问题，更不能解决水资源的污染问题。因此，从管理和政策制度角度寻找解决方案成为新的选择，人们尝试通过建立提高水资源利用率，以及控制水资源需求增长的制度、技术政策，来建立基于水资源需求零增长基础上的经济发展模式。水资源开发利用的思想逐渐由"人类至上"向

"人与自然的协调"转变，开始重视人与水的和平共处。水资源管理目标逐渐由单一目标向多目标协调转移。水资源管理逐渐趋向于水资源开发、利用、保护的综合管理，追求水资源的代际均衡与可持续利用[18]。

4）可持续利用阶段

从 1996 年至今的第四阶段，水资源管理开始进入可持续利用的新时代。一方面，人类社会的不断发展和对经济发展的需求，加剧了水资源紧缺程度，同时生活污染和生产污染日益严重，对水环境造成了巨大的压力；另一方面，气候变化的不确定性增加了社会–生态系统的复杂性。水资源问题不仅与水资源开发利用相关，与土地利用、环境保护等也存在重要的依存关系。人们开始将自然与社会作为一个综合的大系统进行研究，强调通过适应性管理应对水资源问题的不确定性和多样性[19]。

此前，水资源采用多部门的"协同管理"模式是为集多部门合力进行水资源管理，但部门间缺乏合作与协商的多重管理，造成部门间政策不协调，削弱了水资源政策的有效实施；同时，各部门之间、部门管理与行政管理间职责不明，难以实现各司其职。随着我国经济持续快速地发展，水资源问题有进一步恶化的趋势[20]。因此，人们开始强化水资源的统一协调管理，加强流域管理，确定相关水环境管理部门的合作义务，并引入公众参与和多主体合作，加强水资源管理的透明性、公平性和统一性。各种制度、经济手段和管理措施在水资源管理中得到广泛应用，如水权制度、完全成本定价制度、排污权交易制度等。水资源管理强调以人口、资源、环境和经济协调发展为目标，强调要合理开发、科学管理水资源，保障当代人和后代人永续发展的用水要求[21]。水资源管理思想转向以控制需求、协调用水、提高利用率为主的需求管理模式，以供定需，促进经济社会与水资源可持续发展[21]。

综合上述四个阶段可见，人类社会发展的过程始终伴随着对水资源的开发利用，而水资源开发利用的历史也是水资源管理制度不断演进的过程，是从分散管理走向统一综合、从经验走向科学、从单一开发走向协调共赢的演变过程。从人类开发利用水资源的历史进程来看，伴随着社会、经济条件不断变化，水资源供求形势不断动态变化，导致人与水的矛盾及其原因也随之变化，加之外部生态系统的变化，需要不断进行水资源管理的重心的转移。不同阶段需要有相应的管理和治理策略，尤其是在水资源高度缺乏的可持续发展现阶段，亟须对当前的水资源管理体制进行调整和创新。

1992 年在都柏林召开的水与环境国际会议通过的"都柏林法则"提出："淡水资源的紧缺和使用不当，对于持续发展和保护环境构成了十分严重又不断增长的威胁。人类的健康和福利、粮食的保障、工业的发展和生态系统，都依赖于水。"随着社会−生态系统的不断发展演化，现代社会中的水资源问题不仅表现为人与水的关系冲突，还表现为人与人的关系冲突，前者代表人和自然的互动与冲突，反映了人类开发利用水资源的技术因素，后者代表人与人之间在使用、分配水资源时的互动与冲突，表现为人类使用管理水资源的制度因素。水资源治理已然成为一个重要的社会问题[17]。

2. 我国水资源管理机构及管理措施演变历程

我国在不同阶段中具有不同的水资源管理思想和对应的水管理模式，不同管理模式下政府面向的管理对象不同，通过不同形式的管理机构和采用不同的管理方式来处理各类水问题及相关事宜[2, 17, 18]。

1）1912 年之前

在东汉之前，我国没有专门的水资源管理机构，水资源的开发利用都由司空负责。东汉设河堤谒者主持全国的水资源管理工作。到曹魏，设水部郎为尚书郎之一。隋、唐、宋则在工部之下设水部。元代，将农田水利和河防事务分别划归大司农和都水监管理，不再设水部。明清两代，恢复工部，下设都水清吏司，负责全国的水资源管理工作。同时，由于南粮北运的客观需要，出现了中央派往黄河、运河、海河及淮河流域负责河工和漕运工程的河道总督衙门，类似于现代意义上的流域机构。在民国之前，从管理对象上看，我国水资源管理主要针对防洪、供水等水利工程展开，属于分散管理；从管理结构上来说，主要采用集中式管理，政府的具体部门统一负责水资源的管理工作；从管理措施上说，开始采用法律手段保障水资源的管理工作。我国的古代水法规可追溯到春秋时期。根据经济社会的发展和水资源开发利用管理的需要，水法规内容不断丰富和完善。我国古代水法规的主要内容包括水行政管理机构和水利官吏的设置及其职权、防洪和河防岁修制度、灌溉管理和用水分配制度、运河管理制度、劳务和费用分摊制度等[2]。

2）1912~1948 年

民国之初，我国尚未形成统一的中央水利机构。1914 年，全国水利局成立。1927 年国民政府成立后，水利事业的统属部门较多：防洪归内政部，水利建设属建设委员会，农田水利由实业部归属，河道整治由交通部主持。1934 年，全国经济委员会下设水利委员会。同时，各省逐步设立了水利机构，名称各异，但职能大体相同，主要是负责本省的水利行政工作。1928 年后，国民政府根据大江大河水资源开发利用和管理的需要，先后设立华北水利委员会、扬子江水道整理委员会、导淮委员会、黄河水利委员会、太湖流域水利委员会等流域机构，但各流域的流域规划因种种原因未能实施编制。从管理对象上看，水利工程的建设开始纳入流域水资源开发利用中，水资源管理目标逐渐由单一目标向多目标协调转移，管理对象不仅仅局限于水利工程本身；从管理结构上来看，在民国时期主要采取集中式管理，但在组织结构上已形成了多部门合作的管理模式；从管理措施上来看，水资源管理的法规体系得到进一步完善，在洋务运动之后西方新兴的科学技术开始传入我国。随着经济社会的发展和水利科学技术的进步，西方国家纷纷制定了国家水利法规及与之配套的水利管理规章制度。在这种形势下，1933年内政部提交《水利法》草案。1942 年 7 月《水利法》公布，主要内容：一是依法确定水利各级管理机构及相应的权限；二是确认水资源为国家自然资源，规定了必须依法取得水权方能使用的水资源范围及水权登记程序；三是水利工程设施的修建、改造及管理申报批准手续；四是特殊非工程水体（滞洪湖区、泄洪河道）的管理。为了配合《水利法》的实施，1943 年 3月政府还制定了《水利法》施行细则。但整体而言，水管理缺乏法制观念，未颁布一部指导水管理的根本大法，其他专门性的法律、法规、工作规范、规程、条例等法规性文件也急待出台。但近代水利科学先进的理论、技术、方法、材料的引进与我国多年沉积的实践经验实现了融合，大大完善了我国的水资源管理模式[2, 17]。

3）1949 年至今

中华人民共和国成立后，随着经济社会飞速发展，加上前期积累的水管理不畅，水资源问题不断恶化，水稀缺、水污染等引起的冲突事件频繁发生，水资源问题不再是单纯的水问题，而是社会系统与生态系统交互作用下由多个因素共同影响的问题，因此，水资源综合管理成为主导。从管理对象上看，水资源管理不仅处理水的问题，还有包含在水问题之中人与人的利益问题，同时尊重社会-生态系统中要素间的关联性，将水问题作为一个整体进行研究，而不是将每一个问题隔离开来。

从管理结构上来看，我国对水资源的管理主要实行的是从中央到地方分级分部门负责的管理体制。这一时期水资源管理体制的特点是采用分级分部门的管理模式，按照行政区划在各级政府设立了水利部门，负责水利建设和水资源的管理，并且在各级政府的水利、电力、农业、建设、矿产、环保、交通等部门之间划分水资源的管理职能。中央政府设立水利部，而农田水利、水力发电、内河航运和城市供水分别由农业部门、燃料工业部门、交通部门和建设部门负责管理。后经过几次变革，农田水利和水土保持划归水利部管理，水利部与电力工业部两次合并又分开，现在水力发电、内河航运和城市供水还分属有关部委管理，而水利部则为全国水资源的综合管理部门。地方水资源管理体制和职能与中央大体相对应。同时，鉴于水资源具有流域的特性，国家在总结管理经验教训的基础上成立了七大流域机构，开始实行流域管理与区域管理相结合、分级分部门管理的水资源管理体制。因此，该阶段水资源管理结构是在按行政区划对水资源实行开发利用和节约保护等分级管理的同时，通过设立大江大河的流域管理机构，作为水行政主管部门的派出机构，对所在流域水资源实行统一规划、调度和管理。与此同时，除了各级政府的水利部门和流域机构具有水资源的管理职能外，政府的有关部门也承担了水资源管理的部分职能。例如，城建部门负责城区地下水的取水许可管理和城市供水、节水，地矿部门负责地下水资源的勘测评估，环保部门负责水质管理等[2, 17]。

从管理措施上看，第一，法规规范体系进一步完善。1988 年 1 月颁布水法，同时相继颁布了《中华人民共和国水土保持法》和《中华人民共和国防洪法》；修改了《中华人民共和国水污染防治法》，国务院及相关部门颁布了《中华人民共和国河道管理条例》及《取水许可制度实施办法》等多项法律和规范性文件，各级行政部门也颁布了诸多地方法律和规范性文件，保障依法治国的实施。第二，经济政策发挥作用。政府开始通过设置一定的经济政策来促进水资源的管理，如通过水价改革促进节水工程、设置补贴政策保障用水结构调整等，提高了管理措施的多样性。第三，重组水利部和地方水行政主管部门，同时，成立了全国水资源与水土保持工作领导小组，其主要职责包括：审核大江大河的流域综合规划；审核全国水土保持工作的重要方针、政策和重点防治的重大问题；处理部门之间有关水资源综合利用方面的重大问题；处理协调省际的重大水事矛盾；明确流域机构职能；制定各级水行政主管部门实施水资源统一管理的目标[22]。

综上可见，随着水问题的复杂性和不确定性增强，水资源管理开始强调综合管理和多部门协调，同时，在完善现有管理措施的基础上增加其多样化，促进水资源管理的发展。

2.2.2　典型流域（区域）水资源管理与实施效果

1. 三峡库区调度管理的适应性能力建设

长江干流流经青海、西藏、四川、云南、重庆、湖北、湖南、江西、安徽、江苏、上海 11 个省（自治区、直辖市），是中国水量最丰富的河流，水资源总量 9 616 亿立方米，约占全国河流径流总量的 36%，在世界大河中长度仅次于非洲的尼罗河和南美洲的亚马孙河，居世界第三位。为有效实现长江流域综合利用，中国在 1994 年进行长江三峡工程建设，该工程是迄今世界上最大的水利水电枢纽工程，具有防洪、发电、航运、供水等综合效益。

长江三峡及其上游流域水资源具有总量丰富但时空分布不均衡的总体特点，在全球气候变化的大背景下，长江三峡以上流域的水资源特征也受到不同程度的影响，发生了一系列变化，三峡库区极端事件的频繁发生、脆弱的生态环境、水土流失、地质灾害等问题是库区经济社会可持续发展面临的首要问题，各级政府和部门通过采取一系列措施提高库区适应性能力，取得显著效果。

1）加强联合调度，应对气候变化

三峡工程建成后，形成了总库容约 393 亿立方米的巨型水库。三峡工程对长江上中游带来了一系列的问题，包括库区污染物质累积、库区消落带生态退化和荆江防洪补偿调节等，这些问题的解决，需要科学地设计三峡水库的调度方式，人为地改变下游洪水节律或者改变上游水位的变化过程，达到通过径流和水位的调度改变河流物质交换能力与水体生态调节的作用，改善河流环境状态的目标。以荆江防洪为例，由于三峡到荆江河段还有比较大的区间和支流汇合，三峡水库的防洪调度需要考虑区间洪水过程的变化。其中，除了支流的天然洪水之外，清江来水及其隔河岩水库的蓄洪作用非常重要。因此可以将三峡和清江梯级水库作为一个关联系统进行调度运用，共同提供荆江防洪所需要的洪水拦蓄量以及蓄放水优先次序。在可以动用的水库防洪库容调节下，尽可能地降低荆江干流的高水位持续时间，从而减轻长江关键江段的防汛压力[23]。

此外，三峡水库蓄水后，2003 年 6 月首次在三峡库区发现"水华"现象以来，"水华"问题已经成为三峡水库水环境的突出问题和公众关注的焦点。据不完全统计，2003~2005 年累计发生 27 起"水华"事件，仅 2006 年 2~3 月就发生 10 余起，2007 年库区共有 7 条支流出现了"水华"，2008 年"水华"爆发程度较 2007 年有所减缓，持续时间缩短，但频率增加，且发生范围出现明显的扩大。三峡水库蓄水以来的监测结果表明，随着水库蓄水的进一步实施，三峡库区"水华"的发生范围进一步扩大，发生时间区域集中，优势种趋于多样化。但是利用水库调度产生的水位波动，可以有效影响"水华"的发生条件，监测表明，水库调度可以明显地减少"水华"事件的发生。

2）提升综合监测和预警预报能力，保障水库安全运行

首先，建立了长江三峡工程生态与环境监测系统。为掌握三峡库区生态系统和局地气候的时空变化，以及反映工程建设对气候环境的影响，并在此基础上提出有效的对策措施，针对三峡水库环境保护工作的实际需求，在充分调研和总结以往研究工作的基础上，1996 年国务院三峡工程建设委员会办公室协调组织了环保、水利、农业、林业、气象、卫生、交通、社会统计等有关部门，对三峡库区及长江到河口地区的生态与环境进行全面的跟踪监测。根据长江三峡工程生态与环境监测系统建设的规划，由中国气象局国家气候中心牵头承担了长江三峡库区局地气候监测子系统的建设。该系统除了对三峡库区进行气候监测、编制局地气候监测年度报告外，还针对三峡库区的主要气候变化特点、要素时空分布特征、水库气候效用数值模拟、气候资源开发利用、气候灾害发生及影响等方面进行了分析研究。这些工作对合理

开发利用库区气候环境资源、制定移民开发规划、避免气候灾害、调整农业结构布局和三峡环境资源保护等提供了科学的依据。

其次，在监测的基础上积极开展气候变化的影响研究。自三峡工程建成运行以来，与气候变化相关的研究成果层出不穷，主要包括气候变化对三峡工程运行和库区生态环境的影响，以及三峡工程建设对局地气候和生态环境的影响等。这些研究成果对政府部门采取及时有效的适应措施提供了科学基础，也为库区实现可持续发展提供了科学的参考依据。

3）推进生态保护，适应气候变化

实施天然林保护、退耕还林还草等生态建设，可以进一步增强林业作为温室气体吸收汇的能力，也是提高库区气候变化适应能力的重要途径之一。近几年来，围绕三峡库区生态建设，先后启动实施了"山水园林城市"和"青山绿水"两大战略工程，加快库区用地生态建设步伐，到 2003 年底已先后在库区内启动实施了生态建设综合治理工程、长江中下游水土流失治理工程、长江中上游防护林工程、天然林资源保护工程、退耕还林（还草）工程和高效农业建设等生态建设重点工程，累计开展水土流失治理面积近 1 万平方千米。基本控制水土流失面积 5 000 平方千米，森林覆盖率得到大大提高。

三峡库区退耕还林工程始于 2000 年，从近几年的整体情况来看，该项工作进展顺利，成效显著。以三峡坝区夷陵区为例，从 2001 年开始实施退耕还林工程，累计完成退耕还林 1.69 万公顷，其中退耕还林 9 100 公顷，荒山造林 7 800 公顷。退耕还林工程的实施，取得了比较显著的生态、经济和社会效益。尽管三峡工程建设占用了该区 800 公顷林业用地，但是由于退耕还林工程的实施，生态状况明显改善，为农业丰产稳产起到了不可替代的屏障作用。从三峡总公司监测情况来看，近几年流入三峡库区的泥沙含量正以每年 10%的比例递减。同时，该区在退耕还林工程建设中结合农村产业结构调整，大力发展干鲜果业、药材种植业、茶叶种植加工业、桑蚕业等后续替代产业。退耕还林有力地推动了全区农村产业结构调整，增强了经济发展后劲，也为巩固工程建设成功奠定了良好的基础。同时，退耕还林工程的有效实施，以及坡耕地不断减少，特别是 25°以上的不利于耕种的陡坡耕地大量减少，改变了长期以来"广种薄收"的传统耕作习惯，调整了不合理的土地利用结构，增加了土地经营的集约化程度[24]。

2. 黄河水权分配的协商制度设计

黄河流域的水权分配制度经历了从"自由取用"到"先来先用"再过渡到竞争性水权制度的过程。在中华人民共和国成立之前，黄河给人们带来的不是丰余的水资源，而是泛滥的洪水和淹没的土地，受这种历史背景的影响，在 1949 年后，中国对黄河的管理曾长期以防洪治理为主，在水资源的利用上，则是一种典型的"开放的，可获取资源"，沿岸的任何单位和个人都可以自由取用黄河水，浇田灌地无须缴纳任何费用。受这种"自由取用"水权制度的影响，各地竞相建设了大量的引水工程，同时对农作物采用了大田漫灌的灌溉方式，在种植结构上还引进了高耗水量的水稻。沿岸对水资源的过度开发和利用，造成黄河水资源的相对短缺。在无约束的条件下，上游过度取水致使黄河从 1972 年以后多次出现断流，最严重的年份，断流时间达 200 多天，给下游造成了巨大的经济损失。黄河流域上下游之间竞争性用水矛盾的激化，导致了黄河水权的高度集中的行政性分配。1987 年国务院批准了南水北调生效前的《黄河可供水量分配方案》。1998 年 12 月，国家发展计划委员会、水利部联合颁布了《黄河可供水量年度分配及干流水量调度方案》和《黄河水量调度管理办法》，授权水利部黄河水利委员会对黄河水量实行统一调度。通过水量统一调度，遏制了下游日趋严重的断流局面，尽管2000 年遭遇了严重的干旱，但黄河下游仍实现了 20 世纪 90 年代以来首次未断流，保证了城乡居民生活用水，农业用水也有了较大改善，政府的干预起到重要作用[25]。

黄河的防断流实践是非常成功的制度变迁，通过实施水量统一调度，强化了区域用水的总量控制，确立了新的水权规则和用水激励结构。沿黄各省区对这一制度变迁做出了有效的响应，各种用水主体的行为随即发生了积极变化，主要有以下几个方面[26]。

（1）沿黄各省区对分水方案的违约率下降、履约率不断上升。1999 年以来，个别省区长期超限额用水的现象开始扭转：山东在过去几年中，只有一个年份超限额耗水；内蒙古则在 2003 年历史上第一次用水总量减到了限额以下。对于 3 个用水规模达到分配限额的省区（宁夏、内蒙古和山东），如果根据超 1987 年分配水量百分比来衡量，尽管整个 20 世纪 90 年代山东和内蒙古的超耗水比例都为正，但是其超限额比例趋向不断缩小，至 2000 年已经基本等于分配限额，之后除个别年份，大都在分配限额之下。而宁夏除个别年份，用水总量都在分配限额之下。这表明，黄河的分水方案执行得越来越好，黄河分水制度的有效性越来越高。

（2）有力推动了沿黄各省区的相关事业的结构调整，加快了节水型社会建设的步伐。首先，推动了用水结构的调整，1988~1998 年地表水的耗用结构中，农业灌溉占 92.0%，工业占 5.1%，城镇生活用水量占 1.3%；1999~2003 年，农业灌溉用水量下降至 88.0%，工业用水量升至 7.4%，城镇生活用水量上升至 3.2%，用水结构向合理的方向调整。其次，促使沿黄各省区（特别是超耗水省区）量水而行，调整产业结构，限制高耗水企业的发展，调整农业种植结构。

（3）流域用水效率提高速度加快。在统一调度特别是 2000 年以后，流域内各种生产用水的定额出现了明显的下降趋势，特别是农业用水定额。实施统一调度前的 1997 年，黄河流域平均地区生产总值耗水定额为 560.17 米³/万元，2003 年平均地区生产总值耗水定额降至 309.66 米³/万元，比 1997 年降低 44.7%。从 1980 年到统一调度前全流域万元地区生产总值耗水量年均下降 8.11%，而统一调度以来则年均下降 9.41%。

（4）水量统一调度管理诱发了更多的制度变迁，推动了水权市场的探索。黄河中上游的内蒙古和宁夏等超耗水省区，面对水权总量约束的硬化，转向从优化配置已有水权中寻求出路。目前，宁夏、内蒙古两自治区开展了五个水权转换试点，通过农业节水，将节余水量有偿转让给工业项目，已经取得了一定的社会和经济效果，对我国社会主义市场经济条件下的水权制度建设具有深远意义。

黄河流域为防断流推行的大规模制度变迁，在短短的六七年时间里，已经使黄河流域各省区用水主体的行为发生了深刻改变。黄河流域的水资源分配和利用已进入良性轨道，沿黄各省区将不再从向中央要水、中央补贴调水中寻求出路，转而主要依靠自身节水和水权优化配置。黄河流域分水制度变迁前后在"对区域用水总量的约束、地方用水效率、地方用水结构、产业结构调整、地方水价改革"等 13 个方面产生了不同程度的变化。从中不难发现，制度建设产生了巨大的收益和广泛的正外部性，这是黄河防断流成功的关键所在。

3. 海河流域节水制度安排体系构建

海河流域具有洪涝与缺水干旱并存的特点，素有"十年九旱"之说。目前，本流域已成为全国水资源最紧缺的地区之一，多年平均水资源总量 419 亿立方米仅占全国的 1.5%，人均水资源占有量约 350 立方米，不足全国的 1/6，为世界平均水平的 1/24，远低于国际公认的人均 1 000 立方米的水资源紧缺标准；耕地每亩平均水资源占有量 258 立方米，仅为全国的 1/8。流域以其仅占全国 1.5%的有限水资源承担着 11%的耕地面积和 10%的人口以及京津等几十座城市的供水任务，水资源已远远不能满足工农业生产和人民生活用水需要，处于供需严重失衡状态[27]。

随着经济和社会的不断发展及人口的增加，海河流域需水量呈增长态势。海河流域包括北京、天津、河北大部分地区以及山东、山西、内蒙古、河南等部分地区，区域内共有 26 个大中城市。由于流域内人口急剧膨胀及经济快速发展，对水资源开发利用程度逐步提高，目前流域多年平均水资源开发利用率已接近100%[27]。

由于海河流域地表水资源的过度开发和利用，流域内河流长时间断流。调查结果表明，20 世纪 60 年代，海河流域 21 条主要河流中有 15 条河流发生断流，年平均断流时间 78 天；70 年代发生断流的河流增加到 20 条，年平均断流时间 173 天；80 年代到 21 世纪初，21 条河流全部发生断流，断流时间平均超过 200 天。如果不采取强有力的措施及时解决水资源严重短缺的问题，水资源供需严重失衡的局面将更为加剧，国民经济和社会发展将受到瓶颈性的制约。

面对严峻的水资源形势，海河流域各地高度重视节水型社会建设。近年来，流域各地以水权、水市场理论为指导，改革体制、创新机制、完善法制、因地制宜，积极探索，在城市节水、农业节水、污水处理等方面取得了明显成效，流域水资源利用效率和效益明显提高，有力地保障了经济社会的快速发展。流域万元产值用水量从 20 世纪 80 年代初的 2 490 立方米下降到 2016 年的 217.7 立方米；在用水量增加 1.5%、人口增长 30%的情况下，地区生产总值从 1980 年的 1 592 亿元增加到 2000 年的 11 630 多亿元，翻了近三番。

海河流域各地节水型社会建设的主要成功经验和做法如下。

一是积极推进水务一体化管理，为节水型社会建设提供了体制保证。截至目前，流域各地共成立县（区）级以上水务局 220 余个，占流域所有县（区）级以上水行政主管部门的 73%。

二是完善节水法规建设，逐步实现了依法节水。截至目前，全流域共出台省一级节水法规和规章 30 余个，为依法节水提供了重要保障。

三是加强节水规划和前期工作，为节水型社会建设提供了科学依据。例如，天津市先后编制了《天津市城市节水目标导则》和《天津市中长期供水规划》等一批指导性很强的节水规划，确定了全市总用水量和各区县、各行业用水指标。

四是加强宏观调控，充分发挥了政府的组织推动作用。各地通过调整产业结构、制定用水定额、实行分类供水、加强技术改造等措施，促进了水资源的节约和高效利用。

五是积极运用市场经济手段，促进了水资源优化配置。各地通过水价调整、水权转让等市场经济手段有效促进了水资源优化配置、节约和保护[28]。

六是加大了治污力度，有效保护了水资源。加强了污水处理和中水利用，京津两地的污水处理能力已达到排放量的 50% 以上。

七是高度重视科技进步的作用，全面带动了节水。加大了污水再生回用、海水淡化、节水灌溉等技术研究和推广力度，全流域节水灌溉面积已发展到 330 万公顷，占流域实际灌溉面积的 50%。

八是积极抓好试点工作，为节水型社会建设提供了典型示范。充分学习借鉴水利部开展国家级节水型社会建设试点的经验，因地制宜地开展试点工作。到目前，全流域共有国家级节水型社会建设试点两个，省级十个，为全面建设节水型社会提供了示范和经验。

九是重视宣传的作用，积极引导公众参与节水工作。各地充分利用"世界水日"及"中国水周"的时机和各种行之有效的方式大力宣传节水，使节水逐步深入人心，用水户参与节水的积极性明显提高。

此外，在全国节水型社会建设试点工作中，海河流域各地结合自身实际积极创新工作方式方法，为深入推进节水型社会建设积累了经验。例如，北京市大兴区大力推进再生水、雨水等非常规水源利用，有效地涵养了地下水，同时大力发展节水设施农业，提高了农业节水水平。河北省邯郸市加强了水资源管理法规体系建设，为节水型社会建设提供了制度保障。河北省衡水市桃城区创造性地提出了"一提一补"的农村水价机制，取得良好的节水效果。河南省安阳市通过建立节约用水协会和制定相关管理措施引导用水户使用节水器具和自建节水工程，同时全面实行计划用水管理，取得较好节水效果。山东省滨州市高度重视节水机制和制度建设，同时将节水考核纳入市政府年度考核体系。这些经验都具有较大的推广价值。

2.3　国外水资源管理对国内的行动启示

尽管各个国家在政治体制上形态各异，社会状况大相径庭，发展中国家和发达国家各自面临的水环境问题也不尽相同，但通过对各国水资源管理体制的研究分析，以及对典型管理制度安排的深入学习，我们仍可找出其管理模式和管理方式在发展趋势上的某些一致性，从中获得启示并加以借鉴，具体如下。

1. 在流域范围内建立民主协商制度

公众参与是各个国家在水资源管理体制中体现民主协商制度的重要表现之一，通过不同的表现形式来实现。法国的流域委员会与流域水务局均按"三三制"原则，由国家、地方、用水户这三方各占三分之一的代表组成。流域机构组织三方代表进行深入细致的协商，制定规划，解决纠纷，处理流域内重大事项。澳大利亚以社会咨询委员会的形式吸取公众的意见，提高公众参与程度。欧盟强调多主体参与和公众参与，提高水资源管理的效率。加拿大通过多主体参与合作构成的饮用水分委会在水质控制上发挥了重要的作用。埃及在斗渠和支渠层次上进行的利益主体参与水管理政策大大推进了水资源管理的工作成效。尽管协商达成一致意见需要的时间一般较长，但通过民主协商，才能保障流域内水资源分配和利用的公平合理[2]。

2. 政策及目标制定具有适应性和可调整性

欧盟新水政策所要实现的目标简单明确——"净化被污染的水源以及使现有干净水源保持现状"。在《欧盟水框架指令》的诸项指导原则中，最为重要的两个是"动态管理程序"和"适应性流域管理"，规定每六年制定流域管理规划与行动计划，并通过建立水体综合检测和监管系统实现有效控制。在对水质的控制方面，强调"对所有水源达到一个理想状况设定期限"，在不同的水域制定严格的标准的同时，强调标准每隔几年就会适当提高，具体表现在水体检测中所允许的各项污染物含量数值呈下降趋势。澳大利亚的墨累-达令流域的水资源管理充分体现了适应性和调整性，随着水质的恶化、土壤的盐碱化等一系列水问题，从 1915 年的墨累河水协议到 1992年墨累-达令流域协议，协议对流域委员会职权继续调整，并修正相关协议内容来满足水资源管理的新需求，1997 年经济社会的高速发展导致用水不断增加，又在墨累-达令流域协议中增加了取水量"封顶"的制度[15]。

3. 设置统一的水资源管理机构

美国设立了统一的水资源管理权限的管理部门，在此基础上在全国分设了 10 个水环境保护区域，实现水资源统一有效的管理；法国采用分权式管理体制，西班牙则以环境部为首，建立流域管理结构，同时在地方政府不设立水资源管理机构，以减少冲突，保障水资源管理的统一性和一致性。

4. 建立符合自身国情的流域管理制度

尽管各国和地区水资源管理模式各不相同，但管理的趋向却十分明确。各国和地区（包括美国、澳大利亚、欧盟等）都将水资源管理的许多职能下放给流域机构，并通过立法赋予流域机构实施流域水资源统一管理所必需的权力，同时通过法规或协议来规范流域水资源统一管理体制以及流域内水资源协商、决策、执行与监督机制。例如，《欧盟水框架指令》强调，基于江河自然流域划分管理区域是最有效的管理模式。欧盟是由多个国家联合起来，逐步走向高度一体化的经济与政治实体，尽管在涉及独立主权和行政管理权的环境保护问题上，各国可以根据自己本国的需要制定政策，但对跨国的江河污染治理，则采取了在欧洲境内跨国河流纳入欧盟委员会统一管理之下的措施，代替了以往各国对境内一段流域单独管理的体制[15]。以莱茵河为例，它的污染状况在多年前并不好于现在的长江，但在 ICPR 成立之后，沿途各国密切合作，把管理和治理权交由该机构统一执行，如今污染已经得到根本好转[2, 15]。

5. 建立有效的法律、政策保障

各国对法律和相关政策在水资源管理中的作用都非常了解，而且在实践中充分运用了法律手段。美国在水资源管理过程中时刻将法律作为一种必要的手段，保障管理工作的有效性和权威性：1969 年美国颁布《国家环境政策法》，对水资源管理权力进行规范。1933 年美国国会通过法案授权田纳西河流域管理局负责田纳西河流域水利工程建设，全面负责流域规划的制定与实施。英国通过立法不断改进和完善水资源开发利用与保护的管理体制，从过去的多头分散管理转变为以流域为单位的综合性统一集中管理，基本上实现了水的良性循环。加拿大非常重视立法，强调从法律层面明确各级政府的权力，利用法律的强制力管理水资源，规定省政府对其边界内的水资源拥有管理权[4]。

6. 公众广泛参与水资源管理

如何使公众参与有效融入水资源管理是水资源社会化治理的重要方面。公众参与水资源管理可以促使水资源开发、利用、节约和保护更为公平、公正、公开，更加民主化，促进水资源管理政策更好落实和实施。公众参与机制促使水资源管理更加科学，如加拿大水资源管理模式。事实上，公众参与水资源管理的机制就是要架起政府与社会民众之间的一种合法、合理和公平的桥梁，即就水资源管理过程中涉及的水资源政策、行政决策等进行充分的协商、协调的机制。然而目前来看，水资源管理并没有针对公众参与机制做出明确的规定，地方层面上广东省首次将公众参与机制纳入考核中，可见公众参与机制的程度相当低。这与国外公民积极参与水资源形成了很鲜明的对比，由于政策的相对透明，国外公民更多地参与到水环境的开发和利用中，这使得流域的保护与开发工作往往获得事半功倍的效果[29]。因此要积极推动公众广泛参与水资源管理。

7. 加强水资源管理信息知识技术效率

水资源管理的关键问题是水资源合理开发、利用与配置及水污染控制。不管是哪一类问题，都需要有核心技术来支撑管理实现。然而，由于水资源管理的主体异质性强、影响层面广、不确定性高等，管理过程中缺乏有效充分的知识和信息支撑，缺乏规范的技术标准和有效的技术体系，以完成水资源管理的技术实现。并且，现行的水资源管理政策制定（规则设计）缺乏对参与者行为决策与社会学习的考虑，忽略了水资源管理过程中的信息交流和知识技术整合，过于强调从外部控制的角度制定约束或激励政策，不但导致水资源管理额外的执行成本和管理成本增加，更严重的是管理执行效率不高。此外，很多地区存在技术重复建设、错建、闲置等现象，造成技术资源大量浪费，降低水资源管理技术创新服务效率。

8. 其他

英国在水资源管理体制中强调监管的重要性，它将环境、经济和社会及饮用水质量分别纳入独立的监管部门中，与农业、工业生产进行对接，建立独立的监管机构，实现有效的水质控制；法国建立了"利益共享、风险共担"的财经责任制，提高约束力度，造成"水污染者缴纳污染税，用水者交水费"的规则，并将这些收益交流域机构用于开发水资源及减少水污染，形成良性循环；加拿大在水资源管理中强调部门间的合作，通过协调各部门职责和在水资源方面的作用，明确相互间关系，提高管理效率[2]。

综上所述，国外水资源管理的模式可概括为"统一、分级、协作、适应"这样四个关键词。在许多国家的水资源管理中，都充分考虑了流域自然属性，以统一管理和市场机制为基础，兼顾各国自身政治体制的特点，充分发挥地方的积极性，并纳入相关部门和社会团体，建立由多主体组成的协调组织，这种管理方式有利于照顾各方利益，保证了管理效率，也能够取得较好的管理效果。在统一、分级和协作的管理模式基础上，强调水管理和政策的适应性，一方面，重视依法治水，各有关管理机构的职权、责任都由法律来予以规定，市场机制和法律机制成为水资源管理的两大重要机制；另一方面，根据外部环境的变化，及时调整水资源管理措施和政策，有效解决经济社会发展所带来的一系列水资源问题[4]。

2.4　中国水资源协商管理的现实需求

2.4.1　应处理好水资源管理过程中的几个关系

为了有效落实水资源管理制度，克服水资源管理实践中存在的问题与不足，提高水资源利用效率和效益，水资源管理就必须要处理好以下几个关系[30, 31]。

1. 人水和谐关系是水资源协商管理的目标

人离不开水，就像离不开空气一样。水是生命之源，是经济社会发展的基础条件。人与水存在着对立统一的矛盾关系，人水关系的最高境界就是人水和谐。纵观人类历史，人类从最初的择水而居，以水为邻，依赖水、敬畏水，到后来对水的无序开发和掠夺，再重新回归到保护水、治理水、呵护水，最终实现人水和谐。这个过程很漫长，是人类对水的规律正确认识的哲学思考过程。落实水资源协商管理制度，重点围绕水资源的配置、节约和保护，执行管理水资源三条红线制度，是解决水资源短缺的重要之举，是构建人水和谐的生态文明的重要措施，真正做到以水定人、以水定城。

2. 水与生产关系是经济社会安全的关键

水是基础性自然资源和战略性经济资源，是生态环境的控制性要素。它支撑着人类经济社会发展，是社会可持续发展的基础。经济社会系统由水资源系统、环境系统、生态系统共同支撑，而水资源系统又是环境系统和生态系统的基础。经济社会发展对水的需求可分为饮水安全、粮食安全、防洪安全、经济发展、生态用水等五个层次。而区域水资源总量是有限的，经济社会发展必须适应水资源条件，应当强调水资源的承载力，即能维持支撑人类社会和自然环境生存与发展的能力。我国水资源情势迫使水资源管理必须最严格化，在现有水资源条件下按照以水定需、量水而行、因水制宜的原则去进行社会经济发展，促进水资源的可持续利用，从而保障经济社会的可持续发展。

3. 水资源开发利用与节约保护关系是水资源管理有效落实的具体体现

水资源管理不是限制水资源开发利用，而是要注意开发利用的节奏、效果与效率，要做到水资源利用的全局帕累托最优。同时，水资源管理三条红线也都体现了对水资源的节约保护：用水总量控制红线是在保护水资源总量，不能过度开发和使用；用水效率控制红线是在保护水资源利用程度，节约水资源；水功能区限制纳污红线则是在保护水质和水环境，促进水生态文明建设。水资源管理就是要改变以往只重开发，不重保护的做法，处理好开发利用与节约保护的关系，为水资源可持续利用提供保障与支撑。

4. 政府与市场界限关系是水资源管理公平与效率的深刻反映

如何处理政府与市场的关系一直是水资源管理关注的问题。水资源管理是当前国家对水资源管理所做出的全面部署和具体安排，是指导当前和今后一个时期我国水资源工作的纲领性文件，既需要政府顶层设计，又需要市场的全方位参与。国家提出的最严格水资源管理控制红线标准是政府给定的，但如何进行控制、如何落实最严格水资源管理制度则需要政府与市场相互协调，既要发挥政府服务型职能作用，又要充分发挥市场配置机制作用。因此，只有正确处理好政府与市场在水资源管理中的关系，才能有效规避政府在处理涉水事务上存在的机构重复、职权交叉重叠、责权利关系模糊及"越位"和"缺位"等问题，才能更好地借助市场力量提高水资源利用效率和促进水资源优化配置，推动水生态文明全面建设。

5. 流域管理与区域管理协调关系是缓解多主体利益冲突的有效途径

目前，流域管理与行政区域管理是我国水管理体制的重要组成部分。水资源协商管理离不开流域管理与区域管理，二者是相辅相成的，行政区域管理必须服从流域统一管理，接受宏观指导，流域管理又必须以行政区域管理为基础和依托，流域机构开展工作需要流域内各级地方政府和有关部门的配合，提供良好的政策环境和行政支持。然而"部门分割"、条块分治的水资源管理体制容易割裂水资源整体性管理，管理比较低效；并且，各行政区从各自经济社会发展出发，考虑各自的利益，很难兼顾到流域整体利益，结果水问题也得不到根本解决。因此，在水资源协商管理落实过程中，正确处理好流域与区域的关系，理清流域与区域各自的职责，划分流域与区域的事权，对最严格水资源统筹调度和科学管理具有重要意义。

2.4.2　推进水资源协商管理的必要性

从我国现行水资源管理过程需要处理的几个关系，以及国外水资源管理对我国的行动启示来看，推进水资源协商管理对现阶段水资源管理十分重要。

1. 协商稳定与适应性

考虑气候等不确定因素对水资源开发利用的影响，提高水资源管理能力建设是有效应对水资源需求的增加和供给的不确定性的重要路径。适应性体现在对不确定环境下水资源供需关系的适应，即对人口规模、经济发展水平、技术更新、用水结构、气候因素等要素的变化的应对能力。由于水资源管理的核心思想与社会-生态系统的供需关系紧密相关，影响供需关系的各类要素的变化都会对水资源协商管理造成影响。因此，可从水资源配置结构、水资源价格、水资源供给量等方面考虑协商，这些协商行为既要适应水资源环境变化，又要确保在一定时期内制度具有稳定性，才能有效调控水资源协商管理过程中的变化，从而保持水资源供需关系的平衡。

2. 协商效率与服务性

单纯依靠市场手段会造成水资源开发利用的公地悲剧。水资源属于准公共物品，在许多情况下难以明晰产权，造成水资源过度开发、污染等问题。在无有效约束的条件下导致一些流域出现断流、"水华"爆发等严重的现象，给区域造成了巨大的经济损失，正是由于"市场失灵"才需要政府的干预和管理，国家将水资源管理提到水资源开发利用的战略高度，制定了三条红线的标准。有效的政策和制度体系能够实现水资源的统一调度、排污标准的落实和节水设施的使用等，提高政府管理的效率，有效遏制日趋严重的断流局面、污染问题。同时，政府依据自身优势，可有效提供水资源的相关信息和数据，为水资源管理提供可靠、有效的依据，提供更好的服务。在水资源协商管理中，政府的干预和管制起到不可替代的重要作用，主要通过一系列政策法规、规范章程等体现，约束各类利益相关者的行为。

3. 协商公平与协调性

水资源协商管理包括对水资源的开发、利用和保护，在社会-生态系统背景下，水资源开发利用受到各类因素的影响，其管理工作也涉及林业部门、农业部门、电力部门等多个部门和主体。例如，实施天然林保护、退耕还林还草等生态建设，可以进一步增强林业作为温室气体吸收汇的能力，也可提高区域应对气候变化的能力；加快区域生态建设步伐，提倡高效农业建设等生态建设重点工程，大大提高森林覆盖率，控制水土流失等。从系统的角度提倡多主体的参与和协商，是实现科学、合理水资源管理的重要保障。如何规范或协调好多主体协商机制，这需要考虑水资源管理多方主体的公平以及制度实施过程中的协调与平衡，这对协商能否公平展开更为重要，既可以保护用水主体弱势群体，又可以保证制度透明，促进水资源协商管理更为有效落实。

4. 协商权威与法制性

一方面，面对严峻的水资源形势，需以水权、水市场理论为指导，完善法制法规建设，实现依法治水，强化水资源协商管理的法治性和权威性。这样为水资源管理建立统一的制度体系，规范水资源协商管理程序，提高流域水资源利用效率和效益，有力保障区域经济社会的快速发展；另一方面，建立统一的管理机构，明确各部门的权责划分和隶属关系，避免多头治水和政策矛盾，加强水资源协商管理制度的权威性，从而提高管理指令的有效性，改进水资源管理效率和管理效益。

5. 协商效果与集成性

水资源协商管理涉及各类利益相关者，不同利益相关者具有自身的知识和信息储备。面对各类水资源问题，需要综合考虑各类知识，方能制定出更为合理、科学、有效的管理模式和制度安排体系。具体包括重视对社会-生态系统的定期监测，并在此基础上积极开展各类不确定因素对水资源开发利用的影响的研究；重视开展微观层面广大用水主体的沟通和协商，了解各类利益相关者的诉求和偏好；重视社会媒体、科研机构、NGO 等第三方主体的知识储备——其相关研究成果和实际情况对政府部门采取及时有效的适应措施可提供科学基础或现实指导，为区域实现可持续发展提供有效的参考依据。同时，更要注重协商管理各项制度之间的逻辑性、制度间的联系性，避免制度重复与叠加，强化制度制定与落实的有效集成和融合，促使制度体系严谨、完善、优化与科学，才会具有更好的协商效果。

参 考 文 献

[1]崔祎满. 江汉平原水资源保护及战略对策研究[D]. 武汉理工大学硕士学位论文，2004.

[2]王永军. 流域水资源统一管理体制研究[D]. 天津大学硕士学位论文，2004.

[3]李晓锋，王双双，孟祥芳，等. 国外水环境管理体制特征及对我国的启示[J]. 管理观察，2008，（10）：29-30.

[4]章建文，王睿. 国外水资源管理模式对湘江水资源统一管理与调配的借鉴[J]. 中南林业科技大学学报（社会科学版），2010，4（6）：47-50.

[5]夏军，刘晓洁，李浩，等. 海河流域与墨累–达令流域管理比较研究[J]. 资源科学，2009，31（9）：1454-1460.

[6]张钡. 城乡水务一体化管理研究[D]. 天津大学博士学位论文，2004.

[7]柯心. 跨区域环境行政协调机制相关法律问题研究[D]. 昆明理工大学硕士学位论文，2009.

[8]孙锋. 加拿大水资源综合利用[J]. 水利水电快报，2007，28（17）：1-5.

[9]Elatfy H，Barakat E，洪林. 让农民积极参与水管理——埃及的实例[J]. 中国水利，2005，（20）：59-61.

[10]金晶. 德国莱茵河获得新生[J]. 陕西水利，2007，（3）：43.

[11]姜斌，刘正洪. 南非强化水利政策与法制改革的经验[J]. 水利发展研究，2007，（4）：54-57.

[12]章轲. 鲑鱼-2000计划：莱茵河流域管理成功案例[J]. 世界环境，2006，（2）：62-65.

[13]刘恒，陈霁巍，胡素萍. 莱茵河水污染事件回顾与启示[J]. 中国水利，2006，（7）：55-58.

[14]马建琴，刘杰，夏军，等. 黄河流域与澳大利亚墨累–达令流域水管理对比分析[J]. 河南农业科学，2009，（7）：69-73.

[15]王岩. 新欧洲水政策研究——兼论对我国水污染防治的启示[C]. 2005年中国法学会环境资源法学研究会年会，2005.

[16]杜群，李丹. 《欧盟水框架指令》十年回顾及其实施成效述评[J]. 江西社会科学，2011，（8）：19-27.

[17]周玉霞. 我国清代以来水管理研究[D]. 武汉大学硕士学位论文，2004.

[18]周玉玺. 水资源管理制度创新与政策选择研究[D]. 山东农业大学博士学位论文，2005.

[19]甘泓，王浩，罗尧增，等. 水资源需求管理——水利现代化的重要内容[J]. 中国水利，2002，（10）：66-68.

[20]冯彦，杨志峰. 我国水管理中的问题与对策[J]. 中国人口·资源与环境，2003，13（4）：37-41.

[21]郭书英，赵春芬. 海河流域水利科技发展的回顾和展望[J]. 海河水利，2004，（1）：4-7.

[22]杨振怀. 关于我国水资源和水土保持工作情况——在全国水资源与水土保持工作领导小组第一次会议上的汇报发言[J]. 中国水土保持，1989，（3）：5-11.

[23]程根伟，陈桂蓉. 试验三峡水库生态调度，促进长江水沙科学管理[J]. 水利学报，2007，

（S1）：526-530.

[24]程琼，田开清，张启东，等. 三峡坝区退耕还林工程建设现状与思考[J]. 现代农业科技，2007，（12）：177-178.

[25]胡继连，葛颜祥. 黄河水资源的分配模式与协调机制——兼论黄河水权市场的建设与管理[J]. 管理世界，2004，（8）：43-52.

[26]王亚华. 对黄河连续5年不断流及防断流工作的评价[J]. 人民黄河，2005，27（4）：1-4.

[27]何兰超. 对海河流域节水政策的几点建议[J]. 海河水利，2005，（1）：15-16.

[28]任宪韶. 转变用水观念　创新发展模式　全面推进海河流域节水型社会建设[J]. 海河水利，2006，（2）：1-3.

[29]刘宇光. 我国水资源管理体制重塑[D]. 东北林业大学硕士学位论文，2002.

[30]汪群，周旭，胡兴球. 我国跨界水资源管理协商机制框架[J]. 水利水电科技进展，2007，27（5）：80-84.

[31]王贵作，刘定湘. 流域管理与行政区域管理协商机制建设现状、问题及对策[J]. 水利发展研究，2012，（7）：23-26.

第 3 章

水资源协商管理基本概念阐释

随着我国经济的持续平稳快速发展与人口总量持续平稳低速增加，水资源短缺问题也变得越来越严重，由此而带来的人-水关系、人-人关系也越来越紧张。水资源冲突从根本上来讲是水资源管理制度的缺失，解决水资源冲突的当务之急是对水资源管理思想及制度进行变革，走协商管理之路。通过分析水资源协商管理行动困境与现状问题，发现水资源各利益相关者具有竞争与合作的混合动机及共容利益目标，可以通过协商合作来解决水资源冲突，即水资源冲突的解决实质上是流域内具有共容利益的行政区域之间利益关系的协调。在此基础上，提出制度安排对水资源协商管理的重要性。

3.1　水资源协商管理的内涵界定

3.1.1　水资源准公共物品属性

1. 公共物品理论

根据 Samuelson[1]、Buchanan[2]、Barzel[3]、Ostrom[4]对公共物品的研究，公共物品是同时具有消费非竞争性（nonrivalrous consumption）和受益非排他性的物品。消费非竞争性指的是对物品额外的消费不会影响其他消费者的消费水平，受益非排他性指的是物品的受益要排除他人存在困难。依据这两种特征的不同情况，公共物品又可细分为纯公共物品（pure public goods）和准公共物品（quasi-public goods）。准公共物品是具有一定程度的竞争性和排他性的公共物品，包括俱乐部物品（club goods）及公共池塘资源（common-pool resources）。它具有如下特性：①具有消费的完全排他性，同时具有消费的完全非竞争性，这类产品称为俱乐部物品。②具有消费的完全竞争性，同时具有消费的完全非排他性，这类产品称为公共池塘资源。③具有消费的完全排他性，同时具有一定程度的非竞争性或不完全的竞争性。④具有消费的完全非竞争性，同时具有一定程度的非排他性或不完全的排他性。⑤具有一定程度的非排他性和非竞争性。

纯公共物品在消费上具有非竞争性，同时具有受益非排他性，不能通过一定的技术进行排他性使用，如国防、法律等；俱乐部物品是具有消费非竞争性、受益排他性的准公共物品，如城市间的高速公路、对特定人群开放的学校、桥梁公园等，这类物品由于必须通过付费行为才能消费，具有明显的排他性；另外还有一类是具有消费竞争性、受益非排他性的事物，称为公共池塘资源，如矿产、渔场、水资源、森林、牧区等。图 3.1 依据消费竞争性和收益排他性的程度对公共物品进行区分。

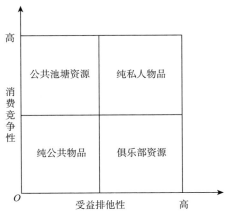

图 3.1　公共物品分类

对公共池塘资源这一类的准公共物品来讲，非排他性导致了在资源消费过程中普遍存在着搭便车的负外部性。因此，该类物品依靠以追求利益最大化的私人提供是不现实的，唯一的途径是由政府提供。但资源的有效性使得使用者对资源的消费存在竞争行为。随着资源消费的增加，容易产生消费上的"拥挤效应"现象，且仅仅依靠"利维坦"的模式进行供给，无法规避资源使用者的搭便车、逃避责任等行为。由于公共池塘资源的所有权多属于国家或集体组建的公共经济组织，而具体的使用者涉及多个利益主体，在公共池塘资源的供给过程中，个人的理性导致集体的非理性现象广泛存在。正如Ostrom[5]所言：人们共同使用整个资源系统，但对资源单位分别享用，理性的个人对资源单位的过多占用可能导致资源系统的退化。

对于公共物品的管理问题，已有的研究表明：不论是单中心的中央集权制度，还是彻底的私有化制度，或者说无论是依靠集权式的政府规制，还是实行私有化的市场都不是进行公共池塘资源供给的有效方案，在某种程度上均存在着"政府失灵"或"市场失灵"的现象。正如 Ostrom[5]所言，极少有纯粹的私有制度和纯粹的公有制度，或者说极少有纯粹的市场资源配置或国家资源配置，更多的是同时具有私有、公有两种特征的制度的混合。无论是中央集权的倡导者还是私有化的倡导者，或者是同时具有两种制度的倡导者，都把公共池塘资源的供给必须来自外部并强加给受它影响的个人作为理论信条，认为消费者对资源进行独立消费，彼此之间不存在沟通，忽视了资源消费者本身对资源供给效率的影响，缺少内部的治理机制和规则。事实上，在现实世界里，人们在相互接触中经常沟通，不断了解，建立信任，形成共同的准则，从而为维护共同的利益组织起来，采取集体行动，达到对资源的自主治理。公共物品的多中心自主治理理论作为解决公共池塘资源问题的第三条道路，否认政府作为单中心治理者的合理性，同时认为公共部门在公共池塘治理中的作用是有限度的，主张建立政府、市场和社会三维框架下的多中心合作治理体系。

2.流域水资源准公共物品属性

在一个相对封闭的流域系统内，水资源具有准公共资源的性质。公共物品是指具备消费的非竞争性和非排他性的物品，而如果物品具有较大的外部影响则被称为准公共物品。环境质量、水资源、荒地等这类物品皆可划入准公共物品[6]。

作为准公共物品的水资源具有不可替代性与稀缺性两个经济特性[1]。某一流域平均降水量是相对一定的（从概率分布的角度来分析，多年降水量的平均水平是相对稳定的）。而流域的水资源总量依赖于本流域的降水情况及利用程度，也就是说该流域的可用水资源数量是相对稳定的。由于水资源具有公开获取性、流动性和非排他性，随着流域社会经济的发展和人口的增长，流域水资源需求不断增加，可利用的水资源相对而言越来越少，原本被视为自由物的水，转变为稀缺的公共资源，流域水资源就具有了不可替代性与稀缺性两个经济特性。

当多个主体对同一流域内的水资源提出需求时，流域内的水就成为公共池塘资源，在使用上就具有了竞争特性。中国新水法明确规定"水资源属于国家所有。水资源的所有权由国务院代表国家行使"。《中华人民共和国宪法》中有专门的自然资源国家所有权条款，第 9 条第 1 款规定，"矿藏、水流、森林、山岭、草原、荒地、滩涂等自然资源，都属于国家所有，即全民所有"。水资源全民所有并不意味着水资源的所有权由全体人民共同行使[7]，正如 2000 多年前亚里士多德[8]所指出的那样："凡是属于最多数人的公共事物常常是最少受人关注的事物，人们关怀着自己的所有，而忽视其他公共的事物。"在当前的情况下，中国流域水资源缺乏清晰的产权界定和保护，容易造成先来先用现象。对水资源这一类的准公共物品来讲，非排他性导致了在资源消费过程中普遍存在着搭便车的负外部性。水资源的公开获取性质及用户间的竞争，容易造成水资源的过度开发使用，并且随着气候变化带来的平均降水量变化及各区域需水量的大幅增加，水资源也变得愈加稀缺，边际收益也越来越高，竞争利用的现象加剧。当水资源的使用得不到限制时，水资源就成为一种共享性资源，即某区域在使用同一流域内水资源的同时，并不能排除其他区域的同时使用[9]；当某区域的取水量超过回流量时（尤其是上游区域），其他区域（流域下游区域）对该流域的水资源的使用就会受到影响，容易导致区域间的用水竞争。而各个行政区域缺乏保护水资源的激励，会加速该流域水资源的耗竭。

随着水资源消费的增加，容易产生消费上的"拥挤效应"现象，且仅仅依靠"利维坦"的模式进行供给，无法规避资源使用者的搭便车、逃避责任等行为。因此，必须对水资源的使用进行管理，避免出现公地悲剧。水资源属于拥挤性公共物品的范畴，具有典型的消费非排他性，但在水资源稀缺情况下又具有竞争性和外部性。对于公共物品的管理问题，已有的研究表明：不论是单中心的中央集权制度还是彻底的私有化制度，或者说无论是依靠集权式的政府规制还是实行私有化的市场都不是进行公共池塘资源供给的有效方案，在某种程度上均存在着"政府失灵"或"市场失灵"的现象。

对于我国现存的水资源管理实践所存在的问题，王彬[10]认为建立政府、市场及第三部门的水资源多中心治理结构是水市场得以有效运行的重要条件，也是政府分摊水资源危机所造成的治理成本的有效制度安排，这种多中心治理结构可以在信息及资源上实现互补，从而提高应对水资源危机的能力。邓敏和王慧敏[11]提出水资源适应性治理下水权转让的多中心合作模式，其能实现费用的合理分摊，证明多中心合作模式能够改进各主体的收益。陈红军[12]认为水资源的合理配置需要由政府、市场及公众形成的多中心合作进行治理。建立流域水资源的多中心治理机制是实现流域水资源可持续利用、解决流域水资源问题的可行途径。考虑到流域水资源的上述性质，流域水资源冲突解决的过程就必须在政府的主导下引入辅助性的市场手段。流域水资源管理机构协调流域水资源冲突解决并允许不同行政区域之间水资源的合理转移。

3.1.2 水资源协商管理的内涵

1. 协商的内涵

协商的来源与民主进程密不可分。从政治学角度看，协商或公共协商是协商民主的核心概念，是理解协商民主的起点。在英语和德语语境中，deliberative/deliberativer一词的基本含义包括审议、聚集或组织起来进行对话和讨论、慎重地商议等内容，协商民主是对代议制民主的进一步深化，其强调平等、自由、理性地沟通和对话，达成共识和集体行动[13]。从过程来说，协商可以被看作讨论，一种决策前的讨论。"协商或者是指特殊的讨论，它包括认真和严肃地衡量支持和反对某些建议的理由，或者是指衡量支持和反对行为过程的内部过程。"[14]而就结果来说协商就是各种观点不受限制地交流，这些观点涉及实践推理并总是潜在地促进偏好变化[15]。从经济学角度看，协商是就双方的效用进行谈判，调整并确定双方的均衡效用，使双方的效用动态化和最大化的一种有效交易方式[16]，其主要作用在于通过各方利益诉求的表达形成有效的利益分配机制，对不完全的利益分配合约机制进行补充。

随着社会管理的不断完善，协商的理念逐步引入跨界水资源管理领域，汪群等[17]、王贵作和刘定湘[18]指出，由于水资源的流动性特征，水资源管理必然存在跨流域管理与跨行政区域管理的双重跨界问题。胡鞍钢和王亚华[19]则指出只有在平等参与的基础上建立规范的政治民主协商制度，才能处理好跨区域水资源分配问题。综合政治、经济、管理、文化和法律等领域的研究成果[20-22]，周申蓓等[23]提出了协商的三个内涵层面，即精神和文化层面、制度和组织层面、行为和决策层面，并结合水资源管理领域的内涵，给出了协商的一种定义，即一种允许多元价值主体平等表达和参与的公共空间创立方式，是一种能够通过对话方式创造出合适的制度和组织安排的民主形式，也是一种在充分合意讨论基础上的联合决策行动。

2. 水资源协商管理内涵的界定

在信息管理领域，协商管理表述为协商控制，大量学者研究了基于数学方法的协商共识模型构建理论和基于信息技术的协商控制系统建设方法等研究[24-28]。在资源管理领域，胡鞍钢和王亚华[19]认为它是介于水行政和水市场之间的准市场方式，是一种谈判和投票机制，是作为行政方式和市场方式之间的第三种机制提出来的。实际上水资源协商一直是我国水资源管理中的一项重要工作，如水资源配置方案中的"科学分析、民主协商、政府裁决"已经成为一个成熟的程序[29]。周申蓓等[23]指出其不仅是一种资源配置机制，更是一种多元价值融合、一种民主政治安排和多元主体的利益磋商妥协，其意义在于将水资源的竞争性行为转变为合作性行为，从更广泛的角度和范围去考虑水资源管理的行政方式与市场方式的协调调用，解决管理中立法问题和跨界管理行为合法化问题，使得水资源管理行为更加跨界有效。

很多学者对国内外跨界水资源协商管理研究的主要方式是通过协商机制的设计来实现水量分配和水质协同治理。刘毅和贺骥[30]从法律框架和组织框架角度分析了墨累-达令流域的协商模式的成效和借鉴意义。刘玉龙等[31]提出了松辽流域水权分配协商主体和客体的确认、协商的程序和规则以及协商结果的公示确定等具体方法和模式。李常发和穆宏强[32]讨论探索建立长江流域多部门、多层次的会商机制以及跨地区、跨部门的水资源保护和水污染防治协作机制。范波芹[33]将协商管理机制引入水利工程咨询以提高咨询质量。周申蓓等[34]通过研究跨界水资源协商管理中蕴含的文化机制及协商主体的研究，提出了跨地区、跨流域的水资源协商分配方式。胡晓寒等[35]基于决策论原理，分析了水资源使用权分配协商模型的算法及协商的流程。

在协商的过程中，各协商参与者的利益诉求需要顺利地表达，协商机制才能发挥应有效用[14]。协商意义的实现，需要通过权威主体构建协商平台促成各方的利益表达，更需要制定明确的协商目标和协商规则，这依赖于对协商进行有效的制度设计和管理。目前，国内外对协商管理的内涵并没有统一的界定。水资源协商管理可理解为通过制度安排、机制设计、法制保障等方式实现涉水多元主体利益诉求的顺利表达，通常表现为一种管理机制或管理模式，其本质是对涉水多元主体的利益协调管理。利益协调是新合作主义中最常用的概念，也是社会选择理论中关于个体利益与集体利益关系如何平衡的问题。具体而言，它关注的问题是社会不同利益如何得到有序的集中、传输、协调和组织，而以各方同意的方式进入体制，以便使决策过程常规性地吸收社会需求，将社会冲突降低到保持整合的限度。

水资源协商政策选择过程的实质是公共政策的制定过程，即通过权威性的价值分配方案对社会公共利益关系的集中反映，这同时也就决定了它是各种社会利益关系的调节器。科学的公共政策制定是协商管理的最终目标，即协商决策。政府利用公共政策作为手段，对"全社会的价值做权威性的分配"，以此来调整社会各主体的利益关系实现资源管理政策的有效执行。协商决策通过商量、讨论来决策，从利益分配的角度出发，使多个利益主体在一起商量如何分配利益的问题。协商的目的不仅是取得一致的意见，同时也是取得各方对利益分配方式的决策的认同，即协商是为了实现利益共容[23-36]。

共容利益理论是经济学家曼库尔·奥尔森于1993年在《国家兴衰探源——经济增长、滞胀与社会僵化》一书提出的重要理论，其清晰地刻画了国家权力与私人权利、政府与市场之间的互动关系。关于共容利益目标将在3.3.2小节中进一步讨论。

3.2　水资源协商管理行动困境与核心问题

水资源协商管理核心在于解决水资源管理过程中的人水冲突与人人冲突问题。剖析水资源管理的行动困境和面临的问题才能有效缓解水管理过程中的冲突问题，做到有的放矢。

3.2.1　水资源协商管理的行动困境

从现阶段来看，水资源管理制度正陷入落实困境，突出表现在以下几个方面。

（1）人水冲突的本质是生产关系不适应生产力的发展问题。其核心是经济新常态下，进一步解放生产力、发展生产力的方法论问题。随着人类生产力水平上升，以及人类生产生活需求增加，原本紧张的资源供需关系变得越发难以满足人类生产生活需求，形成了稀缺资源配置困境，其表现形式为经济发展与环境保护之间的直接矛盾，解决这一矛盾的基础是重新定位环境保护与经济发展关系，其关键在于如何调整生产力水平与生产关系，应强调技术创新、管理创新、制度创新，使水资源成为进一步解放生产力的核心驱动要素，并在此基础上，以绿色转型理念逐步调整生产生活方式，使之适应生产力水平时空特征。

（2）管理低效的本质是如何定位水资源保护与经济发展关系，解决生态价值观问题。健康的水生态环境是经济发展的基础，经济有序发展也是水生态环境得以可持续发展的保障。二者之间存在螺旋结构的互动关系，短期来看，水资源保护意味着减缓经济增速，增加保护成本，但通过对洛伦兹曲线的研究可以发现，水资源保护与经济发展之间存在着如下演化路径：①初期被动式发展，为了解决生存问题，尽可能地以经济发展为目标进行资源开发利用；②中期主动式发展，以促进整体实力为目标，开始意识到水资源对经济发展的重要性，有选择地着重开展某些领域的经济活动，但水资源保护仍然不是核心原则；③后期协调式发展，伴随经济发展，生态环境破坏产生的影响日益加剧，人们开始意识到水资源保护的重要性，以全面可持续发展为目标，在水资源保护与经济发展之间寻求平衡之道，着力改善人类生产生活方式，使之适应生态资源保护约束；④终期和谐式发展，以人水和谐、人人和谐为准则，以生态系统资源与人类社会发展的平衡演进为目标，在生态文明观理念下，着力发展以零排放为基础的基础产业链，以及以养护生态资源为盈利点的生态养护产业结构，并通过人的全面进步，使得绿色生产生活方式蔚然成风。也因此，从长期来看，水资源保护与经济发展一荣俱荣、一损俱损，我国现阶段的经济发展新常态，也正是环境保护与经济发展对立统一发展规律的具体体现。

（3）管理低效的关键环节在于固定化的管理目标体系与水生态系统动态演化规律之间的矛盾。我国的水资源管理制度依托于科层管理体制下的统一管理体系，通过逐层分解指标得以实现，该方法的好处在于制度的制定简便快捷、成本可控，但是不可忽视的是水生态系统自身存在不以人类意志为转移的动态演化规律，统一式管理体系与水生态系统自然演化规律之间存在着难以调和的矛盾，往往导致管理错位、失位，从而发生管理滞后、管理目标难操作、管理责权不清等问题，先行水资源管理制度的落实过程中暴露的落实困难问题，是此矛盾的直接体现。

（4）管理低效的现实基础是制度设计中的人文学科与自然学科的人为割裂。管理制度的制定过于关心"利益相关人"的责权，而对"利益相关物"——水资源自身的自然演变规律则重视不足。人为地割裂人文科学与自然科学的天然纽带，强调多利益相关人的责权配置关系，忽视管理工作核心客体——水资源自身规律的话语权，使得制度设计理念远离实践数据，进而通过科层网络，使得管理制度在扩散中的牛鞭效应逐级扩大，基层工作者们已然只能努力完成治标目标，没有条件从治本之道考虑水生态环境的根治途径。

（5）管理低效的外在条件是稀缺资源配置中的搭便车效应。水资源自然属性一方面决定了治理投入的投资回报期长、预期收益不仅限于投资者拥有，另一方面也决定了污染成本不仅限于污染者承担。正是这一属性导致了水资源管理过程中显著的搭便车效应，该效应直接形成了水资源管理过程中"多龙治水"的格局。其关键是在责权明晰条件下，构建多利益相关者合作框架，政府在调研分析的基础上给予相应的引导性管理规则，进而通过市场营运、公众参与的形式，开展有效范围内的多主体协商，从而构建政府引导、市场运营、公众参与的最严格水资源管理制度落实中的调配模式——多利益相关者合作模式。

因此，水资源管理应着力解决信息不对称情况下，多利益相关者之间的复杂决策问题。

3.2.2　水资源协商管理面临的核心问题

在水资源管理过程中，我们不难发现，要想解决多利益相关者间的复杂决策问题，水资源管理亟须解决以下核心问题，即管理体制问题（体制问题）、执行落实问题（法制问题）、市场调节问题（市场问题）。因此，为了更好地构建水资源协商管理制度，本书分别对这三个问题进行详细阐述。

（1）体制问题。水资源具有整体性、地域性、流动性、基础性、时限性等复杂的自然属性，水资源系统的自然演变规律要求水资源管理应以流域作为管理单元；与此同时，水资源具有公共性、稀缺性、社会性、利害两重性、外部性等公共的社会属性，水资源系统的社会属性要求水资源管理应以行政区域作为管理单元。从总体上看，我国现行水资源管理体制在本质上仍然是一种行政区域分割管理体制，即以政府行为为主导、以行政管理与行业管理为主要手段的管理模式，存在诸多体制性障碍，如流域管理上的"条块分割"、区域管理上的"城乡分割"、功能管理上的"部门分割"、依法管理上的"政出多门"、所有权归属上的产权模糊性等。究其原因，可归纳为：①行政区划管理模式人为割裂了水资源的流域特征，然而水资源的二元结构决定了水资源管理需要以流域管理为基础；②"多龙治水"模式人为割裂了水资源的社会属性，部门利益难以协调。

（2）法制问题。法制保障是破解准公共物品管理的核心，就我国目前实践情况而言，水资源管理制度落实中的法制问题可以凝练为以下几点：①虽有水法等相关法案，但由于水资源的使用权与所有权分离，有关水资源责权配置关系尚不完善——有法难依；②尚无系统性的关于水资源配置、使用、保护、回用等的综合性法案，缺乏水资源可持续开发在法律层面的顶层设计——违法难究；③在水资源的实际使用中，法制化管理往往让位于保护式妥协，尤其是让位于经济发展或政绩工程——执法难严。

（3）市场问题。根据《中华人民共和国宪法》、水法规定，我国水资源所有权属于国家所有，即全民所有。由于所有权与使用权的二权分立，尤其是在市场配置机制不健全的当今社会，搭便车、机会主义和过度利用等行为就不可避免地大量发生，造成水资源的巨大浪费和低效配置。转型时期我国水资源管理引入市场机制主要存在的问题可以归纳为：①市场仍未成为水资源配置的主导力量，主导的行政配置资源利用效率不高、配置科学合理性较差；②已存在的部分市场手段仍停留在领导意志层面，决策过程缺乏数据支撑，难以动态体现市场供需变化；③在水资源市场行为中，需强调准市场下的多利益相关者协商，但在这两方面的推进工作进展均较为缓慢。

通过上述分析，不论是管理体制问题，还是市场调节和执行落实问题，水资源管理都是在尝试通过人人关系的调整实现人水关系的和谐。因此，水资源协商管理制度需求核心是如何给出协调人与人关系的制度安排。

3.3 水资源协商管理的混合动机与目标

3.3.1 水资源协商管理的混合动机分析

马里兰大学经济学家托马斯·谢林于 1960 年在《冲突的战略》一书中提出了混合动机冲突（mixed-motive conflict）的概念，指的是两方或多方既存在与对方竞争的动机又存在与对方合作的动机时面临的冲突状态。以资源困境（resource dilemmas）问题和公共物品困境（public goods dilemmas）问题为典型代表的社会困境（social dilemmas）问题属于混合动机冲突的常见形式[37]。所谓社会困境指的是这样一种状态：个体的占优策略组合所形成的集体行为结果劣于个体选择合作策略所形成的集体行动结果，也即个体理性与集体理性之间的矛盾，每个个体选择自身的占优策略所产生的集体行为结果反而使自身收益变得更差，典型的例子有囚徒困境及斗鸡博弈。社会困境中的合作选择是指个体做出有利于集体或他人利益的决定，而背叛选择（占优策略）是指做出有利于自己个人的决定。资源困境指的是个体可以选择自身从公共资源中获取资源的数量大小，而公共资源只有在个体选择最小获取数量的时候才能够维持；公共物品困境指的是个体能够决定是否对公共资源做贡献，而公共资源不仅使得贡献者受益也能够使得非公共资源贡献者受益[37, 38]。在社会困境中，冲突产生于个体最大化自身利益的愿望，而合作产生于最大化联合利益的愿望，在两者之间产生个体之间的交互作用[39]。最大化自身利益的愿望被称为背叛的选择；而最大化联合利益的愿望被称为合作的选择[40]。已有研究表明，社会困境问题的妥善解决主要依赖于个体成员间的合作行为[41]。

1. 流域水资源冲突的 GEF 假设

关于个体最大化自身利益的假设是理性选择理论（rational choice theory）的基本假设，而随着经济学尤其是行为经济学的逐步发展，理性选择理论在社会困境中的应用受到越来越多的质疑，其中 Wilke 于 1991 年提出的"贪婪–效率–公平"假设（greed-efficiency-fairness hypothesis，GEF 假设）认为个体在公共资源管理中具有除最大化自身收益的动机（贪婪）之外的两种动机，即使得公共资源能够得到有效利用的动机（效率）和实现公共资源公平利用的动机（公平），并且效率和公平两种动机对贪婪动机形成约束[42~44]。在 GEF 假设的三种动机下，个体之间的相互作用将同时包含有冲突和合作的因素，公共资源的合理配置就是在贪婪、效率与公平动机之间的一种平衡状态。

在混合动机冲突情境中，相关主体各方将面临两种选择——使个体收益最大化的策略（背叛）或者使各方的总收益最大化的策略（合作）。如果选择竞争，那么理论上决策者自身的收益会更大，但是如果各方都选择竞争，那么各方的收益长期来看将小于选择合作而得到的收益[45]。根据这一定义，可以看出，混合动机冲突的核心特征是冲突各方必须在合作或竞争之间做出选择或寻求某种程度的平衡。奥尔森在《集体行动的逻辑》中指出，选择性激励机制可以解决集体行动的困境，通过激励性诱导和惩罚限制来避免搭便车行为的发生。

关于冲突，在本质上冲突是参与各方未能达成一致意见的产物，冲突存在于现实生活中的方方面面。对于资源分配领域而言，冲突意味着利益各方对资源分配的方式、分配的过程及分配的结果没有达成一致。换言之，就是利益主体或多或少地认为自身的利益受到损害，即存在某些别的利益方受益于现行的分配而产生不满意的状态。一旦发生冲突，就不利于资源的管理、使用和最终的分配。关于什么是合作，一般认为，合作也称为协作，是指人与人之间或群体与群体之间为了达到共同的目的而形成联盟，相互合作，彼此向对方提供自身所拥有的资源从而更加有效、更加迅速地实现共同目标的社会行为。对于资源分配领域而言，合作意味着参与分配的利益主体之间形成关于共同使用资源的利益联盟，更加有效地利用资源获得最大化收益。同时，各个利益主体通过合作也能够获得高于不合作时独自使用资源的收益。

对于流域水资源配置而言，在流域水资源短缺时，各个行政区域之间的用水关系在本质上就属于混合动机冲突，既存在争夺有限水资源的竞争动机，又存在合作利用有限水资源的合作动机。跨界流域所涉及的行政区域往往是具有独立决策权的处于同等行政地位的利益主体，因此每个行政区域可以被看作一个决策者，而流域水资源冲突就是多个决策者之间的利益关系体现。实践经验表明，各个区域政府作为流域内各用水区域的利益代表，在对流域水资源进行开发利用时也具有 GEF 假设的三种动机，即贪婪的动机、效率的动机和公平的动机，如图 3.2 所示。贪婪的动机体现在区域政府最大化自身用水收益的需求，行政区域决策者具有从有限的流域水资源中获取更多水资源的动机，可以满足行政区域用水需求的需水量就是贪婪动机的实际表现；效率的动机体现在区域政府作为政府主体具有促进流域水资源整体收益的需求，水资源短缺与行政区域用水需求增加之间的矛盾使得行政区域决策者在使用水资源时必须考虑用水效率；公平的动机体现在区域政府对临近区域用水收益的考虑，行政区域决策者具有通过考虑水资源的公平利用而解决水资源矛盾的意愿。因此，流域水资源冲突的解决就是在区域决策者的贪婪、效率与公平动机之间寻求一种平衡状态。

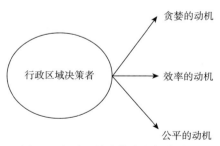

图 3.2　行政区域决策者的混合动机

2.流域水资源冲突混合动机

在流域水资源冲突中，行政区域决策者既具有个体利益诉求也拥有整体利益考虑。对单个行政区域而言，个体利益诉求就是为本区域发展争取更多的水资源，整体利益诉求就是从流域整体考虑使水资源能够合理地发挥效益。在流域水资源冲突中，行政区域决策者的贪婪动机体现为用水竞争，而行政区域决策者的效率动机和公平动机体现为用水合作，通过效率和公平达到流域水资源冲突的合作解决。

首先，在流域水资源短缺情况下，由于流域水资源总量有限，各个行政区域想要最大化自身利益的话就必须获得本区域社会经济发展所需要的足够水资源数量，每个区域都按照最大化自身利益的想法去开发利用流域水资源，而由于流域水资源总量的限制，必定存在有的区域不能够获得足够的水资源情况的发生。对于获得足够水资源的区域而言，其自身利益可以得到最大化；而对于没有获得足够水资源的区域而言，其自身利益会受到损害。考虑到这种流域水资源不足以满足流域内各行政区域用水需求的情况，存在有流域水资源分配结果使得各个行政区域之间产生关于流域水资源分配的利益冲突，因为在不同的分配方案下各个行政区域的满意度处于不同的水平。

其次，考虑到流域内各个行政区域的用水结构和产业结构差异，从整个流域来看，存在提高流域水资源利用的整体收益的空间。各个行政区域的用水效率、用水时间及用水的周期性等用水结构的特征存在差异，同时其人口规模、消费方式、产业结构和技术水平等社会经济结构也存在差异，这两种因素的叠加影响使得各个行政区域之间具有明显的异质性特征[46, 47]。邵玲玲等[47]认为跨界流域由具有自利性和异质性的相互关联的各用水区域主体所构成，各个行政区域之间由于对流域共同的水资源提出自身的水资源需求而产生交互作用，那么在水资源短缺的情况下，区域之间的合作用水行为将给各个区域带来更多的收益。因此，同一流域内的行政区域之间存在通过水资源利益协调达到用水合作状态，从而促进流域整体收益并改善自身收益。

流域水资源冲突属于混合动机冲突，在混合动机冲突中，多方利益主体之间存在关于冲突与合作的相互作用。在多个行政区域间的长期相互作用下，有可能形成 Ostrom[4]提出的多中心治理模式，从而实现对资源的自我治理[48]。然而，流域作为一个复杂的大型自然-社会-经济耦合系统，在本质上并不同于奥斯特罗姆（Ostrom）研究中的小型公共池塘资源，具有比小型公共池塘资源更加复杂的结构关系和利益主体行为。如果单纯地依靠行政区域之间的自主组织和自主治理，那么流域水资源的开发利用并不能够得到有效的管理。考虑到上述困境，采取以政府和市场双重治理机制与自主治理机制相结合的办法就显得更加有效。政府在对流域水资源冲突进行管理的时候，扮演强有力的第三方协调者角色；市场手段可以从效率层面促进流域水资源冲突得到更加高效的解决；而行政区域间通过充分的信息沟通可以促进已达成协议的有效实施。

3.3.2   水资源协商管理的共容利益目标

美国马里兰大学著名经济学家奥尔森于 1965 年在《集体行动的逻辑》一书中提出集体利益包括相容性和排他性两种属性，在此基础上于 1993 年在《国家兴衰探源——经济增长、滞胀与社会僵化》一书提出共容利益的基本概念，并于 2000 年在《权力与繁荣》中通过考证国家权力与私人权利、政府与市场之间的关系，提出了著名的共容利益理论，认为"理性地追求自身利益的个人或某个拥有一定程度凝聚力和纪律的组织，如果能够获得特定社会所有产出增长量中相当大的部分，同时会因该社会产出的减少而遭受极大的损失，则他们在此社会中便拥有了共容利益"。共容利益一般是指，该利益集团认为，其自身利益与公共利益密切相关，因而它们在寻求自身利益和社会收入再分配时，比较有节制，尽可能减少对社会的损害。相容性作为集体利益的一种属性，指的是利益主体在追求这种利益时是相互包容的。一般来说，利益集团是为了一定的目标或共同利益而组织起来的社会集合体，而政府被看作一个能够利用它垄断的强制权力以税收方式获取最大财富的利益集团。具有共容利益的集团愿意做出牺牲来支持有利于全社会的政策与行动，以从中获得更大的报酬[49]。如果政府具有共容利益，那么这个政府就有足够的动力为社会生产活动提供所需要的公共产品以鼓励社会主体进行生产和投资。

在水资源冲突中，区域政府作为本区域水资源事务的决策者是水资源冲突的直接对象，根据流域流经地理空间的大小可以设置两个或者多个行政区域。中央政府及流域水资源管理机构在水资源冲突中的角色属于第三方协调者，流域水资源管理机构作为中央政府水利部门的派出机构是最直接的协调者，而中央政府具有最终的裁决权。那么由区域决策者和流域水资源管理机构这两类利益主体所组成的系统在一定程度上也是一个利益集团，这个利益集团的目标在于使流域水资源得到科学合理的管理以及解决现存的或者潜在的流域水资源冲突。而其中各个行政区域也是一个个利益集团，这些利益集团在拥有流域整体利益的同时也具有个体的利益需求。各个行政区域的繁荣和发展必须依赖于流域水资源的供给，流域水资源冲突的发生会使各个行政区域遭受到不同程度的损失；流域水资源的科学合理配置可以促进流域水资源收益，而各个行政区域可以获得流域水资源收益的相应部分。由于流域内行政区域间的这种利益关系，这些流域集体具有共容利益的属性。

水资源冲突表现为流域内不同行政区域之间的用水竞争行为，然而这种冲突在一定程度上并非完全竞争性的而是存在合作动机的混合动机冲突，竞争中包含有合作的动机。用水合作就建立在流域内行政区域决策者所具有的合作动机基础上，通过协商使得各自的用水收益得到提高。行政区域决策者的贪婪动机使得其具有个体利益诉求，而对贪婪动机具有约束作用的效率动机和公平动机使得行政区域决策者具有流域整体利益诉求，流域整体利益的实现建立在给定个体利益的基础之上。行政区域决策者的个体利益和流域整体利益是流域水资源冲突主体所具有的两个利益诉求，保障个体利益提高流域整体利益并由行政区域分享水资源收益的增加是协商主体在流域水资源冲突中所具有的共容利益。因此，流域水资源冲突共容利益就是流域内多个行政区域决策者之间通过协商合作用水提高流域整体利益并提高自身收益达到水资源冲突解决的帕累托改进状态，从用水竞争走向用水合作。

流域内的多个行政区域决策者作为本区域公共利益的代表属于具有共容利益的利益集团的范畴，行政区域决策者的利益之间具有相容性。从流域整体来看，流域内各个行政区域具有共容利益，与流域整体公共利益相一致。在水资源短缺情况下，流域水资源还必须满足本流域生态环境的水资源需求，进而能够被分配给行政区域的水资源数量处于一个较低的水平，而有限的水资源需要全部用于生活生产活动产生水资源效益。各个行政区域只能获得自身需水量的一部分，获得部分满意的状态，其贪婪的动机受到流域整体可用水资源数量的影响。流域内的行政区域决策者需要对如何分配有限的水资源达成一个方案，这个分配方案需要的是一个具有较大稳定性的短缺水资源分配方案。对于水资源冲突所涉及的行政区域决策者而言，每个区域的用水需求都得到满足的状态是不存在的。因此，行政区域决策者的效率动机和公平动机因为水资源短缺的存在而形成对其所具有的贪婪动机的物理约束，也即是决策者会接受一个低于自身用水需求的水资源分配方案，这个方案可以使得流域水资源分配结果达到最大限度的稳定状态。这个方案是行政区域决策者之间所具有的共容利益驱使决策者在流域水资源分配中互相妥协的结果并且属于决策者广泛接受的分配方案，行政区域决策者从该分配方案中获得的水资源数量就是其个体利益。行政区域决策者的贪婪动机、效率动机和公平动机之间的这种平衡使得有限的水资源能够在多个行政区域之间得到公平的使用。

对于流域水资源冲突而言，由于各区域资源禀赋、用水结构等方面的差异，各行政区域之间客观上存在着通过互利合作而实现流域整体利益最大化的相互需要，这也就是冲突主体所具有的效率动机的体现。各区域之间只要能进行良好的信息沟通，通过双边或多边的共容利益实现流域内多个行政区域用水合作的状态是可能的。考虑到各个行政区域在用水结构的异质性方面的因素，行政区域间的用水协商合作行为就会使流域产生更多的收益。多个行政区域之间用水效率有差别，那么在一定范围内水资源存在由用水效益低的区域转移到用水效益高的行政区域的可能，该种类型的水资源转移可以使用水效益高的区域降低自身的缺水率而增加用水收益。或者存在由于用水结构不同而产生的水资源转移空间，如灌溉季节农业用水处于用水高峰而非灌溉季节则可以由农业用水区域转移到工业用水区域。若水资源转入区域可以将部分水资源转移带来的用水收益与水资源转出区域共同分享，则对于水资源转出区域而言，虽然水资源总量降低而收益却比水资源未转出之前得到提高。这两种类型的用水合作在实际中是经常性发生的用水协商形式。当然，参与用水协商合作的行政区域决策者具有获取更多的水资源收益增加部分的贪婪动机，而公平动机又使得协商带来的水资源收益的增加部分按照公平的方法分配给参与合作的行政区域。因此，通过达到用水协商合作状态解决水资源冲突也是行政区决策者的贪婪动机、效率动机和公平动机之间的一种平衡。

流域作为一个天然形成的自然系统，具有自身的人为不可分割性。然而行政区划的分割在一定程度上使得流域丧失了一体性，如果各个行政区域的水资源利用各自为政，那么不论从长远来看还是短期而言，其自身的水资源利用收益都会受到一定的损害。在流域整体收益受到损害的情况下，也不存在行政区域可以获得长远的收益。整个流域的共同繁荣与发展对于保障各行政区域的个体利益具有直接的影响。流域内的各行政区域作为地理位置上的近邻，互相之间并不仅仅存在单纯的用水关系，同时还存在其他形式的资源、环境、社会及经济作用关系，各种关系之间也能互相影响。在市场化的大背景下，不存在某个区域可以独立于别的行政区域而存在和发展，一个行政区域的社会经济发展离不开其近邻区域的人力、资源和资金的支持。对于流域水资源冲突而言，流域内各个行政区域之间具有合作用水化解水资源短缺危机的动机，这种合作动机本质上就是流域内各行政区域之间所具有的共容利益关系所驱使的，并在第三方协调者的协调下得到放大。

3.4　水资源协商管理的现实路径

当前，水资源管理发生冲突解决的有效途径是协商，需要回答两个问题：一是协商什么？二是如何进行协商？第一个问题的解决是要抓住冲突的主要矛盾，才能知道协商的主题，有的放矢地去协商；第二个问题则是要掌握协商的方式、方法或手段，才能高效地解决冲突，达到良好的协商效果。那么，从国内外水资源管理的经验来看，水资源协商管理效率与制度安排是密不可分的，协商更是借助决策科学来完成。

3.4.1　水资源协商管理效率与制度安排

水资源协商管理的核心是在水资源紧缺条件下，通过提高水资源利用效率来促进水资源供需平衡。效率的提升是离不开制度安排的，正是人类社会对效率的追求才使得制度产生。实践证明，制度与效率之间存在着相互作用，制度是决定效率的关键影响因素。

水资源稀缺是不争的事实。流域内各区域为了追求自身社会经济发展的利益最大化，必然要通过竞争或冲突来获取更多的水资源。稀缺性表明了经济利益总量的有限性，在有限的利益总量下，自然人人都想获取最多利益，不想自己利益减少。人们的作为和不作为的行为选择和行为意识完全取决于利益多少，那么这种竞争状态如果是无序和混乱的，水资源就会变得更稀缺，因为人们的行为取向根本没有相应的行为规律和竞争机制来进行约束及控制，带来资源更大程度上的浪费。这种现象就像企业制定不公平的分配制度和激励机制一样，不但不会激发员工热情，反而会挫伤员工积极性，弱化员工的劳动意愿和主观能动性，从而造成资源的浪费和资源配置的低效率。可见，为了缓解水资源冲突，提高稀缺水资源利用，使水资源能够有序使用，就必须要有相应合理的制度安排，明晰产权事权，建立公平的分配制度。资源的稀缺性要求产权的边界要清晰实置而不能模糊虚置，并具有排他性[50]。

流域水资源共容利益协调本质上就是稀缺资源分配效率的有效性问题。而水资源的稀缺和水资源利用效率联结的桥梁就是利用科学技术，根据市场规则规律等制定可行的制度安排和规则体系，只有这样才能把水资源紧缺具体转化为效率状态的可能性。也只有合理的产权制度和分配制度设计，才能促使水资源冲突情况下共容利益最大化。

事实上，制度对效率有正反两方面的影响。不是说所有制定出来的制度都是高效的，都是好的，或者说制度并不一定总是有利于效率的，一旦制度设计失败，效率降低是小事，糟糕的是可能会使原有事件发展到无法收拾的地步，造成效率的极大损失。因此，制度安排设计对水资源协商管理至关重要，要充分考虑制度施行实际情况或者利益相关者的行为、关系，如流域水资源协商管理制度涉及流域管理机构、各行政区域、中央政府及各用水部门等，作为协商主体各行政区域不能因为在某些方面具有相对优势地位，在协商规则设计、安排和运行中偏向有利于自己的一方，这就客观上违背了制度设计合理性，也就可能使得制度不会真正实现其设计和安排的本意，制度效率大打折扣，甚至是无效率的。

有效率的制度对水资源协商管理之所以重要主要体现在制度的功能上。首先，制度能降低水资源协商管理过程中的交易成本。科斯认为，交易成本是获得准确的市场信息所需要支付的费用，以及订立和执行各种经常性契约的费用[51]。制度设计合理会减少协商过程环节，促进协商效率提高，从而降低协商过程成本。其次，有效率的制度可以推进合作发生。制度可以被认为是人们在分工与协作过程中行为的多次博弈而形成的协议，那么这个制度就避免了协商过程调整反复，也减少了协商过程的不确定和信息不对称性，使得协商更有利于向合作方向推进。最后，制度有效更利于激励的实现。激励是管理工作效率提升的有效手段，制度则是激励行为的行事规范，目前在部分流域或地区采用水生态补偿机制或水权转让补贴等手段来促进水权协商的有序进行，在一定程度上缓解了这些地区水资源紧缺问题，所以有效率的制度会带来意想不到的激励效果。

总的来说，制度创新能够产生效率。多主体参与的水资源协商管理更需要制度的不断创新来提高水资源管理效率，提升水资源利用效率。

3.4.2　水资源协商管理高效与决策科学

水资源作为一种准公共物品，其协商管理过程中所涉及的决策问题就是一个公共决策的过程。水资源协商管理是对一定时期内的水资源利用过程中冲突协调的管理和安排，它面临着社会和自然两大系统的不确定性。就社会系统而言，水资源协商管理是一系列决策行为，每项决策后果都会对社会系统中每个用水主体产生相应的影响。就自然系统而言，不同用水主体的变化往往会引起水资源环境状态发生变化。这些状态的发生和转变是不确定的，并具有一定的风险性，既有对社会发展有益的结果，也有对社会发展不利的结果。水资源系统中用水主体是直接的作用者，它们既是独立的，又具有相互的因果关系，正确处理政策情景下用水主体决策的变化是水资源协商管理的主要任务。水资源协商管理中各项决策的制定和实施都离不开人，作为单一个体的用水主体是水资源协商管理政策的最终操作者，只有深入研究在水资源管理政策下用水主体决策的变化，通过用水主体决策的变化判断政策制度是否有效，才能有利于缓解冲突并将水资源协商管理政策纳入制度体系，促进水资源的可持续发展。

水资源协商管理系统是一个自然、经济、社会复合的复杂系统，水资源本身是一个自然生态系统，是受自然条件、社会、经济、技术条件影响的生态系统，人类为达到经济及社会的目的，通过各种手段对水资源的状态进行长期的影响和利用，由于水资源的稀缺性和用水主体的有限理性，用水主体的决策对水资源的高效利用和水资源向可持续方向发展有重要作用。但用水主体作为具有独立目标效益的经济人，以及用水主体在决策时的差异性需要对其方向进行引导。不同制度安排会改变用水主体决策的外部环境，而用水主体决策又对制度安排形成反馈，用水主体的决策问题同水资源协商管理之间不断发生着相互作用的关系。

水资源协商管理就是通过政策制度的合理安排，用水主体科学地进行决策，从而不断提高水资源管理在经济、社会和环境方面的效益，使一定时期内水资源利用达到可持续发展的目标，目标的实现需要政府主体或水资源管理部门主体制定一系列水资源管理政策或配置方案，而用水主体作为水资源利用微观活动的主体，是水资源协商管理中基本的决策单位，用水主体将广泛参与一系列政策制度安排过程，并通过制度安排影响选择自己的决策行为[50, 51]。在水资源协商管理政策与用水主体相互影响之间，政策环境通过政策改变对用水主体节水决策变量状态等进行影响，从而引导用水主体最终决策。

3.4.3　水资源协商管理实现路径分析

水资源协商管理是一个动态过程，在这个过程中，行为者在一定的政策制度安排下，根据自身的利益变化调整各自的策略，行为者的策略调整同时对其他行为者产生影响，从而推动水资源协商结果的不断改变。那么，在水资源协商动态变化中，如何实现协商行为一致（即共容利益最优）成为水资源协商管理需要解决的关键问题。本小节将从用水主体最优利益决策实现角度对水资源协商管理机理进行阐释，进而构建水资源协商管理研究框架。

1. 主体利益决策最优的实现路径

水资源协商帕累托最优是各网络行为人通过协商、谈判而达到的一种资源配置的均衡状态。经济学上将这种决策过程称为共容利益决策，即在具有利益一致性或在共同利益基础上的多个利益主体之间进行利益协调的过程，最终产生合作的结果，其实质是利益协调。利益协调是新合作主义中最常用的概念[52]，也是社会选择理论中关于个体利益与集体利益关系如何平衡的问题[53]。具体而言，它关注的问题是社会不同利益如何得到有序的集中、传输、协调和组织，而以各方同意的方式进入体制，以便使决策过程常规性地吸收社会需求，将社会冲突降低到保持整合的限度。在一个利益主体多元化的社会中，社会的和谐依赖于社会不同主体间利益协调的制度安排，而政府公共政策在这个过程中发挥着主导作用，这是由公共政策的本质决定的。公共政策的本质就是通过权威性的价值分配方案对社会公共利益关系的集中反映，这同时也就决定了它是各种社会利益关系的调节器。政府利用公共政策作为手段，对"全社会的价值做权威性的分配"，以此来调整社会各主体的利益关系。公共政策的形成，实际上就是社会各利益群体将利益诉求输入政策制定系统中，公共政策主体也即政府依据自身利益的要求对各种利益诉求进行协调的结果。由此形成了政策制定系统协调社会利益关系所要达到的目的，这种目的在实现之前以公共政策目标的形式存在着，其实质就是通过协调利益关系，对自认为应该满足的利益要求满足程度的设想。简言之，利益协调是公共政策制定的核心，而公平与效率是公共政策价值取向的两个方面。

协调发展理念在水资源管理领域的体现就是平衡各个利益主体的用水关系，包括人与自然的关系以及人与人的关系。而这种多种利益间的平衡是实现水资源协商管理的主要内容。解决跨界利益冲突的关键是各个行政区域通过水资源冲突解决的交互式协商，建立有效的利益协调机制，以协调各行政区之间的水资源利益关系[54~56]。我们都知道，水资源准公共物品属性为行为人提供了搭便车动机激励：理性的行为者在个体利益与集体利益不一致时，不会选择行动实现集体共同的利益，个体理性导致了集体的非理性。根据传统的集体行为理论，水资源协商管理的某一行为者，如果在其本身不合作、其他行为者参与合作的情况下，获得更高的效益，那么此行为者将不会合作。因此，处于水资源协商管理囚徒困境中的所有行为者都会最大化自身的短期收益，如图 3.3 所示。这就导致行为者之间缺乏协商合作陷入集体行为的困境，呈现出次优性。

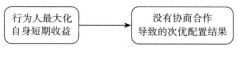

图 3.3　集体行为的困境

就如何走出集体行为的困境，奥尔森认为集体人数越多，集体人均收益就相应减少，搭便车的动机就越强烈，走出公共物品集体行为的困境需要借助诱导性制度政策驱使集体中的理性个体采取有利于集体的行为，这些制度政策可以是经济的、社会的、奖励的、惩罚的、强制的等。一些学者通过设计相应的制度规则对行为人的行为进行引导和约束（图 3.4），从而产生最优结果。但是，这种最优结果只是在理论上成立，主要原因在于这些规则制度来自外部，只是假设为施加在行为可以改变的行为者身上。水资源协商管理的动态描述表明：在一定的制度规则框架内，行为者之间存在着博弈与协商，博弈与协商互动反过来推动原有制度规则的演化。而在传统集体行为困境解决方法中，来自外部的制度规则并未施加在行为者的决策行为上，因此并不能有效地走出水资源治理的集体行为困境。

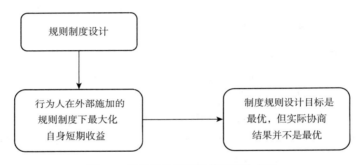

图 3.4　集体行为困境的传统解决方法

将集体行为困境的传统解决方法中规则制度由外部的转化为内生，不仅需要认识到通过规则制度对行为者决策行为产生诱导，同时需要认识到这种规则制度的形成不是一次性的，而是在行为者反复博弈协商的过程中形成的。对水资源协商而言，水价、水资源费等制度规则的约束不一定使水资源管理走出集体行为的困境。即使这种制度规则使得不同需水主体之间形成了合作关系，走出了集体性行为困境，但是主体之间异质性的存在会使在这种制度规则下形成的合作协议迅速破裂。正如 Kanbur 和 Mundial[57]指出的："理论和实践证明，相关经济方面具有同质性的群体更有可能达成合作协议，而这种协议更可能随着该经济方面异质性的增加而破裂。"因此，要达到水资源协商决策最优状态，就必须设计某种内生的制度规则，如图 3.5 所示，这种制度规则既能够对需水主体的行为决策进行诱导，同时这种制度规则在需水主体反复的博弈协商中不断完善。在这种内生规则下，水资源协商结果可能不是最优的，但是所有主体对其都是满意的，没有一个主体愿意改变这种分配结果，可以说，内生制度规则框架下的水资源协商结果是帕累托最优的。

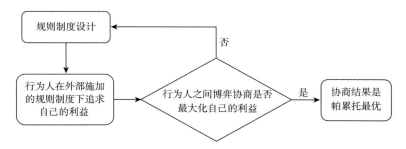

图 3.5　解决陷入集体行为困境的方法

　　那么在水资源协商过程中，内生的规则制度是如何形成的呢？水资源协商初始状态为水资源管理者在已有政策研究结果的基础上确定协商相关的政策制度规则，包括水价、水费、水量等，形成对协商网络中行为者的行为约束。由于个体理性导致集体的非理性，水资源管理者与各用水主体之间的信息不对称将使得在这种网络制度规则引导下的行为者行为决策最终会陷入集体行为的困境，使协商网络处于一种不均衡状态。从某种意义上讲，此时的网络规则可以看作外生。

　　在流域水资源协商网络运行中，行为者可以借助于政策制度规则来表达各自的利益诉求，通过各自的策略互动寻求使得个体利益最大化的资源互换方式。适当的协商规则存在使得行为者认识到，如果改变自己的行为策略可以获得更多的收益，那么他们将改变行为决策，推动协商状态发生改变；在新的状态下，行为者对各自的收益进行重新分析，并在分析的基础上改变各自的策略，开始新一轮的协商，推动水资源协商继续演化，直至所有的行为者都不愿更改各自的策略位置，此时，水资源协商达到一种均衡状态。伴随着水资源协商过程的动态演化，协商网络制度规则也在发生着改变：当网络处于初始状态时，原有的外生规则对各行为者的初始策略行为形成约束；行为者对网络初始状态下各自的状况进行评估，确认这种规则下水资源需求是否得到满足，如果满足，则认为这种规则是有效的；如果未被满足，行为者之间将会展开博弈协商，寻求能够使得水资源需求得到满足的资源互换方式，这个过程也是所有行为者对原有网络规则进行选择的过程。当水资源协商达到一种均衡状态时，内生的网络制度规则在行为者的协商互动中形成。此时，水资源协商均衡状态就是水资源冲突共容利益决策稳定状态，而由水资源管理机构所制定的公共政策及选择性激励机制在协商过程中已达成了新的水资源如何分配和转移的具体方案。

2. 协商达成的机理阐释

在水资源协商帕累托优化思路的指导下，结合水资源分配案例对协商达成机理进行阐释。初始政策安排是来自各种不同部门的不同政策的组成，记作 $\mathbf{WP} = (\mathrm{WP}_1, \mathrm{WP}_2, \cdots, \mathrm{WP}_m)$，$m \geqslant 1$，其中 $\mathbf{WP}$ 是 $m \times 1$ 维向量，WP_m 是各种水资源政策，包括宏观经济调控政策、水量分配政策、水价政策、生态指标政策、污水处理政策等，它们分别由宏观调控部门、水量调度部门、水价管理部门、生态管理部门、环境管理部门制定。将水资源系统约束记作 $\mathbf{AX} \leqslant \mathbf{B}$，$\mathbf{A}$、$\mathbf{B}$、$\mathbf{X}$ 均匀矢量，$\mathbf{A}$ 为用水主体集合，$\mathbf{B}$ 为水资源系统约束，$\mathbf{X}$ 为水资源配置方案集。则在初始水资源政策安排 $\mathbf{WP}$ 与水资源系统的约束 $\mathbf{AX} \leqslant \mathbf{B}$ 下，各用水主体的综合社会福利为 $\mathrm{SW}(\mathbf{WP})$，各用水主体的个体效益为 $\mathrm{IB}(\mathbf{WP}) = \{\mathrm{IB}_1(\mathbf{WP}), \mathrm{IB}_2(\mathbf{WP}), \cdots, \mathrm{IB}_n(\mathbf{WP})\}(n \geqslant 1)$。

如图 3.6 所示，当初始政策安排输入水资源配置环境，在水资源分配者效益 $\mathrm{SW}(\mathbf{WP})$、水资源系统约束 $\mathbf{AX} \leqslant \mathbf{B}$ 及水资源需水主体效益 $\mathrm{IB}(\mathbf{WP})$ 共同作用下，形成水资源配置结果 $\mathbf{X} = (X_1, X_2, \cdots, X_n)(n \geqslant 1)$。由于初始政策安排 $\mathbf{WP}$ 是水资源配置主体 $\mathbf{A}$ 根据以往工作经验及已有研究上设计的，并未经过需水主体的博弈与协商，水资源协商网络行为者的异质性决定了在初始政策安排 $\mathbf{WP}$ 框架下得出的水资源配置结果 $\mathbf{X}$ 往往并不能使所有的主体满意。从某种意义上说，$\mathbf{WP}$ 是一种外生的政策安排。

如何将初始政策安排 $\mathbf{WP}$ 由外生的转换为内生的？首先由宏观调控部门、水量调度部门、水价管理部门、生态管理部门、环境管理部门依据实际情况设计行为者之间的博弈协商机制 GN，确定政府、农业、工业、企业、生态等行为者之间的协商方式、利益补偿及激励规则。不同的水资源分配制度或规则在行为者之间产生不同的经济效益，行为者就会围绕这种分配制度展开博弈

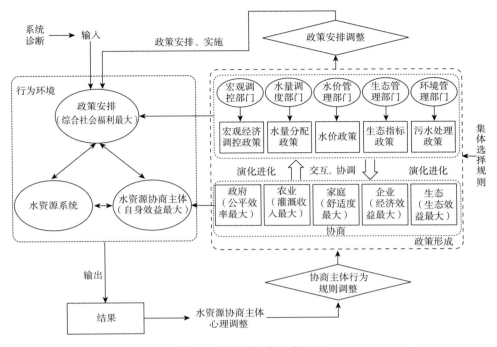

图 3.6　水资源协商达成机理

及协商，形成对水资源政策的集体选择，直至他们就分配的制度及规则达成一致意见。行为者在 GN 的框架下以最大化自己的利益为目标进行博弈协商，初始政策安排 **WP** 在行为者决策行为的互动中不断得到调整，形成最终的政策安排 **WP′**，博弈协商的结果为水资源分配结果 $X' = (X'_1, X'_2, \cdots, X'_n)(n \geq 1)$。在政策安排 **WP′** 下，每个行为者对配置结果 X' 是满意的，没有一个人愿意改变自己的行为决策去改变这种状态，所以说，此时 X' 是帕累托最优的。在政策安排 **WP′** 下，所有行为者经协商达到了水资源分配的帕累托优化状态 X'。水资源系统的变化及行为者自身的变化都会使得水资源分配环境发生变化，那么原有的帕累托最优状态 X' 会被打破，政策安排 **WP′** 在行为人博弈协商的过程中继续演化，形成新一轮的帕累托最优状态，见图 3.6。

　　综上，水资源协商达成的机理为：协商过程依据"政策安排 **WP**—博弈协商机制 GN—帕累托最优状态"的路径演化，形成能有效促进行为者协商合作的政策安排 **WP′** 及在这种政策安排下的水资源管理合作方案 X'。一旦

帕累托最优状态 X' 被打破，水资源管理参与者将会进行新一轮的博弈协商，寻找新的帕累托最优状态。

3.4.4　水资源协商管理研究框架构建

研究认为，水资源协商不仅仅是制度协商设计的过程，更是管理决策优化的过程，既需要制度经济学及公共政策选择的理论来促进协商政策规则的一致，更需要管理决策科学达成协商方案的统一，因此本书水资源协商管理是建立在制度经济学和管理决策科学基础上的，二者有效地结合有助于现阶段复杂的水资源协商顺利高效达成。根据水资源协商管理现实路径及协商达成机理阐释分析，本节构建水资源协商管理研究框架，如图 3.7 所示。

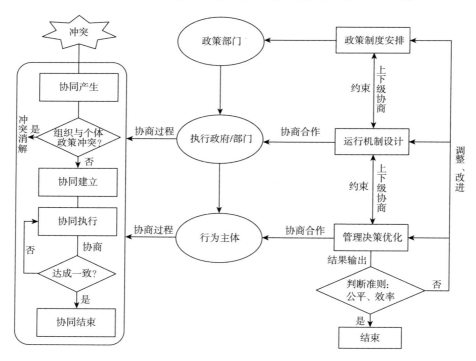

图 3.7　水资源协商管理研究框架

由图 3.7 可知，水资源协商参与主体包括政策部门、执行政府/部门和行为主体。政策部门主要是组织负责协商达成的管理机构，是提供或制定协商政策制度规则的人；执行政府/部门是参与协商管理的政府机构及相关行政部门；行为主体主要是各个用水主体。水资源协商需要通过三个环节来完成，即政策制度安排、运行机制设计和管理决策优化。政策制度安排主要是政策部门提出初始协商政策，将逐级向下传递；运行机制设计是各职能部门及执行政府根据初始政策及下一级行为主体的反应及时调整、设计新的政策规则，再反馈给上级政策部门和下级行为主体；管理决策优化则是行为主体根据初始政策和调整政策规则做出的行为反应，希望达到利益最优。图 3.7 的左边是冲突产生到协商达成的一个动态协同过程，最终促进冲突消解。本书正是在这个框架基础上展开水资源协商管理制度安排、规则设计和行为利益决策等分析。

<h1 style="text-align:center">参 考 文 献</h1>

[1]Samuelson P A. The pure theory of public expenditure[J]. Review of Economics & Statistics，1954，36（1）：1-29.

[2]Buchanan J M. An economic theory of clubs[J]. Economica，1965，32（125）：1-14.

[3]Barzel Y. The market for a semipublic good：the case of the American economic review[J]. American Economic Review，1971，61（4）：665-674.

[4]Ostrom E. Governing the Commons：The Evolution of Institutions for Collective Action[M]. New York：Cambridge University Press，1990.

[5]Ostrom E. Understanding Institutional Diversity[M]. Princeton：Princeton University Press，1995.

[6]雍会，张晓莉，张凤丽，等. 塔里木河流域水资源统筹协调管理研究——基于准公共物品理论[J]. 新疆农垦经济，2016，（9）：44-47.

[7]杨宇，欧元雕，马友华. 论我国水资源的多主体共同治理[J]. 华北电力大学学报（社会科学版），2011，（1）：1-6.

[8]亚里士多德. 政治学[M]. 吴寿彭译. 北京：商务印书馆，1983.

[9]沈大军. 水管理：理论及手段[J]. 自然资源学报，2005，20（1）：20-26.

[10]王彬. 短缺与治理：对中国水短缺问题的经济学分析[D]. 复旦大学博士学位论文，2004.

[11]邓敏，王慧敏. 适应性治理下水权转让多中心合作模式研究[J]. 软科学，2012，26（2）：20-24.

[12]陈红军. 论我国水资源国家所有权的实现[D]. 华中科技大学硕士学位论文，2005.

[13]王河江，陈国营. 协商民主理论述评[J]. 浙江工业大学学报（社会科学版），2012，（2）：160-164.

[14]Elster J. Deliberative Democracy[M]. New York：Cambridge University Press，1998.

[15]Cooke M. Five arguments for deliberative democracy[J]. Political Studies，2000，48：947-969.

[16]张建武. 集体协商谈判的经济学分析[J]. 中州学刊，2001，（3）：30-33.

[17]汪群，周旭，胡兴球. 我国跨界水资源管理协商机制框架[J]. 水利水电科技进展，2007，27（5）：80-84.

[18]王贵作，刘定湘. 流域管理与行政区域管理协商机制建设现状、问题及对策[J]. 水利发展研究，2012，（7）：23-26.

[19]胡鞍钢，王亚华. 转型期水资源配置的公共政策：准市场和政治民主协商[J]. 中国水利，2000，（11）：5-11.

[20]陈剩勇. 协商民主理论与中国[J]. 浙江社会科学，2005，（1）：28-32.

[21]王先甲，陈王廷. 协商理论方法的综述（下）[J]. 管理科学学报，1998，（1）：31-36.

[22]Davis R，Smith R G. Negotiation as a metaphor for distributed problem solving[J]. Artificial Intelligence，2003，20（1）：63-109.

[23]周申蓓，汪群，王文辉. 跨界水资源协商管理内涵及主体分析框架[J]. 水利经济，2007，25（4）：20-23.

[24]洪岳华，贺仲雄. 集对信息分析与协商控制[C]. 中科院自动化研究所自动化与信息技术发展战略研讨会暨2003年学术年会，2007.

[25]陈桦，张尧学，马洪军. 多媒体服务质量（QoS）协商控制系统[J]. 清华大学学报（自然科学版），1998，（S1）：39-42.

[26]俞浩春，陈军. 变频器启动时序协商控制PC技术及应用[J]. 消费电子，2014，（8）：61.

[27]马占飞，郑雪峰. "免疫软件人"概念及其协商控制模型[J]. 控制与决策，2010，25（5）：740-743.

[28]郭亚军，侯宏波，侯芳. 具有偏好关系网络结构稳定的群决策协商控制模型[J]. 控制与决策，2011，26（3）：363-368.

[29]矫勇. 合理制定水资源配置方案 强化水资源科学管理[J]. 水利规划与设计，2004，（S2）：5-8.

[30]刘毅，贺骥. 澳大利亚墨累–达令流域协商管理模式的启示[J]. 水利发展研究，2005，5（10）：53-57.

[31]刘玉龙，迟鹏超，罗尧增，等. 松辽流域水资源使用权初始分配协商机制研究[J]. 中国水利，2006，（3）：35-39.

[32]李常发，穆宏强. 长江流域水资源保护协商机制建设与实践[J]. 人民长江，2011，42（2）：12-15.

[33]范波芹. 水利工程咨询的协商管理初探[J]. 中国工程咨询，2007，（8）：26-27.

[34]周申蓓，汪群，韦有文. 跨界水资源协商管理的文化机制研究[J]. 水电能源科学，2007，25（3）：15-18.

[35]胡晓寒，秦大庸，李海红，等. 水资源使用权初始分配协商模型研究[J]. 水利学报，2008，39（5）：54-59.

[36]孙冬营，王慧敏，于晶. 基于模糊联盟合作博弈的流域水资源优化配置研究[J]. 中国人口·资源与环境，2014，24（12）：153-158.

[37]Shankar A，Pavitt C. Resource and public goods dilemmas：a new issue for communication research[J]. The Review of Communication，2002，2（3）：251-272.

[38]Liebrand W B，Messick D M. Frontiers in Social Dilemmas Research[M]. Berlin：Springer，1996.

[39]Komorita S S，Parks C D. Social Dilemmas[M]. London：Brown & Benchmark，1994.

[40]Johansson L O. Goal conflicts in decisions to allocate resources[D]. Doctoral Dissertation of University of Southampton，2004.

[41]刘耀中，窦凯. 人际控制感对合作行为的影响：一项囚徒困境的 ERPs 研究[J]. 心理科学，2015，38（3）：643-650.

[42]Eek D，Biel A. The interplay between greed，efficiency，and fairness in public-goods dilemmas[J]. Social Justice Research，2003，16（3）：195-215.

[43]Johansson L，Gustafsson M，Gärling T. Conflicts between greed，efficiency and fairness in resource allocation decisions[R]. Working Paper，2002.

[44]Wilke H A. Greed，efficiency and fairness in resource management situations[J]. European Review of Social Psychology，1991，2（1）：165-187.

[45]Dawes R M. Social dilemmas[J]. Annual Review of Psychology，1980，31（1）：169-193.

[46]Laukkanen M，Koundouri P. Competition versus cooperation in groundwater extraction：a stochastic framework with heterogeneous agents[R]. Water Management in Arid and Semi-Arid Regions：Interdisciplinary Perspectives，2006.

[47]邵玲玲，牛文娟，唐凡. 基于分散优化方法的漳河流域水资源配置[J]. 资源科学，2014，

（10）：2029-2037.

[48]Ostrom E. Reformulating the commons[J]. Swiss Political Science Review，2000，6（1）：29-52.

[49]史云贵. 共容利益狭隘化：破解国家荣衰兴亡周期律的一种新解释[J]. 社会科学，2012，（3）：13-22.

[50]战松. 制度与效率：基于中国债券市场的思考[D]. 西南财经大学博士学位论文，2006.

[51]常云昆. 黄河断流与黄河水权制度研究[M]. 北京：中国社会科学出版社，2001.

[52]卢汉桥，刘承栋. 新合作主义的利益协调机制探析——作为一种公共政策制定模式的观察[J]. 广州大学学报（社会科学版），2006，5（12）：24-28.

[53]Fishburn P C. The Theory Of Social Choice[M]. Princeton：Princeton University Press，2015.

[54]胡熠. 我国流域区际生态利益协调机制创新的目标模式[J]. 中国行政管理，2013，（6）：78-82.

[55]陈湘满. 论流域开发管理中的区域利益协调[J]. 经济地理，2002，22（5）：525-528.

[56]王勇. 论流域政府间横向协调机制——流域水资源消费负外部性治理的视阈[J]. 公共管理学报，2009，6：84-93.

[57]Kanbur S R，Mundial B. Heterogeneity，Distribution，and Cooperation in Common Property Resource Management[R]. Washington DC：World Bank，1992.

第　4　章

水资源协商管理制度安排框架

水资源协商管理过程中充斥着大大小小的利益冲突问题。关于水资源协商管理制度安排框架设计首先应了解各主体在制度安排中的角色定位，其次才能探讨如何基于多主体协调的制度安排，并在此基础上探讨如何构建有效的制度安排体系，最后通过沟通与合作平稳落实水资源管理。

4.1　水资源协商管理制度安排基本理论

水资源协商管理制度安排应由一系列激励、约束或保障规则构成，这些规则在不同层面和不同角度影响人们的行为选择，促进协商管理实现。这些规则的设计又源于协商管理目标，即根据协商目标的需求选择或构建合理的规则，形成水资源协商管理的制度安排体系。

4.1.1　水资源协商管理制度安排的规则分析

一般而言，制度安排中的规则表现为两种，即正式规则和非正式规则。非正式的参与者平台中的会员规则或协商策略比正式制度中更开放。然而，过度的非正式引起权责缺失和规则的不清晰，造成随意的环境，更难改变隐性权力关系和制度。正式制度包括法律和管制条例（如《欧盟水框架指令》)、正式组织结构和正式流程。非正式制度包括社会共享规则，通常是不成文的，在官方认可的渠道外创建、沟通和执行[1]。制度安排体系应根据协商情况来选择适合的规则形式，形成制度安排体系的具体内容。

水资源协商管理通过制度安排体系进行水资源协商，是水资源协商制度创新的综合体现，它包括了正式规则、非正式规则与具体的实施规则。

正式规则即由各级人大及其常务委员会和政府及政府有关部门颁布的水资源开发利用、节约保护、配置、治理等各环节内直接或间接相关的各项政策、法律、法规、部门规章和规范性文件。主要包括关于治水的行政规则、政治规则、经济规则、法律规则，如产权制度、流域统一规划制度、取水许可制度、有偿使用制度等。

非正式规则是指一系列基于传统文化和长期历史积淀逐步形成的习俗、文化和传统，包括对水资源开发、利用、节约、保护、配置、治理等各环节产生影响的各种历史经验、价值观念、伦理规范、道德观念、社会思潮、风俗习惯、文化理念等。

正式规则与非正式规则是相互依存、相互弥补、相互促进的。正式规则是非正式规则长期沉淀、升华和规范化的结果。它是人们行动必须遵守的显性规则。正式规则作用的有效发挥，必须要以与非正式规则的相契合为前提条件。而非正式规则又是人们思维和行为方式的隐性规则。正式规则与非正式规则是制度安排不可分割的两个部分，显性的正式规则中渗透着非正式规则因素，隐性的非正式规则通过有形的正式规则得以体现。

另外，实施规则是使正式规则与非正式规则发挥作用的运行保障。实施规则是正式规则与非正式规则发挥有效作用的必要条件，是二者重要的制度实现规则。因此，在水资源协商管理的制度安排体系中，不仅在法律法规、规章制度等方面需要采取水资源管理的正式制度安排，在思想观念、伦理道德等方面也需要采取水资源管理的非正式制度安排，还需要有强有力的具体实施机制。

4.1.2　应对不确定协商问题的制度安排设计

在对我国水资源协商管理目标和内涵进行深入分析的情况下，总结出制度安排设计的核心问题包含两个。

1. 系统不确定性导致协商复杂性增强所带来的问题

在水资源协商管理中，不同层面和类别的主体都包含在内，主体间具有较强的异质性，必须建立一个多主体的合作机制，才能实现主体间的协调和统一。从协商管理的本质意义出发应建立多主体合作机制[2]，实现水资源协商管理过程中异质主体的关系协调和合作，对协商实现提供保障。

然而，我国具有自身的特殊性，存在经济条件、政治条件和公民觉悟等约束，因此构建水资源协商管理多主体合作机制的具体步骤如下：

第一，根据我国的部门和行业分类，从社会各主体的根本利益诉求出发，了解各主体的利益表达，清晰主体间利益关系。

第二，通过构建区域的共同愿景实现主体间的合作共识，提高对合作关系（意识正当性）的认可，削弱主体之间的利益冲突程度，为多主体合作奠定基础。

第三，政府基于机制设计理论和契约理论提出合作机制，各用水主体和组织平等参与协商，最终达成合作。

第四，在平等合作的基础上，设计多主体合作机制的保障机制，支撑并维护合作机制的运行和持久有效。

其中，前三步属于水资源问题中"利益主体界定、利益关系分析和关系协调方案的设计"，这些需要通过博弈理论结合具体的水资源问题进一步分析。但水资源协商管理的保障机制具有一般性，下面结合协商管理的约束条件进一步分析。

水资源协商管理要协调社会与自然系统，除建立有效的多主体合作机制，还需界定多主体合作机制的规则。

（1）形成主体沟通与协商规则（信息的提供）：在此平台上，各主体平等公开地进行信息交流和问题协商。

（2）设计多主体利益协调规则（冲突的解决、变化的制度、谨慎的分析、制度多样性）：由于水资源分配方案的每次变动都将引发利益的变动和转移，需要一个利益协调机制。

（3）设计多主体监管奖惩规则（服从规则）：由于公民意识和个体偏好、风险偏好的差异，需通过机制设计对主体进行约束和引导。一方面，可以对利益进行协调和再分配；另一方面，可以对不服从规则的用水户进行惩罚，对服从规则者进行激励，保障合作的实现和持续。

（4）提供所有相关的基础设施（基础设施供给、资源的保护）：一些基础设施的提供，包括对人水复杂系统监测反馈的设施、多主体合作组织在运行过程中的办公、管理设备等。

由于我国政体特征，在水资源协商管理过程中可通过对中央政府与地方政府进行角色区分，明确利益诉求，侧重于政治收益和文化收益的中央政府作为合作的外部环境，重视经济收益的地方政府则引入一定区域内主体合作之中，进而基于规则设计界定其权责并参与到合作中，为水资源协商管理下的多主体合作提供平等合作的基础。

2. 系统不确定性导致水资源复杂性增强所带来的问题

考虑人水复杂系统的不确定性，水资源协商管理需要具备应对各种不确定性要素的变化。学习是实现信息反馈和调整的关键。

根据已有的社会变革途径，总结社会应对生态变化做出的反应主要包括三种，即渐变、适应性变化、完全转变[3, 4]，每种变化形式对应不同的学习方式[5]，现有研究中共有三种学习方式存在于人水复杂系统中——积累式（incremental learning）、情景式（episodic learning）、演化式（transformational learning）[6]。积累和适应性学习是一种单回路学习，通过观察和经验进行知识更新[7]。而演化式学习是对基本假设、概念和目标的修正，在心智模式和意义上进行调整，实现学习的双回路[8]。因此，水资源协商管理的学习应基于当地创新和实践，结合外部经验和相关合作规则及约定，形成适应的演化式学习。通过演化式学习不仅能够发现错误，更能从错误中产生新的知识。当新的想法、概念、模式不断被充分检验、通过并最终形成新的治理体制时，这一过程就称为演化式学习。建立演化学习机制的目的是在不断变化的人水情景下实现对水资源配置政策和合作规则的调整。

为实现水资源协商管理的适应性调整，在学习理论的基础上设计演化学习模型。该模型分为宏观、中观和微观三个层面，并随着时间轴从微观层面向宏观层面不断递推[9]。

（1）在短期到中期，合作出现在用水户之间建立个体行为决策流程，通过双回路演化学习机制产生个体的行动策略。

（2）在中期到长期，用水户组织（网络）之间产生关系变化，对多中心合作规则进行修正。

（3）在长期，协商管理将随着合作规则的修正而不断调整和变化（包括正式或非正式制度、文化价值、规范或范式的变化）。宏观层面活动是在动态社会–生态环境背景下进行，包括相关的法律和组织框架、文化和经济社会环境，中观和微观层面的活动都必须嵌入宏观层面。

水资源协商管理中个体行为决策流程遵循双回路演化学习机制，个体知识库由外部知识、个体知识和共同知识构成，它们决定了个体信念系统和心智模型及行动模式。面临新情景时，首先通过信念系统评估是否具备该情景下的经验。若有相关经验，则直接采用由历史经验形成的"固有预期行为模式"在该情景下采取行动并获得支付。若没有相关经验，此时基于经济学的"经济人假设"进行预期，进而采取行动获得支付。支付完毕后需要将结果与预期进行比较评估，根据评估结果进行不同调整回路的反馈。

（1）通过"行动策略调整"实现反馈。若结果满意，则形成新的个体经验（对历史经验加强也作为新的经验），反馈到个体知识库中，进一步支持信念模型和"固有预期行为模式"。

（2）通过"信念系统和心智模型调整"实现反馈。若结果不满意，则需要进行原因分析，根据原因归类选择下一步反馈路线：当不满意原因是对支付的金额不满时，需要对预期进行调整，在原有信念系统和心智模型下重新采取行动获得支付；当不满意原因是行动本身无法执行导致失败，此时需要对信念系统和心智模型进行调整，重新进行情景评估等流程，同时将调整情况反馈到个体知识库中。

通过双回路演化学习机制形成微观层面的个体用水户策略，进一步影响用水户组织间关系，产生合作规则和水管理政策的修正，反馈到宏观层面形成适应性制度安排，实现水资源协商管理（具体可参见 3.4.3 小节内容）。

4.1.3　水资源协商管理制度安排体系构建

奥斯特罗姆认为不同层次的规则是嵌套在一起的，所有规则都被纳入规定如何改变该套规则的另一套规则中。每当与制度约束下的行动相比较探讨制度变更的问题时，需要认识到以下两点：①一个层次的行动规则的变更，是在较之更高层次上的一套固定规则中发生的；②更高层次上的规则的变更通常更难以完成，成本也更高，因此提高了根据规则行事的个人之间相互预期的稳定性。基于此，奥斯特罗姆通过多层次分析方法区分公共池塘资源管理中三个层次的规则，即操作规则、集体选择规则和宪法选择规则。本书结合我国国情，将水资源协商管理制度安排体系分为三个层面，即法律层、集体选择层和操作层。

法律层是实现转让的背景条件和基础，包括我国现有的法律法规、政府出台的相关政策和指导性文件及转让地区相关政策文件、社会经济环境等。集体选择层在于促使集团内部生成操作层规则，包括主体间关系协调和控制，这是实现水权转让集体行动和自我实施的核心。操作层是各利益主体形成集团后，在集体选择规则约束下为实现多中心合作与自我实施而内部自动生成的运行规则，包括水权转让时具体事宜在执行中所形成的一系列实施规则。

法律层由我国客观环境决定，操作层在合作实现后由主体自主设计，而集体选择层是关键，即为自主合作生成规则，用以协调多主体合作关系，因此，集体选择层的规则设计是水资源协商管理下制度安排设计的核心部分，下文中制度安排的设计即针对该层面来展开。

面对区域水资源协商管理问题，应当考虑当地社会构成的复杂程度，以及区域内异质主体间差异程度等因素，在尊重法律层的客观现状条件下，建立合理有效的集体选择层面规则，保障各主体在操作层面上形成有效的实施途径，实现各个主体主动、积极地参与到水资源协商中，促进水资源的可持续发展和人水复杂系统的稳定。

基于此前的分析和水资源协商的内涵，为实现协作思想，水资源协商应包含对人水复杂系统的监测、对人水复杂系统中主体间关系的协调以及人水复杂系统中的反馈和自我调整，这三个环节对应形成协商管理制度安排的完整体系，即三个模块，分别为监测反馈模块、沟通协调模块和情景学习模块。具体内容如下：

（1）监测反馈模块是对自然和社会系统进行监控，这是制度安排的基础。人水复杂系统是水资源协商实施的背景环境，合理的制度安排需要建立在对应的真实客观环境中，因此对人水复杂系统中关键要素的监测十分重要，并实现随着系统中各要素的变化对新的系统数据进行及时反馈和更新，保持信息数据的及时性和有效性。

（2）沟通协调模块是在监测反馈模块所提供的数据和信息的基础上，提供一个平台对人与水、人与人之间的利益进行协调，保障协商管理的实现。这是一个多主体参与、分散式、协商的合作平台。

（3）情景学习模块用于整合前两个模块。由于监测反馈模块与沟通协调模块之间需要信息的处理和衔接，该模块采用学习机制对信息进行处理、整合和创新，将水资源协商管理作为一个整体。学习控制模块是一个多层面的概念，微观层面上由个体对外部因素和历史经验进行学习来不断调整自身行为模式，个体间关系也由此演变，在中观层面上对个体组织间合作关系进行调整，进一步反馈到宏观层面上。在组织关系协调中产生的不同的规则和制度安排，即水资源协商管理的最终输出结果——一系列政策和规则（包括协商管理框架下多主体的合作规则和水资源开发利用过程中的相关政策）。

将上述三个模块整合，形成水资源协商管理完整的内容和结构。需要注意的是，人水复杂系统是治理的直接对象，它既受到自然和社会系统的影响，又通过适应性治理作用于它们，因此人水复杂系统的变化趋势是水资源协商管理的核心研究对象。在这三个模块之中，监测反馈模块需要一定的基础设施予以保障，沟通协调模块和情景学习模块则需要通过多主体合作机制和学习机制来进行保障。在三个模块的支持下，水资源协商管理能够实现预期目标。

因此，如何实现多主体合作及包含反馈与调整的学习是水资源协商管理制度安排的主要内容。

4.2　水资源协商管理制度安排的主体结构

4.2.1　制度安排的主体

本节主要介绍制度安排及制度安排主体的相关理论知识。

1. 制度安排

人类社会各种经济主体都在特定的环境中进行着各自的经济行动，这种活动必然要建立在一定的信任与秩序基础之上，在毫无秩序的地方，社会交往的代价必然高昂，也就无信任和合作可言。但特定的社会权力结构与利益分配格局决定了各种经济主体行动的动机和目的，同时由于存在着"知识问题"以及经济人倾向等，无论人们所处的社会或组织环境给他们规定了怎样的规范，他们的现实追求都是实现自身效益的最大化，这必然导致各种机会主义和不可预见行为。为了克服各种不可预见性和机会主义行为，就必须有一定的制度规范，使各经济主体只能在特定制度许可的范围内选择和实施自己的行动，以确保必要的秩序和信任，维持各经济主体的合法利益，增强各种经济主体从事经济活动与创新的动力和信心。制度恰恰提供了人类相互影响的框架，确立了竞争与合作的经济秩序。那么什么是制度？"制度是一系列被制定出来的规则、守法程序和行为的道德伦理规范，它旨在约束追求主体福利或效用最大化利益的个人行为。"[10]Rutherford[11]认为，制度是行为的规律性或规则，它一般为社会群体成员所接受，详细规定具体环境中的行为，它要么自我实施，要么由外部权威来实施。制度的关键功能是通过系统性和非随机性的关于行为和事件的规则系统来约束人们行为，增进社会秩序，以鼓励信赖和信任，减少协调人类活动的社会成本与合作成本。当秩序占主导地位时，人们就可以预见未来，更好地与他人合作，也能更有信心地从事创新活动。制度还可以设法克服资源的稀缺性，以促进社会经济增长。因此制度是一种最重要的社会资本[12]。

制度作为前提条件规定了经济运行与社会交互关系，就技术而言，制度所决定的社会基本权力结构与选择取向对经济人所追求的稳定的均衡更能产生实质性的影响。但制度不是僵化不变的，特定社会的经济基础必然决定着上层建筑。一定社会制度维持下的社会经济必将获得持续的增长与活力，这种持续的增长与活力又会使旧制度不能适应新的经济环境的需要，因此制度必须随着社会经济技术的发展而不断变化。社会要想保持持续的经济增长与活力，必须不断进行制度创新向社会提供足够的制度资源以适应需要。从而制度成为继禀赋、技术和偏好之后的第四大理论支柱。行为约束的类型是多样的。有些规则对全社会都有约束力，有些规则是为利益主体在不同的环境下所设定的，有些规则是较易变更的，有些规则在较长一段时间里是不易变更的。North[10]认为制度由"非正式约束（道德的约束、禁忌、习惯、传统和行为准则）和正式的法规（宪法、法令、产权）组成"，就是说制度是一个规则系统，它包括正式制度和非正式制度。正式制度是指人们有意识创造的一系列法律、法规，包括政治规则、经济规则和契约，以及由一系列规则构成的一种等级结构，它是以国家强制力作为保证的。非正式制度是人们在长期交往过程中无意识形成的，具有持久的生命力，并构成代代相传的文化的一部分。非正式制度主要包括价值观念、伦理规范、道德观念、风俗习惯、意识形态等。其中，意识形态处于核心地位，它不仅可以蕴含价值观念、伦理规范、道德观念和风俗习惯等，而且可以在形式上构成某种正式制度的"先验"模式。意识形态具有规范人们行为、节约交易成本的作用。正式制度和非正式制度作为制度结构的一部分，它们之间关系十分密切，互相嵌在制度结构中，它们的作用互相影响。一种制度起作用，必须借助于其他制度安排的配套措施。特别是正式制度的移植一定要借助于非正式制度的配合，否则正式制度的效率将大打折扣[12]。

因此，我们大体上可把制度划分为以下三种类型：第一，宪法秩序。宪法"是用以界定国家的产权和控制的基本结构"[10]，它包括确立生产、交换和分配的基础的一整套政治、社会和法律的基本规则，它的约束力具有普遍性，是制定规则的规则。第二，制度安排。这是指"约束特定行为模式和关系的一套行为规则"[13]。制度安排实际上是在宪法秩序下界定交换条件的一系列具体的操作规则，它包括成文法、习惯法和自愿性契约。第三，行为的伦理道德规范。这是构成制度约束的一个重要方面，它来源于人们对现实的理解（意识形态）。意识形态是与对现实契约关系的正义或公平的判断相连的，它对于赋予宪法秩序和制度安排的合法性是至关重要的。一致的意识形态可以替代规范性规则和服从程序[14]。

制度具有公共品的性质，它和其他公共品一样具有非排他性和非竞争性的特点，因此在制度创新或变迁（即生产、消费）的过程中存在着严重的搭便车现象。制度的制定和运行需要成本，但无法限制他人从中获益。因此，由自发过程提供的新制度安排的供给将少于最佳供给或社会所需的最优数量[15]。

制度作为一种公共品，给人与人之间提供约束，其基本功能表现在三个方面：制度最基本的功能是节约，即让一个或更多的经济人增进自身的福利而不使其他人福利减少，或让经济人在他们的目标预算约束下达到更高的目标水平。这些目标或者预算约束乃至其他行为不必严格囿于物质方面或经济方面。节约功能主要借助于制度对人们行为的约束，使行为人形成确定的预期，减少交易费用。其方式是通过制度利用经济活动中的潜在的规模经济、专业化和外部性内部化。制度另一个功能是安全功能，即防止个人或团体犯错误。避免犯错误的一个重要机制是搜集信息，并让决策者充分地占有信息。制度还有再分配功能，制度在涉及分配功能时很少是中性的，即可能牺牲一部分人的利益，这也为经济活动提供激励机制[16, 17]。

2. 制度安排的主体

制度的变迁由制度的需求和供给共同决定，早期的制度经济学家侧重于从需求诱致的层面研究制度的变迁。科斯认为制度变迁的成本和收益之比对制度变迁起着关键性的促进和推迟作用，并将之视为制度变迁的一般原则。诺斯认为在现有制度安排下潜在利益无法实现从而行为者产生了对新制度安排的需求时新的制度安排才会被创新，也就是说，新的制度被创新只有在由资本收益的获得增加、交易成本减少、风险分担减小、规模经济实现和外部性减弱等条件共同决定的创新的预期收益大于预期成本的情况发生时才会产生。拉坦、菲尼等将诺斯等的需求诱致机理向前推进了一步，在综合了制度变迁的综合成果的基础上指出需求诱致虽然重要，但不构成制度变迁的充分条件，只是制度变迁的必要条件，制度的供给极其重要。制度变迁不仅是对更有效制度安排的需求所引致，更是社会和经济行为关于组织与变迁知识的供给进步的结果[16]。

因此，社会要变革、要发展，必须先对已有的制度进行变革，即制度安排。制度安排可分为诱致性制度安排与强制性制度安排。"诱致性制度安排指的是现行制度安排的变更或替代，或者是新制度安排的创造，它由一个人或一群（个）人，在响应获利机会时自发倡导、组织和实行。"诱致性制度安排具有自发性、局部性、不规范性，制度化水平不高。强制性制度安排的主体是政府，而不是个人或团体，政府进行制度安排不是简单地由获利机会促使的，这类制度安排通过政府的强制力在短期内快速完成，可以降低变革的成本，具有强制性、规范性，制度化水平高。制度安排的主体有三种，即个人、团体与政府。从此角度分析制度安排有三种：个人推动的制度安排、团体推动的制度安排、政府推动的制度安排。制度安排可以在上述三级水平上进行[12]。

强制性变迁由政府命令和法律引入并实现，强制性制度变迁的主体是国家（或政府）。国家的基本功能是提供法律和秩序，并保护产权以换取税收。国家之所以采取强制方式变革制度，制度经济学认为，一是因为它是垄断者，它通过权力垄断与其他资源的垄断，可以比竞争性组织以低得多的费用提供制度性服务；二是国家在制度供给的生产上，具有规模经济优势。政府主导型制度安排即政府凭借特有的权威性，通过实施主动进取的公共政策，推动实现特定制度发展性更新的行为过程。在这种形式的制度安排中，由于新制度本身就是国家（政府）以命令和法律形式引入实现的，政府发挥了决定性作用。诺斯还分析了在制度变迁的过程中，由政府进行创新，在下列情形下最具优越性：①当政府机构发展比较严密，但私人市场并未得到充分发展时；②当潜在利益的获得受到私人财产权的阻碍，必须依靠政府的强制力量来进行时；③当制度创新实行之后所获得的收益不归于从事创新的个别成员，这样的创新只能由政府来进行时；④制度创新涉及收入再分配，减少了收入的居民必定反对时[2]。政府在制度安排中主要是：①通过改变产品和要素的相对价格来促进制度安排。政府可以有意识地采取某些措施，通过积累某种产品或要素，改变相对价值，引发制度安排。②通过引进或集中开发新技术、推动制度安排。政府可以将国内有限的人力、物力资源集中起来更快地开发或引进某些新技术，以便激发制度安排。③通过修改宪法来促进制度安排。④通过扩大市场规模，引起制度安排。政府可以消除区域间人为的壁垒，使分割的国内市场得以统一，市场规模得以扩大。⑤改变宪法和现存制度安排，使其朝着有效率的制度方向安排。⑥通过加快知识存量的积累，提高制度的供给能力。社会科学知识的进步将直接促进制度安排的供给。而政府可以通过法令、政策等形式，给社会科学研究创造宽松的环境；加大对社会科学研究的投入；扩大对外交流学习，促进理论研究的深入开展和知识存量的积累。⑦政府利用其强制性和组织的规模经济优势，直接进行制度安排。即发挥强制性和规模经济的优势，降低或弥补制度供给中的各项费用，使制度安排成为可能，或者使制度安排的收益极大化[12]。

从政府功能的角度来说，国家具有制定强制性制度的比较优势，它能够维护基本的经济社会结构，促进社会经济的增长，因而代表国家的政府也就成了当然的制度安排的生产者和供给者。同时政府主导的制度安排是成本最低的制度安排形式。正常情况下，政府不仅在政治力量的对比中处于绝对优势地位，它还拥有很大的资源配置权力，它能通过行政、经济、法律手段在不同程度上约束整个社会行为主体和行为。制度安排是一种公共物品，而政府生产公共物品比私人生产公共物品更有效，在制度这个公共物品上更是如此。并且，由于诱致性制度变迁会遇到外部效应和搭便车问题，制度安排的密度和频率少于作为整体的社会最佳量，即制度供给不足，可能会持续地出现制度不均衡。在这种情况下，强制性制度变迁就会代替诱致性制度变迁。政府可以凭借其强制力、意识形态等优势减少或遏制搭便车现象，从而降低制度变迁的成本。一般在下列四种情况下，由政府来组织制度安排被认为是最适宜的：①政府机构发展得比较稳定，但整个市场则处于低水平；②当潜在利益的获得受到私人财产权利的阻碍时，个人和其间的自愿合作团体的制度安排可能无济于事；③实行制度安排后的收益被那些没有参与安排的人享有，那么个人是不愿承担这笔费用的，因而制度安排由个人和个人自愿合作团体就是不可能的；④当制度安排不能兼顾所有人利益时，或一部分人获益而另一部分人的利益受挫时，制度安排就只有靠政府了。因此，政府在制度安排中起着极其重要的作用[12]。

关于制度和制度安排西方学者曾表述为：制度提供了人类相互影响的框架，它们建立了构成一个社会，或更确切地说一种经济秩序的合作与竞争关系。制度是一系列被制定出来的规则、守法程序和行为的道德伦理规范。而制度安排则是支配经济单位之间合作与竞争的方式的一种安排。根据制度经济学的研究，制度安排是一种公共产品，而这个公共产品一般是由国家生产的，也就是国家是强制性制度安排的主体。中国的改革过程，实质上就是中国政府（包括地方政府）推动制度安排的过程，是新制度安排被构造及旧制度安排被替代的过程，其目的是要实现两个根本性的转变，即从计划经济体制向社会主义市场经济体制的转变和从劳动密集型、粗放型的经济增长方式向技术密集型、集约型的经济增长方式的转变，以建立一种各经济主体合作与竞争的新型方式[12]。

4.2.2　水资源管理协商制度安排的主体界定

从前述分析可知，制度安排的主体主要是权威型的政府。但众所周知，水资源协商管理更是一场涉及多主体的社会化治水运动，涉及政府主体、生产用水主体、生活用水主体等多类主体。政府用水户与水系统存在所有、利用和保护的关系，主要包括所有政府组织和行政机构，是水资源协商管理制度落实的主要实施推进者；生产型用水户仅具有开发和利用的关系，包括不同产业和行业的用水户，它们是提高生产力、促进经济发展的主要力量；社会型用水户与水系统之间则具有利用和保护的关系，主要包含进行水资源保护的 NGO 及社会团体和机构。后两者主要是水资源协商管理的执行者。这些主体间由于利益、社会地方、偏好等多方面的不同在角色和利益诉求上具有明显的区别。

（1）政府型用水户。

在水资源协商管理中，政府作为其中一类重要用水户类型，是水资源的所有者，在水资源开发利用过程中具有特殊的地位和作用，应进行深入研究。根据行政等级划分，政府可分为中央政府和地方政府；按照地理区域划分，又分为不同的省（自治区、直辖市）的地方政府；按照职能分工不同，又分为外交部、教育部、工业和信息化部、财政部、人力资源和社会保障部、自然资源部、生态环境部、交通运输部、水利部、农业农村部、国家卫生健康委员会等 26 个部门。

针对水资源的管理工作，我国政府在 1949 年后设立了水行政主管部门，即水利部，后经过多次调整，到 1988 年，除关于宜林地区以植树、种草等生物措施防治水土流失的职能交给国家林业局，基本形成了水利部统一管理水资源的体制。从我国行政体制来看，中央政府和地方政府是隶属关系，这导致水资源管理的决策权集中在中央，中央起着主导作用，而地方政府只有按照宪法和法律规定的部分执行权，处于被支配地位。对应的地方各级水行政主管部门是主管水行政工作的各级政府的组成部门，在行政上接受当地政府的领导，在业务上接受上级水行政主管部门的指导。

因此，政府型用水户包括中央及各级地方政府、水行政主管部门及相关部门。

（2）生产型用水户。

生产型用水户是指构成国民经济结构的各类产业和行业用水户，可从产业体系进行分类分析。根据社会生产活动历史发展的顺序对产业结构的划分，产品直接取自自然界的部门称为第一产业，对初级产品进行再加工的部门称为第二产业，为生产和消费提供各种服务的部门称为第三产业。其中，第一产业以农业为主，第二产业以工业为主，第三产业包含剩余的其他各业[18]。

在水资源协商管理过程中，主要是通过分析不同行业水资源效益和产出来调整行业用水结构，提高水资源利用效率，来落实总量红线和效率红线。因此，可从水资源利用特征的角度来选取两个具有代表性的行业部门进行研究，即以水资源的使用效率为指标，选取典型行业作为研究对象。工业和农业作为我国经济发展和社会稳定的重要产业支撑，行业特征鲜明，用水方式差异巨大，因此，后续研究中以工业和农业作为用水户的主要代表。

（3）社会型用水户。

社会型用水户主要的表现形式是各类自主集合而成的 NGO，首先阐述下 NGO 的概念，即在特定法律系统下，不被视为政府部门的协会、社团、基金会、慈善信托、非营利公司或其他法人，是不以营利为目的的组织。但在此，社会型用水户包括提倡并促进水资源保护和可持续利用的组织，其本身不进行水资源的开发和盈利，也包括以水资源开发利用为目标的非正式组织和团体，这些组织和团体虽然进行开发和营利，但其本项目的是协调组织内部人员的利益关系以创造更好的生产环境，其直接目的并不是营利，最终收益是否得到改善无法确定，因此也可以作为非营利组织考虑[19]。

在我国，社会型用水户主要以协会、工作组、中心等一些方式所形成，主要由政府发起或民间自发两种途径形成。根据 2006 年《中国环保民间组织发展状况蓝皮书》的统计，我国已有环保类 NGO2 768 家，其中政府部门发起成立的民间组织占 49.9%，民间自发组成的占 7.2%，学生环保社团及其联合体占 40.3%，我国港澳台地区及国际环保民间组织驻内地机构占 2.6%。以江苏省环境科学学会、环保产业协会及水资源管理协会为例，它们围绕经济社会发展与水资源相关的热点、难点问题，在水资源利用、保护和强化管理上，充分发挥其联系面广的优势，对提高全社会水资源管理、开发利用、节约保护方面的认识、交流经验和相关课题研究，发挥了不可替代的作用[20]。

在现实情况下，政府型用水户、生产型用水户和社会型用水户的角色不同，与水系统的互动关系也各不相同，这取决于个体间的异质性差别。后续研究中将会对上述用水户再进行具体的偏好和利益分析，但其中社会型用水户比较特殊，它具有非营利性的特质，且不从事水资源的开发。水资源协商管理过程中鼓励公众全民参与，因此社会型用水户是水资源协商管理不可或缺的参与主体，代表提倡和拥护水资源可持续利用及保护的公众，并且不会与其他用水户产生利益关系或利益交互影响，这里就不针对社会型用水户进行利益分析。但作为公众的代表，必须在水资源协商管理的框架中对其进行角色定位[20]。

在水资源协商管理中，个体异质性可表现在自然属性、社会属性及内在属性三个方面。其中，自然属性指代个体的初始属性，是客观存在且自身无法改变；社会属性的差异性体现两个方面内容，一是社会角色的差异，二是由社会角色差异所导致的资源禀赋的不同；内在属性主要是指个体在思想和精神层面的差异性。因此，个体异质性可从初始属性—社会角色—资源禀赋—知识信念的框架予以分析，以对上述利益主体的异质性进行界定。

（1）初始属性。

初始属性异质性体现在不同利益主体的自然属性上，不同利益主体的自然属性不同。

初始属性的差异基于个体的层面表现出来，个体的年龄、身体状况、受教育程度、偏好等都不相同，形成不同主体的初始属性的差异。这些差异由个体与生俱来的基因或是由其家庭环境和成长环境所决定。在水资源管理系统中，这些属性属于客观存在，影响个体的行为决策，是无法改变的属性。

（2）社会角色。

社会角色是由各个主体的社会分工和社会地位不同所导致的差异。

从宏观层面来说，政府、工业、农业具有不同的利益偏好和利益诉求：政府强调社会和谐稳定、经济健康发展、资源有效利用和可持续开发，政府利益包含由水资源配置、开发、保护过程中所带来的一系列经济、社会、政治利益。工业主体在水资源开发利用过程中追求自身收益的最大化，工业利益是水资源作为一种生产资料投入生产活动中所产生的经济收益。农业主体也只注重自身的利益得失，农业利益是指水资源为农民所带来的一系列收益。

从中观层面来说，各主体的用水偏好和收益函数不同：政府由中央政府和地方政府组成，中央政府代表全国的利益，而地方政府代表地方利益；工业由重工业和轻工业构成，由各个不同的行业和企业组成，《中国统计年鉴》中对重工业的定义是为国民经济各部门提供物质技术基础的主要生产资料的工业，轻工业是主要提供生活消费品和制作手工工具的工业，具体又分为采掘业、制造业，电力、煤气、水的生产和供应业以及建筑业等，不同行业具有不同的生产技术、用水量、废水量等，因而具有不同的用水偏好和利益函数；农业包含多个种类和多种生产方式，按照土地资源利用方式不同，可分为种植业、水产业（又叫渔业）、林业、牧业等，同时对上述产品进行小规模加工或者制作的是副业，它们都是农业的有机组成部分[21]。

从微观层面来说，各个主体都由个体组成，政府组织、企业组织和农业合作组织都由许多不同的个体组成，个体的社会角色和地位不同，所承担的职责和所享有的权利不同，对应的利益诉求也不相同。当具有差异性的个体组织起来，形成一个企业、一个农业合作协会或一个政府部门的管理机构时，它们又具有一些共有属性维护该组织的运行，但组织之间又具有差异性。

因此，主体在不同的层面体现出社会角色的差异性。

（3）资源禀赋。

资源禀赋异质性由社会角色的不同所造成。资源禀赋体现在不同用水主体对资源的拥有量存在差异。

首先，不同主体原有可支配水量不同，造成该用水户生产规模的可增长空间不同。

其次，不同主体导致其他物质资源、资金资源不同。

再次，不同主体行业不同、生产方式不同导致生产技术和耗水量不同、单方水的产出不同，进一步导致成本与收益不同。

最后，不同主体的社会网络关系不同，影响该主体行为决策的环境存在差异。

（4）知识信念。

由于主体的自然属性和社会属性不同，个体在水资源开发、利用过程中所储备主观知识存在差异性。

从自然属性来说，不同年龄阶段、不同教育程度、不同自然地理环境下的个体对水资源的稀缺性或价值的了解都是不同的，如雨水充沛的地区群众的节水意识没有干旱地区的节水意识高，在水短缺的季节里人们对水价提高的接受能力更强，不同偏好和风险意识的个体在水资源开发利用过程中的行为也具有不同的表现。

从社会属性来说，不同主体和不同用水行业对水资源的价值认知不同，利用方式和态度不同；而同行业中不同社会属性的个体也具有不同的行为特征。Frank Cancian 在关于墨西哥农民的经济状况对其风险态度影响的研究中指出，非常富裕的农民更倾向于冒险，中间阶层的较低收入者也倾向于采取冒险行为，因为他们有希望进入更高收入阶层；而非常贫困或稍富裕的农民则往往倾向于风险厌恶，前者是因为他们没有能力承担风险，后者是因为他们怕失去目前的财富。因此，不同社会属性在不同行业阶段下，环境保护和水资源可持续利用主要由政府在提倡；工业更多在追求自身生产过程中的水资源效益最大化，并通过改建生产设备、加入中水回用等方式，提高水资源的利用效率，进一步提高水资源的使用价值；农业同样追求收益的最大化，但农业主体主要依靠扩大生产规模来提高收益，如开垦更多的耕地、养殖或种植收益更大的牲畜或作物，而较少考虑水资源的利用方式。由此可以看出，不同属性的主体在水资源开发利用过程中的行为决策具有较大差异性[22]。

综上，水资源协商管理过程中主体的异质性具有多层级（用水户分散在不同社会等级中）、多角色（用水户具有不同的社会角色和分工）、多维度（个体属性与主体属性都存在差异性）的特征，具体如图 4.1 所示。

图 4.1 中横向称为纬度，纵向称为经度。首先，从经度方向的层级上来看，政府相对工业和农业为领导地位。其次，从经度方向的角色上看，政府承担管理角色，维护社会的稳定和谐，工业和农业承担生产角色，通过生产经营活动促进经济发展。维度可从经度和纬度两个方面来看。从经度上看维度可发现，政府、工业和农业分别处于宏观层面，地方政府、独立的行业组织、农户组织属于中观层面，公务员、单个企业和农民则处于微观层面，不同纬度之间存在组织等级的差异；从纬度上看维度可发现在同一纬度上也存

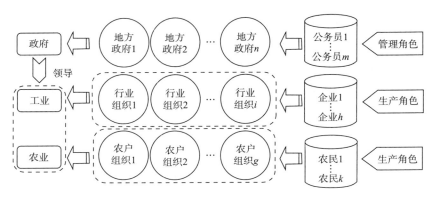

图 4.1   水资源协商管理的主体异质性描述

在差异性,如政府,到地方政府再到单个公务员,它们都有自己的行为模式和利益诉求,包含一个组织与个体的关系。

综上,主体异质性是一个复杂多特征的问题,表现在多个方面,最终表现为主体的利益诉求不同。现实环境下,涉及人水问题的解决,其根本都在于利益冲突和矛盾的解决。冲突的本质是利益的不统一、不一致,解决人水问题就是解决水资源协商管理中的利益问题。由于主体异质性的存在,人水问题十分复杂,为处理好水资源管理与多主体利益关系的协调,必须基于主体异质性对主体的利益诉求和偏好进行界定,厘清利益关系。

4.2.3   水资源协商管理制度安排主体的角色定位

在水资源协商管理中,多个主体与水系统共同构成了人水复杂管理系统。

在人水复杂管理系统中,各个主体处于不同地位和角色,加上异质性的因素,导致在水资源管理中如何将它们统一起来成为一个难点。在新古典经济学中,经济主体在行为、态度、特征等方面的差异通常是被否认的。但在真实世界里,异质性无处不在,异质性对集体行动与多主体合作治理的影响机理是当前制度经济学与经济行为理论研究的一个重要方向。在水资源协商管理中,多主体间能否达成协作、如何进行协作是核心问题,也是实现水资源协商管理的关键。

目前关于"异质主体与集体行动"的研究主要有两种截然相反的结论。以奥尔森为代表的学者们认为异质性能够促进多主体的合作和集体行动,集体行动需要某些个体的积极领导作用，同时个体决策行为可以通过个体异质性来表征，社会的意义从某种层面上来看就在于个体之间的差异，异质性在个体自发合作中扮演着重要的角色。而以奥斯特罗姆为代表的学者们则认为，异质性会导致多主体协作难以实现，有着相似需求的小群体才会有利于合作。主体间的差异性对合作的效率会产生以下影响——决策难度加大、主体间的协调更加困难、主体参与合作的意愿会减少、主体维护合作的忠诚度会降低。综上来看，关于多主体异质性与多主体协作之间的作用机理尚没有定论，在此，结合水资源管理理论，对主体异质性与多主体合作间影响关系作进一步的分析。

基于现实的水资源协商管理分析中，主体间存在差异性是无法忽略的客观事实，因此在最严格水资源管理的过程中必须考虑主体异质性问题。在水资源协商管理的宏观层面，异质性体现在政府、工业和工业主体之间，而到水资源开发利用的微观层面，则是每个个体之间都存在不同。由于异质性的存在，拥有不同属性和策略集的个体形成，而个体的角色不同，它们在水资源开发、利用、保护中的行为也不相同，不同角色的个体在各自策略集合的基础上进行利益博弈，即不同策略集的个体进行博弈，最终实现整体行为的稳定性，即水资源管理的均衡状态。

水资源协商管理中主体异质性存在多维度、多层面的特征，具体表现为自然属性（初始属性）、社会属性（社会角色和资源禀赋）及内在属性（知识信念）三个方面，不同维度的异质性对集体行动和水资源管理的影响不同。

一般而言，在利益关系一致或不存在利益冲突的情况下，较容易形成合作，而当存在利益冲突的隐患甚至现实时，尤其在此消彼长的情况下，极易形成竞争的关系。因此，异质性对于水资源管理下的多主体合作具有两种作用。若主体间利益存在矛盾，异质性会加剧矛盾的程度，如一定区域内不同行业对水资源的争夺。而当主体间利益不存在直接的矛盾时，主体的异质性可充分在合作中发挥，相互补充、各取所需，此时，异质性对于多主体合作是有益的。

在水资源开发利用过程中，多个主体间的关系十分复杂，可结合异质性结构进行分析。

首先从宏观层面来看，政府作为水资源的所有者，与其他用水主体没有直接的利益冲突。同时政府还具有自身的特殊性，它在社会属性中与其他主体完全不同，具体包括以下三点内容。

（1）政治地位不同：政府在政治环境下是领导角色，它从全局的角度对区域水资源进行协调和配置，而其工业和农业仅对自身用水情况进行管理。同时，它具有权威性和强制性。

（2）社会分工不同：政府的社会角色是管理者角色。通过管理来保障社会稳定、保护各类资源的合理开发利用，促进经济健康发展。工业和农业是生产者角色，通过生产活动实现收益的增加。

（3）利益诉求不同：政府的收益结构较为复杂，包含政治、经济、文化等多个方面，而工业和农业主要是经济收益。

尽管存在上述异质性，导致政府具有工业和农业所不具备的能力和行动力，包括行政能力、监管能力等。更为重要的是，政府的利益诉求与其他用水户也不相同，因此，政府在最严格水资源管理中可作为一个积极的角色，对管理的实施能够起到促进作用。工业和农业作为用水户，通过水资源开发利用进行生产活动并获取收益。它们之间同样存在差异性，包括部门的区别、生产方式的区别、社会角色的区别等，并同时导致所拥有的资源禀赋不同，包括对水资源的可利用量。具体而言，虽然工业和农业在社会分工中都承担生产职能，具有同质性，但是两者在扩大生产、提高收益的同时，对水资源的需求量也不断增加，而目前配置的可用水量有限，两方为争夺水资源势必导致冲突发生。因此，同质主体也存在冲突。

4.2.4　水资源协商管理制度安排主体的空间结构

从物理结构上看，水资源协商管理主体系统呈现出网络的特点，由节点、链接构成，并呈现出特定的结构特征。其中，节点指的是水资源协商网络的相关主体，不仅仅限于政府，也包括相关的团体及个人；链接指的是主体间协商合作的渠道，表现为主体之间各种各样的关系。结构是基于共识的互相依赖和结构嵌套的结果，是所有节点及链接的整体架构。

1. 行为者

水资源协商管理涉及多个主体，这些主体构成了水资源协商网络中的主要行为者。具体来讲有流域管理机构、流域内各区域地方政府、区域内各地方政府、各行业用水主体、个人等。行为者之间的互动关系构筑成网络结构。这些行为者在网络范围内进行与水资源相关行为决策，其决策受水资源管理政策的约束，同时行为者之间的互动反过来影响水资源管理政策的演化。

行为者在水资源协商管理过程中对策略的选择不仅取决于自身的认知能力，同时受其他行为者的策略影响。行为者作为有限理性的行为人，一般以利益最大化为决策原则，可以说，水资源协商网络是流域内各种行为者之间交互资源、博弈协商的过程，通过这个过程，行为者对水资源管理配置方案达成共识，从而实现水资源有效配置目标。

2. 行为者之间的关系

在水资源协商网络中，线段表示其连接的两个行为者之间存在某种关系。关系代表着行为的具体内容带来的相互影响，可以理解为水资源的流通管道。各个行为者作为有限理性的个体，在不同目标的导向下，做出各种各样的行为决策，同时，这些行为决策对水资源政策网络的影响成为其他行为者的间接决策因素，从而形成各种关系，如流域管理机构与区域地方政府之间以及区域地方政府的府际关系、政府与行业用水主体之间的关系、行业用水主体之间的关系等。从内容的角度，这些不同类型的关系可以概括为权力关系、利益关系、行政关系等，它们将各级政府及用水主体链接成网络，对水资源协商管理产生深刻的影响。

府际关系指的是政府间的关系，包含纵向的各级政府间的关系和横向的同级政府间的关系。在水资源协商网络中，府际关系主要指的是流域管理机构与区域地方政府的关系以及区域地方政府之间的关系。流域管理机构作为水利部的派出机构，负责对水资源进行配置管理。流域管理机构综合考虑流域内各区域的经济、文化、环境等因素，在对各因素进行平衡的基础上进行水量分配，追求流域综合效益的最大化。各区域地方政府执行流域管理机构的分配方案。然而，各区域地方政府对水资源的开发利用基于本区域的自身的经济社会及环境状况，追求的目标是个体效益的最大化。个体利益和流域集体利益的偏差使得区域地方政府对分配方案的执行偏离流域管理机构的本意。例如，流域管理机构对流域内的水资源利用效率进行一定的约束，区域地方政府受节水成本等压力可能会对区域内的低用水效率企业进行暗中保护等。

各区域地方政府之间的府际关系表现为竞争和合作。地方政府围绕水资源展开的水事活动目标主要是促进所辖范围的经济社会发展，具体来讲包括防洪减灾、辖区内水资源的配置、开发及利用，为城镇乡村生活提供水源保障，为工业、农业、服务业等提供水资源条件，为生态环境提供水资源保障。河流的序贯性特点使得流域内地方政府的水事活动存在外部性。例如，我国漳河流域的蓄水工程大多位于上游山西省境内，由于自身经济发展对水资源需求的增长，山西省会考虑增加本省的取水，这一行为对下游省份的用水产生了影响。下游在漳河径流减少的情况下，对水资源的需求更为迫切，从而对上游加大取水的行为产生不满，漳河流域内地方政府之间就可能产生冲突和矛盾。水事活动的外部性带来了地方政府之间的相互博弈。由于历史原因及自然的影响，流域内不同区域地方政府之间的经济、社会、环境存在较大的差异，这种差异性加大了区域地方政府间的利益博弈程度，严重影响到流域机构水资源配置的效果。

区域地方政府与行业用水主体之间的关系主要表现为区域地方政府对行业用水主体进行水资源配置管理，监督行业用水主体的水事活动等。区域地方政府主体以区域的综合社会经济效益最大化为出发点进行水资源配置，并负责对行业用水主体冲突的协调。行业用水主体向区域地方政府上报需水信息，在区域水资源配置水量的基础上开展经济活动。

工业、农业、环境等行业用水主体之间的关系表现为竞争与合作。例如，在我国，农业用水远远高于工业用水，但农业用水效率却远远低于工业用水效率。在农业和工业主体没有合作的情况下，农业主体为了保障作物生产，希望有足够的水资源进行灌溉；工业主体为了增加生产收益，也希望获取更多的水资源。农业与工业用水主体之间形成了竞争关系。如果工业主体能够以一定的价值转移对农业主体进行补偿，农业主体将考虑调整自己的种植结构、灌溉方式等提高用水效率，二者之间将形成一定的合作关系。

3. 网络结构

1）水资源协商网络的整体结构

网络结构是水资源协商网络运行的核心之一。网络结构指的是行为者之间具体的关系模式，是行为者之间关系的具体化，包括链接的节点——行为者的数量、类型、层次等，以及链接的属性——关系的强度，即行为者互动的频率、互惠的程度等。网络结构形成了对网络行为者行为决策的约束。在水资源协商网络结构中，行为者相互依赖，具有较多资源（信息、权力等）的行为者处于网络结构的中心地位，具有较少资源的行为者逐渐向网络边缘分布，呈现出多层次性。水资源协商网络中的主体有流域管理机构、区域地方政府、市级政府、行业用水主体、用水个体户等，不同的主体间呈现出层次性的特点，这决定了网络具有一定的层次性。如图 4.2 所示，流域管理机构 G_0 位于第一层，位于第二层的 G_1、G_2、G_3 为流域内的区域地方政府，第三层为区域地方政府内的市级政府，第四层为市级政府内的行业用水主体。从图 4.2 中可以看出，行为者离政策网络中心的位置越近，所处的层次越高。节点之间的各种各样具体的关系是行为者之间博弈、协商合作以交互资源实现各自利益最大化的渠道。

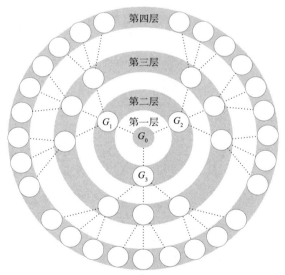

图 4.2 水资源协商管理中行为者之间的关系

2）水资源协商管理行为者关系的基本结构——结构元

结构元指的是水资源协商管理中行为者之间形成的关系结构的单位结构。由图 4.3 可以看出，水资源协商管理行为者各种关系的整体结构由多个结构元构成。如图 4.4 所示，结构元涉及两个层级的行为者，其中较高层级的行为者为水资源主要管理者，下一层与其有联系的行为者参与水资源协商管理并执行水资源政策。较高层级行为者通过相关水资源政策对次低层级行为者的行为决策进行引导，并提供低层次行为者参与水资源决策的途径；低层次行为者相互之间协商合作将各自分配到的水资源效用最大化。

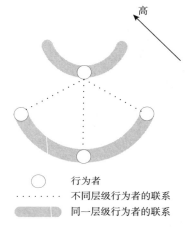

图 4.3   水资源协商管理行为者关系的结构元（一）

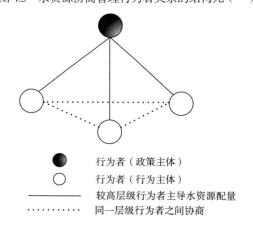

图 4.4   水资源协商管理行为者关系的结构元（二）

在水资源协商管理中，结构元类型主要分为两种，即区域间协商、区域内协商。其中，区域间协商指的是以流域管理机构、流域内各区域地方政府为顶点，以各政府机构间关系为边、依赖于水资源进行区域间水资源配置管理的协商过程；区域内协商指的是以区域地方政府、区域内各行业用水主体为顶点，以区域政府及行业用水主体互相关系为边、依赖于水资源进行区域间水资源配置管理的协商过程。从结构上看，两种结构元之间都含有行为者——区域地方政府：其在区域间协商中是行为主体（或者称为行为政府），是水资源协商管理政策的执行者；在区域内协商中是政策政府，是区域间水资源的管理者，负责该区域内的水资源管理。

4.3　水资源协商管理制度安排的合作机制

本书将引入多中心思想，构建多中心合作模式。在该模式下，兼顾政府的特殊性和合作平台的平等性，进一步运用机制设计理论改进多中心合作模式的合约机制。

4.3.1　异质协商主体博弈分析

由于水资源协商管理过程中的主体异质性，各主体在追求自身利益最大化时通过策略互动来获取水资源，从而各主体都能获得帕累托改进的结果。下面从异质性角度分析个体间互动博弈以及水资源协商管理中异质主体间的行动关系[23]。

异质性个体组成的群体进行水资源协商管理的动态过程为：异质性个体的存在，使拥有不同策略集的个体形成，因而导致不同的个体角色，而不同角色的个体在各自策略集合的基础上进行策略互动的利益博弈，最终实现行为的稳定性，即制度的均衡状态，至于结果是实现一致的集体行动还是没有实现，取决于异质性的程度所导致的具体的博弈结构，下面以一个简单三人博弈模型分析异质性基础上的水资源协商管理的规则供给问题[24-26]。

1. 模型假设

（1）选取政府、用水户甲、用水户乙为研究对象构成一个群体，ω_i 表示个体各自的收入，个体收入是外生给定的约束变量。

（2）除个体间私人物品的获取与消费相互独立以外，群体内部可以通过水资源协商管理的合作实现水资源的供给和消费。令 G 表示合作管理的产出，$G = \sum g_i$，g_i 为个体的投入量，与私人物品是替代关系，即 $g_i + x_i = \omega_i$，x_i 代表私人物品消费量。为简化分析，假定每个人参与水资源管理的投入成本皆为 g，即个体的参与决策为：付出成本 g，或者选择搭便车而不用支付成本。

（3）个体效用是私人物品 x_i 和合作治理的产出 G 的综合。假定个体效用函数形式为：$u_i = u(x_i, G) = x_i + \alpha_i G + x_i G$。参数 α_i 用以表征个体的偏好差异。

（4）水资源协商管理的实现需要一定的组织成本 C，表示为联系、制定规则及信息收集等初期的固定投入，一旦投入则为沉淀成本。

2. 个体行为与制度均衡结果

在个体偏好和收入存在差异的条件下分析实现水资源管理的博弈过程和可能结果。根据对水资源管理博弈过程的描述，个体的战略集合为（组织，参与）、（组织，不参与）、（不组织，参与）和（不组织，不参与）；每个个体根据自身偏好和资源禀赋条件以及对其他人在信息基础上的预期形成不同的策略集，充当不同的角色。因此水资源管理可以用一个序贯博弈来表现其动态博弈过程，如图 4.5 所示。

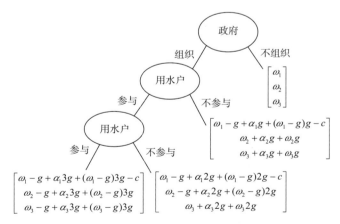

图 4.5　水资源协商管理过程中的三人博弈行为

括号内为个体的效用

从图 4.5 中的支付矩阵可以得到如下命题。

命题 4.1　在满足 $\frac{1}{2} + g + \frac{c/2}{g} \prec \alpha_i + \omega_i \prec \frac{c}{g} + g + 1$ 的条件下，水资源协商管理的合作问题表现为囚徒困境，即单个个体参与管理对自身不利，但群体合作参与对群体每一个个体都有利。

命题 4.2　在满足 $\alpha_i + \omega_i \prec 3g + 1$ 的条件下，不管其余两人是否合作参与，第三者都会选择搭便车策略和行为。

若不存在个体之间的异质性，即个体偏好 α_i 和收入 ω_i 不存在差异，根据命题 4.1，满足 $\frac{1}{2} + g + \frac{c/2}{g} \prec \alpha_i + \omega_i \prec \frac{c}{g} + g + 1$ 的约束条件，则群体进行水资源协商管理的合作问题类似于囚徒困境，即使存在合作性管理的净收益，但是由于搭便车的收益更大，如果不存在其他的利益激励和协商机制，个体之间无法实现"可信承诺"，结果通常是不能形成合作关系来实现水资源有效管理。

但是如果存在个体间 α_i 和 ω_i 的差异，个体的行为策略集和博弈的过程及结果则不同于同质的情况。为得到直观的结果，可假设 $\alpha_1 + \omega_1 \succ \alpha_2 + \omega_2 \succ \alpha_3 + \omega_3$，则现实场景的理性个体就会拥有不同的策略集，在策略互动过程中充当不同的角色和作用，于是可得到如下结论。

结论 4.1　在满足 $2g + 1 \prec \alpha_2 + \omega_2 \prec \alpha_1 + \omega_1 \prec c/g + g + 1$ 的条件下，群体内博弈的均衡结果为政府付出成本组织和领导水资源管理，用水户 1 跟随。若满足 $\alpha_3 + \omega_3 \prec 3g + 1$，则用水户 2 搭便车。反之，则群体内所有个体都参与水资源协商管理。

从支付矩阵可以看出，不论用水户 2 如何选择，一旦政府组织进行水资源协商管理，用水户 1 选择参与是对自己有利的。而认识到这一情况，政府就会选择组织。因此可以得到（政府组织和参与，用水户 1 参与）构成子博弈精炼纳什均衡（subgame perfect Nash equilibrium）。至于用水户 2 的选择，根据命题 4.2 可以得到上述结论。

因此可以看出，在一个群体进行水资源协商管理的过程中，由于异质性的存在，某些个体将承担制度变迁的成本以组织和实现自愿合作。应用这一结论可以解释现实中的实际过程"一部分人积极地组织，有部分人参与，而有部分人则搭便车。据此将群体个体划分为相应的角色：领导者、追随者和搭便车者"。Herzberg[27]指出，"人类能在社会领域的集群和实现内部的合作并不是仅仅因为他们的本性是好的，相反，集群是因为以更加全面的自利因素寻求他们的自身利益，个体认识到自身利益必须通过和其他个体间的长期承诺来实现"。可见，规范的形成是通过连续的互惠视角的互动关系来塑造"好的行为"，而不是先于行为本身存在的"道德率"。因此，水资源协商管理的实现和维持依赖于群体能否内生演化出有利于实现群体内一致性合作的行为规范。

在前面的博弈结构中，假设集体行动的实际场景中个体的条件满足 $\alpha_3 + \omega_3 \prec 3g + 1$、$2g + 1 \prec \alpha_2 + \omega_2 \prec \alpha_1 + \omega_1 \prec c/g + g + 1$，因而群体内博弈的均衡结果为：政府付出成本组织集体行动，用水户 1 跟随，用水户 2 搭便车，造成了在水资源管理的第一阶段，大部分人投入管理所需成本，各自分享管理实现的收益，还有一小部分人不投入成本也获得了收益。基于更加现实的行为理性，在合作者之间必然希望进一步缩小搭便车人群，从而更多的人加入进来分摊管理成本，因而合作者之间会基于实际环境的基础通过群体规范的演化实现一致性参与的目标。

进一步，设置假设：在水资源协商管理引发的群体性合作领域之外，存在另外的合作性需求领域，即在相互识别的基础上进行互惠合作、生产出类似于俱乐部物品的产品。相对具有公共物品属性的部分水资源而言，俱乐部产品具有群体内部的排他性，即不参与者将不会从中受益。这类物品的生产函数假设为 $B = bn - c_2$，其中 n 表示参与人数，B 表示实现的收益，c_2 表示个体参与的成本，满足 $bn - c_2 \geqslant 0$。收益 B 只对参与者有效，在此先假定每个参与者的收益和成本相同。

以政府、用水户 1 和用水户 2 为例分析博弈的均衡结果问题，政府和用水户 1 由于在第一阶段实现合作从而建立起长期的关系，在进一步意识到其他领域存在互惠合作的潜在收益后，政府和用水户 1 很明显会实现互惠合作从而获得更大的相互收益，进一步的策略在于是否吸收用水户 2 进入互惠合作的俱乐部中来。孤立地从上述假设的博弈结构来说，人数吸收越多，可实现越多的收益，因而政府和用水户 1 会吸收用水户 2 进入俱乐部中来。但是，围绕水资源组成的群体焦点问题在于水资源管理的合作问题，政府和用水户 1 的策略应该变成：用水户 2 参与集体行动则吸收为互惠俱乐部成员，不参与集体行动则不吸收和无论参加与否都吸收。用水户 2 明显希望成为互惠俱乐部成员以增加收益，策略集对应变成（参与集体行动被吸收，没有参与被吸收）。这一阶段博弈结构见图 4.6。

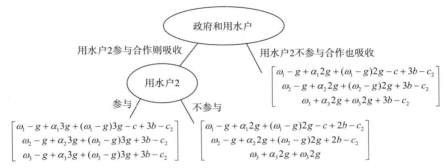

图 4.6　参与水资源协商管理的三人联合博弈

首先，看到政府和用水户 1 的行为选择，因为显然政府和用水户 1 希望实现水资源管理和互惠合作的双重收益增加，因而策略的选择是基于对用水户 2 的行为预期。对于用水户 2 而言，如果政府和用水户 1 采取无论参加与否都吸收的策略，那么显然用水户 2 不会参与水资源管理而只参与互惠合作的俱乐部。但是如果政府和用水户 1 采取用水户 2 参与水资源管理吸收，不参与则不吸收的策略。那么，只要满足以下条件：

$$B = bn - c = 3b - c \geqslant 3g^2 + g - \omega_3 g - \alpha_g$$

则搭便车者就会选择放弃搭便车参与水资源管理，并参加互惠俱乐部。基于这一预期，政府和用水户 1 毫无疑问会选择用水户 2 参加水资源管理则吸收，不参加则不吸收的策略，用水户 2 随后选择加入水资源管理从而能够加入互惠俱乐部。可以判断，博弈的均衡结果变为政府、用水户 1 和用水户 2 都参与水资源管理。因此，当存在相关领域的类似俱乐部物品的合作收益时，群体内部能够演化出一致的行为规范，如日常生活中的相互信任与互惠，水资源管理需求时则一致地参与。从该理论模型可以看出，一致性参与的行为是由个体的策略互动导致的博弈均衡决定的，然后演变为由共同信念支撑的行为规范或惯性行为。因此，相互合作与信任以及一致性的水资源协商管理规范是全体内部内生性的博弈均衡和演化结果。当然，这一行为规范的演化是有条件的，异质性存在导致的初始条件以及其后环境能否演化出互惠收益等都决定了其后的结果。在水资源管理制度安排的多主体合作中，需要考虑异质性的因素，明确不同主体的得益和偏好情况，方能进行合理的制度安排设计。

4.3.2 协商管理的多中心合作机制构建

水资源协商管理的实质是人水复杂系统中多个主体在政治、经济、行政等多途径下形成协商合作的关系，结合工程与非工程措施基于不同情景对水资源协商管理方案进行调整，在保障人水复杂系统的和谐稳定的前提下，在三条红线目标控制下，实现水资源可持续利用、用户需求的满足和用户间利益关系的协调。在水资源协商管理中，首先需要考虑区域可供水量、需水量、可排污量等约束，进而以区域整体发展和水资源可持续化利用为前提规划水资源配置及其他水资源管理方案。随着经济、社会的进一步发展和自然环境的变化，对自然系统和社会系统的重点要素进行及时的监测调整，以不断改进配置方案，适应人水复杂系统的变化[26]。

在水资源协商管理中，多主体合作是有效管理的核心。现有研究中，有学者提出通过自主合作实现协商管理。但自主合作需要严格的环境条件，加上我国历史沉淀和政治环境不利于自主合作的大规模推广。因此，在剖析多主体合作特征的基础上，提出符合我国国情的水资源多主体合作模式。

多主体合作意味着多个主体共同进行工作。在水资源管理框架中，水管理需要及时反馈环境信息并调整水资源管理手段和措施，但每一次的调整都会带来利益的变动和流转，这对于多主体合作的稳定性具有非常大的考验，应通过多中心合作模式实现主体间的利益协调和合作关系。在诸多水资源问题中，大多是水资源供需不平衡或可排污量供需不平衡导致的。传统水资源管理模式强调通过补偿来实现利益的协调，但考虑到水资源的特性，许多收益或损失是无法精确度量的，造成利益冲突难以协调。传统水资源管理模式最大的局限在于，过分强调一方的损失和另一方的收益，参与双方处于对立的局面，这无法从本质上调解参与方之间的关系[28]。

利益冲突严重源于各利益主体始终从自身利益出发而无法实现利益共享，仅考虑如何分享现有收益，具有很大的局限性和被动性。在水资源管理过程中，涉及多个主体，尽管政府在水资源管理中具有无可替代的作用，但仅仅依靠政府的单一中心决策无法真正协调好多主体的利益问题。应当在各个主体相互理解和协调的基础上，建立一个平等沟通和相互监督的社会环境。引入多中心思想建立水资源协商管理多中心合作模式，就是通过多主体平等参与和相互作用，分散式决策来创造出新的价值和社会共有知识，促进生产的创新、认知的创新及行动的创新，形成一个透明、平等、协同的合作模式，并保障水资源协商管理的顺利实现。

无论是中央集权（"利维坦"）还是私有化（市场），在个人以长期的、建设性的方式下开发利用自然资源系统均未取得成功。行政与市场途径对水资源问题解决的失灵，产生了对多中心式的制度需求。多中心的概念最早由迈克尔·波兰尼在《自由的逻辑》中提出。奥斯特罗姆等在此基础上发展并完善了多中心治理理论，指出多中心体制可使得个人有动机创造或者建立适当有序合作模式将自我产生或者自我组织起来。由于水资源协商管理是一个多方主体协调的过程，无法厘清主体间的利益诉求和利益关系，传统的单一决策模式无法化解利益冲突的根本原因。有效的转让模式应当促进主体间的沟通与合作，提高主体的参与意愿，才能保障水资源管理的顺利实现。多中心强调决策中心下移，面向地方和基层，决策及控制在多层次展开，通过多个权力中心和组织体制治理水资源，并提供水资源公共服务，与传统的单一决策模式完全相反。

基于该思想下的多中心合作模式是指"结合政府、市场和公众，在尊重各方主体利益的基础之上，以互惠和共享为指导，协调最严格水资源管理中多主体间利益关系的合作模式"。

多中心合作模式突出了市场和社会性组织的作用，强调在自愿和积极合作的状态下实现水资源管理。为实现该模式下多主体的平等沟通、有效协调和积极合作，必须建立相应的机制予以保障，由此构成合作模式的结构框架。

多中心合作模式强调政府、市场、社会组织与公民是处理公共事务的主体，该模式由促进水资源配置实现的不同机制构成。多中心合作综合政府的权威性和集中性、市场的高效性和灵活性以及社会组织与公民的基层广泛性特点，提供了一种协同、公开、透明的多中心合作模式。由多个权利中心组成以承担水资源协商管理的工作，通过多中心合作打破传统单中心管理制度中最高权威只有一个的管理格局。多元化的参与主体更能有效地提升水资源管理效率和水资源配置效益。在最严格水资源管理中，建立政府、市场和社会组织、公民框架下的多中心合作模式，但引入多中心思想不是否认政府在组织和指挥中的主导作用。其他主体的行为与效能仍受政府行为的支配与影响，企业组织和社会环保组织、公众参与环境治理可以弥补政府服务与组织上存在的不足，减少政府管理中的不足，促使环境治理机制更有活力，提高政府管理效能和各类主体的参与积极性。为使不同参与主体间形成利益、偏好、评价的同向性，符合共同利益诉求和偏好的合作机制可作为水资源协商管理过程中的保障。

根据多中心合作模式的定义可见，互惠和共享是该模式的核心，其中，互惠是指从收益角度，多个主体能够具有互惠互利的意识，达到共赢的局面；共享是指从信息和知识的角度，多个主体能够公开公平地交流信息，形成一个较为开放式的协商平台[29]。

多中心合作模式包括三类主体：①政府型用水户；②生产型用水户；③社会型用水户。

多中心合作模式需要有三个方面机制来实现多主体的互惠和共享：①利益协调机制；②信息沟通机制；③监督奖惩机制。

多中心合作模式如图4.7所示。

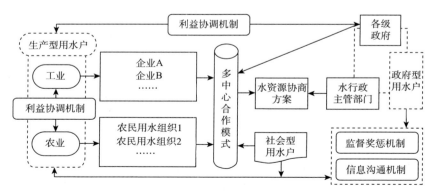

图4.7　水资源协商多中心合作模式

4.4　水资源协商管理制度安排的学习机制

4.4.1　协商管理学习机制的构建思想

关于多主体合作的研究有许多，主要从博弈论的角度进行分析。但其中隐含了一个很重要的问题：博弈分析能够达成多主体合作的均衡，但均衡的状态如何实现？这一问题在很大程度上被避而不谈。均衡概念暗含的假设是：参与者会听从外界仲裁者的建议，通过推理计算出自己的均衡位置；或者通过学习或演化而逐渐趋近于均衡。

水资源协商管理强调多主体的自适应和自主合作，而非政府独断的行政控制和外部管理。因此达到均衡的前一个途径无法实现。下面就考虑关于学习和演化的路径。大多数关于学习和演化的研究都是理论上的，但在没有经验规则和认真建议的情况下，仅仅通过纯粹的理论推演本身不太可能解释人们是如何学习的。目前在理论上普遍采用随机过程的数学方法来证明不同规则的有限性[30, 31]。卡默勒[32]指出，学习被定义为由于经验而发生的在行为方面被观察到的变化。目前，关于学习的理论包括演化动态、强化学习、信念学习、经验加权吸引力（experience-weighted attraction，EWA）学习、老练（预期性）学习、模仿、方向学习和规则学习。

上述理论中的学习模型可分为三个大类，即强化学习、信念学习及EWA 学习。强化学习假定参与者不考虑未选策略支付的信息，信念学习设定参与者不考虑他们自己过去选择的信息，但实际上当这两种信息可用时，参与者都会加以考虑。EWA 学习模型经大量博弈实验检验对人们经济活动的行为表现具有较好的解释力和预测力。因此，下面详细阐述 EWA 学习模型的基本思路、模型及其参数含义。

Camerer 和 Ho[33]将信念学习和强化学习忽略的信息加以利用，赋予每个策略一个"魅力值"（attraction），用来表示策略被采用的概率大，并通过三个模型参数 δ, ϕ, κ 建立了一个强化学习和信念学习模型的混合体，即 EWA 学习模型，研究博弈中参与者的行为。EWA 模型中核心的两个变量是吸引力

$A_i^j(t)$ 和经验权重 $N(t)$ ，它们在每期经验后都会得到更新。

经验权重的初始值是 $N(0)$ ，并且根据 $N(t) = \phi(1-\kappa)N(t-1)+1$ 更新，其限制条件为 $N(t) \leqslant 1/(1-\phi(1-\kappa))$ ，所以 $N(t)$ 呈弱递增趋势。

吸引力的初始值是 $A_i^j(0)$ ， $A_i^j(t)$ 是参与者 i 选择策略 s_i^j 的吸引力，并根据下式：

$$A_i^j(t) = \left\{ \phi N(t-1) \times A_i^j(t-1) + [\delta + (1-\delta)I(s_i^j, s_i(t))] \times \pi_i(s_i^j, s_{-i}(t)) \right\} \Big/ N(t)$$

更新，并通过将吸引力引入以下 Logit 形式：

$$P_i^j(t+1) = \mathrm{e}^{\lambda \times A_i^j(t)} \Big/ \sum_{k=1}^{m_i} \mathrm{e}^{\lambda \times A_i^k(t)}$$

由此决定个体的行动概率值。

$I(s_i^j, s_i(t))$ 为指示函数，当 $s_i^j = s_i(t)$ 时 $I(s_i^j, s_i(t)) = 1$ ，其他情况为 0。 $\pi_i(s_i^j, s_{-i}^k(t))$ 为其他人选择 s_{-i}^k 时个体 i 选择 s_i^j 的支付。此外， $\lambda, \delta, \phi, \kappa$ 为控制变量。 P_i^j 为状态变量，是参与者 i 选择策略 j 的概率。分别变动其中一个控制变量，观察 P_i^j 的变化情况。加权支付项 $[\delta + (1-\delta)I(s_i^j, s_i(t))] \times \pi_i(s_i^j, s_{-i}(t))$ 在整个模型中起到非常重要的作用。无论这种策略是否被选择，它的吸引力都以该策略支付的 δ 比例得到更新。被选策略 $s_i(t)$ 由其支付的一个剩余比例 $(1-\delta)$ 得到更新。

强化通常以"效果法则"——行为心理学家发现的一条定律，即动物倾向于重复成果的策略进行判断。但同时，还有一条并行存在的"模拟效果法则"——人们将更频繁地选择那些可能会获得成果的策略。EWA 模型同时容纳了两种效应。

在不同的参数值限制下，EWA 会蜕化为强化学习或加权虚拟行动。以下从三个参数的具体作用进行分析。

（1）EWA 学习最核心的思想是个体的策略如何得到强化选择。在强化学习理论中，当参与者 1 选择策略 s_1^i 、参与者 2 选择策略 s_2^j 时，参与者 1 的策略 s_1^i 根据其策略支付 $\pi_1(s_1^i, s_2^j)$ 得到强化。未选择的策略 s_1^k ($k \neq 1$) 则完全得不到强化。EWA 学习理论中也考虑未被选中的策略 s_1^k 的收益信息，策略 s_1^k 通过参数 δ 与选择策略 s_1^k 原本应该得到的收益 $\pi_1(s_1^k, s_2^j)$ 的乘积 [即 $\delta \times \pi_1(s_1^k, s_2^j)$] 得到强化。EWA 学习理论通过赋予未选择策略收益 δ 的权重使参与者 1 所有的策略均有机会得到强化选择。参数 δ 相当于经济学术语中的机会成本或者是心理学术语中的"遗憾程度"（counterfactuals，或对照物）。假定权重 δ 受想象力和未选策略支付的信息可靠性的双重影响。它同样可能反映了已得收益和机会收益之间的差距。因此，在 $\delta \times \pi_1(s_1^k, s_2^j) > \pi_1(s_1^i, s_2^j)$ 时，参与者 1 将因为放弃策略 s_1^k 的机会成本（或者未选择策略 s_1^k 的遗憾程度）过大而导致参与者 1 在此后的决策过程中选择策略 s_1^k，由此强化了策略 s_1^k。

遗憾系数 δ 应满足：$0 < \delta < 1$。当参数 δ 越接近于 0 时，EWA 学习下的策略选择即可理解为机械的强化策略选择（reinforcement of strategies），即学习行为越倾向于重复成功的策略，强化学习表现越明显。当参数 δ 越接近于 1 时，学习行为将同等对待所有的策略，信念学习表现越明显。

（2）EWA 学习中第二个重要参数是影响策略吸引力的增长的参数 κ 和 ϕ。吸引力是与策略选择概率单调相关的数字。在强化学习中，吸引力可以持续增长，这意味着博弈均衡能以较快的速度收敛于 0 或者 1，即 κ 的取值范围为 0~1。在信念学习中，吸引力是预期收益，会受限于各种策略的预期收益矩阵范围。而在 EWA 学习中，吸引力的增长速度 κ 会在上述两种范围之间变化。当 $\kappa = 0$ 时，吸引力是对强化和衰减后的滞后吸引力进行加权平均的结果；当 $\kappa = 1$ 时，吸引力是累计加总的。吸引力的增长率 κ 十分重要，因为在 Logit 模型中吸引力的差异决定了选择概率的分布情况；固定 λ 滞后，当 κ 越大时，参与者越能够敏锐地锁定于对某一个策略的频繁选择。参数 ϕ 反映当学习环境不断变化时，遗忘或者对旧经验的故意放弃而导致的前一期吸引力的衰退。通过参数 ϕ 和 κ 控制策略吸引力的增长状态，从而控制参与者的学习速度。

（3）EWA 学习的三个重要的参数是策略的初始吸引力值和初始经验权重（experience weight）的确定。初始吸引力源于博弈参与者对博弈的分析、相似博弈中成功策略之间表面上的相似性的影响。信念学习模型的初始吸引力必须是给定的优先信念的预期收益，强化学习模型的初始吸引力通常没有任何限制。在 EWA 学习中初始吸引力亦没有严格限制。

初始经验权重 $N(0)$ 反映的是信念学习模型中的优先强度，即当吸引力更新时赋予策略前一期的吸引力的相对权重。EWA 学习中引入初始经验权重的目的是允许信念模型中参与者有初始优先权。$N(0)$ 衡量的是以"经验等价性"为单位的最初吸引力的强度。一般设定 $N(0)=1$，此时意味着当吸引力更新时给予初始吸引力以及通过收益强化的量相等的权重。以 EWA 的三个主要参数为轴能够构成一个立方体，在立方体中可表示不同的学习规则。

4.4.2 EWA 演化学习机制设计

1. 个体行为决策流程

在 EWA 学习理论的基础上，结合社会学习和适应性治理的相关理论[34]，首先设计水资源协商管理中个体行为决策流程如图 4.8 所示。

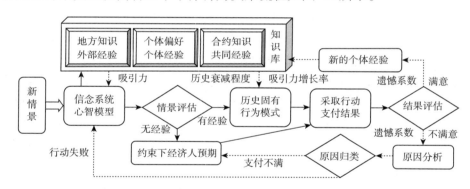

图 4.8 基于多回路的演化学习的个体行为决策流程

在水资源协商管理中，个体（主体）通过反馈和调整不断更新自己的知识库，同时更新自己行动选择的吸引力和经验权重，在每一次的行动选择中积累经验。一方面，个体（主体）在吸引力的影响下基于知识库不断尝试，历史衰减程度和吸引力增长率影响个体（主体）的历史固有行为模式，最后通过反馈寻找最佳行动选择；另一方面，行动选择支付在遗憾系数的影响下进行结果评价，并根据满意程度进行反馈，最终更新个体（主体）的知识库。由此产生个体行为决策流程的多回路特征。

由于面临社会-生态复杂系统的各类问题，个体学习不仅是个体独立的决策过程，也是进行社会学习的过程。此时基于 EWA 学习理论的个体行为决策流程中包含两个重要概念。

第一个是知识库。这是支撑个体进行决策的基础。社会科学中对知识有不同的界定。自然科学和工程学强调知识是一种事实，但忽视了一定情景下的经验知识，而经验知识对自然科学和工程实践是非常重要的。经验知识是不能被直接观察的隐性知识，但是对创新非常重要[35]。同时，每个个体拥有自己的隐性知识，但在社会–生态的复杂系统中，只有通过经常使用和个体间的互动才能实现共享。个体互动也是现实中必然存在的现象。由于隐性知识和显性知识间本身无法明确区分[36]，以知识来源为视角将知识库中的知识分为三类，包括外部知识、个体知识和共同知识。它们共同决定了个体信念系统和心智模型及行动模式，其中共同知识就是社会学习体现在个体行为决策流程的方式。具体而言，外部知识由个体所处地区的本地知识（地方知识）和外部环境经验组成，这些知识是历史发展和演变的结果；个体知识包括个体偏好和经验知识，是由个体自身基因、家庭、教育及个体经历积累所形成的；共同知识包括合约知识和共同经验，是个体之间进行交流和互动时产生相互影响所形成的知识，其中合约是相互约束的知识，经验是他人行动或互动过程中产生的知识。在个体不断进行决策的同时，知识库也在不断更新和完善。知识库的更新主要通过学习的反馈和回路实现[37, 38]。

由此引出第二个重要概念：学习的回路形式。基于现有对学习的研究，学习过程中包含单回路、双回路和多回路形式。根据图 4.7，在水资源管理中个体行为决策流程遵循多个回路和学习方式共同作用的演化学习模式。下面结合图 4.8 对回路形式进行具体分析。

在面临新情景时，首先通过信念系统评估是否具备该情景下的经验。若有相关经验，则直接采用由历史经验形成的"固有预期行为模式"在该情景下采取行动并获得支付。若没有相关经验，此时基于经济学的经济人假设进行预期，进而采取行动获得支付。支付完毕后需要将结果与预期进行比较评估，根据评估结果进行不同调整回路的反馈。

（1）通过行动策略的调整实现反馈。若结果满意，则形成新的个体经验（对历史经验加强也作为新的经验），反馈到个体知识库中，进一步支持信念模型和固有预期行为模式，这属于单回路学习方式。

（2）通过价值观或信念系统和心智模型的调整实现反馈。若行动结果不满意，则需要进行原因分析，根据原因归类选择下一步反馈路线：当不满意原因是对支付的金额不满时，需要对预期进行调整，在原有信念系统和心智模型下重新采取行动获得支付，这属于双回路学习方式；当不满意原因是行动本身无法执行导致失败，此时需要对信念系统和心智模型进行调整，即对个体行为决策所依据的规则和规范进行修正，并重新进行个体行为决策流程，同时将调整情况反馈到个体知识库中，这属于多回路学习方式。

在基于 EWA 的个体行为决策流程中，不仅考虑个体自身的决策特征，而且融合了社会学习的思想，更贴切水资源管理的背景条件，考虑社会系统内部、社会–生态系统之间的互动对个体行为决策的影响。通过多学习方式的演化学习模式刻画微观层面的个体用水户策略的形成步骤。

2. EWA 演化学习模式构建

在社会系统中，个体无法单一独立地存在，而是以组织的形式存在。当个体行为决策产生后，也将在组织内部进行整合，形成组织的决策。进而，组织与组织之间进行互动并产生关系，此时个体行动策略已在组织中进一步影响用水户组织内与组织间关系的协调。在关系协调过程中，组织内部和组织之间产生对应的一套套合作规则。所有的合作规则和规范反馈到宏观层面形成落实最严格水资源管理的制度安排体系。

个体行为决策流程只是水资源协商管理各主体学习模式的一部分，根据上述分析可得，水资源管理模式包含微观、中观到宏观三个层面，对应的学习模式也由多个层面整合而成，从个体到组织再到国家，从个体行动策略到组织合作规则再到制度系统，学习以规则的产生、形成、反馈和修正为表现形式，贯穿于水资协商源管理的始末和整个体系。设计水资源协商管理 EWA 演化学习模式如图 4.9 所示。

该模型分为宏观、中观和微观三个层面，并随着时间轴从微观层面向宏观层面不断递推：①从短期到中期，合作出现在用水户之间，以个体行为决策流程为基础，实现个体的社会学习，通过多方式演化学习模式产生个体的行动策略；②从中期到长期，用水户组织（网络）之间产生关系变化，并形成合作规则；③在长期，治理结构将产生变化（包括正式或非正式制度、文化价值、规范或范式的变化）。宏观层面是在动态社会–生态环境背景下的治理结构，包括相关的法律和组织框架、文化和经济社会环境，中观和微观层

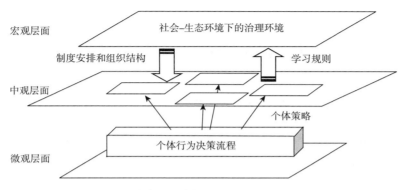

图 4.9　水资源协商管理 EWA 演化学习模式

面的活动都必须嵌入宏观层面。

　　EWA 演化学习描述的是水资源协商管理的学习模式。在该模式中，个体基于 EWA 演化学习将知识（信息）的共享和社会学习表现在个体行为决策中，并在微观层面形成个体行为决策，同时组织通过 EWA 演化学习在中观层面产生合作规则，进一步反馈到宏观层面产生一定情景模式下的管理模式和规则体系。因此，EWA 演化学习模式是一种综合个体和组织知识信息共享、灵活反馈学习、交互影响的行动决策模式，EWA 演化学习贯穿个体和主体的行动选择中，是它们进行行动选择的基础和处理过程。

　　现有研究显示，EWA 学习规则能够为博弈分析提供合理而且精确的模拟路径。因此，通过 EWA 演化学习模式有效地刻画水资源协商管理中个体和组织的决策过程的同时，从个体和组织的决策模式着手，分析行动概率受不同规则和规范影响时产生的变化，寻求促进个体在社会-生态系统中参与水资源协商管理和多主体合作的引导措施，有效保障水资源协商管理的实现。

　　由于社会-生态系统的不确定和复杂性，个体（组织）基于 EWA 演化学习模式，能够通过反馈和调整，应对水资源协商管理过程中的各类问题，并根据具体情景改变自身的策略、预期甚至心智和信念模型，实现水资源协商管理的适应性调整。

4.5 水资源协商管理制度安排的规则设计

4.5.1 多中心合作机制的合约规则设计

在水资源协商管理中，多主体达成合作是一个博弈的过程，博弈的主体包括政府和其他各个用水主体，根据此前对异质主体的分析，政府及各类用水户（生产部门）具有各自的利益诉求和偏好，因此要实现水资源配置利用协商过程中的多主体合作，首先必须通过博弈分析其实现的保障条件。

下面判断水资源协商管理过程可能是一个怎样性质的博弈模型。

根据多中心的思想，多中心合作模式应当是在尊重所有参与者利益和偏好的基础上，通过多个主体知识和信息共享，突出市场和社会性组织的作用，实现多主体自主进行合作。这里有一个前提，就是知识和信息的共享，表现在博弈模型中应当形成完全信息的环境。在水资源管理中，政府作为政治主体，具有不可替代的作用，不是强调它的优越性，而是突出它的社会角色和作用，它能够通过行政和法律的手段对合作关系进行激励和约束，但需要注意的是，不能将政府突出在博弈模型之外，它应当平等参与到博弈中，根据它自身的利益诉求和偏好，与其他用水户进行平等的博弈，只是其他用水户参与博弈是获取水量或排污权以最大化自身收益，而它参与博弈是通过具体的政策设置来体现它的受益或受损。涉及水资源治理，包括水稀缺问题、水污染问题或节水技术改进、抗险救灾等，都会由于水资源的公共物品属性而造成治理活动的公共物品特征，而政府以整体效益为自身收益，对水资源管理具有不可推卸的重要作用。它需要作为一个发起者或者引导者，就某个水资源问题提出解决途径或思路，但问题的解决需要所有利益相关者的参与和配合。在政府提出思路之后，各个主体根据自身偏好和利益诉求，选择是否参与和配合，最终决定能否达成多主体的合作。因此，水资源协商管理又是一个多阶段的博弈过程[28]。

综上，给出多中心合作模式两个关键待解决问题：

（1）水资源协商管理背景下多中心合作模式的实施过程是一个完全信

息动态博弈的过程，那么如何实现完全信息动态博弈的多中心合作？

（2）为实现多中心合作，政府作为管理主体会向所有参与者提供水问题解决途径或思路，如何在尊重其他参与者的利益的基础上实现自身收益最大化？

第一，博弈模型选择与界定。

将水资源协商管理的多中心合作作为一个动态博弈进行分析。

在动态博弈中，传统纳什均衡并不是一个合理解，这是由于参与者的行动有先有后，后行动者的选择空间依赖于前行动者的选择，前行动者在选择自己的战略时不能考虑自己的选择对后行动者选择的影响。泽尔腾（Selten）的子博弈精炼纳什均衡是对传统纳什均衡的重要改进，将动态博弈中的"合理纳什均衡"和"不合理纳什均衡"区分开来。这个概念的目的是将那些包含不可置信威胁战略的纳什均衡从均衡中剔除，从而给出动态博弈结果中的合理预测。子博弈精炼纳什均衡要求均衡战略的行为规则在每一个信息集上都是最优的。

后面可结合具体的水资源问题对基于子博弈精炼纳什均衡的多中心合作模式进行博弈分析。

第二，机制设计理论的运用。

虽然多中心合作是一个完全信息的动态博弈，但政府提出水问题解决思路的时候，并不具备所有的信息，因此政府提出解决途径和思路的过程是一个不完全信息博弈。在此引入机制设计理论，这是由于政府选择思路和解决途径的过程是在选择或设计一个博弈规则。

在机制设计中，一般有一个"委托人"（principal）和一个或多个"代理人"（agent）；委托人的支付函数是共同知识，代理人的支付函数只有代理人自己知道。委托人选择机制，而不是使用一个给定的机制，这是机制设计的一个基本特征。委托人设计机制的目的是最大化自己的期望效用函数。但在这样做的时候，面临两个约束。

第一个约束是，如果要一个理性的代理人有任何兴趣接受委托人设计的机制（从而参与博弈）的话，代理人在该机制下得到的期望效用必须不小于他在不接受这个机制时得到的最大期望效用。这个约束被称为参与约束（participation constraint）或个人理性约束（individual rationality constraint）。这是因为当代理人参与博弈时，他就失去了博弈之外的机会，因而保留效用又称为机会成本。

委托人设计机制时需要考虑的第二个约束是，在给定委托人不知道代理人的类型的情况下，代理人在所设计的机制下必须有积极性选择委托人希望他选择的行动。只有当代理人选择委托人所希望的行动时得到的期望效用不小于他选择其他行动时得到的期望效用的时候，代理人才有积极性选择委托人所希望的行动。这个约束被称为激励相容约束（incentive-compatibility constraint）。

满足参与约束的机制称为可行机制（feasible mechanism），满足激励相容约束的机制称为可实施机制（implementable mechanism）。如果一个机制能同时满足参与约束和激励相容约束，就说明这个机制是可行的可实施机制。政府在设计水问题解决途径时就是通过设计特定的政策或规则实现，在设计的过程中需要满足上述参与约束和激励相容约束两个条件。

4.5.2　EWA 演化学习机制的规则设计

在水资源管理中的学习模式应基于本地的知识创新和实践，结合外部经验、相关合作规则及约定，形成多回路的演化式学习。通过演化式学习不仅能够发现错误，更能从错误中产生新的知识。当新的想法、概念、模式不断被充分检验、通过并最终形成新的治理模式时，这一过程就称为演化式学习。在水资源管理过程中涉及的社会–生态系统具有复杂的结构特征，因此水资源管理的演化式学习也具有一个复杂的结构。个体的社会学习是演化式学习的基础，并在一定环境和因素作用下形成对应的制度安排。

EWA 演化学习模式通过一系列制度安排实现对学习的控制和影响，然而，这些制度安排并不是随意产生的，而是需要基于该模式的学习规则来进行设计。学习规则又来源于个体行为选择的驱动力因素，下面就此进行分析。

根据 EWA 学习理论可得，影响个体行为的核心参数有三个，每个参数变化的驱动力不同，具体情况如下。

（1）EWA 学习中个体策略的强化因素。EWA 学习中个体的策略的强化选择是通过赋予未选择策略收益 δ 的权重使参与者所有的策略均有机会得到强化选择。参数 δ 相当于机会成本或者是心理学术语中的遗憾程度。假定权

重 δ 受想象力和未选策略支付的信息可靠性的双重影响，它同样可能反映了已得收益和机会收益之间的差距。策略强化受到收益变化的影响。

（2）EWA 学习中影响策略吸引力增长的参数。EWA 学习中第二个重要参数是影响策略吸引力增长的参数 κ 和 ϕ。吸引力是与策略选择概率单调相关的数字，影响其变化的 κ 和 ϕ 则由外部政策调控来实现。

（3）EWA 学习的第三个重要的参数是策略的初始魅力值和初始经验权重。EWA 学习的初始吸引力源于博弈参与者对博弈的分析、相似博弈中成功策略之间表面上的相似性的影响，吸引力值也受到收益预期的影响。

根据影响因素的种类，可对 EWA 演化学习模式的学习规则进行界定。

学习规则是促进 EWA 演化学习模式实现所需要的一系列制度安排的设计原则和指导思想，是决定个体行为选择的驱动力的集合。

学习规则根据驱动力的表现形式不同分为两个部分，即内部规则和外部规则：内部规则是对个体自身学习行为模式中吸引力的相关内部影响因子进行调节的规则，包括对经验权重、δ、κ 和 ϕ 等因子的调控以促进其灵活调整；外部规则是对个体自身学习行为模式中吸引力的外部影响因子进行调节的规则，如收益预期，以实现对个体行为的灵活调整。

参 考 文 献

[1]Helmke G，Levitsky S. Informal institutions and comparative politics：a research agenda[J]. Perspectives on Polities，2004，2（4）：725-740.

[2]博兰尼 M. 自由的逻辑[M]. 冯银江，李雪茹译. 长春：吉林人民出版社，2002.

[3]Gunderson L H，Holling C S，Light S S. Barriers and Bridges to the Renewal of Ecosystems and Institutions[M]. New York：Columbia University Press，1995.

[4]Gunderson L H，Pritchard L. Resilience and the Behavior of Large-scale Ecosystems[M]. Washington DC：Island Press，2002.

[5]Yourque R，Walker B，et al. Toward an Integrative Synthesis from Panarchy：Understanding Transformations in Human and Natural System[M]. Washington DC：Island Press，2002.

[6]王岩. 欧洲新水政策及其对完善我国水污染防治法的启示[J]. 法学论坛，2007，（4）：137-140.

[7]Argyris B F. Suppressor activity in the spleen of neonatal mice[J]. Cellular Immunology，1978，（36）：354-362.

[8]Blann K，Light S，Musumeci J A. Facing the Adaptive Challenge：Practitioners'Insights from Negotiating Resource Crises[M]. Cambridge：Cambridge University Press，2003.

[9]Pahl-Wostl C，Mostert E，Tàbara D. The growing importance of social learning and water resources management and sustainability science[J]. Ecology and Society，2008，13（1）：439-461.

[10]North DC. Structure and Change in Economic[M]. New York：W. W. Norton & Company，1981.

[11]Rutherford M. Institutions in economics：the old and the new institutionalism[J]. Economics Journal，1996，40（106）：157-158.

[12]赵敏燕，王传辉. 政府与制度创新[J]. 编制管理研究，2001，（1）：8-10.

[13]林毅夫. 技术与中国农业发展[M]. 上海：上海人民出版社，1994.

[14]马岩. 我国第三部门发展的路径选择[J]. 税收经济研究，2009，（5）：76-80.

[15]陈宝胜，张启华. 第三部门与制度供给[J]. 内蒙古农业大学学报（社会科学版），2007，（5）：116-118.

[16]秦泗阳. 制度变迁理论的案例分析——中国古代黄河流域水权制度变迁[D]. 陕西师范大学硕士学位论文，2001.

[17]杨瑞龙. 论制度供给[J]. 经济研究，1993，（8）：45-52.

[18]王德文. 教育在中国经济增长和社会转型中的作用分析[J]. 中国人口科学，2003，（1）：22-31.

[19]郭汝. 河南省郏县临沣寨乡土建筑保护研究[J]. 安徽农业科学，2010，38（35）：20150-20153.

[20]毕霞，杨慧明，于丹丹. 水环境治理中的公众参与研究——以江苏省为例[J]. 河海大学学报（哲学社会科学版），2010，12（4）：43-47.

[21]韩颖. 我国若干产业发展对经济社会影响的数量分析[D]. 东北大学博士学位论文，2007.

[22]西爱琴. 农业生产经营风险决策与管理对策研究[D]. 浙江大学博士学位论文，2006.

[23]宋妍，朱宪辰，刘琦. 公共物品自发供给与个体的偏好异质性效应分析[J]. 技术经济，2007，26（5）：9-14.

[24]周申蓓，张阳，汪群. 我国跨界水资源管理协商主体研究[J]. 江海学刊，2007，（4）：75-80.

[25]朱宪辰，李玉连. 领导、追随与社群合作的集体行动——行业协会反倾销诉讼的案例分[J]. 经济学（季刊），2007，6（2）：581-596.

[26]朱宪辰，李玉连. 异质性与共享资源的自发治理——关于群体性合作的现实路径研究[J]. 经

济评论，2006，（6）：17-23.

[27]Herzberg R. Commentary on Richard Wagner's "Self-governance，Polycentrism，and Federalism：Recurring Themes in Vincent Ostrom's Scholarly Oeuvre" [J]. Journal of Economic Behavior & Organization，2005，57（2）：189-197.

[28]邓敏，王慧敏.适应性治理下水权转让多中心合作模式研究[J].软科学，2012，26（2）：20-24.

[29]张漪. 随机决策中个体的信念调整模型与检验——以科技期刊网络文献检索行为为例的研究[D]. 南京理工大学博士学位论文，2008.

[30]Weilbull J W. Evolutionary Game Theory[M]. Cambridge：The MIT Press，1995.

[31]Fudenberg L. The Theory and Learning in Games[M]. Cambridge：The MIT Press，1998.

[32]卡默勒 C F. 行为博弈：对策略互动的实验研究[M]. 贺京同，韩梅，那艺，等译. 北京：中国人民大学出版社，2006.

[33]Camerer C，Ho T H. Experience-weighted attraction learning in normal form games[J]. Econometrica，1999，（67）：827-874.

[34]邓敏，王慧敏. 气候变化下适应性治理的学习模式研究——以哈密地区水权转让为例[J]. 系统工程理论与实践，2014，34（1）：215-222.

[35]Nonaka I，Takeuchi H. The Knowledge Creating Company[M]. Oxford：Oxford University Press，1995.

[36]Hildreth P，Kimble C. The duality of knowledge[R]. Information Research，2002.

[37]史晨昱. 用合作博弈理论设计有效匹配方案——2012 年诺贝尔经济学奖思想评述[J]. 中国证券期货，2012，（10）：11-13.

[38]刘雯. 虚拟人力资源管理[D]. 天津大学硕士学位论文，2004.

第 5 章

水资源协商制度安排设计：以水权转让为例

　　水资源协商管理制度安排模式为水资源协商管理中多主体协作关系的建立和提高人水复杂系统不确定性的应对能力提供途径。但人水复杂系统还具有复杂性的特征，水资源问题在不同领域具有各异的表现形式，因此面对不同的水资源问题，尽管多主体协作关系建立的思想和适应能力实现的条件相同，但具体问题中包含的利益主体和利益关系不同，协作关系建立所需要的合约内容和实现适应性能力的条件也不同。为进一步探索水资源协商管理的实施路径，建立具有操作性和执行性的政策和规则，本章以水权转让为研究对象进行深入的分析，结合该问题给出水资源协商管理的多主体协作和适应性能力的具体实现路径。

　　水资源管理体制通过规则设计实现个体的行为调整，但不具有稳定性，需要在一个系统框架下，通过主体间的协调实现系统稳定——面对水资源问题，选择合作或不合作需要进一步分析而定。同时，由于 EWA 演化学习的内在规律是个体意识的思考模式，无法直接通过数据的搜集获得，个体意识在水权转让中是以其行动选择结果和选择规律为表现的。为综合考虑人水复杂系统的特性和个体行为特征，下面以系统动力学为基础，通过建模仿真对水权转让中影响个体行为选择的各个要素进行论证和分析，探索促进水权转让中多主体合作和学习的有效规则和政策。

5.1　水权转让协商治理结构设计

在经济社会高速发展的大背景下，许多地区的水资源稀缺程度非常严重，随着生态系统演化和气候变化影响等因素，水资源供需关系变得更为严峻。为改善水资源利用现状，保障区域经济可持续发展，一些地区已实施行业间水权转让，如新疆、甘肃、宁夏、内蒙古、四川等，将部分农业用水让渡给工业用水，通过提高单方水收益来实现水资源经济效益的改进，实施效果明显，产业结构趋于合理化，万元地区生产总值的用水量大大降低。但在工业用水提高推进工业化进程的同时，也为区域环境带来了巨大压力，排污量大大提高，水污染问题尚未得到有效的控制。因此，水权转让是一个促进经济增加和环境破坏的双刃剑，需要合理地运用这一工具，同时，加以必要的政策保障，避免"用生态换经济"的陷阱。为准确界定水权转让问题的本质，下面基于 PSR 分析框架，以水权转让为研究对象，对人水复杂系统进行具体的分析，如图 5.1 所示。

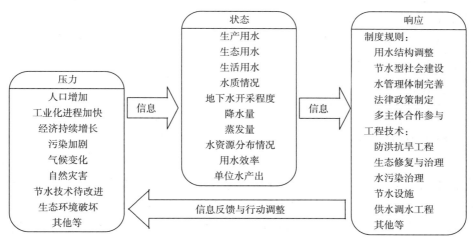

图 5.1　水资源系统现状分析

在水权转让中，人类活动引起的"压力"包括两个方面：①社会方面，包括人口增加、经济持续增长、工业化进程加快、节水技术待改进等；②环境方面，包括经济社会发展带来的污染加剧、生态环境破坏，以及人为导致的自然灾害等。

"状态"通过以下指标进行描述，即生产用水、生态用水、生活用水、水质情况、地下水开采程度、降水量、蒸发量、水资源分布情况、用水效率及单位水产出等。

"响应"分为"制度规则"和"工程技术"。"制度规则"包括用水结构调整、节水型社会建设、水管理体制完善、法规政策制定、多主体合作参与等；"工程技术"包括防洪抗旱工程、生态修复与治理、水污染治理、节水设施、供水调水工程等。

"压力"导致了人水复杂系统的特定"状态"，在图 5.1 中以"信息传递"的形式来描述人类活动对人水复杂系统的影响。人水复杂系统的"状态"决定"响应"的内容，这也由"信息传递"来表现。最后"响应"反馈到人类活动中，对产生"压力"的一系列人类活动进行调整。调整后的人类活动再重新产生对人水复杂系统的"压力"，系统形成新的"状态"，再通过"响应"进行反馈和调整，以此循环。

需要注意的是，现有水权转让的实践进展证明了它对区域经济发展和水资源利用的提高具有积极的推进作用，但在进行水权转让中存在许多阻碍，这与目前采用的转让机制有极大的关系。在建立有效的制度安排体系时需要重点解决以下几个问题。

1. 利益协调的问题

目前水权转让时通过统计农民由转让造成的损失，根据损失值进行补偿。但采用的损失值只是实物损失或能够量化的财务损失。根据水资源的价值分析，包括：①水资源的直接价值，水资源的产权价值、劳动价值、实用价值都包含在其中；②水资源的外延价值，包括由水资源利用方式不同所带来的收益或损失、由水资源利用结果不同所带来的收益或损失和水资源的机会收益；③水资源带来的潜在价值是基于前两种经济收益之上的精神收益，包括对现状生活的满足感、对未来发展和生活的安全感等。

要注意的是，水资源的直接收益是各个主体的显性收益，也能够直接显示在主体收益函数中。而在自身正常生产过程中，水资源的外延价值和潜在价值并不一定能完全体现在收益函数中。因此，现有转让的补偿问题并没有很合理地解决。未来在节水转让不能满足地区发展的情况下，将会采用退耕转让，这样农民不仅失去了水资源的外延价值和潜在价值，也将失去附着在土地资源上许多不可量化的价值，仅通过房屋补偿、资金补偿或移民不一定能真正满足农民的需求。要实现补偿的合理和公平，只有通过农民自身参与水权转让的全过程，做一个真正的参与者，表达自己的利益诉求。进而在平等协商的平台上达成一致，才能从根本上实现水权转让利益问题的协调。

2. 调节水量的问题

水权转让能够提高水资源的经济价值，促进经济增长，但同时也会带来两个重要的困境。

（1）"用生态换经济"。根据目前的情况来看，近几年的水权转让使得工业生产规模大大提高，但由此造成工业排污量的急速提升，更重要的是许多污水并没有经过必要的处理，导致水环境的破坏和自然生态系统的恶化。这一问题需要从源头解决，即受益者不能一味地享受转让的益处，而不承担由此带来的破坏。工业及地方政府需要对环境负责，在进行经济建设的同时，重视生态环境的保护。

（2）"过度转让"。转让带来了经济的发展和人民生活水平的提高，农民主体享受到了转让带来的甜头，而造成大规模的弃耕转让，以此来较快地获得一些物质收益、生活环境改善或其他补偿。然而现有的补偿政策未必能实现补偿的可持续性，如一些地区出现了只想拿补偿而不做事的现象，因此，"过度转让"对社会稳定和粮食生产安全是非常有害的。需要通过一些政策或规则来提高其从事农业生产的积极性，避免"过度转让"问题。

3. 转让维持的问题

现有的转让机制是通过补偿来实现的，补偿大多采用一次性支付；移民安置中的居住问题或就业问题也都是将农民安排到目的地后就结束了。关于农民能否适应安置环境、能否很好地生活下去，都不会再有反馈。尽管一些补偿方式已经考虑到可持续问题，并为农民安排了可持续发展的机会，但农民能否真正适应和实现了补偿的预期，并没有得到关注和保障。造成这些问题的根本原因，在于两点：①对于现在所有补偿机制的制定与实施，农民作为直接利益相关者却没有参与进去，只是被动地接受，因而补偿结果的不确定性非常大；②现有的相关政策缺乏有效的适应性，往往是根据经验或固定模式来计算，一旦某一个因素变动，也无法及时进行调整，以保障政策有效性。

上述三个问题总结起来，就是"参与、共享、适应"。在水资源协商框架下，应通过合作机制重新对参与者的利益关系进行梳理，并基于学习机制设计适应性的政策，保障在不确定环境下水资源与经济社会的和谐发展。水权转让协商过程为：在现有"水量有限-需求剧增"的人水情景下，各利益主体通过用水结构调整协调配置水资源，促进有限水量的经济效益最优化。将区域用水结构调整的利益相关者进行梳理，建立多中心合作机制，并形成合作规则——合约集；结合各主体独立进行个体决策流程、特征和结果，对合作规则进行再调整；调整后的合作规则反馈到多中心合作机制，完善合作关系。其中，人水情景包括转让区域的自然系统的参数和社会经济参数。随着经济、社会、自然的不断变化会产生不同人水情景，水资源协商在多中心合作机制和 EWA 演化学习机制下对合作规则不断进行反馈和调整，实现水权转让协商管理，实施路径如图 5.2 所示。

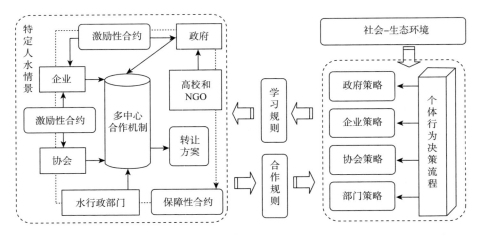

图 5.2 水权转让的实施路径

5.2　水权转让协商的合作机制及规则设计

5.2.1　水权转让协商多中心合作机制的博弈分析

现有关于水权转让的研究存在较多问题：首先，传统机制过于依靠行政干预，导致转让缺乏认同感；其次，传统机制多以单向补偿来缓解利益冲突，没有从根本上厘清主体间利益关系，无法消除利益冲突；最后，现有的转让规则多以定性分析和结论为主，没有形成具体的规则内容，可操作性欠佳。基于此考虑，将水权转让作为一个多主体利益关系的协商过程，引入多中心思想[1, 2]来构建水权转让的多中心合作机制，同时结合机制设计理论设计多中心合作机制的合作规则，弱化主体间利益矛盾，为进行区域水资源二次配置和优化提供思路。

由于水权转让中各主体在社会角色、政治层级、利益表达等方面存在异质性，各主体拥有不同策略集。为设计多中心合作机制的保障机制，必须通过不同角色的主体在各自策略集合的基础上进行策略互动的利益博弈，达成多中心合作的均衡状态，并由此得出合作机制的均衡条件——合作规则，即合约集的内容。

基于利益相关者理论和米切尔评分法确定行业间水权转让包含 17 个利益相关者主体。考虑研究的可操作性，在此仅对直接利益变动者（政府、工业生产者和农业生产者）进行研究。博弈过程分为三个阶段：第一，在现行法律和政策环境下政府提出转让的合作规则；第二，工业生产者考察自身收益及费用，决定是否接受合作规则；第三，农业生产者考察合作规则能否满足自身需求并确定是否接受合作规则。同时，引入两个重要概念：第一，"共享收益"描述生产单位（工农业生产者）由转让所产生的收益；第二，"水资源发展权价格"描述单方水资源可获得所有收益值中最大值与最小值之差。

1. 异质主体界定

根据 Mitchell 等[3]的利益相关者理论，对水权转让地区的利益相关者进行识别和分类。利益相关者的本质是"能够影响一个组织目标的实现，或者受到一个组织实现其目标过程影响的人"[4]。根据现状水权转让下各主体在转让中承担的角色，从理论上将所有利益相关者分为水行政主体、水市场主体和水公众主体，并通过三维框架的分析定位，结合水权转让运行流程，准确描述水权转让的利益关系网络，突出直接利益相关者与间接利益相关者，分清利益主次和层级。具体主体成员如表 5.1 所示。

表 5.1   水权转让中的利益相关者分类

主体类型	利益相关者	合法性		权力性		紧急性		角色类型
		属性	程度	属性	程度	属性	程度	
水行政主体	行政机构	√	强	√	强	√	强	强权威型
	水利机构	—	—	√	强	√	强	强危险型
	立法司法监督机构	—	—	√	弱	√	弱	弱危险型
	其他机构	—	—	√	弱	√	弱	弱危险型
水市场主体	供水单位	√	弱	√	弱	—	—	弱支配型
	行业生产部门	√	强	√	强	√	强	强权威型
	当地居民	√	强	√	强	√	强	强权威型
	金融机构	—	—	—	—	√	弱	弱要求型
	股东及员工	√	弱	√	弱	—	—	弱支配型
	产品消费者	√	弱	—	—	—	—	弱纯权型
水公众主体	当地居民后代	√	弱	—	—	—	—	弱纯权型
	附近地区居民	√	弱	—	—	—	—	弱纯权型
	学者	—	—	√	强	—	—	强隐匿型
	NGO	—	—	√	弱	—	—	弱隐匿型
	评论家及媒体	—	—	√	弱	—	—	弱隐匿型
	社会大众	—	—	—	—	√	弱	弱要求型

注：√表示有该能力；—表示无该能力

其中，合法性、权力性和紧急性的含义如下。

（1）合法性：某一群体是否被赋有法律上的、道义上的或者习惯上的可以向组织提出利益主张的权利。在水权转让中，合法性表示区域水权转让对主体利益的影响及各主体所产生利益的索取能力的大小。

（2）权力性：某一群体是否拥有影响组织决策的地位、能力和相应的手段。体现在转让操作过程中，具体表现为是否拥有决定水权转让实现与否、如何实现、转让价格、评估方法等一系列具体问题的能力的大小，即有无能力参与到水权转让的过程中。

（3）紧急性：某一利益群体的权利主张的重要性、被注意和采纳的紧迫性。在水权转让问题中体现在主体在区域水权转让中实施的干涉能力和影响能力。

根据表 5.1 的内容，以及水权转让中利益相关者的重要程度，将参与主体种类进行整合和归纳，选取其中主要的利益相关者。水权转让中应当包括的利益相关者，如地方政府（包含所有的水行政主体和水市场主体中的供水单位）、工业企业、农民用水者协会、NGO、研究机构及社会公众（除学者和 NGO 以外的水公众主体，以及水市场主体中的居民）。其中，地方政府、工业企业和农民用水者协会之间有水流、资金流和信息流的存在，其他主体之间只发生信息流。

在此对水权转让的直接参与者——政府、工业、农业的收益作进一步界定：

$$政府主体收益 = (租金+税收)-(行政成本+行政管理成本)$$
$$= [(水资源费+罚金)+工业税收]-[(工程建设费用$$
$$+工程管理费用+政策执行费用)+行政管理成本]$$
$$工业主体收益 = (工业生产收益+其他收入)-(应缴纳税费$$
$$+水资源相关费用)$$
$$= [(单方水产出 \times 工业用水量)+相关补贴政策]$$
$$-[应缴纳税费+(水资源费+罚金)]$$
$$农业主体收益 = (农业生产收益+其他收入)-(水资源相关费用)$$
$$= [\sum(单方水产出 \times 农业用水量)+相关补贴政策]$$
$$-水资源费$$

由于水权转让对三个主体产生的利益变动如下：

$$政府主体收益 = [(水资源费+工业污染罚金)+工业税收]$$
$$-[(部分水权转让的工程建设费用$$
$$+部分水权转让的工程管理费用$$
$$+部分相关政策执行费用)+行政管理成本$$
$$+部分农民水权转让的补偿费用]$$

$$工业主体收益 = \left[(单方水产出 \times 工业用水量) + 政府补贴政策 \right]$$
$$- \left[应缴纳税费 + (部分水权转让的工程建设费用 \right.$$
$$+ 部分水权转让的工程管理费用$$
$$+ 部分相关政策执行费用) + (水资源费$$
$$\left. + 工业污染罚金) + 部分农民水权转让的补偿费用 \right]$$

$$农业主体收益 = \left[\sum (单方水产出 \times 农业用水量) + 政府相关补贴政策 \right.$$
$$\left. + 农民水权转让的补偿费用 \right] - 水资源费$$

其中，政府作为行政主体，需要兼顾经济发展、社会稳定和环境保护。工业和农业作为生产主体，主要追求收益的最大化。NGO 和有关科研机构则从第三方的角度强调环境的可持续发展。

2. 博弈模型中各个主体的收益函数

传统机制下，政府收益含工业税收和工程成本，成本包括工程成本、农民补偿及自身的管理成本：

$$P_{G1} = q(t + \Delta t) \times r_1 + C - \left[(1 - \psi)(C + \varepsilon) + A_1 + A_2 + A_3 \right] \quad （5.1）$$

农业收益包括生产收益及补偿，函数表达式为

$$P_{A1} = p(s - \Delta t) + \varepsilon \quad （5.2）$$

工业收益包括生产收益，成本为应缴纳税费、工程成本及农民补偿，函数式表达为

$$P_{I1} = q(t + \Delta t) - \left[\psi(C + \varepsilon) + q(t + \Delta t) \times r_1 \right] \quad （5.3）$$

总收益函数为三者之和：

$$P_1 = q(t + \Delta t) + p(s - \Delta t) - (A_1 + A_2 + A_3) \quad （5.4）$$

多中心合作机制下，政府收益不变，成本为分摊的工程成本和自身的管理成本，函数表达式为

$$P_{G2} = q(t + \Delta t) \times r_1 + C - \left[(1 - \varphi)C + A_1' + A_2' + A_3' \right] \quad （5.5）$$

农业收益含生产收益和共享收益：

$$P_{A2} = p(s - \Delta t) + \delta \times (1 - r_1)q\Delta t \quad （5.6）$$

工业收益含生产收益和共享收益两部分，成本为应缴纳税费及工程成本，函数表达式为

$$P_{I2} = qt + \eta \times (1 - r_1)q\Delta t - \left[\varphi C + qt \times r_1 \right] \quad （5.7）$$

总收益函数仍为三者收益之和：

$$P_2 = p(s - \Delta t) + q(\Delta t + t) - (A_1' + A_2' + A_3') \qquad (5.8)$$

其中，$C=C_1+C_2+C_3$ 为工程成本，C_1 为水资源价格；$C_2=C_{21}+C_{22}$ 为工程水价，C_{21} 为单位供水成本，$C_{22}=C_{21}\times2\%$ 为工程单位供水利润；$C_3=C_{31}+C_{32}$ 为生态补偿，C_{31} 为企业排污水价，C_{32} 为生态防护成本；$\varepsilon=\varepsilon_1+\varepsilon_2$ 为农民受损补偿，ε_1 为农业机会收益补偿，ε_2 为生活补偿。

其他变量含义如下：工业税率 r_1，农业水量 s，工业水量 t，农业单方水产出 p，工业单方水产出 q，水资源发展权价格 $\rho = q - p$。工业水利工程分摊系数分别为 ψ、φ；政府成本包括决策费用 A_1（搜索信息费用 A_{11}、谈判签约费用 A_{12}、规定各方权责费用 A_{13}）、实施费用 A_2（履行契约费用 A_{21}、排他性费用 A_{22}）、监督费用 A_3（控制交易方履行情况 A_{31}、避免终止契约的费用 A_{32}）。多中心合作机制下，参数描述以 L_1 向 L_1' 的形式变化。收益共享系数为 η、δ，调节水量为 Δt，水分效益分摊系数 ν 取 0.6，生态补偿系数 τ 取 2.5%。根据变量内容构成，将 C、$\varepsilon = \varepsilon_1 + \varepsilon_2 = \nu p\Delta t + \varepsilon_2 = 0.6p\Delta t + \varepsilon_2$ 和 ε_2 中不包含 Δt 的项位看作常系数。

3. 博弈模型分析

水权转让博弈过程如图 5.3 所示。

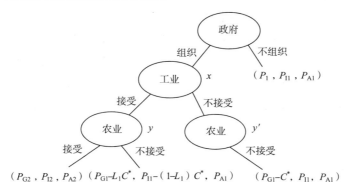

图 5.3　水权转让下多中心合作博弈模型

图 5.3 中，C^* 为机制转变所需的组织变革成本。通过逆向归纳法得到纳什均衡：（组织，接受，接受）和（不组织，不接受，不接受），均衡结果为

（P_{G2}，P_{I2}，P_{A2}），（P_{G1}，P_{I1}，P_{A1}）。基于子博弈精炼纳什均衡进一步讨论均衡结果，均衡战略的行为规则在每一个信息集上都必须最优。为促进多中心合作下水权转让的实现，信息集 x、y、y'需体现工业和农业的偏好，$P_{G2}>P_{G1}$、$P_{I2}>P_{I1}$、$P_{A2}>P_{A1}$ 时（P_{G2}，P_{I2}，P_{A2}）成为该博弈的子博弈精炼纳什均衡。因此多中心合作实现需满足两个条件：①改进主体收益；②沟通和改进信息集。

5.2.2　水权转让协商多中心合作机制的合作规则设计

根据博弈分析结果得出多中心合作机制的合作规则，共包含两部分合约：一为激励性合约，用于激励主体参与多中心合作。主要实现改进各主体收益，在直接受益方（工业生产者）和直接受损方（农业生产者）、受益方（工业生产者和政府）之间进行合约设计。二为保障性合约，用于促进和维护多中心合作。主要实现主体信息集的沟通和改进，其中又包含两方面：①现有信息集的沟通；②对现有信息集的改进和进一步沟通。

1. 激励性合约设计

1）收益共享合约

工业与农业之间的利益矛盾是水权转让的核心冲突。为实现多中心合作，需首先对工农业利益关系重构，消除利益冲突。传统机制下农业收益随 Δt 增加而不断减少。在大力建设工业、促进区域发展的背景下，政府扶持使得 $\psi < q - q r_1 / 0.6 p$ 完全可以实现，工业收益不断增加。水权转让带来工业和农业完全相反的利益变化，是导致两者不可调和的冲突的根源。多中心合作机制下只需满足 $\delta > p/(1-r_1)q$ 和 $\eta(1-r_1)q > 0$，农业和工业收益都将随着调节水量增加而增加。

工农业利益共享合约 I：$\delta > p/(1-r_1)q$。

工农业利益共享合约 II：$\eta = [(q-p) - q r_1]/(1-r_1)\cdot q > 0$。

2）成本分摊合约

政府与工业共同承担转让成本，成本分摊成为水权转让第二个冲突。虽然不能完全消除该矛盾，但可以通过"改变收益构成、提高双方收益"缓解两者矛盾。

传统机制下仅当 $\psi \in [(0.6p - qr_1)/0.6p, (q - qr_1)/0.6p]$ 时，两者收益随 Δt 增加。在多中心合作机制下，两者收益是关于 Δt 的增函数，始终随着 Δt 的增加而增加。在传统机制下对 ψ 的确定易产生矛盾，在多中心合作机制下双方收益不再受 φ 影响，双方矛盾关系得到极大的缓解。同时，为考虑收益改进，政府、工业生产者需遵守的成本分摊合约如下：

$$\varphi > 1 - [(1 - L_1)(C + \varepsilon) + (A_1 + A_2 + A_3 - A_1' - A_2' - A_3')]/C \qquad （5.9）$$

$$\eta > [q\Delta t(1 - r_1) + (A_1 + A_2 + A_3 - A_1' - A_2' - A') - \varepsilon]/(1 - r_1)q\Delta t \qquad （5.10）$$

多中心合作机制能够降低交易成本，提高政府与工业生产者净收益。给定 Δt 时政府净收益的增加来源于成本的降低。多中心合作下政府提供合作规则约束各方行为，使信息资源成为公共知识，消除 A_{11} 和 A_{12}；通过利益共享提高合作意愿，消除 A_{22}；通过内部协商解决纠纷，避免排他性费用及终止合作的监督费用，A_{31} 和 A_{32} 降低。

成本由 $A_{11} + A_{12} + A_{13} + A_{21} + A_{22} + A_{31} + A_{32}$ 变为 $A_{13} + A_{21} + A_{31}' + A_{32}'$。

2. 保障性合约设计

多中心合作机制的实现还基于信息集的沟通和改进。由于存在信息不对称、投机行为等问题，需通过保障性合约改善信息集，确保合作机制的实现。

1）信息沟通合约

通过博弈分析可确定利益协调合约能够实现合作，但博弈均衡解的达成基于各个主体对相关信息和数据的掌握，包括区域的总水量及水量变化趋势、耗水量情况、行业单位水产出、政府的相关政策等。当信息不完全或者沟通不流畅时，会导致各个主体对预期产生变化，造成决策偏差而无法实现多中心合作。此时政府作为中介人角色，应促进形成一个信息沟通机制，为转让方提供一个信息交流和协商的平台，以政务电子化、报刊或者公报的形式展示给大家。

2）监督奖惩合约

信息集改进需要相关合约实现其监督和反馈。一方面，自然、社会系统中任何因素的变化都会导致主体利益诉求的变化，该合约可对主体信息集进行及时反馈；另一方面，主体具有投机性和风险规避的心理，会导致不履行合约或无法及时履行合约的现象。在该合约下任意方不能遵守激励性合约都将导致合作终止，各个主体只能再通过传统机制进行转让或者放弃转让，此外还需承担其他主体的损失，这样可促使各主体主动履行合约，同时监督其他主体的履行情况。最后比较两种机制总收益：

$$P_2 - P_1 = A_{11} + A_{12} + A_{22} + \left(A_{31} + A_{32} - A_{31}' - A_{32}' \right) > 0$$

这说明当调节水量 Δt 固定时，区域总收益也将由于交易成本的降低而得到改进。

5.2.3　多中心合作机制的组织结构设计

多中心合作综合了政府的权威性和集中性、市场的高效性和灵活性及社会组织与公民的基层广泛性特点，提供了一种协同、公开、透明的多中心合作机制。根据多中心的思想，多中心合作机制应当是在尊重所有参与者利益和偏好的基础上，通过多个主体间知识和信息共享，突出市场和社会性组织的作用，强调在自愿和积极合作的状态下实现水资源治理。实现多主体自主进行合作。此外，多中心强调决策中心下移，面向地方和基层，决策及控制在多层次展开，通过多个权力中心和组织体制治理水资源，并提供水资源公共服务，与传统的单一决策的转让机制完全相反。

为实现多中心合作机制下多主体的平等沟通、有效协调和积极合作，必须建立相应的机制和组织结构予以保障。多中心合作机制强调政府、市场、社会组织与公众是处理公共事务的主体。根据多中心合作机制的定义可见，"互惠和共享"是该机制的核心，其中，"互惠"是指从收益角度，上述主体能够具有互惠互利的意识，达到共赢的局面；"共享"是指从信息和知识的角度，主体之间能够公开公平地交流信息，形成一个较为开放式的协商平台。

基于多中心合作的思想，结合组织结构设计的基本内容，给出多中心合作机制下的组织结构设计步骤。

1. 明确单位、部门的设置

组织单位、部门的设置，不是把一个组织分成几个部分，而是将水资源协商管理的相关参与主体作为一个服务于水管理目标的组织，由几个相应的部分构成，它不是由整体到部分进行分割，而是将部分整合为一个整体，以实现预期目标。在水资源协商管理中，根据工作内容和工作分工的需要，相关单位和部门应包含政府型、生产型和社会型三大类用水户及包含在内的具体参与者。需要注意的是，当从水资源协商管理的角度讨论三类用水户时，它们不仅作为用水户，还具有保护水资源、管理水资源等行为，下面称之为管理的参与者。

（1）政府型参与者：目前我国在水资源开发利用和保护方面有一定管理权限的部门涉及水利、环保、农业、林业、电力、交通、土地等诸多领域，涉及水资源治理工作的有多个部门，包括全国人大及其常务委员会、国务院、中国共产党中央军事委员会、最高人民法院和最高人民检察院，国务院下属的水利部和派出机构、生态环境部、农业农村部、国家林业和草原局、国家发改委、国家电网公司、住房和城乡建设部、交通运输部、国家卫生健康委员会等部门及各级地方政府机构，最高人民法院和最高人民检察院分别下属的各级法院和检察院。

（2）生产型参与者：以产业结构划分，包括第一产业（种植业、林业、畜牧业和渔业在内的农业生产单位）、第二产业（工业和建筑业生产单位，其中工业又分为采掘业，制造业，电力、煤气及水的生产和供应业等生产单位），以及第三产业（除第一产业和第二产业外，不生产物质产品的行业，统称为服务业生产单位）。

（3）社会型参与者：是为了实现特定的目标而有意识地组合起来的社会群体、组织或团队，它是人类的组织形式中的一部分，是人们为了特定目的而组建的稳定的合作形式。在水资源适应性治理中，社会型参与者主要包括独立的科研机构和高校、环境保护组织、媒体单位、以水资源开发利用为管理目标的非正式组织等各类组织。

2. 各个参与主体、部门的职责、权力的界定

政府型参与者负责区域经济发展和水资源管理，并为多主体合作和交流提供平台，促进多中心合作的产生。中央政府负责宏观政策导向的把握，地方政府结合各地实际情况制定实施政策和规则。

生产型参与者一方面负责改善水资源使用效率，提高生产效益，主要

通过对管理措施和生产技术的改进，兼顾企业发展和水资源的可持续利用。另一方面积极参与水资源治理工作，为政策制定提供可靠的数据支撑和专业意见。

社会型参与者主要从环境保护、资源利用、生态平衡等角度提供专业观点和信息，并反馈给政府型参与者，提高政策制定的有效性和可行性。

3. 明确界定各类部门之间的相互关系

首先，水权转让必须以中央政府颁布的各项政策法规作为指导思想和外部边界，把握水权转让的基本思想；其次，应当以地方政府主导，突出地方政府的核心作用，使其积极发挥主动性，兼顾区域经济发展、社会稳定和生态平衡；最后，强调社会各类参与者的介入，包括科研机构、高校、各类环境保护和资源可持续发展的 NGO、媒体、公众团队和组织等。形成以中央政府为边界、地方政府为主导、多方利益主体共同参与水资源治理的组织结构形式，在多中心合作的思想下互惠互利、信息共享。

综上，多中心合作模式与合约机制的建立如图 5.4 所示。

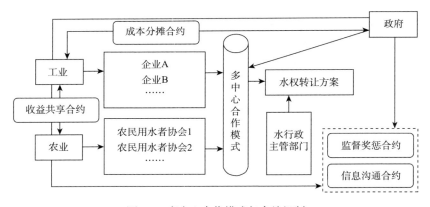

图 5.4　多中心合作模式与合约机制

其中，工业以企业为单位、农业以用水者协会为单位，与政府（参与者）共同实现多中心合作，产生的水权转让方案由地方水行政主管部门（中介者）结合实地水系分布情况进行审核通过。

5.2.4　多中心合作机制的合作规则改进

在 5.2.2 小节激励性合约的设计中，根据子博弈精炼纳什均衡分析证明了多中心合作机制优于传统转让机制，并给出了各个关键变量的取值范围，为解决水权转让协商问题奠定了重要的基础。但需要指出的是，子博弈精炼纳什均衡的博弈分析基于完全信息的条件设计，但在博弈第一阶段政府提出合作规则（水问题解决途径）的时候，并不具备完全信息的条件，是一个不完全信息的博弈。因此本小节从机制设计理论出发，以政府作为研究对象，对多主体的多中心合作机制中的合约设计作进一步的探索。

1. 合作规则的改进思路

根据 5.2.3 小节的分析，将传统转让机制和多中心合作机制下水权转让进行比较，如图 5.5 所示，可得出以下结论。

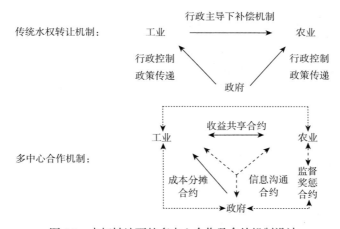

图 5.5　水权转让下的多中心合作及合约机制设计

（1）传统机制的信息渠道单一。多中心合作机制下信息渠道将所有主体串联起来，保障信息的及时沟通和反馈。

（2）传统机制的补偿机制单一且依靠行政力量。多中心合作机制下通过多主体之间两两利益关系的梳理，实现利益关系的协调，提高主体积极性。

（3）传统机制没有相关的维护措施，导致转让机制欠缺监管。多中心合作机制下通过主体间相互监督、具体实施情况对水权转让进行及时调控，增强了灵活性。

在水权转让协商中，需要实现三个目标：第一，根据人水复杂系统的不同情境，及时调整水权转让方案，保障水资源高效、可持续利用。第二，在水权转让方案调整过程中，通过多中心合作机制有效处理利益增减问题，协调主体间利益关系，维持区域稳定与和谐。第三，在水权转让协商过程中，一方面，建立信息沟通机制实现信息流通，为多中心决策奠定基础；另一方面，建立主体交互监管奖惩机制，通过该机制来相互制约和相互维持协商管理及多中心合作机制。三个目标对应保障机制的三方面内容，即利益协调机制、信息沟通机制和监督奖惩机制。其中，利益协调机制根据主体利益关系又分为两个部分：一是需水方与供水方之间——工业与农业；二是需水方内部——政府与工业。

在博弈分析下的合作规则由利益协调合约、信息沟通合约和监督奖惩合约构成。其中，后两者是多中心合作机制保障性合约。前者是激励性合约，即通过激励性合约对所有参与者的收益进行改进。需要提出来的是，由于在博弈分析中，合约由政府在第一阶段提出，因此，利益协调合约的设计应由政府负责。在合约设计过程中政府并没有具备完全信息的条件，完全信息条件需要保障性合约来推动实现。因此，在博弈的初始阶段，激励性合约应由政府在不完全信息条件下设计博弈规则，而由于希望所有其他参与者接受该规则，需要从机制设计中激励相容约束的概念对激励性合约的内容进行进一步修正。

2. 激励性合约改进的模型设计

在水权转让过程中，设定合作机制 m 给参与者 i（$i=1$ 是工业，$i=2$ 是农业）规定信号空间，所有用水户选择的信号共同决定配置结果 $y = (x, \xi)$，x 是决策向量，ξ 是转移支付向量，$y_m : M \to Y = X \times \mathbf{R}^n$ 代表配置函数。水资源对用水户的价值分别为 θ_1、θ_2。用水户 i 得到的水资源配置函数是 $x_i(p, q)$，当 $p > q$ 时 $x_1 = s + \Delta t$，$x_2 = t - \Delta t$；当 $p < q$ 时 $x_1 = s - \Delta t$，$x_2 = t + \Delta t$，其中，农业水量为 s，工业水量为 t，农业单方水产出为 p，工业单方水产出为 q，调节水量为 Δt。T_i 是为获得水量所需要承担的成本和损失，可合计为 $T_1 = C$，$T_2 = L$，主体效用是 VNM（von Neuman-Morgenstern）效用函数 $u_i = E_\theta(y, \theta)$，其中 u_0 是 ξ 的严格递减函数，u_i 是 ξ 的严格递增函

数，所有 u_i 二阶连续可微。

对给定的 θ_i，用水户收益需满足 IR 条件：$E_{\theta_i}[\theta_i x_i(p^*,q^*)+\xi_i-T_i(P,$ $Q)] \geqslant 0$。同时，根据贝叶斯均衡定义，对给定的 θ_i 和 $s_i \in S_i$，用水户的收益应满足 IC 条件：$E'_{\theta_i}[\theta'_i x_i(p^*,q^*)+\xi_i-T'_i(p^*,q^*)] \geqslant E_{\theta_i}[\theta_i x_i(p^*,q^*)-T_i(p^*,$ $q^*)]$。政府的期望效用是 $E_{\theta_1}E_{\theta_2}[T_1(p^*,q^*)+T_2(p^*,q^*)+\omega-(\xi_1+\xi_2)]$，其中，$\xi_i$ 是政府出于社会稳定、区域发展等因素考虑给予用水户 i 的扶持或补助（给予农业一定补偿、与工业共同承担补偿），ω 是水权转让为政府带来的新增收益。现需要解决的问题是在满足所有用水户 IR 和 IC 的条件下，选择分配函数 $x_i(p,q)$ 和补助额度 (ξ_1,ξ_2)，以最大化上述期望效用函数。因此，在机制设计的思想下多中心合作机制保障性合约还需实现各主体预期收益的更新。

3. 激励性合约改进实现

根据图 5.5 将水权转让协商的步骤描述如下。

（1）通过对自然环境和社会环境中多个参数的监测和统计，搜集包括气候要素、地表水和地下水量、降水量、蒸发量、人口、行业用水量和单方产出、耗水量等多类数据，形成人水复杂系统的定量描述 $f(\sigma,\partial,\cdots,\kappa)$，并根据供需关系的紧张程度分为三类情景，即丰裕型、平衡型和紧缺型。

（2）根据情景 i 下供水量和需水结构，与现有用水结构进行比较。以区域经济发展和水资源可持续利用为出发点，通过水权转让进行水资源二次配置，形成新的用水结构。根据调整幅度对应产生各用水单位的供水量变化，确定 $x_i(p,q)$。

（3）基于多中心合作机制中的保障机制，对水权转让中供水量变化所引起的利益变动进行协调，维护各主体之间的关系，保障区域和谐稳定。通过对各主体期望收益函数进行分析，得出利益协调必须满足机制设计中的以下三个条件：工业期望收益函数需满足 $E_{\theta_i}[qx_1(p^*,q^*)-T_i(p^*,q^*)] < E'_{\theta_i}[qx'_1 \cdot (p,q^*)+\xi_1-T'_i(p,q^*)]$，农业期望收益函数需满足 $E_{\theta_i}[px_2(p^*,q^*)-T_i(p^*,q^*)] < E'_{\theta_i}[px'_2(p,q^*)+\xi_2-T'_i(p,q^*)]$，政府期望收益函数需满足 $\max(E[C+(q-p)\times \Delta t \times \gamma-(\xi_1+\xi_2)])$。

其中，主体间利益变化是实现协商合作的基础，结合水权转让实际流程，政府自身也具有一个约束条件，即只有多中心合作机制下水权转让为其带来的收益大于其他情况下的收益，政府才会就此进行合作规则的设计。因此，细化政府、农业、工业收益函数应满足以下约束条件。

政府：

$$E[C + q(t + \Delta t) \times r_1 - (1 - \psi)(C + \varepsilon)] < E'[C + q(t + \Delta t) \times r_1 - (1 - \varphi) \times C]$$

（5.11）

农业：

$$E_{\theta_1}[p(s - \Delta t) + \varepsilon - L] < E'_{\theta_1}[p(s - \Delta t) + q\Delta t(1 - r_1)(1 - \eta)]$$ （5.12）

工业：

$$E_{\theta_2}[q(t + \Delta t)(1 - r_1) - \psi(C + \varepsilon)] < E'_{\theta_2}[qt(1 - r_1) + q\Delta t(1 - \gamma)\eta - \varphi C]$$

（5.13）

并实现

$$\max\left(C + q(t + \Delta t) \times r_1 - (1 - \varphi) \times C\right)$$ （5.14）

其中，相关参数设置与 5.2.2 小节内容相同，需要分析的两个变量为多中心合作机制下工业水利工程分摊系数 φ 和收益共享系数 η。分析式（5.11）～式（5.14），可得利益协调机制包括

$$\eta < 1 - (\varepsilon - L)/q\Delta t(1 - r_1)\text{；}\ \psi(C + \varepsilon) - \varepsilon/C < \varphi < \varepsilon - L - \psi(C + \varepsilon)/C$$

（5.15）

其中，可以看到以下几点：

（1）政府收益随调节水量的增加会提高。

（2）收益共享系数 η 受到调节水量、农民损失及工业税率的影响。

（3）φ 受到传统机制下水权转让工程成本、补偿及 ψ 的影响。这是由于主体的认知是连续的，需要通过新旧机制下收益的比较为其决策提供依据。

到此，对多中心合作的合约内容做了进一步细化。后续可基于具体实例，基于调节水量高低的变化分析两个系数的取值情况。

5.3　水权转让协商的学习机制及规则设计

水资源协商通过规则设计实现个体的行为调整，但不具有稳定性。需要

在一个系统框架下，通过主体间的协调实现系统稳定，面对水资源问题，选择合作或不合作需要进一步分析而定。同时，由于 EWA 演化学习的内在规律是个体意识的思考模式，尚无法直接搜集数据，个体意识在水权转让中以其行动选择结果和选择规律为表现。为综合考虑人水复杂系统的特性和个体行为特征，本书基于系统动力学展开研究，通过仿真对水权转让中影响个体行为选择的各个要素进行论证和分析，探索促进水权转让中多主体合作的有效规则和政策。

系统动力学出现于 1956 年，是系统科学理论与计算机仿真紧密结合、研究系统反馈结构与行为的一门科学，是系统科学与管理科学的一个重要分支。系统动力学认为，由于非线性因素的影响，高阶次复杂时变系统往往表现出反直观的、各种情况的动态特性。系统动力学模型可作为实际系统，特别是社会、经济、生态复杂大系统的实验室。系统动力学研究处理复杂系统问题是通过定性与定量相结合、系统综合推理的方法，其建模过程也是一个学习、调查和研究的过程[5]。

水资源协商管理的根本目的就在于实现水资源的可持续发展，基于系统动力学能够从人水复杂系统的角度出发，综合宏观层面的水资源配置与微观层面的个体决策流程建立动力学模型。为实现人水复杂系统的模型化，需要进行系统和边界界定。

作为一个系统，人水复杂系统应具有如下四个方面的基本特征：

（1）人水复杂系统的结构由其所属的对象（所有者、使用者、管理者等）和流程（以水资源开发利用的主流程及由此延伸的辅助流程）定义。

（2）人水复杂系统是对水资源开发、利用和保护等一系列活动现状的归纳。

（3）对于人水复杂系统的观察可以通过输入和输出来进行，输入通过系统内部的处理和加工后形成输出离开系统，这里的输入和输出与系统边界相关。

（4）人水复杂系统的不同部分之间具有相互作用。

基于现有研究成果，人水复杂系统的动力学模型应当基于非线性动力学理论展开。本书基于主体行为理论分析水权转让的治理路径，建立动力学模型——包含心智模型、个体学习和对转让合作关系的决策。

5.3.1　水权转让应对不确定性环境的实施困境

异质性对多主体合作具有两种作用：当主体间利益存在矛盾时，异质性会加剧矛盾的程度，如一定区域内不同行业对水资源的争夺；而当主体间利益不存在直接的矛盾时，主体的异质性可充分在合作中发挥，相互补充、各取所需，此时，异质性对多主体合作是有益的。水权转让中对水资源的争夺具有此消彼长的利益关系，主体间存在利益诉求和决策偏好的不同，此时若不能缓解或解决这种利益冲突局面，是无法形成合作关系的。基于异质主体利益表达和个体行为决策模型可见，在水资源协商管理中主体间存在相互牵制和影响的关系，独自追求利益最大化势必影响其他主体的利益，造成主体之间的利益冲突和矛盾。因此，保障人水复杂系统的平衡必须从整个系统入手，人水问题最终落脚于人与人关系问题的解决上。通过对水问题特征的分析和总结发现，水资源开发利用过程中包含了多个主体，只有通过所有主体的共同合作才能实现人水复杂系统真正的平衡，一味地竞争只能使水环境不断恶化，无法实现水资源可持续发展。必须从系统的角度进行合作规则的设计，才能实现共赢的局面，保障人水复杂系统的平衡。

水权转让的本质是供需关系不平衡所造成的水资源二次配置，其核心问题是如何协调需水方与供水方的利益关系，即水权转让为工业和政府带来新增收益与农民的损失之间如何进行再分配，实现水权转让中各方主体的协商合作。目前水权转让主要通过行政主导的补偿方式进行，造成了一系列问题。

第一，传统水权转让过分依赖于政府管制和行政强制实施，由政府单方确定补偿额度和内容缺乏其他参与者的认可，为水权转让的实施方案造成困难。同时，也为地方政府带来了高昂的交易成本。

第二，传统补偿从制定到实施缺乏灵活性和及时性，导致许多核算的标准随着社会经济发展而失效，包括对水资源价值各种形式的度量、对生产过程中的风险度量以及对各个主体偏好和利益的细致分析，导致补偿内容和额度无法顺应社会发展的需求，造成冲突。

由此说明，传统机制没有考虑社会-生态环境的不确定性，无法建立和维持有效的合作，这与我国提倡和谐社会、以人为本等相违背。因此，考虑不同情景下异质主体在水权转让中的决策非常重要，通过学习和合作才能促进人水复杂系统的协调和可持续发展。

为实现不同情景下水权转让中各个主体的利益界定和偏好分析，需要做两方面工作。

第一，对各个主体的收益和损失进行深入的分析。收益和损失源于水权转让的转让水量，即调节水量。由于区域经济发展产生水权转让的需要，调节水量取决于经济发展目标和当地各行业的单方水产出。根据水需求和行业用水产出设计新的配水方案，包括需水方和供水方及调节水量。由于其中包含复杂的利益关系，要实现各方的参与和配合，需要获得各方的认同感和参与积极性。若通过强行转让或者管制的方式进行转让，会引起矛盾和冲突，即使当时转让成功，后期潜在的问题也不利于区域社会稳定。

第二，从 EWA 演化学习机制着手了解影响主体行动选择的因素。行动吸引力和行动意识（积极性）是决定主体行动选择和概率的核心要素。其中，吸引力由经验权重、个体的历史依赖程度、个体的学习能力、历史衰减程度和吸引力增长率影响。行动意识（积极性）又分别由转让收益情况、水资源稀缺程度、水资源经济效益指数、相关政策系数和转让的负面作用共同影响。由于个体行为选择遵循 EWA 演化学习机制的规律，随着不断对过去经历和他人历史的学习，个体固有的决策偏好会改变。在考虑个体行为决策特征的基础上，为促进异质主体的合作，除改善异质主体间利益关系之外，还需要考虑学习规则对个体行为的影响。在学习规则指导下设计恰当的政策和规则，能够促进合作关系的产生和维持。每一期主体的行动概率的产生，最终都影响该主体对转让的期望收益，期望收益回到知识库，影响下一期的选择。同时，每一期的收益、损失和相关费用都核算成水权转让每一期的收益率，影响下一期的转让意识，进而影响行动选择概率。在 EWA 演化学习的基础上实现不同情景下异质主体的合作，需要以学习规则为指导进行合理的制度政策设计。对复杂系统不确定性的考虑，要求学习规则本身应具备变化性和针对性。学习规则中的外部规则根据不同情景下对"预期收益"的调节来实现；内部规则通过不同学习参数的调节强度和变化方向来体现。从个体行为和学习的角度设计学习规则，促进异质主体选择合作行为的合理化，提高合作意愿，在多主体积极合作的基础上改善水资源的治理效果，提高治理的灵活性，实现水权转让协商的协作和适应。

综上，考虑人水复杂系统的不确定性，从本质上解构和梳理各主体间的利益关系，清晰它们的利益诉求和行动偏好。从经济学角度定量刻画水权转让全过程的利益变动情况，从行为科学角度探索主体的行动偏好、相关因素及影响路径。不确定环境下水权转让合作机制的适应性调整及主体行动偏好通过该EWA演化学习机制对水权转让中各主体的行动规律和影响因素进行分析。

5.3.2 学习机制的动力学模型及规则设计

由于社会经济不断发展，经济增长速度和发展目标随之变化；同时由于人口的增加、水资源开发利用技术的更替及精神文明的发展等，区域人水情景不断变化，最初形成的合作规则无法保证始终能够有效协调主体间利益关系，此时，不能固守传统的合作规则。水权转让协商通过 EWA 演化学习机制的反馈和调整功能，不断根据外部环境变化来修正合作规则，实现动态人水复杂系统中水资源协商管理。

EWA 演化学习机制通过界定水权转让区域各类主体的偏好和利益诉求，在个体行为决策流程的统一框架下探索影响各主体行为决策的关键因素，并结合系统动力学进行水资源配置合作的分析，对多中心合作规则不断进行完善和修正。具体流程如下：①明确水权转让区域水资源优化配置过程中多主体合作演化分析的目的和意义；②分析并确定水权转让区域水资源配置过程中的利益变化、各主体所承担的角色及特征；③基于 EWA 演化学习机制设计配置过程的因果关系图，并列出方程，定义参数，建立分析模型；④调整参数，运行模型，产生行为决策，观察试验参数和结构的变化以确定合作规则与多主体合作之间的关系。

考虑学习规则的设计需要基于主体的行为特征分析，下面通过建立动力学模型来定量分析水权转让协商中主体行为决策的影响因素。

1. 建立水权转让动力学模型的核心问题

1）水权转让动力学模型中的流量

水权转让中的实物流以水流的形式存在，此外还有资金流和信息流两种形式。

水流从总供给以一定的供给速率向总需求提供水资源，总需求根据各行业的需水情况进行水资源的分配，需要注意的是，水权转让发生在行业配水之后，转让的原则是根据区域经济社会发展的需求；资金流存在于转让双方之间，以及以政府为潜在参与主体发起的相关财政政策或补贴活动中，用以协调水权转让所带来的利益增减变动；信息流存在于主体决策的全过程，包括决策结果产生的效用，仍会反馈到主体行动意识中，影响主体的行动选择和行动概率。

2）水权转让动力学模型中的参与主体

在水权转让中，包括三个主体，即接受方（需水方）、让出方（供水方）和政府。其中供需双方是水权转让动力学模型的核心，两者之间存在水流、资金流和信息流等各种交互方式。由于政府不直接作为需水方或供水方，为提高模型的针对性，将政府作为潜在主体描述，即通过政策和规则的提供来表现政府的参与和角色。

3）水权转让动力学模型的建立目标

水权转让动力学模型需要解决两个方面的问题：一是刻画水权转让的运行过程，包括转让水量（调节水量）、转让引起的资金变动、转让引起的资金流变动及信息流的变动；二是刻画参与水权转让的主体的决策过程，根据 EWA 演化学习模型，描述主体的决策流程，并在动力学模型中表现出来。

2. 水权转让模型边界图表

在模型建立之初，需要设置它的边界，如表 5.2 所示。

表 5.2　水权转让动力学模型的边界

内生变量		外生变量		被排除在外的变量
变量	定义	变量	定义	变量说明
GDP	GDP 现值	ρ	稀缺程度	人口变化
GDPC	GDP 增加值	σ	水资源经济效益指数	降水量
TD	总需求	μ	收益共享系数	蒸发量
TS	供给速率	v_I	工业税收政策	下渗量
II	工业收益	v_A	农业财政政策	地表径流
IA	农业收益	δI	遗憾系数	地下水量
QI	工业用水	δA	遗憾系数	生态用水
QA	农业用水	N_I	经验权重	其他行业用水

续表

内生变量		外生变量		被排除在外的变量
变量	定义	变量	定义	变量说明
AEI	工业单产	N_A	经验权重	节水技术
AEA	农业单产	ϕ	历史依赖程度	生活用水及污水
TQV	转移速率	κ	吸引力增长率	
Δt	调节水量			
IRQ	工业分配速率			
ARQ	农业分配速率			
IIA	工业增加值			
IAA	农业增加值			
IPQ	工业排污量			
IPQS	治污增长率			
$P_i(t)$	行动概率			
P_i	行动选择			
$A_i(t)$	吸引力			
SUM(P_i)	行动选择累积			
λ_I	工业转让意识			
λ_A	农业转让意识			
τ	治污负担指数			
T	共享转移支付			
HII	工业最高收益			
HIA	农业最高收益			
EII	工业期望收益			
EAI	农业期望收益			
δ_I	工业收益率			
δ_A	农业收益率			

模型边界图表（model boundary chart）通过列出内生变量、外生变量以及从模型中排除在外的关键变量概括了模型的范围[5]。社会系统或经济系统都可以设计成为一个模型——一组功能上相互联系的元素形成一个复杂的整体；但是要让一个模型有具体的用途，它必须关注特定的问题并且简化而非试图详细反映整个系统。

建立水权转让的动力学模型，首先就需要提供一个标准，来决定需要忽视什么，从而只剩下为满足目的而需要的基本特性。若系统要足够细致，需要回答每一个问题，那么模型必须是大量变量的组合，而随着社会或经济系统的进一步发展，系统的范围和边界会非常宽广，模型难以完成，而模型所需的数据也永远无法备全。

在水权转让动力学模型中，供需双方之间的水流、资金流和信息流是研究的重点。同时，对利益的转移支付和主体行为的影响因素是模型的外生变量，其中需要注意的是，由于决定主体行动吸引力的因素（经验权重、历史依赖程度、吸引力增长率等）在 EWA 理论中是常数，在模型中不予反映，但吸引力通过这些因素的变动实现调整，因此它们仍作为外生变量体现在模型中。

3. 水权转让动力学模型的系统结构图

水权转让动力学模型结构如图 5.6 所示。

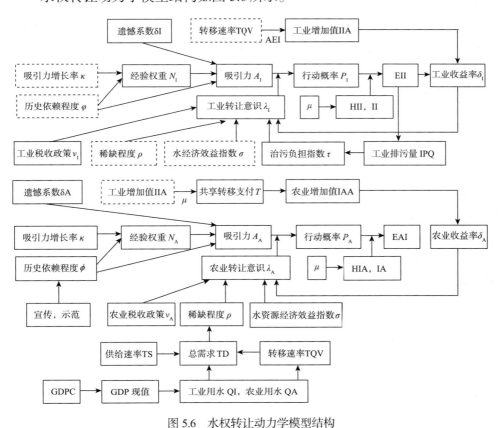

图 5.6　水权转让动力学模型结构

　　动力学模型的系统结构图是在确定水权转让动力学模型的边界图表后，基于水权转让协商的 EWA 演化学习模型，结合水权转让的运行流程来设计的，这作为进一步系统刻画水权转让活动的基础，为实现水权转让中的多主体合作，通过学习规则设计对影响主体行为的因素进行调整，实现对主体的行为的约束和激励。但若只考虑单个主体的行为特征制定规则，具有很大的局限性。由图 5.6 可知，水权转让是一个系统，一个因素的变化很可能带来连锁的影响。若规则只能针对性地约束某类个体，不是面向整个系统，产生的结果往往不是稳定的常态，随着因素的不断变化，单项或针对性的规则无法长久地保障人水复杂系统的平衡。同时，若只针对已出现的矛盾进行缓解，而没有深入利益关系的本质去分析，是无法根除利益冲突问题的，因此从系统角度梳理主体间的利益变动和相互关系，能够制定更有效和适应性的规则，在面临外部环境或相关因素变动时，根据新的利益增减变动情况来调整规则内容，提高规则的适应性能力，增加水权转让协商的弹性空间。

参 考 文 献

[1]Ostrom E. Governing the Commons：The Evolution of Institutions for Collective Action[M]. New York：Cambridge University Press，1990.

[2]Ostrom E. Collective action and the evolution of social norms[J]. Journal of Economic Perspectives，2000，（14）：137-158.

[3]Mitchell R K，Agle B R，Wood D J. Toward a theory of stakeholder identification and salience：defining the principle of who and what really counts[J]. Academy of Management Review，1997，（22）：853-886.

[4]张玉静，陈建成. 绿色行政利益相关者识别与分类的实证研究[C]. 2010 年第三届未来信息技术与管理工程国际学术会议，2010.

[5]钟永光，贾晓菁，李旭，等. 系统动力学[M]. 北京：科学出版社，2009.

第　6　章

水资源协商个体行为利益决策

本章以流域为研究空间，结合流域水资源紧缺现状展开公平情况下水资源协商过程中个体利益决策分析，即将有限的水资源公平地分配给流域内的各个行政区域。利用稀缺资源公平分配经典理论中的破产准则建立流域水资源协商的个体利益模型，获取可行的流域水资源协商解决方案集合，并对各个方案进行稳定性分析，提出基于折中规划法的一个衡量流域水资源协商解决方案稳定性的指标，考虑各个行政区域的共容利益决策，最终得到能够获取各个行政区域一致同意的流域水资源分配的协商解决方案。

6.1　水资源协商决策的个体利益

从流域整体来看，水资源作为一种基础性的自然资源，对流域各个区域而言都是保障其经济发展与社会进步的必需品，然而流域水资源总量是有限的，尤其是存在水资源短缺的情况时，流域内各个区域就会存在用水竞争并引发一系列矛盾，那么如何进行流域水资源的合理、公平分配就成为解决用水竞争的必要手段，这也就是按照公平的原则如何合理分配各个区域的个体利益问题。个体利益分配能够实现行政区域决策者间的平衡，通过将流域水资源公平地分配给行政区域满足其个体利益。行政区域的共容利益使得存在一个互相妥协的分配方案并能够获得一致性同意，成为最稳定的水资源分配方案。

在对流域不同利益主体的个体利益进行配置时，公平准则是核心，尤其是在可分配水资源总量小于流域各主体所需水资源总量的情况下，也即存在水资源短缺时，公平的重要性就尤为突出。简单地说，此类由水资源短缺引起的流域水资源协商问题就类似于一个"分饼博弈"[1]：某个主体获取更多的饼（水资源）意味着其他主体可获得的饼（水资源）的数量减少，由此可能引发参与分饼者之间的冲突或者矛盾等，那么如何公平地将饼在相关利益主体之间进行分配就成为解决分饼者之间冲突的核心内容。流域水资源分配问题又往往是一个囚徒困境问题[2-4]，流域中的一方在不考虑流域其他各方利益的情况下对水资源进行开发利用，个体理性行为往往造成集体行为的非理性结果，进而造成流域水资源生态环境的严重恶化。基于上述流域水资源协商管理中的实际问题，如何将短缺的水资源在流域不同利益主体之间进行公平的分配以解决水资源短缺而产生的用水冲突就显得尤为重要。基于一定的标准，公平地识别流域内不同区域的个体利益并进行相应的短缺水资源的协商分配，可以在一定程度上解决跨界水资源冲突问题。只有在识别出各个行政区域的自身利益也即寻找到一个各区域所接受的水量分配方案后，进一步的合作才成为可能。在各个区域还处于自身利益不明晰的情况下，任何形式的合作所能取得的实际效果都会存在折扣。

流域水资源管理机构作为国家水利部门的派出机构，代表国家行使水资源管理权利[5]。在流域水资源冲突的个体利益配置协商中，流域水资源管理机构负责协调各区域之间的利益关系、执行各个区域间达成的一致性协议、监督各区域的用水行为。流域水资源冲突产生的原因在于某些区域认为自身的水资源利益受到其他区域的削弱或者影响，因而各个区域存在参与解决冲突的协商动机。各个区域所分得的水资源是本区域社会经济发展的必需资源，缺少达成一致的水资源分配协议会严重危害本区域的社会经济发展。在流域水资源冲突共容利益协商决策中，各个用水区域是决策的协商主体，而流域水资源管理机构在协商决策中扮演第三方角色，是一种具有一定强制力的协调者。一旦一个水资源分配协议在各个区域间达成广泛的共识，那么该协议的实施就有赖于流域水资源管理机构的监督和管理，任何违背该协议的用水行为都会受到一种可置信的惩罚。这与传统的由中央政府或者流域管理机构指定的分水协议不同[6, 7]，由上而下的水资源分配协议由于缺少流域各用水区域的充分主动性参与，容易陷入执行困境[8]。基于破产准则的流域水资源冲突的解决建立在流域内各个区域的主动参与和协商下，因而按照破产准则所得的水资源分配结果是各个区域进行共容利益决策（协商或讨价还价）并最终达成一致的方案。由此而形成的水资源分配协议对流域各个区域而言都具有道德约束性；同时，该协议在流域水资源管理机构的监督下上升成为制度层面的约束。

破产理论作为一种经济学工具，能够依据不同的准则进行资源的合理分配[9~12]。破产理论作为有效的理论和实践工具，在经济管理活动中被用于实现企业资产重组、优化社会资源分配和调整产业结构等。尤其是在企业不能偿还到期债务、剩余总资产不足以抵偿全部债务而申请破产时，如何将剩余总资产在各个债权人之间进行合理分配以最大限度地减少各个债权人之间可能发生的矛盾或冲突成为妥善解决企业破产、保障债权人和债务人权益以及实现社会和谐的关键。水资源短缺情况下的流域水资源冲突在本质上与破产理论所涉及的企业剩余资产分配问题相吻合，那就是有限的剩余财产（短缺的水资源）在债权人（流域内各区域）之间进行分配的冲突。基于这种问题本质上的一致性，本书尝试使用破产理论来研究流域水资源冲突的个体利益分配协商问题。

在资产总量小于多个个体声明应得资产之和的情况下，如何将有限的资产分配给这些利益攸关的个体？现实生活中的多种资源分配或费用分摊问题都具有这种"配给问题"（rationing problems）或"索赔问题"（claim problems）的形式。两种典型的例子就是破产问题和税收问题。在企业破产问题中，用于分配的资产是该破产企业的清算资产或剩余资产，索赔（或声明）资产是债权人对该破产公司所拥有的资产权利。由于企业剩余资产总额小于债权人声明资产总额，那么问题在于如何将有限的剩余资产分配给多个债权人。或者在税收问题中，假设国家部门为了支付公共支出项目而制订了增加一定数额税收的计划，不同类型的纳税人收入水平高低不同，那么问题在于这一定数额的税收如何在不同纳税人之间进行分摊。在关于这类问题的研究中，公理化的准则研究占据文献的较大部分。不同的准则依据不同的标准提出不同的分配方法。

破产理论作为一种处理债权人之间讨价还价的理论与方法[13]，在企业破产时被用来处置企业剩余财产在债权人之间如何分配的问题，而实践中各个债权人声明的自己应得的财产之和往往大于可用于清偿的企业剩余财产，并因此而产生债权人之间的利益冲突。这与流域水资源冲突问题相类似，在流域水资源冲突中流域内各个区域所要求的水量之和大于流域内可用于分配的水资源总量。因而，破产理论可以用于研究流域水资源分配中的冲突问题。

首先我们定义一个标准的破产分配问题：多个债权人向破产企业的清算资产提出所有权，而各个债权人的所有权之和大于清算资产总额，破产分配问题就是需要寻找到一个清算资产在各个债权人之间分配的方案。

若有剩余资产总额 $E(E \in \mathbf{R}^+)$，债权人集合 $N = \{1, 2, \cdots, n\}$，债权人的声明资产组成的向量 $\boldsymbol{c} = (c_1, c_2, \cdots, c_n)$，剩余资产总额在各个债权人之间分配的结果向量为 $\boldsymbol{x} = (x_1, x_2, \cdots, x_n)$，各个债权人的声明资产总额为 $C = c_1 + c_2 + \cdots + c_n$，除第 i 个债权人外的其他债权人声明资产总额为 $o_i = \sum_{j \neq i} c_j$。如果存在 $E \leqslant C$，则一个三维集合 $(N, E, \boldsymbol{c})$ 可以称为一个标准的破产分配问题。设 $S \subseteq N$，则有 $(S, E_S, \boldsymbol{c}_S)$ 可以称为原破产问题的一个子问题，且 $E_S = \max\left(E - \sum_{i \in (N \setminus S)} c_i, 0 \right)$。

设 F 为可行的破产分配函数，则有 $\boldsymbol{x} = F(E, \boldsymbol{c})$。由分配函数 F 所得到的分配结果必须满足的约束条件如式（6.1）所示：

$$\begin{cases} x_i \geqslant 0 \\ \sum_{i=1}^{N} x_i = E \\ x_i \leqslant c_i \end{cases} \tag{6.1}$$

第一个约束表明各个债权人所能够分得的资产数量非负；第二个约束表明所有的剩余资产全部被用于分配给各个债权人，没有剩余；第三个约束表明所有债权人所能够获得的资产分配不高于剩余资产总额。这三个约束保证了在任一破产分配函数下所得的结果都是合理、可行和有效的分配。

　　水资源冲突与企业的破产分配冲突问题的不同之处在于，企业破产分配冲突问题是一次性问题，而水资源冲突问题是动态问题，按照时段定义的不同，可以分为年、季、月甚至具体到日。然而，考虑到以年为时段单位，过于笼统，忽视了流域内不同用水区域之间的用水差别；以日为单位则过于具体，虽然可以很好地包含各个区域的用水信息，却忽视了各个用水区域用水的周期性，如灌溉用水、城市生活用水等都具有周期性。以季度和月为时间单位则既可包含用水差异的信息也可以包含用水的概括周期性，其中以月为时间段来考虑水资源冲突问题具有更好的实践操作空间。在月度数据缺失的情况下，可以按年度数据来进行宏观分析。以月为时间段来解决水资源冲突避免了现有的水资源分配制度中采取固定比例或者固定水量的模式，可以根据当月的具体自然条件和社会条件来解决水资源冲突。采取固定比例模式虽然看似公平，却没有考虑到不同区域的社会情况，增加了产生水资源冲突的可能性；采取固定水量模式不仅未考虑社会情况，更是对自然条件的忽视，未考虑流域可用水量的时间序列特征以及丰水、平水和枯水的流域水量特征，不能保证按照固定水量分配流域可用水资源。

　　由此，我们可以参考企业破产分配问题来定义流域水资源冲突的个体利益协商分配如下：在一定时段内，按照水资源分配的破产准则将有限的水资源分配给流域内各个区域，并对可行的不同准则所得结果进行稳定性分析进而最终获得区域间广泛同意的分配方案。

$$
\begin{cases}
\sum_{i=1}^{N} a_i^t = E^t + I^t \\
\sum_{i=1}^{N} x_i^t = E^t \\
x_i^t \geqslant 0 \\
x_i^t \leqslant c_i^t
\end{cases}
\tag{6.2}
$$

　　水资源冲突协商解决本质上在于在 $t \in \{1, 2, \cdots, T\}$ 时段寻找到一个公平的、合理的水资源分配方案 $\boldsymbol{x}^t = \left(x_1^t, x_2^t, \cdots, x_n^t\right)$。流域内不同行政区域组成

的集合为 $N = \{1, 2, \cdots, n\}$，各个区域的声明水量（需水量）构成的向量为 $\boldsymbol{c}^t = \left(c_1^t, c_2^t, \cdots, c_n^t\right)$，流域各区域总的需水量为 $C^t = c_1^t + c_2^t + \cdots + c_n^t$，由各个区域对流域水资源总量所贡献的水量（产水量）组成的向量为 $\boldsymbol{a}^t = \left(a_1^t, a_2^t, \cdots, a_n^t\right)$，流域可用水资源总量为 E^t，流域内生态环境需水量为 I^t，除第 i 个区域外的其他区域的需水量总和为 $O_i^t = \sum_{j \neq i} c_i^t$。设 F 为可行的破产分配函数，则有 $\boldsymbol{x}^t = F\left(\boldsymbol{a}^t, \boldsymbol{c}^t, I^t\right)$，且有式（6.2）的约束成立。

6.1.1 水资源冲突解决的破产准则

Ansink 和 Weikard[14]将 P 准则、CEA 准则、CEL 准则以及 Tal 准则用于分析短缺河流水资源的分配问题；Madani 等[15]将 P 准则、AP 准则、CEA 准则和 CEL 准则用于分析 Qezelozan-Sefidrud 河流的短缺水资源分配问题，Sheikhmohammady 和 Madani[16]采用这四种准则讨论里海（Caspian Sea）的水体资源分配问题；Mianabadi 等[17]将 P 准则、CEA 准则和 CEL 准则用于两河流域（Tigris-Euphrates）河流的短缺水资源分配问题，Tidball 和 Lefebvre[18]将这三种准则用于分析公共池塘资源的分配问题；Kurschilgen[19]将 P 准则、CEA 准则、CEL 准则、Tal 准则以及 RA 准则用于分析西班牙的国家水文规划；Sechi 和 Zucca[20]利用 P 准则、CEA 准则、CEL 准则、Tal 准则及 AP 准则分析水资源分配的破产博弈问题。这些准则在水资源领域的已有应用表明了破产准则对解决短缺水资源的分配协商问题具有较好的适用性，水资源冲突问题本质上是短缺水资源的分配问题，因而可以考虑利用这些准则解决水资源冲突协商问题。

根据已有研究并参考已有的破产分配问题方面的研究文献[14, 21~23]，为了全面考查破产理论在流域水资源冲突协商中的应用，我们选取四种典型的准则以及五种常用的准则共九种分配准则为本书考查的具体对象，从 1~9 对各个准则进行编号。各个准则的基本情况如表 6.1 所示，表中最右列的内容表明该准则源于何处[24, 25]。从时间维度上可知，九种准则既有古代哲学思想的具体化也有现代学者的进一步研究。

表 6.1 水资源冲突解决的破产准则

准则编号	准则名称	准则简称	提出者和时间
1	proportional rule	P	Aristotle（公元前 4 世纪）
2	constrained equal award rule	CEA	Maimonides（12 世纪）
3	constrained equal loss rule	CEL	Maimonides（12 世纪）
4	Talmud rule	Tal	Aumann 和 Maschler（1985 年）
5	Piniles' rule	Pin	Piniles（1861 年）
6	constrained egalitarian rule	CE	Dutta 和 Ray（1991 年）
7	adjusted proportional rule	AP	Curiel、Maschler 和 Tijs（1988 年）
8	random arrival rule	RA	O'Neill（1982 年）
9	minimal overlap rule	MO	O'Neill（1982 年）

设由破产分配函数也即是破产准则所构成的集合为 $F=\{1,2,\cdots,9\}$。设参数 $\lambda \in \mathbf{R}^+$ 为分配准则的参数。由约束式（6.2）可知，在任一时段 t，流域水资源分配方案 $\boldsymbol{x}^t = \left(x_1^t, x_2^t, \cdots, x_n^t\right)$ 需满足两个条件：一是任一区域最终获得的水资源数量是一个不超过其需水量的非负值；二是所有区域所获得水资源数量之和等于流域可用水资源总量，这一要求保证了流域可用水资源没有被过度分配的同时所能分配的水量最大化。满足约束式（6.2）的流域水资源分配方案 $\boldsymbol{x}^t$ 是有效的方案。任何违背约束式（6.2）的水资源分配方案，都不是合理的方案，不应被采纳。

四种典型的准则如下。

（1）P 准则。

P 准则按照相同的比例将流域可用水资源分配给流域内各个区域，这个比例等于流域可用水资源总量与各区域需求水量之和的比。按照定义可知，各个区域最终获得水量由式（6.3）决定，具体如下：

$$x_i^t = \frac{E^t}{C^t} \times c_i^t \qquad (6.3)$$

（2）CEA 准则。

CEA 准则认为每一个区域应该获得同等的水资源数量，前提是没有哪个区域获得超过自己需求的水量。获得超过自己需求的水量违背了有效原则，也即违背式（6.2）。在分配时，该准则偏向于需水量较小的区域，也因此需水量较小的区域可以获得一个相对于其水资源需求量的较高满意度。具体如下：

$$x_i^t = \min\left\{\lambda^t, c_i^t\right\}$$ （6.4）

其中，λ 的取值使得 x^t 满足式（6.2）。

（3）CEL 准则。

CEL 准则将可用水资源总量 E^t 与总的需水量 C^t 的差值 $C^t - E^t$（也即可用水资源总量不足以满足流域总的水资源需求的部分）平均地分配给各个区域，前提是不能存在所得水资源数量为负值的情况。从几何学的观点来看，在 N 维空间中，该准则在可行空间里尝试选择距离（欧氏距离）需求向量点最近的那一点。在分配时，该准则偏向于需水量较大的区域，对于需水量小于平均水资源缺额的区域，其获得的水资源数量将为 0。具体如下：

$$x_i^t = \max\left\{0, c_i^t - \lambda^t\right\}$$ （6.5）

其中，λ 的取值使得 x^t 满足式（6.2）。

（4）Tal 准则。

Tal 准则依据可用水资源总量是否大于总的需水量的二分之一的情况，使用两种方法分配可用水资源总量：在可用水资源总量大于总的需水量的二分之一时，首先分配给各个区域其需水量的二分之一，然后将剩余的可用水资源量按照 CEL 准则分配给各个区域；在可用水资源总量小于总的需水量的二分之一时，将 CEA 准则应用于各个区域需水量的二分之一所组成的向量。其可被认为是 CEA 准则和 CEL 准则的混合使用[26]，具体如下：

$$\begin{cases} x_i^t = \min\left\{\dfrac{c_i^t}{2}, \lambda^t\right\}, & E^t \leqslant \dfrac{C^t}{2} \\[3mm] x_i^t = c_i^t - \min\left\{\dfrac{c_i^t}{2}, \lambda^t\right\}, & E^t > \dfrac{C^t}{2} \end{cases}$$ （6.6）

其中，λ 的取值使得 x^t 满足式（6.2）。

其他常用的五种准则如下。

（5）Pin 准则。

Pin 准则与 Tal 准则的不同之处在于处理可用水资源总量大于总的需水量

的二分之一时采用不同的分配方法，可被认为是 CEA 准则的两次应用[26]，
具体如下：

$$\begin{cases} x_i^t = \min\left\{\dfrac{c_i^t}{2}, \lambda^t\right\}, & E^t \leqslant \dfrac{C^t}{2} \\ x_i^t = \dfrac{c_i^t}{2} + \min\left\{\dfrac{c_i^t}{2}, \lambda^t\right\}, & E^t > \dfrac{C^t}{2} \end{cases} \tag{6.7}$$

其中，λ 的取值使得 $\boldsymbol{x}^t$ 满足式（6.2）。

（6）CE 准则。

CE 准则的思路如下：设在时段 t 存在 $c_1^t \leqslant c_2^t \leqslant \cdots \leqslant c_n^t$，在可用水资源
总量小于等于总的需水量的二分之一时采用与 Tal 准则相同的分配方法；而
在总的需水量二分之一这一点，任何可用水资源总量的增加都将分配给区域
1 直到其需水完全得到满足或者达到区域 2 需水量的二分之一。在 $c_1^t \leqslant \dfrac{c_2^t}{2}$
时，区域1的水资源需求得到满足；在 $c_1^t > \dfrac{c_2^t}{2}$ 时，增加的水资源数量在两个
区域之间平均分配直到区域 1 得到满足并被排除出分配序列或者达到区域3
的二分之一。具体如下：

$$\begin{cases} x_i^t = \min\left\{\dfrac{c_i^t}{2}, \lambda^t\right\}, & E^t \leqslant \dfrac{C^t}{2} \\ x_i^t = \max\left\{\dfrac{c_i^t}{2}, \min\left\{c_i^t, \lambda^t\right\}\right\}, & E^t > \dfrac{C^t}{2} \end{cases} \tag{6.8}$$

其中，λ 的取值使得 $\boldsymbol{x}^t$ 满足式（6.2）。

（7）AP 准则。

AP 准则首先分给各个区域由其需水量决定的一个最小水量，即 $v_i^t = \max\left\{0, E^t - \sum_{j \neq i} c_j^t\right\}$，剩余水量再重新分配，具体如下：

$$x_i^t = v_i^t + \left(E^t - \sum_{j=1}^n v_j^t\right) \times \dfrac{\min\left\{c_i^t, E^t\right\} - v_i^t}{\sum_{j=1}^n \left(\min\left\{c_i^t, E^t\right\} - v_j^t\right)} \tag{6.9}$$

其中，λ 的取值使得 $\pmb{x}^t$ 满足式（6.2）。

（8）RA 准则。

RA 准则是一种多种情况求平均的结果。具体而言，在该准则下，流域可用水资源总量被逐一分配给各个区域所形成的一个队列，直到无水资源可分配。因为各个区域所形成的队列共有 $N!$ 种情况，故而在每一种情况下区域 i 又能获得一个分配水量。为了避免按照某一种队列所得分配结果的不公平性，取各个队列所得结果的算术平均值。设 $\overline{c_i^t} = \min\left\{E^t, c_i^t\right\}$，$\Pi^N$ 为由集合 N 的元素可能构成的队列所形成的集合，那么区域 i 最终获得的水量的计算具体如下：

$$x_i = \frac{1}{N!} \sum_{\pi \in \Pi^N} \min\left\{\overline{c_i^t}, \max\left\{E - \sum_{j \in N, \pi(j) < \pi(i)} \overline{c_j^t}, \ 0\right\}\right\} \qquad (6.10)$$

（9）MO 准则。

MO 准则分两种情况考虑流域水资源的分配问题。

情况一：

对任一时段 t，若存在某个区域的需水量超过流域可用水资源总量，那么每个区域的需水量将被看作一个区间而非一个固定值。具体而言，若区域 i 的需水量小于流域可用水资源总量，则区域 i 的需水量被认为是区间 $\left[0, c_i^t\right]$；若区域 i 的需水量大于流域可用水资源总量，则区域 i 的需水量被认为是区间 $\left[0, E_i^t\right]$。然后区间 $\left[0, E_i^t\right]$ 的每一个部分被同等地分配给对该部分具有需求（声明）的区域。例如，区间 $\left[0, c_1^t\right]$ 被平均地分配给所有区域（此处假设存在 $c_1^t \leqslant c_2^t \leqslant \cdots \leqslant c_N^t$），也即每个区域得到 $\dfrac{c_1^t}{n}$ 的水量。区间 $\left[c_1^t, c_2^t\right]$ 被除区域 1 之外的所有区域提出需求，则除区域 1 外的所有区域可以得到 $\dfrac{c_2^t - c_1^t}{n-1}$ 的水量。这个过程一直进行到整个区间 $\left[0, E_i^t\right]$ 被分配完毕。具体计算如下。

当 $c_k^t < E^t \leqslant c_{k+1}^t \leqslant c_n^t$ 时：

$$
\begin{cases}
x_i^t = \dfrac{c_1^t}{n} + \dfrac{c_2^t - c_1^t}{n-1} + \dfrac{c_3^t - c_2^t}{n-2} + \cdots + \dfrac{c_i^t - c_{i-1}^t}{n-i+1}, & i \in \{1,2,\cdots,k\} \\[3mm]
x_j^t = x_k^t + \dfrac{E - c_k^t}{n-k}, & j \in \{k+1,k+2,\cdots,n\}
\end{cases}
\tag{6.11}
$$

情况二：

对任一时段 t，若所有区域的需水量都小于流域可用水资源总量。令 $c_0^t = 0$，寻找一个最大的 $k \in N - \{n-1, n-2\}$，使得存在 $h \in \mathbf{R}^+$ 满足式（6.12）。则对于属于集合 $\{k+1, k+2, \cdots, n\}$ 的区域，每个区域可以获得首次分配的水量为 $c_i^t - h$。则剩余部分 $[0, h]$ 按照可用水资源总量为 h 的情况进行再分配（也即重复情况一的过程）。

$$
\begin{cases}
c_k^t \leqslant k \leqslant c_{k+1}^t \\[2mm]
\left(c_{k+1}^t - h\right) + \left(c_{k+2}^t - h\right) + \cdots + \left(c_n^t - h\right) = E^t - h
\end{cases}
\tag{6.12}
$$

具体计算如下：

$$
\begin{cases}
x_i^t = \dfrac{c_1^t}{n} + \dfrac{c_2^t - c_1^t}{n-1} + \dfrac{c_3^t - c_2^t}{n-2} + \cdots + \dfrac{c_i^t - c_{i-1}^t}{n-i+1}, & i \in \{1,2,\cdots,k\} \\[3mm]
x_j^t = \left(c_j^t - h\right) + x_k + \dfrac{h - c_k^t}{n-k}, & j \in \{k+1,k+2,\cdots,n\}
\end{cases}
$$
$$
\tag{6.13}
$$

对于流域水资源分配协商问题，由于给定年份的可用水资源数量依赖于当年的降雨，当可用水资源数量大于流域各区域的水资源需求时，也即出现 $E > C$ 的情况。在这种情况下，本书提出如下的解决问题的思路：首先满足各个区域的水资源需求 c_i，其次是对剩余水资源 $E - C$ 的处理。各个区域虽然本期的水资源得到了满足，然而其在下一个时段所能够获得水资源的数量仍然具有不确定性，这仍然决定于下一期的降水情况。因此，流域内各个用水区域并不会因为本期水资源需求得到满足而放弃对剩余水资源的权利。基于该想法，我们对流域剩余水资源 $E - C$ 的处理仍然按照水资源短缺时流域水资源的处理方式，也即是将 $E - C$ 看作待分配的流域可用水资源数量，而由于流域水资源剩余水量只是原可用水资源数量的一部分，这部分剩余水量往往只是原需水总量的一个较小比例。为了公平地分配该剩余水资源，我们构造新的水资源分配问题 $(N, E - C, \boldsymbol{c})$。对该新的水资源问题，我们采用上述九种准则进行剩余水资源的协商分配。

则对于 $E > C$ 的流域水资源冲突解决问题，我们采取两步解决法：第一步分配给其需要的水量 c_i；第二步将剩余水资源 $E - C$ 看作一个新的破产问题的待分配水资源进行再分配。按照上述想法，区域 i 在 $E > C$ 时所能够获得的水资源数量 x_i 由两部分构成，具体如下：

$$\begin{cases} x_i = c_i + x_i' \\ x_i' = F(N, E - C, \boldsymbol{c}) \end{cases} \qquad (6.14)$$

其中，F 表示九种破产准则的集合。在按照上述方法进行计算之后，各个区域获得在该时段从公平性角度考虑所能够获得的水资源数量。

当然，在已有的关于破产分配或者税收的众多文献里，不少作者提出了一些新的方法或者新的准则[17, 27, 28]。然而，新的方法并未在实践中得到广泛的应用，其被各类决策者接受的程度有待于进一步考验，因而不具有广泛的社会接受性。所以，本书并未将这些方法加以考虑和分析。按照上面的介绍，本书所采用的九种准则既包含有最经典的 P 准则又含有复杂的 MO 准则，说明本书所选取的这九种准则很好地涵括了不同的破产准则，具有较好的代表性。

6.1.2 水资源冲突解决的破产准则属性

本书研究的水资源冲突协商特指水资源在流域内不同区域之间分配不均所造成的流域内区域间的用水冲突，然而这往往发生在水资源短缺的情况之下。如果流域总的可用水资源完全可以满足流域内不同区域间的水资源需求，那么不同区域之间不存在用水竞争，也就不会产生水资源分配不公而引起的冲突。因此，对于解决水资源短缺而产生的区域间用水冲突，公平性是第一要务。只有各个区域认为自身利益得到公平性保障时，才能够进一步产生各区域之间的合作，实现水资源在流域内的自由流转。

破产问题是一个法律问题，所以破产问题的解决方案一定是以公正为导向的。基于对公正性的考量，我们可以判别流域内哪个区域获益或者哪个区域受损。例如，如果我们像亚里士多德认为的那样，公正就是成比例[29, 30]。

那么，如果区域 i 获得其需水量的比例大于区域 j 获得的其需水量的比例，我们就可以认为区域 i 比区域 j 更得益于这个分配。按照成比例的公正性原则，只有当区域 i 和区域 j 获得其需水量的相同的比例时，分配准则才被认为是同等地对待了区域 i 和区域 j。

为什么上述九种分配准则可以保证水资源在各个区域间的分配是公平的呢？这是由这些准则所具有的共同属性所决定的。

（1）水资源分配的对称性。

该属性指的是若存在拥有相同需水量的某两个或某些区域，那么这两个区域或这些区域最终会获得同样的水资源数量。这样的属性是为满足公平性所必需的要求，如果不同的区域虽然拥有相同的需水量却得到不同的水资源配额，那么得到较小水资源数量的区域必然会认为现行的水资源分配是不公平的分配，就不会主动参与到流域跨行政区水资源分配的协商中去。具体来说，对任意 $c_i^t = c_j^t$ 都有 $x_i^t = x_j^t$ 成立。

（2）水资源分配的顺序不变性。

该属性指的是各个区域需水量大小的排序与实际获得的水量大小的排序相一致，也即需水量最大的区域所实际获得的水资源数量不会低于需水较小的区域所获得的水量，需水量最小的区域获得的水量也最少。在水资源冲突的协商解决中，避免出现需水量较小的区域获得较大水资源分配的现象。对于流域内某区域而言，如果需水量低于自身需水量的另一区域获得超过自己的水量分配，那么该区域必然会认为现行的分配属于不公平的水资源分配。具体来说，对任意 $c_i^t \leqslant c_j^t$ 都有 $x_i^t \leqslant x_j^t$ 成立。

（3）水资源缺额分配的顺序不变性。

该属性指的是流域水资源缺额（也即是流域各个区域需水量之和与流域可用水资源总量的差额）在流域各个区域之间的分配也要服从顺序不变性，水资源短缺时的水资源配置问题本质上和水资源缺额在流域各个区域之间的分配是同一个问题：如何将水资源缺额分配给各个区域来承担就是如何将有限的水资源在各个区域间分配的问题。该属性保证了水资源缺额在各个区域之间分配的公平性，也即需水量较大的区域应该承担较多的缺额，需水量较小的区域承担较小的缺额。所以，考虑到公平性的重要性，水资源缺额同样要由各个区域公平地来承担。具体来说，对任意 $c_i^t \leqslant c_j^t$ 都有 $c_i^t - x_i^t \leqslant c_j^t - x_j^t$ 成立。

（4）水资源分配的单调性。

该属性指的是在流域可用水资源总量增加或减少时，各个区域所获得的水资源数量也会随之增加或减少。换句话说，在可用水资源总量增加时，没有区域会获得比之前更少的水量；在可用水资源总量减少时，没有区域会获得比之前更多的水量。具体来说，在可用水资源总量为 E 时，区域 i 获得的水资源数量为 x_i；在可用水资源总量为 E' 且 $E' \geqslant E$ 时，区域 i 获得的水资源数量为 x_i'，那么有 $x_i' \geqslant x_i$。在可用水资源总量为 E'' 且 $E'' \leqslant E$ 时，区域 i 获得的水资源数量为 x_i''，那么有 $x_i'' \leqslant x_i$。

（5）水资源分配的有限一致性。

水资源分配的有限一致性指的是在增加一个需水区域的情况下，若该区域的需水量为 0，则已有的流域水资源总量在之前区域间的分配结果保持不变。具体来说，设流域可用水资源总量为 E，将 E 分给需水量为 $c = (c_1, c_2, \cdots, c_n)$ 的 N 个区域的结果为 $x = (x_1, x_2, \cdots, x_n)$；将 E 分给需水量为 $c = (c_1, c_2, \cdots, c_n, 0)$ 的 $N+1$ 个区域的结果为 $x' = (x_1', x_2', \cdots, x_n', x_{n+1}')$。若两次分配采用相同的准则，那么有对于 $i \in \{1, 2, \cdots, n\}$ 有 $x_i = x_i'$ 且 $x_{n+1}' = 0$。

（6）水资源分配的匿名性。

该属性指的是流域水资源分配的结果与各个区域在需水量向量 $c = (c_1, c_2, \cdots, c_n)$ 中的排序无关。换句话说，该属性要求水资源分配准则与流域内各个区域的名称无关。对于 $c = (c_1, c_2, \cdots, c_n)$ 或者 $c = (c_n, c_{n-1}, \cdots, c_1)$，水资源分配结果都是 $c = (x_1, x_2, \cdots, x_n)$。

6.2　水资源协商决策的个体利益模型构建及算法

从破产分配的角度思考流域水资源冲突协商，建立水资源冲突协商解决的破产模型。在流域水资源冲突解决中，解决冲突的协商方案往往不是经济最优方案，甚至连经济次优的方案都不是。冲突的协商解决只依赖于流域内各个区域的相对满意，也即某个分水协议对自己是公平的，对其他区域也是公平的。对自己是公平的指的是该分水协议在可用水资源总量分配上没有偏袒某个主体；对其他区域是公平的指的是在水资源缺额的分配上，自己没有更多地分担缺额。至于经济最优，在流域水资源冲突协商的个体利益分配中并非必需的约束。换句话说，公平才是识别水资源冲突协商解决的个体利益所要考虑的因素。经济最优或者效率只能是在个体利益配置后的区域之间更进一步合作时的约束。鉴于此，我们构造水资源冲突协商决策的个体利益模型。

6.2.1 水资源冲突协商决策的个体利益模型构建

一个典型的跨界河流如图 6.1 所示，发源于区域 1 的河流，在流经区域 2、区域 3 等区域后到达区域 N，并最终汇入湖泊或者海洋。首先，流域内各个区域对流经本区域的河流有一个水资源的需求；其次，各个区域由于本区域的产水而对该河流水资源总量有一个贡献。简言之，流域内的区域既是用水区，又是产水区。考虑到各个流域的自然条件和社会经济条件，流域内用水区和产水区不一致的情况是相当普遍的[31]。也因此，在流域水资源分配中，更容易出现水资源冲突。用水量较大的下游区域产水量往往低于上游区域，这也是水资源时空分布不均的一种体现。

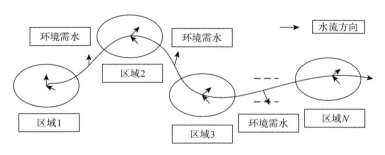

图 6.1 典型跨界河流示意

参考图 6.1，我们所建立的流域水资源冲突协商决策的个体利益模型不考虑由于上下游位置的不同而存在的区域差别，将流域内各个区域视为同等的利益主体。在区域个体利益分配的时候，我们假设 T 时段内，作为认定个体利益的破产准则可以不同，这也是为了最大限度地提高模型的适应性和适用性。也即是，九种准则可以被用于在每个时段 t 的水资源分配问题。则在时段 T 内共有 9^T 种可能的水资源分配方案。然而，并非所有的方案都是需要分析比较的。这是在于：从每一个时段来看，根据九种准则所得到的这些方案之间存在差异性，这也从另外一个方面说明了这些方案在比较和分析之后会有某个或者某些方案优于其他方案。所以，在该模型下，不同时段的分配方案可以来自不同的破产准则。

设 $x^t(F)$ 为在准则 $F \in \{1,2,\cdots,9\}$ 下的第 t 时段的流域水资源分配结果，$X^t = \left(x^t(F=1), x^t(F=2), \cdots, x^t(F=9)\right)^{\mathrm{T}}$ 为第 t 时段的采取各个准则的结果。基于此，我们构建矩阵 $X = \left(X^1, X^2, \cdots, X^T\right)$，则该矩阵包含了 T 时段内使用九种准则的各个区域获得水资源数量的信息。

6.2.2 基于广义既约梯度法的求解算法

因为我们分时段考虑流域水资源冲突协商的个体利益问题，则我们可以按照时段来对模型进行求解。也即是在时段 t，各个区域按照不同准则所能获得的水资源数量所组成的矩阵如式（6.15）所示：矩阵的每一行代表在相应准则下各个区域所获得的水资源数量，矩阵的每一列代表相应区域在各个准则下所获得的水资源数量。

$$x^t(F) = \begin{pmatrix} x_1^t(F=1) & x_2^t(F=1) & \cdots & x_n^t(F=1) \\ x_1^t(F=2) & x_2^t(F=2) & \cdots & x_n^t(F=2) \\ \vdots & \vdots & & \vdots \\ x_1^t(F=9) & x_2^t(F=9) & \cdots & x_n^t(F=9) \end{pmatrix} \quad （6.15）$$

考虑到各个准则的求解方程中包含线性或非线性成分，且求解思路并不相同。各个准则的求解过程并不相同这个事实使得我们所面对的问题更加复杂。也即我们必须针对每一个准则制定相应的解决办法。然而，由于 Tal 准则、Pin 准则与 CE 准则都和流域可用水资源总量与流域总需水量的二分之一的大小关系有关，则可以将三种准则的求解归为同一类型。

然而，考虑到问题的本质，在任一准则下所获得的解决方法都满足帕累托最优。这是因为，不存在增加某一区域水量的同时其他区域的水资源数量并没有变得更少。也即在从一种水资源分配状态到另一种水资源分配状态的变化中，不存在至少一个区域的水资源数量增加而其余区域的水资源数量没有变得更少。这正如 Dagan 和 Volij[25]在论文中所讨论的那样，任何满足帕累托最优的讨价还价解都是破产分配问题的一个分配准则。

在九个准则中，R A 准则是一个 P-complete 复杂度问题[32]。P 准则的求解过程相对简单，只是一个线性方程组的求解。不论何种准则，其不同之处在于每个时期区域 i 所获得的水资源数量 $x_i^t(F)$ 可能不同，而其所必须满足的约束是相同的，那就是式（6.2）所表示的内容。考虑到所要解决的问题中既存在线性又包含非线性因素，线性问题当然可以使用非线性算法进行解决，因此我们考虑采用解决非线性优化问题的算法作为本书求解个体利益模型的工具。用于求解非线性优化问题的算法有很多，如可行方向法、投影梯度法、罚函数法、二次规划及广义既约梯度（generalized reduced gradient，GRG）法等。

GRG 法是解非线性规划比较有效的算法，最初是由 Abadie 和 Carpentier[33]于 1969 年在 Wolfe[34]所提出的既约梯度法的基础上将既约梯度推广到求解含非线性约束的非线性规划问题发展而来的。众多数值实例表明，GRG 法是目前求解约束非线性最优化问题最有效的算法之一。

一般而言，解下列形式非线性优化 P 问题：

$$\min \quad f(\boldsymbol{x}) \tag{6.16}$$

$$\text{s.t.} \begin{cases} h_j(\boldsymbol{x}) = 0, \quad j = 1, 2, \cdots, m \\ \boldsymbol{a} \leqslant \boldsymbol{x} \leqslant \boldsymbol{b} \end{cases} \tag{6.17}$$

其中，函数 $f(\boldsymbol{x}): \mathbf{R}^n \to \mathbf{R}$ 和 $h(\boldsymbol{x}): \mathbf{R}^n \to \mathbf{R}^p$ 为连续可微函数；$\boldsymbol{a} = (a_1, a_2, \cdots, a_n)^{\mathrm{T}}$ 和 $\boldsymbol{b} = (b_1, b_2, \cdots, b_n)^{\mathrm{T}}$ 为 n 维向量。记上述非线性问题的可行集 $S = \left\{ x \in \mathbf{R}^n \middle| h_j(\boldsymbol{x}) = 0; \ j = 1, 2, \cdots, m; \ \boldsymbol{a} \leqslant \boldsymbol{x} \leqslant \boldsymbol{b} \right\}$，$h(\boldsymbol{x}) = (h_1(\boldsymbol{x}), h_2(\boldsymbol{x}), \cdots, h_m(\boldsymbol{x}))^{\mathrm{T}}$，$\Delta h(\boldsymbol{x})$ 是 $h(\boldsymbol{x})$ 梯度矩阵。

假设条件：对任一 $\boldsymbol{x} \in S$，$\Delta h(\boldsymbol{x})$ 的任意 m 个行向量线性无关，并且至少有 m 个分量严格介于其上下界之间。

设 $\boldsymbol{x}^k \in S$ 是当前迭代点，由假设条件可知 $\boldsymbol{x}^k$ 至少有 m 个分量严格介于

其上下界之间，不妨设 $\boldsymbol{x}^k = \begin{pmatrix} \boldsymbol{x}_B^k \\ \boldsymbol{x}_N^k \end{pmatrix}$，$\boldsymbol{a} = \begin{pmatrix} \boldsymbol{a}_B \\ \boldsymbol{a}_N \end{pmatrix}$，$\boldsymbol{b} = \begin{pmatrix} \boldsymbol{b}_B \\ \boldsymbol{b}_N \end{pmatrix}$，其中 $\boldsymbol{x}_B^k \in \mathbf{R}^m$，

$\boldsymbol{a}_B < \boldsymbol{x}_B^k < \boldsymbol{b}_B$，$\boldsymbol{x}_N^k \in \mathbf{R}^{n-m}$，分别记 $\boldsymbol{x}_B^k$ 和 $\boldsymbol{x}_N^k$ 的下标集为 I_B^k 和 I_N^k。对应地对

$\boldsymbol{x}$ 进行分块，得 $\boldsymbol{x} = \begin{pmatrix} \boldsymbol{x}_B \\ \boldsymbol{x}_N \end{pmatrix}$，$\boldsymbol{x}_B$ 和 $\boldsymbol{x}_N$ 分别称为基变量和非基变量，则原问题

可表示为

$$\min \quad f(\boldsymbol{x}_B, \boldsymbol{x}_N) \tag{6.18}$$

$$\text{s.t.} \begin{cases} h_j(\boldsymbol{x}_B, \boldsymbol{x}_N) = 0, & j = 1, 2, \cdots, m \\ \boldsymbol{a}_B \leqslant \boldsymbol{x}_B \leqslant \boldsymbol{b}_B \\ \boldsymbol{a}_N \leqslant \boldsymbol{x}_N \leqslant \boldsymbol{b}_N \end{cases} \tag{6.19}$$

记 $\Delta_B h(\boldsymbol{x})$ 和 $\Delta_N h(\boldsymbol{x})$ 分别是 $h(\boldsymbol{x})$ 对 $\boldsymbol{x}_B$ 和 $\boldsymbol{x}_N$ 的梯度矩阵。由假设条件可知 $\Delta_B h(\boldsymbol{x}^k)$ 非奇异，因此对于约束 $h(\boldsymbol{x}) = 0$，根据 $h(\boldsymbol{x}^k) = 0$ 和隐函数存在定理，存在 $\boldsymbol{x}_N^k$ 的领域 $N(\boldsymbol{x}_N^k)$ 和连续可微向量函数 $\varphi : N(\boldsymbol{x}_N^k) \to \mathbf{R}^l$，使得 $\boldsymbol{x}_B^k = \varphi(\boldsymbol{x}_N^k)$，并且 $\boldsymbol{x}_N \in N(\boldsymbol{x}_N^k)$ 时，有式（6.20）成立：

$$h(\boldsymbol{x}_B^k, \boldsymbol{x}_N^k) = 0 \Leftrightarrow \boldsymbol{x}_B = \varphi(\boldsymbol{x}_N) \tag{6.20}$$

于是当 $\boldsymbol{x}_N \in N(\boldsymbol{x}_N^k)$ 时，原问题又可以变换为以 $\boldsymbol{x}_N$ 为变量的既约问题：

$$\min \quad F_k(\boldsymbol{x}_N) = f(\varphi(\boldsymbol{x}_N), \boldsymbol{x}_N) \tag{6.21}$$

$$\text{s.t.} \begin{cases} \boldsymbol{a}_B \leqslant \varphi(\boldsymbol{x}_N) \leqslant \boldsymbol{b}_B \\ \boldsymbol{a}_N \leqslant \boldsymbol{x}_N \leqslant \boldsymbol{b}_N \end{cases} \tag{6.22}$$

记 $F_k(\boldsymbol{x}_N)$ 在 $\boldsymbol{x}_N^k$ 处的梯度为 $\boldsymbol{r}_N^k$，则

$$\boldsymbol{r}_N^k = \nabla\varphi(\boldsymbol{x}_N^k)\nabla_B f(\boldsymbol{x}^k) + \nabla_N f(\boldsymbol{x}^k) \tag{6.23}$$

其中，$\nabla\varphi(\boldsymbol{x}_N)$ 为 $\varphi(\boldsymbol{x}_N)$ 的梯度矩阵；$\nabla_B f(\boldsymbol{x}^k)$ 和 $\nabla_N f(\boldsymbol{x}^k)$ 分别为 $f(\boldsymbol{x})$ 对 $\boldsymbol{x}_B$ 和 $\boldsymbol{x}_N$ 的梯度矩阵。由 $h(\varphi(\boldsymbol{x}_N), \boldsymbol{x}_N) = 0$ 得到 $\nabla\varphi(\boldsymbol{x}_N^k)\nabla_B f(\boldsymbol{x}^k) + \nabla_N f(\boldsymbol{x}^k) = 0$，因此 $\nabla\varphi(\boldsymbol{x}_N^k) = -\nabla_N h(\boldsymbol{x}^k)\nabla_B h(\boldsymbol{x}^k)^{-1}$，代入式（6.23）中得到式（6.24）：

$$r_N^k = -\nabla_N h\left(x^k\right)\nabla_B h\left(x^k\right)^{-1}\nabla_B f\left(x^k\right)+\nabla_N f\left(x^k\right) \tag{6.24}$$

其中，r_N^k 为 $f(x)$ 在 x^k 处的既约梯度。

构造式（6.21）在 x_N^k 处的可行下降方向。注意到 $a_B < \varphi\left(x_N^k\right)=x_B^k<b_B$，因此当 $s_N^k \in \mathbf{R}^{n-m}$ 满足条件：

$$s_j^k\begin{cases}\geqslant 0, x_j^k=a_j\\ \leqslant 0, x_j^k=b_j\end{cases}, \quad \forall j\in I_N^k; \ r_N^{k\mathrm{T}}s_N^k<0 \tag{6.25}$$

时，s_N^k 是式（6.21）在 x_N^k 处的可行下降方向。为此，取

$$s_N^k: s_N^k=\begin{cases}0, & r_j^k\geqslant 0, x_j^k=a_j^k \text{或} r_j^k\leqslant 0, x_j^k=b_j^k\\ -r_j^k, & \text{其他}\end{cases} \tag{6.26}$$

可得下面的定理。

定理 6.1　设 $x^k\in S$，s_N^k 由式（6.26）确定。

（1）若 $s_N^k\neq 0$，则 s_N^k 是式（6.21）在 x_N^k 处的可行下降方向；

（2）若 $s_N^k=0$，则 s_N^k 是式（6.21）的 K-T 点。

下面给出 GRG 算法的执行步骤。

（1）初始步，给出初始点 $x^0\in S$，精度参数 $\varepsilon_1,\varepsilon_2>0$，迭代参数 J，令 $k=0$。

（2）构造搜索方向。对 x^k 分块：$x^k=\begin{pmatrix}x_B^k\\ x_N^k\end{pmatrix}$，其中 $x_B^k\in \mathbf{R}^m$，$a_B<x_B^k<b_B$，$x_N^k\in \mathbf{R}^{n-m}$，分别将 x_B^k 和 x_N^k 的下标集记作 I_B^k 和 I_N^k。由式（6.26）确定 s_N^k。

（3）终止判别。若 $\left\|s_N^k\right\|\leqslant\varepsilon_1$，则停止，输出 x^k，否则转到（4）。

（4）确定步长。令

$$\lambda_{\max}=\min\left\{\min_{j\in I_N^k}\left\{\frac{x_j^k-a_j}{-s_j^k}\Big|s_j^k<0\right\}, \min_{j\in I_N^k}\left\{\frac{b_j-x_j^k}{s_j^k}\Big|s_j^k>0\right\}\right\}, \quad \lambda_k=\lambda_{\max}$$

第一步，$\hat{x}_N^k=x_N^k+\lambda_k s_N^k$，$y^0=x_B^k$，$j=0$。

第二步，$y^{j+1} = y^j - \nabla_B h\left(y^j, \hat{x}_N^k\right)^{-T} h\left(y^j, \hat{x}_N^k\right)$。若 $\left\|h\left(y^j, \hat{x}_N^k\right)\right\| \leqslant \varepsilon_2$，

并且 $a_B < y^j < b_B$，$f\left(y^{j+1}, \hat{x}_N^k\right) \leqslant f\left(x^k\right) + \sigma_1 \lambda_k r_N^{k\mathrm{T}} s_N^k$，则转（5），否则转第三步。

第三步，若 $j = J$，则令 $\lambda_k = \lambda_k / 2$，转第一步，否则 $j = j+1$，转第二步。

（5）确定新的迭代点。令 $x_B^{k+1} = y^{j+1}$，$x_N^{k+1} = \hat{x}_N^k$，$x^{k+1} = \begin{pmatrix} x_B^{k+1} \\ x_N^{k+1} \end{pmatrix}$，

$k = k+1$，转到（2）。

根据上面的算法可知，GRG 方法可以求得问题 P 的 K-T 点，在二阶充分条件成立的假设下，此点既是问题 P 的局部最优点。对于 GRG 算法的实施平台，可以选择在 EXCEL、LINGO、MATLAB、AMPL 等上实现。

6.3　水资源协商决策的个体利益稳定性

按照上面的具体介绍，根据所采用的准则的不同可能会得到不同的水资源分配协商方案，也即是存在不同的个体利益协商分配结果。那么每个区域所可能偏好的结果并不相同，因而需要对这些方案按照一定的标准进行评价并最终得到一个优于其他方案的方案。

本书基于折中规划法的思想提出一种带权重的衡量流域水资源冲突协商解决的个体利益稳定性指标。

6.3.1　个体利益稳定性的含义

在任一时段 t，考虑到基于不同的破产准则会得到不同的水资源分配协商方案情况，这就需要建立一定的评价标准来衡量这些方案。在冲突分析（conflict analysis）[35]中，普遍的做法是进行稳定性分析[36]。稳定性分析的目的在于从备选的可行方案中寻找最具有解决冲突潜力的那个方案。各个协商

主体的不同策略的组合的稳定性并不相同，评估所有组合的稳定性并引导主体朝向最有利的组合发展就是协商分析所关注的核心内容。

在水资源冲突协商解决中，已经有文献研究了水资源分配协商方案的最优性和稳定性（或可接受性）之间的关系[15, 37~40]。传统的水资源分配以寻找到一个经济上最优的方案为目的，即将流域水资源分配作为一个社会决策问题（social planner's problem）。也因此而忽略了分水协商方案所涉及的用水主体对方案的接受性。如果用水主体对该方案不满意或者消极地执行该方案，那么即使是流域整体经济上最优的方案也很难得到贯彻和落实。因此，在识别流域水资源冲突协商解决的个体利益时，方案的稳定性或者方案在各区域内的可接受性将是衡量一个分水方案的唯一标准。这主要是考虑到，个体利益的配置是基于公平理念而非效率理念。

而方案的稳定性其实代表的就是各个行政区域之间的互相妥协关系，不同的方案表示不同的妥协程度。由于行政区域间的共容利益，各个行政区域具有通过妥协来达成全体一致的水资源分配方案的意愿。

6.3.2　改进的破产理论资源配置稳定性指数 BASI

破产理论资源分配稳定性指数（bankruptcy allocation stability index，BASI）是由 Madani 等[15]提出的一个衡量各个破产准则所得分配方案稳定性的指标。该指标是基于权利指数（power index）所提出的，并在权利指数的基础上提出了破产权利指数（bankruptcy power index）。具体如下：

$$
\begin{cases}
s_i = \sum_{t=1}^{T} x_i^t \\
v_i = \sum_{t=1}^{T} \frac{1}{2}\left(E^t - o_i^t + \left|E^t - o_i^t\right|\right)
\end{cases}
\tag{6.27}
$$

则破产权利指数 BPI_i 由式（6.28）定义：

$$
\mathrm{BPI}_i = \frac{s_i - v_i}{\sum_{j \in N} s_j - v_j}
\tag{6.28}
$$

设 σ_{BPI} 为 BPI_i 的标准差，$\overline{\mathrm{BPI}}$ 为 BPI_i 的平均值。则破产理论资源分配稳定性指数 BASI 的计算公式如下：

$$\text{BASI} = \frac{\sigma_{\text{BPI}}}{\overline{\text{BPI}}} \tag{6.29}$$

6.3.3　CPBSI

流域内任一区域 i 在任一时段 t 不同的准则 F 下都会获得一个分配水量 $x_i^t(F)$，按照所采用的准则 F 的不同，区域 i 所可能获得的水量也会不同。因此，对区域 i 而言存在某种准则，在该准则下区域 i 获得的水量大于在其他准则下获得的水量，那么该区域也就更偏好于此准则，也就是更偏好该准则下所能获得的水量。以此类推，每个区域都存在最偏好的准则或者是最偏好的水量分配。然而，各个区域所偏好的水量分配是对自己最有利的分配方案，实际中并不存在某个方案可以同时满足各个区域的偏好。那么哪种分配方案也即是哪种分配准则会最有可能被所有行政区域接受呢？如果没有对方案的选择达成一致，那么各个区域在解决冲突协商中的努力就没有取得实质性结果，冲突状态不会得到改变。整个流域内的各个区域之间的利益关系不仅在于水资源的分配，也会存在其他多种形式的经济合作形式。因此，我们认为各个区域会做出一定的让步进而对水资源分配方案达成一致。这与折中规划法[41, 42]的思想相一致，基于这个考虑，我们采用折中规划法来建立一个衡量流域水资源冲突协商解决的稳定性指标 CPBSI（compromise programming based bankruptcy allocation stability index，即基于折中规划法的稳定性指数）。

并且，由于各个区域所具有的自然条件和社会经济条件不同，在冲突协商中所具有的话语权也会存在差异，所以在对稳定性进行分析的时候，我们考虑加入权重。我们之所以在稳定性分析时考虑权重的问题，关键在于公平的考虑。在采用各个准则分配水资源时，权重的问题并没有被考虑进去。这是因为，如果在生成水资源分配协商方案时就考虑各个区域权重的不同，那么，分配结果很可能存在某些区域无水可用的尴尬境地。而且在分配的时候考虑权重也即意味着各个区域是不对等的，这与公平的思想相违背。而在方案的选取过程中考虑权重使得模型更加符合实际。

在实际的跨界水资源冲突协商解决中，对河流贡献量大的区域（往往是上游区域）在冲突解决的协商中话语权也往往最大，这是由其地理位置所决定的先天优势。同时，各个区域的需水量也会影响协商结果。一个区域对流域可用水资源总量的贡献比例越大且其需水量占流域总需水量比例越低，那么该区域在协商中具有越大的话语权。

设 x_i^{t*} 为区域 i 在任一时段 t 所能获得的最大水量，则 $x_i^{t*} = \max\left\{x_i^t(F)\right\}$。

各个区域的权重为 $w_i^t = \dfrac{1}{n}\left(\dfrac{a_i^t}{\sum a_i^t} + 1 - \dfrac{c_i^t}{\sum c_i^t}\right)$，从公式可知，区域 i 的权重会随着每个时段的需水量占总需水量的比重与产水量占总的可用水量的比重的变化而变化，这也是上述权重思想的具体体现。

那么在每一时段 t，各个准则所得水资源分配协商结果的稳定性指数 CPBSI^t 定义为

$$\mathrm{CPBSI}^t(F) = \sum_{i=1}^{N} w_i^t \left(\frac{x_i^t(F) - c_i^t}{c_i^t}\right)^2 \qquad (6.30)$$

易知，在该稳定性指数定义下，CPBSI(F) 取值越小，准则 F 下的水资源分配协商结果也就越稳定，也即是分配结果 $x_i^t(F)$ 越易于被各个区域接受。在 T 时段内，一个包含所有准则所得水资源配置协商结果的稳定性序列就会按照式（6.30）计算得到。按照式（6.30）所得到的水资源分配协商方案序列从整个时段来看也是最稳定的准则的组合。

参 考 文 献

[1]Hortala-Vallve R，Llorente-Saguer A. A simple mechanism for resolving conflict[J]. Games and Economic Behavior，2010，70（2）：375-391.

[2]Madani K. Game theory and water resources[J]. Journal of Hydrology，2010，381（3）：225-238.

[3]Ostrom E. Governing the Commons：The Evolution of Institutions for Collective Action[M]. New York：Cambridge University Press，1990.

[4]姚海娇，周宏飞. 中亚五国咸海流域水资源策略的博弈分析[J]. 干旱区地理，2013，36（4）：764-771.

[5]沈大军，王浩，蒋云钟，等. 流域管理机构：国际比较分析及对我国的建议[J]. 自然资源学报，2004，19（1）：86-95.

[6]吴丹.科层结构下流域初始水权分配制度变迁评析[J].软科学，2012，26（8）：31-36.

[7]范仓海，唐德善.中国水资源制度变迁与动因分析[J].安徽农业科学，2008，36（9）：3800-3803.

[8]王勇.流域政府间横向协调机制研究[Z].南京大学，N1-2008-01-01，2008.

[9]Adler B E. Bankruptcy and risk allocation[J]. Cornell Law Review，1991，77（3）：439-485.

[10]Kraft H，Steffensen M. Asset allocation with contagion and explicit bankruptcy procedures[J]. Journal of Mathematical Economics，2009，45（1）：147-167.

[11]Grahn S，Voorneveld M. Population monotonic allocation schemes in bankruptcy games[J]. Annals of Operations Research，2002，109（1/2/3/4）：317-329.

[12]王博. EPON OLT 芯片数据流控制机制的研究[Z].武汉邮电科学研究院，N1-2011-01-01，2011.

[13]Carlson D G. Bankruptcy theory and the creditors' bargain[R]. University of Cincinnati Law Review Research Paper，1992.

[14]Ansink E，Weikard H. Sequential sharing rules for river sharing problems[J]. Social Choice and Welfare，2012，38（2）：187-210.

[15]Madani K，Zarezadeh M，Morid S. A new framework for resolving conflicts over transboundary rivers using bankruptcy methods[J]. Hydrology and Earth System Sciences，2014，18（8）：3055-3068.

[16]Sheikhmohammady M，Madani K. Sharing a multi-national resource through bankruptcy procedures[C]. Conference：World Environmental and Water Resources Congress 2008，2008.

[17]Mianabadi H，Mostert E，Zarghami M，et al. A new bankruptcy method for conflict resolution in water resources allocation[J]. Journal of Environmental Management，2014，144：152-159.

[18]Tidball M，Lefebvre M. Performance of bankruptcy rules in CPR allocation when resource diversication is available[C]. Annual Conference of the European Association of Environmental and Resource Economists，2011.

[19]Kurschilgen M. The equitability of the Spanish National Hydrological Plan（NHP）of 2001：a case study[D]. Master Dissertation of Maastricht University，2007.

[20]Sechi G M，Zucca R. Water resource allocation in critical scarcity conditions：a bankruptcy game approach[J]. Water Resources Management，2015，29（2）：541-555.

[21]Bosmans K，Lauwers L. Lorenz comparisons of nine rules for the adjudication of conflicting claims[J]. International Journal of Game Theory，2011，40（4）：791-807.

[22]Thomson W. Lorenz rankings of rules for the adjudication of conflicting claims[J]. Economic Theory，2012，50（3）：547-569.

[23]Herrero C，Villar A. The three musketeers：four classical solutions to bankruptcy problems[J]. Mathematical Social Sciences，2001，42（3）：307-328.

[24]Thomson W. Axiomatic and game-theoretic analysis of bankruptcy and taxation problems：an update[J]. Mathematical Social Sciences，2015，74（3）：41-59.

[25]Dagan N，Volij O. The bankruptcy problem：a cooperative bargaining approach[J]. Mathematical Social Sciences，1993，26（3）：287-297.

[26]Yeh C. Protective properties and the constrained equal awards rule for claims problems：a note[J]. Social Choice and Welfare，2006，27（2）：221-230.

[27]Young H P. On dividing an amount according to individual claims or liabilities[J]. Mathematics of Operations Research，1987，12（3）：398-414.

[28]Mianabadi H，Mostert E，Pande S，et al. Weighted bankruptcy rules and transboundary water resources allocation[J]. Water Resources Management，2015，29（7）：2303-2321.

[29]Sen A. On the status of equality[J]. Political Theory，1996，24（3）：394-400.

[30]Moulin H. Handbook of Social Choice and Welfare[M]. Amsterdam：Elsevier，2002.

[31]邓铭江，龙爱华，章毅，等. 中亚五国水资源及其开发利用评价[J]. 地球科学进展，2010，25（12）：1347-1356.

[32]Aziz H. Computation of the random arrival rule for bankruptcy problems[J]. Operations Research Letters，2013，41（5）：499-502.

[33]Abadie J，Carpentier J. Generalization of the Wolfe reduced gradient method to the case of nonlinear constraints，optimization[J]. Science，1992，117（3049）：640-641.

[34]Wolfe P. Nonlinear Programming[M]. Amsterdam：North-Holland Publishing Company，1967.

[35]Thomas L. Conflict analysis：models and resolutions[J]. Journal of the Operational Research Society，1985，36（10）：972-973.

[36]Hipel K W，Kilgour D M，Fang L. The graph model for conflict resolution[J]. Wiley Encyclopedia of Operations Research and Management Science，2011，34（4）：507-520.

[37]Read L，Madani K，Inanloo B. Optimality versus stability in water resource allocation[J]. Journal of Environmental Management，2014，133：343-354.

[38]Dinar A，Howitt R E. Mechanisms for allocation of environmental control cost：empirical tests of acceptability and stability[J]. Journal of Environmental Management，1997，49（2）：183-203.

[39]Ansink E，Ruijs A. Climate change and the stability of water allocation agreements[J]. Environmental

and Resource Economics，2008，41（2）：249-266.

[40]Kahil M T，Dinar A，Albiac J. Propensity for cooperative water management and ecosystem protection under scarcity and drought：application to the Jucar River Basin，Spain[R]，2013.

[41]Triantaphyllou E. Multi-Criteria Decision Making Methods：A Comparative Study[M]. New York：Springer Science & Business Media，2013.

[42]Hwang C，Lin M. Group Decision Making Under Multiple Criteria：Methods and Applications[M]. Berlin，Heidelberg：Springer Science & Business Media，2012.

第 7 章

水资源协商集体行为利益决策

　　第 6 章对水资源协商决策的个体行为利益决策进行了分析，但流域内不同区域之间存在进一步的用水合作行为。因为从流域整体来看，流域可用水资源虽然公平地分配给了各个行政区域。但是考虑到各个区域的用水效率或者需水结构并不相同的实际情况，流域整体利益还存在充分的提升空间。对流域内各区域的个体利益进行分配时，考虑地更多的是公平而非效率，因此就很有必要从效率角度考虑流域水资源冲突共容利益集体协商决策，建立联盟模型，通过确定流域内行政区域间形成合作用水的联盟结构来提高流域水资源整体收益并由参与协商联盟的行政区域分享用水收益的增加值。考虑流域水资源冲突协商的实际情况，采取模糊联盟的形式来考虑行政区域间的用水协商，建立流域水资源冲突解决的模糊联盟模型。这里需要说明一下，本章分析的是集体行为，而不是群体行为。根据集体与群体定义，群体不一定是集体，但集体是群体发展的高级阶段。尽管水资源协商看似是不同利益主体的沟通活动，不是一个单独组织团体，但这些主体有着共同行动目的（水冲突消解）和共同的社会利益（满足各自发展需要），所以从广义来看这就是一个集体行为。

7.1 水资源协商集体决策的模糊联盟

流域内不同区域间由于社会经济发展水平、农作物类型、工业产业结构、技术水平的不一致,其用水结构或者节水前景就会存在较大差异。进而按照市场理论的逻辑,水资源作为基础性的自然资源就会流向最需要水资源的区域。然而这种水资源在各区域间的转移并不能自发进行,必须同时伴有相应的单边支付的发生。在这种情况下,流域内各个区域间的用水合作就成为可能。而这种可能建立在流域内不同区域个体利益认定的基础上,某区域所拥有的水资源的数量的大小及其可用于参与用水合作的比例决定了参与用水合作后所能获得收益的高低。故而在行政区域的个体利益理性决策基础之上讨论区域间的用水合作行为提高流域整体利益是具有理论和实践意义的研究。

为了解决水资源短缺的问题,用水主体可以通过协商合作或非合作方式利用其所拥有的水资源数量(也即是个体利益)追求经济收益。在非合作情况下,如果各个利益主体都是理性局中人,则利益主体之间的冲突将导致纳什均衡的结果。然而非合作博弈的纳什均衡结果对于用水主体而言可能并不是帕累托最优解,而帕累托最优解可能又不是一个纳什均衡解。就算是帕累托最优解,其所产生的收益总和依旧低于各个用水主体通过合作所能够产生的最大收益。非合作博弈均衡的这种结构性的无效率特征可以作为一个促使用水主体通过合作用水行为获取流域最大用水收益的激励。而各个用水主体通过协商合作用水(也即是水资源在各个用水主体间的再分配)可以获得额外的收益,水市场与受规制的水资源转移是用水主体获得额外收益的两种有效方式。

准确地说,协商合作的发生是因为效率的提高。效率的提高是协商合作的结果,也是协商合作的动机。通过协商合作促进效率是社会发展的普遍现象。流域水资源冲突解决中的协商合作是伴有单边支付的水资源在用水区域间的转移。在水资源短缺情况下,水资源从用水效率低的区域转移到用水效率高的区域,用水效率高的区域支付给用水效率低的区域相应的经济补偿；水资源从节水效率高的区域转移到节水效率低的区域，节水效率低的区域对节水效率高的区域进行相应的经济补偿。这两种形式的水资源转移和经济补偿都属于合作博弈理论研究的范畴。若一个流域存在多个区域，那么上述水资源的转移就需要从两个区域的情况推广到多个区域的情况，这就是联盟博弈研究的范畴。联盟博弈是多人（三人及以上）的合作博弈[1]。合作博弈研究的核心内容是利益分配的讨价还价问题[1]。这也是合作博弈与非合作博弈之间的根本区别：在合作博弈中允许博弈局中人自愿签订具有约束力的协议。然而具有共同利益又存在利益不完全一致的事实，又使得由合作带来的总收益需要在局中人之间进行分配，由此而产生局中人之间的讨价还价问题。

在分析流域水资源的协商合作形式时，必须将合作博弈理论与流域用水实践相结合。流域内不同区域间的用水合作形式往往是多种多样的而非固定的合作状态。上下游之间既可以存在伴有单边支付的水资源转移；也存在技术水平较高的区域为技术水平较低的区域提供技术支持从而获得水资源的可能；还存在伴随其他经济合作的水资源转移，如上下游区域的产业合作等。同时，若一个流域存在多个不同的行政区域也即是多个异质行为主体，那么合作的形式就会更加多样化。理论上，任意两个区域之间都可以发生用水协商合作行为。且一个区域往往同时参与不止一个合作形式。一般而言，随着参与协商合作的局中人数量的增加，最终达成协商合作协议的可能性反而会降低[2]。对于流域水资源冲突协商解决的联盟分析，达成一项包含流域内所有行政区域的用水合作是极其困难的事情，同样会存在随着参与区域数量的增加反而会使得协商成功的可能性降低的情况。因此，本书结合实践经验，认为在流域水资源冲突解决的协商决策过程中，所能够达成的合作协议是局部合作形式也即是有限局中人参与的用水合作[3]。进而在有限合作情况下，就会出现同一个行政区域参与不同的用水合作协议，而同一个区域同时参与多个水资源联盟的问题就属于模糊联盟的研究范畴。

7.1.1   水资源合作博弈

流域水资源冲突解决中的协商合作发生在对不同区域个体利益认定之后，从效率层面研究流域水资源冲突解决的联盟行为，最终达到流域水资源冲突解决的合理与和谐[4, 5]。

近代博弈论的研究始于德国数学家策梅洛（Zermelo）[6]和法国数学家 Borel[7]，前者提出了两人有限游戏中的策梅洛定理，而后者提出"和"的概念及混合策略的现代形式。现代经济博弈论的基本概念及属性由 von Neumann 和 Morgenstern[8]于 1944 年在他们合作出版的名著《博弈论与经济行为》（英文名称为 "Theory of Games and Economic Behavior"）中提出。这是博弈论与经济学发展中的一个重要里程碑，标志着一个关于策略行为的理论体系的诞生，奠定了现代经济博弈论的基础，构建了博弈论这一学科的理论框架。一般认为，博弈主要可以分为合作博弈和非合作博弈。

在非合作博弈的研究中：Nash[9]于 1950 年提出非合作博弈的纳什均衡，并证明了纳什均衡的存在性。Selten 通过对动态非合作博弈的分析，先后定义了"子博弈完美均衡"（subgame perfect Nash equilibrium）和"颤抖手精炼均衡"（trembling hand perfect equilibrium）[10, 11]。Harsanyi 在非对称信息条件下，提出了"类型"的概念，用贝叶斯方法对博弈论模型进行分析并定义了贝叶斯纳什均衡（Bayesian-Nash equilibrium），为信息经济学奠定了基础[12, 13]。Kreps 和 Wilson 定义了非完全信息动态博弈中的核心概念——序贯均衡（sequential equilibrium），作为对完美贝叶斯均衡的再精炼成为信息经济学的分析的一般基础[14]。Fudenberg 和 Tirole[15]提出不完全信息动态博弈的均衡概念——"完美贝叶斯纳什均衡"（perfect Bayesian-Nash equilibrium）。

相比于非合作博弈已经形成的相对成熟的理论体系，关于合作博弈的研究仍然处于不完善的状态。目前关于合作博弈的内容分为两人讨价还价博弈、多人联盟博弈两大内容。尤其以联盟博弈的研究为核心内容，而研究内容集中在合作博弈解、解的稳定性和合作博弈解的形成机制。在 Shapley、Harsanyi、Owen、Mas-Colell、Myerson、Rubinstein 与 Tirole 等的持续研究下[16-24]，已经具有解决实际问题的能力并在收益分配和费用分摊问题中得到了广泛应用[25-28]。

合作博弈理论作为经济学领域研究主体间合作关系的数学工具。其在社会经济的各个方面得到了广泛应用，众多合作博弈理论的实际应用也从侧面说明了其具有良好的实用价值。合作博弈研究的是联盟之间的相互作用以及联盟收益如何在盟友之间进行分配或者联盟费用如何在联盟成员之间分摊等问题。博弈理论在国内外水资源领域的研究中已经具有相当广泛的应用[29~33]。水资源冲突解决的合作博弈研究因流域内不同用水区域间的水资源转移而增加的流域整体收益在区域间分配的问题。不同区域所拥有的有限水资源如何通过合作行为而使水资源最大限度地产生社会经济效益的问题可以从合作博弈的角度来加以考虑。并且考虑到联盟形成的多样性，采用模糊联盟合作博弈对流域水资源冲突协商解决的合作行为进行建模是科学的、合理的、可行的。

水资源合作博弈有三个组成元素。

1）流域不同的用水区域集合 N

流域水资源冲突协商解决的联盟研究涉及的用水主体是流域内相邻的行政区域，本书所讨论的行政区域是处于一国之内的省际区域而非跨国界的国际区域。由于处于同一个中央政府的管辖之下，所达成的任何协议都具有强制性的中央政府保证协议的实施。由于一个河流往往由支流或者更小的溪流所组成，而这些子流域又可能源于不同的行政区域。所以，一般而言，流域往往涉及在地理位置上相邻的多个行政区域。例如，黄河流域流经中国北方的 9 个省区，长江流域径流中国 19 个省（自治区、直辖市），科罗拉多河流域流经美国西部 7 个州，类似这样的例子在世界各地随处可见。由于河流所流经的行政区域对该流域的地表水资源都拥有使用权，理论上不同的区域之间都可以产生相互作用。对于流域流经省级行政区域的一部分区域时（市县级区域），由于我们考虑的跨界问题是边界双方都具有独立的决策能力，则我们仍将省级决策者作为流域水资源冲突的涉事主体。因此，在建立流域水资源共容利益集体决策的联盟模型时，将每个省级行政区域看作一个独立决策主体或者参与人。

任何博弈都是建立在多个（两个及以上）局中人之间的相互作用。合作博弈同样也是多人之间的相互作用并形成具有约束力的合作协议。两人之间的合作博弈称为两人讨价还价，由三个及以上的局中人参与的合作博弈称为联盟博弈。而一个流域往往流经多个区域，因此，我们重点研究流域内含有多个区域的联盟博弈。研究合作博弈总是假设 n 个人之间存在合作的可能性（也就是说，通过合作可以获取更多的收益或者降低分摊的费用）。由局中人集合 N 中的所有成员组成的联盟称为大联盟（grand coalition）；由局中人集合 N 的任何子集 $S \subseteq N$ 中的成员组成的联盟称为清晰联盟（crisp coalition），清晰联盟的译法来自已有的何龙飞等[34]及逢金辉和陈秋萍[35]的学术论文。清晰联盟的定义是相对于模糊联盟而言的。在清晰联盟中，局中人完全参与或者完全不参与某个联盟。当然还存在任一局中人"单干"形式的最小联盟，共有 n 个这样的最小联盟。

2）水资源合作博弈的特征函数

特征函数（characteristic function）是一个定义在局中人集合上的集值函数，该函数是从局中人集合到实数 $\mathbf{R}$ 的映射，其物理意义表示联盟的收益。因此合作博弈可以以特征函数的形式来表示为有序对偶 $\langle N, v \rangle$。特征函数描述的是在交互式决策情况下，由不同局中人所组成的集合或者联盟所能够创造的最大价值。从这方面来考虑的话，特征函数将交互式决策情况减少到最小限度[36]，也就是局中人所能创造的价值。这就避免交互式决策情况中的行为方面，并将合作博弈理论领域内的特征函数形式作为解决局中人之间的有约束力的选择的理论。因此，特征函数分析的目的在于识别和形成一个所有局中人和所有可能联盟都满意的有约束力的协议。

水资源联盟博弈的特征函数是一个关于区域集合 N 的任何子集合 S 的函数，若用 v 表示水资源联盟的特征函数，$v(N)$ 表示由所有区域合作参与的大联盟所能产生的收益；则 $v(S)$ 表示由区域集合 N 的子集合 S 中的区域经合作所共同创造的收益；而 $v(i)$ 表示区域 i 不参与联盟而独自使用其水资源时所产生的收益。从联盟的角度来说，$v(i)$ 是最小联盟的收益或者特征函数。在本质上，特征函数是一个数值，用来衡量由合作而产生的收益的大小。

因为通过区域间的协商合作达到水资源在不同区域间的转移，虽然整个流域的可用水资源总量 E 并没有变化，但是由于发生了水资源在区域间的转移进而增加了流域用水收益。那么因水资源转移而增加的收益如何在流域内不同区域间分配的问题就必须得到解决。这也是联盟博弈研究的核心：收益分配与费用分摊。

3）水资源联盟中的收益分配

我们定义一个收益向量 $\boldsymbol{x} = (x_1, x_2, \cdots, x_n)$，用于表示流域内各个区域从大联盟的总收益 $v(N)$ 中所获得的收益组成的向量，x_i 表示区域 i 参与水资源冲突解决的大联盟后所得到的收益。则一个收益向量就是由合作带来的总价值的一个划分，收益向量 x 有无数种可能。

合作博弈要求大联盟的总收益在各个局中人之间的划分满足个体理性。个体理性表示局中人参与合作的动机，也即是参与合作后所能获得的收益不低于不参与合作所能够获得的收益。对于流域水资源冲突协商解决的合作博弈而言，就意味着各个区域在参与水资源联盟后的收益要不低于其独立使用自身拥有的水资源时候的收益。具体来说，定义如下：

$$x_i \geqslant v(i), \quad \forall i \in N \tag{7.1}$$

同时一个收益的划分也应该满足有效性的要求，也即是总收益 $v(N)$ 被全部用于分配给各个局中人而没有剩余或者是浪费，满足有效性的一个收益向量可以称之为准分配（pre-imputation）[37]。对于流域水资源冲突协商解决的博弈而言，有效性意味着所有由合作带来的收益的增加部分被全部划分给各个区域而不能剩余。具体来说，定义如下：

$$\sum_{i=1}^{n} x_i = v(N) \tag{7.2}$$

同时满足个体理性约束式（7.1）和有效性约束式（7.2）的一个收益向量 x 称为收益的一个分配[38]。易知，满足个体理性和有效性的分配仍然存在无数多个，用 $I(N,v) = \left\{ x \in \mathbf{R} : \sum_{i \in N} x_i = v(N), x_i \geqslant v(\{i\}), \forall i \in N \right\}$ 表示所有可能的分配方案的集合。因而，最终如何来分配总收益仍旧是一个问题。

已有的合作博弈解的概念主要有核（core）、稳定集（stable set）、韦伯集（Weber set）、纳什-海萨尼值（Nash-Harsanyi value）、夏普利值（Shapley value）、τ 值及核仁解（nucleolus）等。这些解概念可以分为集合解和单点解：集合解指的是按照解概念所得分配结果是多种可能解的集合，并不唯一；单点解指的是在解概念下所得分配结果是唯一的。虽然不同的解概念所考虑如何公平分配的角度不同，然而这些解概念都遵从个体理性和有效性约束。核为合作博弈中最基本的概念，存在较多的理论研究，然而其不唯一性和不一定存在的特征使得其在实践问题中并没有得到广泛应用。而基于核概念的核仁解却属于单点解。然而核仁解不满足单调性，当大联盟的总收益增加［既 $v(N)$ 增加］，而其他所有子联盟的收益保持不变时，利用核仁计算出来的收益分配并不能保证每个局中人的收益都会增加。而这不是我们所希望看到的合理的合作博弈解。具有存在性和唯一性特点的夏普利值收益分配方法既符合单调性又符合可加性，在合作收益分配问题中得到了普遍性应用。

同时，我们需要考虑水资源合作收益的夏普利值。

在定义水资源合作收益的夏普利值时，我们首先需要定义水资源合作博弈中局中人的边际贡献（marginal contribution）。给定一个水资源合作博弈 (N,v)，$v(N)$ 是所有局中人的集合也即水资源大联盟所创造的价值。那么我们接下来所要思考的一个重要问题就是我们如何将这些价值分配给各个局中人。局中人所创造的总价值 $v(N)$ 在局中人集合 N 的成员间分配的问题是一个局中人之间的多人讨价还价问题。每个局中人都可以选择参与或者不参与某个局中人集合 N 的子集 S。因而一个局中人在讨价还价中所拥有的权利依赖于别的局中人需要该局中人的程度与该局中人需要别的局中人的程度的相对程度。简单地说就是在形成一个联盟时，局中人之间谁更需要谁的问题。所以接下来需要按照这个思路形成这种推理，那就是边际贡献的概念。

为了定义边际贡献，做出一系列的声明是必要的。给定局中人集合 N 和某个局中人 i，令 $N \setminus \{i\}$ 表示由集合 N 中除去 i 之外的局中人构成的子集。局中人 i 的边际贡献被定义为 $M_i(N,v) = v(N) - v(N \setminus \{i\})$。对局中人 i 的边际贡献的直观理解就是集合 N 所构成的大联盟所创造的价值在局中人 i 离开该联盟时的减少值，也即在局中人 i 不参与联盟而其他局中人保持不变的情况下，联盟所创造价值的减少部分。

在计算出各个局中人的边际贡献后，我们需要根据边际贡献的值来分配总的价值。因此我们定义一个收益向量 $x = (x_1, x_2, \cdots, x_n)$ 用于表示总价值 $v(N)$ 在各个局中人参与合作之后的所得。一个分配就是由合作带来的总价值的一个划分，x_i 表示局中人 i 从总价值中获得的部分。

夏普利值是由 Shapley[39]于 1953 年所提出的一个合作博弈解，其基本思想是合作博弈的任意一个参与者所应承担的费用或者所应获得的收益等于该参与者对每一个他可能参与的联盟的贡献的期望值，好处在于其将联盟的费用或者收益按照所有的边际贡献进行分摊或者分配。夏普利值假定合作博弈中的每个参与者按照其对所参与的联盟的边际贡献的期望值来分配收益，也就是每个参与者所得收益的大小等于他在平均意义上所做出的贡献。换句话说，基于夏普利值的收益分配方案保证了某种意义上的公平性，在一定程度上是一种按贡献情况进行分配的方法。由于夏普利值的唯一存在性，基于该方法的收益分配结果具有相当的稳定性。并且能够对联盟中的参与人提供各方所希望的激励。夏普利值体现联盟中各个成员对该联盟的期望贡献，反映了联盟成员对集体的重要性。基于夏普利值的联盟收益分配方法的最明显的优势在于其分配原理和收益分配结果易于被各个参与人接受，也因此是一种不仅具有理论价值还更具有实践价值的收益分配工具。

夏普利值有两个重要的基本要素[40]：局中人的顺序排列集合 $\pi(N)$，以及对应于每个排列的边际向量 $\boldsymbol{m}^\sigma(v)$。设 $\boldsymbol{m}^\sigma(v)$ 为与局中人的排列 $\sigma \in \pi(N)$ 有关的边际收益向量，则夏普利值就是边际收益向量的算术平均值，具体如下：

$$\varphi(v) = \frac{1}{n!} \sum_{\sigma \in \pi(N)} \boldsymbol{m}^\sigma(v) \tag{7.3}$$

（1）水资源合作博弈的核仁。

核仁是由 David Schmeidler 在 1969 年提出的单点收益分配解[41~43]。核仁建立在盈余（excess）概念的基础上，下面首先给出盈余的定义。

对于任意一个水资源联盟 S 和任意一个水资源收益配置方案 $\boldsymbol{x} \in I(N,v)$，定义 $e(S,\boldsymbol{x})$ 为联盟 S 关于 $\boldsymbol{x}$ 的盈余：

$$e(S,\boldsymbol{x}) = v(S) - \sum_{i \in S} x_i \tag{7.4}$$

盈余 $e(S,\boldsymbol{x})$ 是联盟可以达到的收益与联盟中所有成员从配置 $\boldsymbol{x}$ 所得的分配总和之间形成的差异。根据分配方案 $\boldsymbol{x}$，S 中所有成员总共获得的收益为 $\sum_{i \in S} x_i$，而 S 自身能够产生的盈利为 $v(S)$，如果盈余 $e(S,\boldsymbol{x}) \geqslant 0$，表明 S 自身能按照 $\boldsymbol{x}$ 的要求对自己的成员进行分配，之后剩余下来的可转移收益就是 S 关于 $\boldsymbol{x}$ 的盈余。盈余越小，S 中所有成员越愿意接受分配方案 $\boldsymbol{x}$。因此，盈余 $e(S,\boldsymbol{x})$ 实际上衡量了联盟 S 中成员对分配方案 $\boldsymbol{x}$ 的不满意程度。

而核仁的基本思路来自一个基本事实：盈余 $e(S,\boldsymbol{x})$ 实际上衡量了联盟 S 中成员对分配方案 $\boldsymbol{x}$ 的不满意程度。对于每个分配方案 $\boldsymbol{x}$，每个联盟 S 都有

自己的盈余 $e(S,x)$，联盟个数的有限性使得我们一定可以从盈余集合中取得最大的盈余。它反映了所有联盟中对分配协商方案最不满意的联盟所表现出来的不满意程度。当然，在分配协商方案 x 变化时，这个最大的不满意程度也会随之发生变化，从这些最大不满意限度中选取一个最小的，其对应的分配协商方案 x 可以作为联盟的解。这个解相当于求解最大盈余的最小化，它使得对分配方案的最大不满意限度降到最低。为了求水资源联盟收益分配的核仁解，我们建立如下的线性规划模型，该模型的解使得所有联盟中的最大盈余取最小值[44]：

$$
\min \quad \varepsilon
$$
$$
\text{s.t.} \begin{cases} \sum_{i=1}^{n} x_i = v(N) \\ v(S) - \sum_{i \in S} x_i \leqslant \varepsilon \\ \varepsilon \in \mathbf{R} \end{cases} \tag{7.5}
$$

（2）水资源合作博弈的 τ 值。

首先定义博弈分配的上向量和下向量。所有局中人关于大联盟的边际贡献组成的向量 $\left(M_i(N,v)\right)_{i=1,2,\cdots,N}$ 组成博弈的上向量 $\mathbf{M}(N,v)$。在大联盟中，如果局中人希望自己能获得的收益多一些，最能体现个人理性的，即最能使得自己效用达到最大化并且还相对合理的要求，就是提出自己应该获得自己对大联盟所做出的边际贡献。在这种意义下，$M_i(N,v)$ 又被称为大联盟中局中人 i 的"乌托邦收益"（Utopia payoff）[16]。当局中人 i 想要获得 $M_i(N,v)$ 时，大联盟中其他局中人可以采取的最好办法是把局中人 i 排除在大联盟之外。反过来说，如果在一个联盟 S 中，除了局中人 i 之外的其他所有局中人都获得了他们各自的"乌托邦收益"，那么在联盟 S 的收益分配中，留给局中人 i 的收益就称为"最小权益收益"（minimum right payoff），也即是局中人 i 有理由要求获得至少这么多的收益。局中人 i 在联盟 S 中的声誉被定义为

$$
R(S,i) = v(S) - \sum_{j \in S \setminus \{i\}} M_j(N,v) \tag{7.6}
$$

则

$$m_i(v) = \max_{i \in S} R(S, i) \tag{7.7}$$

定义 τ 值为

$$\tau(v) = \alpha \times m(v) + (1 - \alpha) \times M(N, v) \tag{7.8}$$

其中，$\alpha \in [0, 1]$，且将存在唯一的 α 取值使得 $\sum_{i \in N} \tau_i(v) = v(N)$ 成立。

7.1.2　水资源模糊联盟

模糊联盟是与清晰联盟相对而言的一个联盟概念，与清晰联盟不同的地方在于：在模糊联盟中，局中人可以部分参与联盟而不要求局中人携带自身拥有的全部资源[45]。与清晰联盟的这种区别也使得模糊联盟在某些情况下更符合现实生活中的实际问题，如当局中人所拥有的资源是时间、金钱、水资源等可分的资源类型时，其往往需要决定如何利用这些资源参与到不同的潜在合作中去。此处，部分参与联盟指的是局中人没有将自己拥有的全部资源投入某个联盟中而只是其所拥有的全部资源的一部分。当然，当有多个联盟可供局中人选择时，携带多少资源参与某个联盟就是该局中人所必须面对的问题。所以，局中人参与某个联盟的参与水平（participation level）并不只有完全参与或者完全不参与两种可能，而是属于两者之间的任何可能的参与水平。

模糊联盟是由 Aubin 在 1974 年首次提出的[46~48]，在他的定义中，模糊联盟是一个由联盟中的各个参与者也即是局中人对该联盟的隶属度（degrees of membership）组成的 n 维向量。而局中人 i 对联盟的隶属度被定义为一个属于 $[0, 1]$ 的数值，用于描述局中人参与某个联盟的程度大小。换句话说，隶属度所表示的含义就是局中人 i 对联盟的参与水平。模糊联盟 e^s 被定义为一个 n 维向量 $s \in [0, 1]^N$，其中 s_i 表示局中人集合 N 中的第 i 个局中人对模糊联盟 s 的参与水平。而模糊联盟的集合是局中人集合 N 上的一个超立方体（supercube）$\Gamma^N = [0, 1]^N$，模糊联盟 e^N 对应于清晰联盟中的大联盟，而模糊联盟 $e^\varnothing$ 表示空联盟。

模糊合作博弈（cooperative fuzzy game 或 fuzzy cooperative game）是从模糊联盟集合 $\Gamma^N = [0, 1]^N$ 到实数 $\mathbf{R}$ 上的一个函数，这就是模糊联盟博弈的特

征函数。对任意模糊联盟 s，对应的特征函数为 $v(e^s)$ 且有 $v(e^\varnothing)=0$。

　　根据前文的叙述，在水资源短缺情况下，流域内不同的用水行政区域具有潜在的用水合作行为。由于水资源属于无限可分的资源类型且流域内往往存在有多个行政区域，因此存在多种可能的合作形式。水资源模糊联盟可以定义如下：在一个跨界河流流域内，存在多个利益相关的具有独立决策能力的用水行政区域，每个区域具有自身的初始水资源数量也即是个体利益。由于流域整体处于水资源短缺的状态，那么由不同区域所构成的合作用水组合可以形成包括不同参与区域的水资源合作联盟，且任意区域可以同时参与多个用水联盟，其用于参与各个联盟的水资源之和等于其所拥有的初始水资源数量中的可转移部分。并非所有的初始水资源数量都属于可转移的水资源，每个区域都具有维系本区域自身发展所必需的最低水资源需求。这种用水区域可以同时参与多个联盟的情况就称为水资源模糊联盟。通过水资源模糊联盟，水资源不仅可以从用水效益低的区域转移到用水效益高的区域，同时也可以从用水效益高的区域转移到用水效益低的区域，最终实现水资源的高效利用。

　　水资源模糊联盟的物理意义在于：处于同一个流域的不同行政区域之间可能形成多个用水合作协议，上下游之间、左右岸之间都可能形成合作用水的跨界协议。某一个行政区域可能并不只是参与到某一个合作协议中去，而是同时参与多个合作协议。例如，典型的上、中、下区域之间既可以形成上游与中游的合作用水协议，同时还可能存在中游与下游的合作用水协议。此外，关于协商合作用水的协议可能与其他的合作形式关联在一起，如在用水合作的同时伴随有技术的合作。各个行政区域之间用水结构的异质性使得水资源具有可以发挥更大效益的可能，即在用水结构不同的情况下，不同时期各个行政区域对水资源的需求迫切程度存在差异，水资源需要转移到需求程度更高的区域以产生更高的效益，而这正是区域之间的用水协商合作。在个体利益给定的情况下各个行政区域从河流中的取水量一定，取水量的多少由流域水资源管理机构负责监督与考核。各个行政区域的应取水量与实际取水量的差别就是水资源转移的数量，一个区域的实际取水量超过其个体利益给定的应取水量表示该行政区域在流域水资源转移中整体上处于水资源流入的状态；一个区域的实际取水量低于其个体利益给定的应取水量表示该行政区域在流域水资源转移中整体上处于水资源流出的状态。从整个流域来看，各个行政区域的水资源流入数量之和与相应的流出数量之和相等，具体可以参考图 7.1。

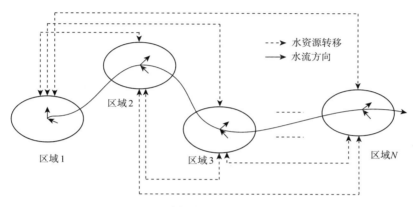

图 7.1　跨行政区河流水资源转移

水资源模糊联盟的经济意义在于：水资源作为一种基础性的自然资源，其在工农业及服务业中所起到的不可或缺的作用使得各个区域的社会经济发展必须依赖于充分的水资源供应。然而在水资源供不应求也即是水资源短缺情况下，水资源就成为稀缺资源，按照公平性原则，所获得的流域水资源个体利益的用水效益仍然存在潜在的帕累托改进的空间，也即是区域初始水资源数量的使用并不能达到流域水资源使用的最佳状态。水资源问题已不仅仅是资源问题，更成为关系到流域经济、社会可持续发展和长治久安的重大战略问题。由于各个区域用水结构的差异，在水资源短缺情况下，各个区域对水资源的额外需求程度也就存在差别，也因此而存在有水资源会在不同的区域之间进行转移的潜在动机。在水资源短缺情况下，水资源不仅可以从用水效益低的区域转移到用水效益高的区域，也可以从用水效益高的区域转移到用水效益低的区域，从而使得流域水资源的整体收益得到增加，这也是水资源模糊联盟的经济意义。

然而实际的流域水资源模糊联盟结构与理论上可能的模糊联盟并不完全一致，在确定实际的模糊联盟时必须考虑具体流域的实际情况，如水文情况、社会情况及经济情况等综合信息确定实际中可能的模糊联盟结构。实际的模糊联盟结构是理论上模糊联盟的一个子集，在排除理论中不可能的模糊联盟之后最终确定流域水资源模糊联盟的结构。

7.2　水资源协商集体利益决策模型

在清晰联盟中，某局中人 i 要么完全参与联盟 s，要么完全不参与联盟 s，也即是局中人 i 对联盟 s 的参与水平 $s_i \in \{0,1\}$；在模糊联盟中，某局中人 i 可以选择部分参与 s，也即是局中人 i 对联盟 s 的参与水平 $s_i \in [0,1]$。也因此，模糊联盟更符合现实生活的实际合作情况。尤其是在局中人需要对具有关联的多个项目进行投资时，其往往选择将自己的资源（时间、资金等）分散投资于这些项目。而对于流域水资源冲突解决的模糊联盟合作博弈而言，流域内的各个区域之间不仅仅存在水资源方面的利益关系还会存在其他经济活动方面的合作关系，也因此而可能存在多种形式合作联盟。从整个流域来看，在保证生态环境用水的情况下，最大化流域水资源利用的总收益目标是各行政区域所具有的共容利益决定的，流域整体收益增加的同时自身的收益也得到改善。基于这个最大化流域水资源整体收益的想法，我们建立流域水资源冲突解决的模糊合作博弈模型。

7.2.1　不考虑用水总量控制的水资源模糊联盟合作博弈

流域内用水区域组成的局中人集合为 N，各个区域所拥有的水资源数量为 x_i（该数值是第 6 章流域水资源冲突解决的个体利益模型中的结果）以及其可用水参与用水合作的比为 $\lambda_i \in (0,1)$。此处是考虑到流域的实际情况：各个区域虽然获得了从公平性角度所考虑的个体利益，然而其所拥有的全部水资源数量中的一部分 $1 - \lambda_i$ 是其所必需的水资源需求，不能用于参与其他区域的合作用水协议。对任意模糊联盟 s，区域 i 对该联盟的参与水平也即携带的自身拥有的水资源数量的比例 $\mathrm{pr}_i \in [0,1]$。若 $\mathrm{pr}_i = 0$，则表示区域 i 对该模糊联盟的参与水平为 0，也即是区域 i 完全没有参与该水资源合作联盟；若 $\mathrm{pr}_i = 1$，则表示区域 i 对该模糊联盟的参与水平为1，也即是区域 i 携带其拥有的全部水资源参与该模糊联盟。对于最大化流域总收益的模糊联盟结构 $CS = \{s_1, s_2, \cdots, s_m\}$，区域 i 参与各个模糊联盟的参与水平向量为 $\mathbf{pr}_i = (\mathrm{pr}_i(s_1), \mathrm{pr}_i(s_2), \cdots, \mathrm{pr}_i(s_m))$。对于其中的模糊联盟 s_j，有各个区域参与该联盟的参与水平向量为 $s_j = (\mathrm{pr}_1(s_j), \mathrm{pr}_2(s_j), \cdots, \mathrm{pr}_n(s_j))$，且存在区域 i 参与所有模糊联盟的参与水平之和为 1，也即是区域 i 参与各个模糊联盟的水量之和等于其所拥有的水资源总量中的可转移部分 $\lambda_i \times x_i$。具体如下：

$$\begin{cases} \mathrm{pr}_i(s_1) + \mathrm{pr}_i(s_2) + \cdots + \mathrm{pr}_i(s_m) = \lambda_i, \quad \forall i \\ \qquad\qquad\qquad \Updownarrow \\ \mathrm{pr}_i(s_1) \times x_i + \mathrm{pr}_i(s_2) \times x_i + \cdots + \mathrm{pr}_i(s_m) \times x_i = \lambda_i \times x_i, \quad \forall i \end{cases} \tag{7.9}$$

对于模糊联盟 s_j，在各个区域决定携带其水资源总量的部分比例参与该模糊联盟时，该模糊联盟总的可用水资源数量 $w(s_j)$ 等于各个区域所携带的水资源数量之和，具体如下：

$$w(s_j) = \mathrm{pr}_1(s_j) \times x_1 + \mathrm{pr}_2(s_j) \times x_2 + \cdots + \mathrm{pr}_n(s_j) \times x_n = \sum_{i=1}^{n} \mathrm{pr}_i(s_j) \times x_i \tag{7.10}$$

对于流域水资源冲突解决的模糊联盟合作博弈，我们必须考虑的一个实际问题是：对于任意水资源模糊联盟 s_j，都存在一个水资源消耗能力约束 $C(s_j)$，也即是该联盟的最大水资源容量。定义水资源模糊联盟的水资源消耗能力约束如下：对于一个实际的模糊联盟，存在一个水资源消耗的能力限制也即是最大能够消耗的水资源数量 $C(s_j)$，考虑到联盟不可能无限制地消耗水资源以及超过其需水量的水资源是没有价值的基本事实，水资源消耗能力约束也就是一个合理的假设。现实中的流域水资源冲突解决的合作依赖于水资源从一个区域转移到另一个区域或者区域间就水资源使用和其他经济合作达成多元合作协议，在转移的过程中，转移出水资源的区域有一个最大可能的转移水量约束，而接受水资源转移的区域也有一个水资源消耗的约束。更多的水资源转移并不会产生更多的经济效益。水资源模糊联盟的水资源消耗能力约束要求水资源模糊联盟的水资源数量小于水资源消耗能力约束 $C(s_j)$，具体如下：

$$w(s_j) \leqslant C(s_j), \quad \forall j \qquad (7.11)$$

流域水资源管理机构代表国家行使流域水资源管理，其在处理流域水资源冲突时承担协调角色，其行为具有一定的强制性。在冲突协商或者谈判理论中，第三方往往对协商或谈判结果具有决定性作用[49, 50]。流域水资源管理机构在处理流域水资源冲突时所承担的协调角色就是一种类似第三方的形式。进一步，由于流域水资源管理机构代表国家行使流域水资源管理，其以社会福利最大化为最终目标。对于各个用水区域而言，流域水资源收益最大化意味着可分配给各个区域的收益得到最大化。然而，流域水资源管理机构对促进流域水资源的用水合作是非常明显的，所以最终模糊联盟的结构是由流域水资源管理机构按照最大化社会福利的目标而确定的。

单位水资源收益 P 不仅涉及模糊联盟也同时涉及各个区域。每个区域 i 都拥有自己的单位水资源收益参数。则我们用 $B(s_j)$ 表示模糊联盟 s_j 的单位水资源收益，而用 B_i 表示区域 i 的单位水资源收益。单位水资源收益参数的单位为元/米 ^{3}，这与水价单位相一致。模糊联盟 s_j 的单位水资源收益为 $B(s_j)$ 的解释如下：在不同的模糊联盟里，参与该联盟的成员不同，则存在合作效率的差异或者合作所能够产生效益的潜力的差异。这种差异与各个区域之间的用水效益的差异有关。两个自身用水效益较高的区域所形成的联盟的用水效益要高于两个自身用水效益较低的区域所形成的联盟。对于一个由用水效益较高的区域和用水效益较低的区域所组成的模糊联盟而言，整个模糊联盟的收益水平将高于用水效益较低的区域而低于用水效益较高的区域。

鉴于存在上述的模糊联盟水资源消耗能力约束，寻找社会福利最大解的流域水资源管理机构在协调流域内各区域进行水资源合作用水时就必须将该约束考虑到流域水资源效益最大化模型中。设整个流域的水资源总收益为 TB，而模糊联盟 s_j 的单位水资源收益为 $B(s_j)$，建立流域水资源效益最大化模型如下。

在该模型中，第一个是目标函数，接下来的是约束函数。目标函数是最大化各个模糊联盟的收益之和也即是流域总的用水效益，这也是从效率角度考虑流域水资源冲突解决的必然要求。第一个约束表示任意区域参与任意模糊联盟的参与水平都是属于[0,1]区间的一个正值，也就是其用于参与该模糊联盟的水资源占其所拥有的总的水资源的比例为介于 0~1 的数字。

$$\max\left(\mathrm{TB} = \sum_{j=1}^{m} v\left(s_j\right) + \sum_{i=1}^{m} B_i \times \left(1 - \sum_{j=1}^{m}\mathrm{pr}_i\left(s_j\right)\right)\right)$$

$$\mathrm{s.t.}\begin{cases} 0 \leqslant \mathrm{pr}_i\left(s_j\right) \leqslant 1, \quad \forall i \in N; j \in \mathrm{CS} \\[2mm] \sum_{j=1}^{m}\mathrm{pr}_i\left(s_j\right) = \lambda_i, \quad \forall i \in N \\[2mm] \sum_{i=1}^{N}\left(s_{j,i} \times x_i\right) \leqslant C\left(s_j\right) \\[2mm] v\left(s_j\right) = B\left(s_j\right) \times \sum_{j=1}^{n}\left(\mathrm{pr}_i\left(s_j\right) \times x_i\right) \\[2mm] v\left(i,s_j\right) = x_i \times \mathrm{pr}_i\left(s_j\right) \times B_i \\[2mm] \varphi_i\left(s_j\right) \geqslant v\left(i,s_j\right) \end{cases} \quad (7.12)$$

第二个约束保证了任意区域 i 参与各个模糊联盟时所携带的水资源数量之和等于其拥有的水资源总量的一个比例 λ_i，这是因为实践中并非所有的水资源都可以被用于联盟。第三个约束使得各个模糊联盟的可用水资源总量不高于其所能消耗的最大水资源数量。第四个约束定义了模糊联盟 s_j 的收益等于其所拥有的水资源数量与该模糊联盟的单位水资源收益的乘积，而其所拥有的水资源数量等于参与该模糊联盟的区域所携带的水资源数量之和。第五个约束定义了局中人 i 参与模糊联盟 s_j 时所携带的水资源数量由区域 i 独自使用时所产生的收益，也就是局中人使用其用于参与模糊联盟 s_j 的水资源所能够独自产生的收益。第六个约束表示参与模糊联盟 s_j 的局中人 i 所能够从联盟中获得的收益应不少于其独自使用该水资源时的收益。

此处虽然使用了局中人 i 从模糊联盟 s_j 所能获得的收益 $\pi_i\left(s_j\right)$，但是此处我们并未给出定义，具体定义见下文讨论模糊联盟收益分配部分。

在对流域水资源管理机构所建立的流域水资源收益最大化模型求解之后，得到各个区域可能参与模糊联盟的最优参与水平。这种参与水平确定情况之后的模糊联盟集合也称为模糊联盟结构。可以用矩阵来表示这种结构，将模糊联盟作为矩阵的行，将区域作为矩阵的列，其中第 j 行第 i 列的数字

表示区域 i 参与模糊联盟 j 的最优参与水平 $\mathrm{pr}_i(s_j)$。

$$M = \begin{pmatrix} \mathrm{pr}_1(s_1) & \cdots & \mathrm{pr}_n(s_1) \\ \vdots & & \vdots \\ \mathrm{pr}_1(s_m) & \cdots & \mathrm{pr}_n(s_m) \end{pmatrix} \qquad (7.13)$$

在流域水资源管理机构按照上述模型求解得到各个区域的最优参与水平之后，就必须考虑如何将各个区域之间的协商合作产生的收益分配给参与这些协商合作（联盟）的区域使得联盟结构具有稳定性。在模糊联盟中，可用于分配收益的概念主要有 Aubin 核、模糊夏普利值（fuzzy Shapley value）、模糊博弈韦伯集和路径解覆盖（path solution cover）。与清晰博弈中的情况类似，除去模糊夏普利值外，其余解都属于集合解，而模糊夏普利值属于单点解。由于单点解既合理又无争议，非常符合人类在实践中处理矛盾和冲突时的良好愿望。同样的原因使得模糊夏普利值在模糊联盟收益分配问题当中得到了广泛应用。模糊夏普利值考虑联盟中每个局中人的边际贡献，本书采用模糊夏普利值方法来对流域水资源冲突协商解决中的合作收益进行分配。

能够用于分配模糊联盟合作博弈收益的夏普利值可以称为模糊夏普利值[20, 51]或者模糊联盟的夏普利值[20]，本书不对两种叫法进行区别。

按照模糊夏普利值的定义，对于水资源模糊联盟 s_j 中参与水平为 $\mathrm{pr}_i(s_j)$ 的区域 i，其能够从该模糊联盟的收益中获得的部分为 $\varphi_i(s_j)$，具体如下：

$$\varphi_i(s_j) = \sum_{i \in s_j} \frac{(|s_j|-1)! \times (|N|-|s_j|)}{|N|} \left[v\left(\sum_{j \in s} s_j \times e^j \right) - v\left(\sum_{j \in s \backslash i} s_j \times e^j \right) \right]$$

由于区域 i 可能不止参与一个模糊联盟，则区域 i 参与不同模糊联盟所得到的总收益等于其从各个模糊联盟所得收益之和，具体如下：

$$\varphi_i = \sum_{s_j \in \mathrm{CS}} \varphi_i(s_j) \qquad (7.14)$$

其中，$\varphi_i(s_j)$ 表示局中人 i 以 $\mathrm{pr}_i(s_j)$ 的参与水平参与模糊联盟 s_j 时所获得收益；$|s_j|$ 表示模糊联盟 s_j 中参与水平大于零的局中人人数，也即是模糊联盟 s_j 的载体的秩。按照模糊夏普利值方法能够得到唯一存在的收益分配解，该解既满足个体理性又满足有效性，是水资源模糊联盟合作博弈的一个分配。

同时，该解考虑了各个用水区域对模糊联盟的所有边际贡献，因而该协商分配是一种公平的收益分配。在突出流域水资源的用水效率的同时强调合作收益分配的公平，建立激励相容的流域用水的合作机制。

从最大化流域水资源整体用水收益的角度考虑所建立的流域各用水区域间的联盟模型，核心是提高流域水资源使用效率，也即是该优化模型基于流域各区域用水效率的模型。通过该模型的求解，最终达到效率层面的流域水资源冲突解决。同时有限的水资源在模糊联盟间进行转移，相应的收益在模糊联盟内的局中人之间重新分配达到水资源分配的帕累托最优状态。

7.2.2 考虑用水总量控制的水资源模糊联盟合作博弈

在水资源短缺情况下，不仅存在水资源在用水区域之间的转移，同时也存在区域自身对其用水量的调整，而节约用水与水价调整是控制用水总量的两大法宝。本书以节约用水与水价调整两个手段为例进行区域用水总量控制的研究。为了研究整个流域内的用水总量控制政策的实际效果，我们做出以下假设。

假设一：各个行政区域所可能转移的水资源数量来源于其自身用水的调节，也即是，若水资源从一个行政区域转移到另一个行政区域，表示前者是通过减少自身用水量的行为而使得自身拥有的分配水量得到节余的，即各个行政区域所节余的水资源是地表水资源。

假设二：各个行政区域的需水量与分配水量的差额由其他水资源满足，在存在水资源转移的情况下，转移的水资源优先被用来弥补水资源差额。

假设三：流域水资源管理机构负责制定整个流域用水总量目标，并对各个行政区域提出政策建议。

流域用水总量控制是实现流域水资源可持续利用、建设流域水资源生态文明以及构建资源节约型、环境友好型社会的重要内容。从整个流域来看，在水资源需求增加而供给不变的情况下，如何平衡水资源的供需关系是国家水利部门及其派出机构——流域水资源管理机构和各行政区域必须面对的复杂问题。为了实现水资源的可持续利用，必须采取用水总量控制的政策手段。具体而言，就是通过节约用水来达到控制水资源使用总量的目的，这其实也是需水管理的一个核心内容。需水管理作为除供水管理之外的解决水资源供需平衡问题的重要手段，已经在发达国家获得了广泛的应用。我国政府及用水主体对需水管理观念的转变也才刚刚开始，近几年来在水利部的大力倡导下逐步得到社会认可。用水总量控制的措施主要是采取两个方式进行的：一是提高各行业的用水效率；二是通过调整水价来控制用水主体用水。第一种方式更多地体现在物理节水上，而第二种方式则包含了更多的政策节水。两种方式的结合能够有效地控制用水总量。

对于具体的用水主体而言（此处用水指的是农业用水、工业用水及城镇生活用水），节约用水需要从技术和管理两方面入手：对于工业节水而言，中水再利用及提高设备用水效率等都是可行的节约用水的途径；对于农业用水而言，采取改善作物结构和灌溉技术手段相结合的措施可提高灌溉水有效利用系数；对于生活用水而言，更换使用更加高效的水龙头、淋浴头等节水器具都是常用的家庭节水措施，普及阶梯水价对城镇居民生活用水的节约也具有明显的效果。总之，节约用水往往伴随有一定的成本。然而由于我们将流域内不同区域抽象化为一个用水主体，所以我们使用一个平均的节水成本表示各行政区的节水成本。设流域内第 i 个区域的单位节水成本为 r_i（本书采用了一个平均节水成本，因此可以假设该平均节水成本不随节水量的增加而发生变化，也即是一个独立于节水量的固定值），在单位节水成本 r_i 水平下其节水量为 q_i。由于区域 i 节约了 q_i 的水资源，则区域 i 的自身实际用水量变为 $c_i - q_i$（c_i 为区域 i 的需水量），付出的节水成本为 $q_i \times r_i$，其缺水率从 $\dfrac{c_i - x_i}{c_i}$ 变为 $\dfrac{c_i - q_i - x_i}{c_i - q_i}$，也即由于其采取节约用水的政策而降低了缺水率。

从整个流域来看，流域节水总量为 $\displaystyle\sum_{i=1}^{n} q_i$，流域节水总成本为 $\displaystyle\sum_{i=1}^{n} (q_i \times r_i)$。

同时，各个区域的用水总量与该区域的水价有关的研究水资源价值与水资源需求之间关系的水资源供求定价模型[52, 53]，是由需美国的 L. D. Janes 和 R. R. Lee 所提出的，需水量与水价之间的关系可用式（7.15）表示，更直观地，可以从图 7.2 看出水价与需水量之间的变化关系：

$$\frac{Q_2}{Q_1} = \left(\frac{p_1}{p_2}\right)^{E} \tag{7.15}$$

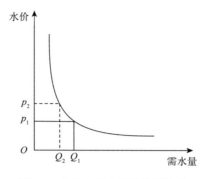

图 7.2　水价与需水量的作用关系

在式（7.15）中，Q_1 为水价调整前的用水量，Q_2 为水价调整后的用水量，p_1 为原水价，p_2 为调整后的水价，E 为水资源价格弹性系数。此处弹性系数指的是需求价格弹性系数，如 $E = 0.2$，其含义是价格每增加 1%，需求量减少 0.2%。

通过式（7.15）可以推导边际用水量 $\left|\dfrac{dQ}{dp}\right|$ 与水资源价格 p 的函数关系式为

$$\left|\frac{dQ}{dp}\right| = E \times K^E \times p^{-E-1} \tag{7.16}$$

其中，$K \in (0, +\infty)$ 为系数，水资源价格弹性系数 E 依据各行业用水特点而定，$E \in (0, 1)$。

对式（7.16）两边求一阶导，可以得到：

$$p' = -E \times (E+1) \times K^E \times p^{-E-2} \tag{7.17}$$

易知，式（7.17）右端小于零，则表明随着水资源价格的升高，边际用水量减少，也即是水资源价格升高对控制用水总量具有明显的促进作用。

考虑到流域内区域间的可能的协商合作，各个区域存在调节水价以调整用水量的激励，其目的是在于增加自身可用于参与合作联盟的水资源数量。设 Q_1、p_1 为已知信息，而水价调整存在五种可能的情景，即上涨 10%、上涨 20%、上涨 30%、上涨 40% 和上涨 50%。则相应的用水量也会随着水价的变动而做出相应的变动。

将式（7.15）变换之后，得到如下的形式：

$$\Delta Q = Q_1 - Q_2 = Q_1 \times \left(1 - \left(\frac{p_1}{p_2} \right)^E \right) \tag{7.18}$$

其中，ΔQ 表示水价调整后的用水量变化，本书只考虑水价上涨的情况，也即是 $\Delta Q > 0$ 的情况。这是因为考虑到水资源需求日益增长与水资源总量有限的事实，如何控制用水总量成为水资源管理机构所面对的关键问题。而水资源作为一种稀缺性资源，其供给价格随着需求的增加而增加。

则对于流域内的第 i 个行政区域而言，其通过提高水价而使得水资源需求降低了 ΔQ_i，如果每个区域都采用了提高水价控制用水总量的政策，那么整个流域的水资源需求减少量为 $\sum_{i=1}^{n} \Delta Q_i$。

考虑到每个区域的物理节水政策和水价节水政策这两方面的实施效果，那么流域整体缺水率将从 $\dfrac{E}{C}$ 变为 $\dfrac{E}{C - \sum_{i=1}^{n} q_i - \sum_{i=1}^{n} \Delta Q_i}$。所谓用水总量控制就是为使某一流域或者区域满足一定的水量目标时，对流域内不同地区和用水部门的用水总量进行控制，也即是对流域或区域用水定量化地宏观管理；根据流域或者区域经济社会发展和水资源利用的具体特点，确定流域或区域用水总量控制的目标，引导社会经济发展格局与水资源、水环境承载能力相适应。

而实施流域用水总量控制，最终需要将用水总量控制分摊到各个行政区域，与地表水资源的分配相类似，流域内各个行政区域之间同样可以形成多种模糊联盟来共同达到减少用水总量的目标，从而减少伴随控制用水总量政策的实施而产生的成本问题。同时，各个行政区域所节余的水资源可以在流域内进行流转。

而从流域水资源管理机构的角度来看，如何使得流域的总收益最大（总成本最小）是其作为流域水资源规划决策者所必须考虑的内容。从流域水资源管理机构的角度构建如下水资源模糊联盟模型：在该模型中可用于转移的水资源全部来自各个行政区域用水总量减少的部分（通过物理节水和水价节水两个途径所节约的水资源数量），也即是在考虑用水总量控制的条件下分析流域水资源转移问题；各个行政区域用于改善节水设备和管理的投资作为该区域的节水成本，同时设置水价调整的程度 ΔQ 为给定的情况；增加缺水率约束使得仅仅依靠地表水时的缺水率符合一定条件。

目标函数是用水联盟总收益与节水成本的差值，参与联盟的水资源是区域节约的水资源，因此各个行政区域参与模糊联盟的水资源之和等于该行政区域所节约的水资源总量，考虑流域用水总量控制，增加关于用水总量的约束，使得流域缺水率低于给定的控制目标 L：

$$\max\left(\mathrm{TB}=\sum_{j=1}^{m}v(S)-\sum_{i}^{n}(r_i\times q_i)\right)$$

$$\text{s.t.}\begin{cases}0\leqslant \mathrm{pr}_i(s_j)\leqslant 1, & \forall i\in N; j\in \mathrm{CS}\\[2mm]\sum_{j=1}^{m}\mathrm{pr}_i(s_j)=1, & \forall i\in N\\[2mm]\sum_{i=1}^{N}\left(\mathrm{pr}_i(s_j)\times(\Delta q_i+\Delta Q_i)\right)\leqslant C(s_j)\\[2mm]v(s_j)=B(s_j)\times\sum_{j=1}^{n}\left(\mathrm{pr}_i(s_j)\times(\Delta q_i+\Delta Q_i)\right)\\[2mm]v(i,s_j)=(\Delta q_i+\Delta Q_i)\times\mathrm{pr}_i(s_j)\times B_i\\[2mm]\dfrac{E}{C-\sum_{i=1}^{n}q_i-\sum_{i=1}^{n}\Delta Q_i}\leqslant L\end{cases}\quad(7.19)$$

7.3 水资源协商的集体利益决策模型求解

7.3.1 水资源协商管理模糊联盟合作博弈模型求解

在建立上述优化模型之后，需要对所建立的模型进行优化求解。考虑到本章所建立的模型具有较多的约束条件且需要获得全局最优解，因而本书考虑选取通用代数建模系统（general algebraic modelling system，GAMS）作为模型求解的平台。GAMS 是专为线性、非线性及混合整数最优化问题的建模而设计的。GAMS 平台支持一系列模型，如线性规划模型、混合整数规划模型、非线性规划模型、混合互补问题模型、带方程式约束的数学规划模型以及受约束的非线性系统模型等多种复杂问题的建模。GAMS 尤其对处理大型的、复杂的、需要多次修订才能最终确定的精确模型的复杂问题有帮助。GAMS 平台内包含多种求解数学规划的求解器（solvers），如求解线性规划问题的 CPLEX，求解非线性规划的 MINOS、CONOP、KNITRO，求解全局优化的 BARON、COUENNE。并且 NEOS Server 提供免费的基于网络的求解数学优化的服务。免除了个人安装 GAMS 平台必须购买的授权文件。在对问题建模时，可以在本地安装试用版进行程序的编译，完成编译工作后将程序通过网络上传至 NEOS Server 服务器，整个运算在服务器上进行，求解完成后结果可以通过邮件反馈给作者或者在网页进行显示。

也可选取多面体分枝切割方法（polyhedral branch-and-cut approach）[54]为模型的求解算法，该方法被用于求解非线性凸优化、非线性非凸优化及混合整数规划等大型的复杂优化问题。基于该方法的计算机系统 BARON 是一个求解非凸优化问题达到全局最优的算法系统，纯连续的、纯整数的及混合整数的非线性问题都可以采用该系统进行求解，最初由 Sahinidis[55]于 1996年提出。BARON 系统中所执行的理论和算法是超过 20 年学术研究的结果，该系统是一种被广泛采用的求解大型复杂优化问题的商业化系统。BARON 系统在相对普遍的假设情况下，可以保证寻找到全局最优，且并不要求给定初始点。在其他求解器中，可行初始点选择的好坏往往是非线性优化问题能否求解成功的关键所在。而 BARON 的名字来源于约束传播、区间分析和减少存储的对偶与高级分支界定优化概念的联合。BARON 系统具有独立的商业平台，在 MATLAB、YALMIP、GAMS 和 AIMMS 建模环境中都可以使用，具有很好的通用性。在 GAMS 平台中，BARON 作为一个可以直接调用的求解器可以被建模者轻易地用来解决具体的优化问题。而 GAMS 平台作为一款流行的建模环境，也具有很好的易用性，尤其是对具有时间序列特性的约束函数。

已有的关于 BARON 和其他全局优化的求解器对 1 740 个测试问题求解的系统性比较研究表明，BARON 系统与其他系统相比具有一定的优势[56]。在已有的文献中，关于比较优化问题求解器的研究和分析也得到了部分学者的关注。例如，Liberti 和 Kucherenko[57]分析比较了两种求解非凸全局优化的算法，即空间分枝定界算法和多层单链接的准蒙特卡罗变形算法。结论表明后者通常求解速度要快于前者，尽管存在前者更快地求解问题的情况。Castro 和 Teles[58]利用几种全局优化算法对用水网络的设计问题进行了比较分析，结果表明在求解此类问题时，带浓度参数化的多参数分解算法优于 BARON 和 GloMIQO。Lastusilta 等[59]评估了 GAMS 中用于解决混合整数非线性规划的求解器，包括 BARON、ALPHAECP、DICOPT 和 SBB。测试结果表明在许多问题中，BARON 和 ALPHAECP 能够寻找到 DICOPT 和 SBB 没能寻找到解的问题的解。每种求解器都能够在一定时间内找到其他求解器没能求解的问题的解。Neumaier 等[60]给出了应用全局搜索来解决全局优化或约束满足问题的测试结果，所采用的求解器包括 BARON、LINGO 及 MINOS 等，结果表明 BARON 是最好的求解器。

由文献[56]对 GAMS 中几种优化问题求解器的比较结果可知，BARON 求解器是一种更加高效的求解器。在 GAMS 系统中使用 BARON 求解器求解非线性规划问题的命令形式为 Option NLP=baron。该命令将设置 BARON 为求解优化模型的默认求解器，其中 NLP 表明所求解的问题是非线性规划问题。

7.3.2　水资源协商管理模糊联盟收益分配

经过形成模糊联盟进行协商合作用水主体获得各区域收益的帕累托改进，此处所谓的帕累托改进指的是与流域水资源冲突解决的个体利益相比而言，经过流域内各区间的用水协商合作，各个区域的收益都得到增加。帕累托概念在水资源管理与规划领域得到了比较丰富的应用：牛文娟和王慧敏[61]用微分博弈建立了水资源多主体的数理模型，结果表明协商合作可以带来整体利益的帕累托改进。郭贝贝等[62]利用帕累托寻优原理并基于遥感和地理信息系统（geographic information system，GIS）数据建立了全区域水资源多目标优化配置模型，水资源优化只能在一定程度上缓解粮食作物重要需水期的干旱程度，并不能彻底解决水资源短缺问题。陈洁等[63]论证水权帕累托配置是稳定的水权配置状态，以中国水权交易为例进行实例分析，结果表明中国水权交易成本过高，水权配置没有达到帕累托最优配置。付湘等[64]根据微观经济学中的无差异曲线及合作博弈理论建立水资源合作收益的分配方法，达到水资源收益分配的帕累托最优状态。Pitafi 和 Roumasset[65]研究了有助于水资源定价的帕累托改进的辅助机制-补偿机制，使得水价改革在政治上更加可行。Bhaduri 和 Barbier[66]针对印度和孟加拉国间的国际河流水资源共享以及从尼泊尔调水的问题，建立了一个博弈模型寻找最优的共享水量和调水量以达到帕累托改进状态。

本书所建立的联盟模型能够从最大化流域水资源整体利益的角度实现多个行政区域间的用水协商合作，并采用一定的收益分配方法将最大化的收益合理地分配给各个区域，保证了各个区域参与合作联盟的个体理性。因此，与前述的个体利益模型相比，经过合作联盟之后的收益状态是一种帕累托改进状态。这是因为帕累托改进是一种资源或者收益的再分配，这种帕累托改进的分配使得没有局中人的收益减少而存在局中人的收益的增加。这里我们要区分帕累托改进和潜在的帕累托改进两种不同的情况。潜在的帕累托改进描述的是，资源或收益的再分配使得部分局中人的收益增加而部分局中人的收益减少，但是局中人收益的增加数量大于局中人收益减少的数量。潜在的帕累托改进并不是帕累托改进只是存在一种潜在的可能性，在收益增加的局中人充分补偿收益减少的局中人之后才成为帕累托改进。

对于经由各区域协商合作而产生的流域水资源收益的增加，按照上述模糊联盟中模糊夏普利值的概念可以完成各个区域的收益计算。在最大化流域整体收益时，考虑满足区域的个体理性，使得联盟具有相对的稳定性。而个体理性约束也保证了区域从合作联盟中所获得的收益不低于其独立使用水资源时候的收益。在对区域获得收益进行加总之后得到区域参与合作的总收益，并最终完成流域水资源收益的再分配。

由于参与模糊联盟能够带来更多的收益，在水资源从区域流向模糊联盟之后，其必须被使用而产生收益。那么作为一种联盟所拥有的资源，其被使用的形式依然是由参与联盟的区域将模糊联盟的水资源用于社会经济活动。然而，对于在联盟中的水资源如何由各个区域进行使用的问题，已有的研究中极少有文献涉及这个问题。Sadegh 等[67]、Sadegh 和 Kerachian[68]根据作物结构及局中人的需水情况指定一个局中人分享水资源的比例。

在流域水资源冲突协商解决的联盟模型中，模糊联盟的实际物理意义在于流域内不同区域间的用水协商合作。然而实践中的合作形式可能不止于传统的大联盟或者清晰联盟，在这些联盟中局中人必须完全将自身所拥有的资源完全参与到联盟中去。在流域水资源冲突解决的合作中，实际的联盟会存在多种形式，一个区域可能同时参与多个合作联盟。在该区域参与的每一个联盟中，该区域都只是使用自身拥有的水资源总量的一部分而非清晰联盟中的百分之百的资源。因此，在流域水资源冲突协商解决的联盟模型中，模糊联盟更符合流域内区域间关于用水协商合作的实际情况。

水资源作为用于社会经济发展的基础性资源，其必须在具体的生产生活等人类活动中才能发挥出其拥有的资源效用。模糊联盟作为一种具体的合作形式，并没有具体规定模糊联盟中的水资源如何进行使用。经由各个区域的用水合作之后，用水效益必然会得到提高。例如，由用水效益低的区域和用水效益高的区域形成的模糊联盟中，用水效益高的区域可以对用水效益低的区域提供技术支持从而提高整个联盟的用水效益；而用水效益低的区域可以将自己的水资源流转给用水效益高的区域从而提高联盟的用水效益，同时与用水效益高的区域共享因为水资源流转而增加的用水效益。

对于用水效益高的区域携带自身水资源参与模糊联盟的解释在于：由于各个区域都处于水资源短缺的状态，存在这样的时候，用水效益低的区域比用水效益高的区域对额外水资源的需求更加强烈，如灌溉季节，农业用水处于用水高峰，额外的水资源可以产生更多的用水收益，缺少额外的水资源时其收益将会在很大程度上受到损害。模糊联盟的形成可以是参与联盟的行政区域"出资"（水资源）成立一个应急水资源存储，由流域水资源管理机构负责实时分配这些水资源到最需要的区域，如灌溉季节将水资源提供给农业区域。由于模糊联盟的这种性质，这部分水资源可以发挥出更大效用。

参 考 文 献

[1]谢识予.经济博弈论[M].上海：复旦大学出版社，2002.

[2]Mansfield E D，Milner H V，Pevehouse J C. Vetoing co-operation：the impact of veto players on preferential trading arrangements[J]. British Journal of Political Science，2007，37（3）：403-432.

[3]Just R E，Netanyahu S. International Water Resource Conflicts：Experience and Potential[M].

Birmingham: Springer, 1998.

[4]王济干, 张婕, 董增川, 等. 水资源配置的和谐性分析[J]. 河海大学学报（自然科学版）, 2004, 31（6）: 702-705.

[5]王大伟. 流域水资源合理配置的研究进展与发展方向[J]. 水科学进展, 2004, 15（1）: 123-128.

[6]Schwalbe U, Walker P. Zermelo and the early history of game theory[J]. Games and Economic Behavior, 2001, 34（1）: 123-137.

[7]Borel E. On games that involve chance and the skill of the players[J]. Econometrica: Journal of the Econometric Society, 1953, 21（1）: 101-115.

[8]von Neumann J, Morgenstern O. Theory of Games and Economic Behavior[M]. Princeton: Princeton University Press, 1944.

[9]Nash J F. Equilibrium points in n-person games[J]. Proceedings of the National Academy of Sciences, 1950, 36（1）: 48-49.

[10]Barbera S, Maschler M, Shalev J. Voting for voters: a model of electoral evolution[J]. Games and Economic Behavior, 2001, 37（1）: 40-78.

[11]van Damme E. Refinements of the Nash Equilibrium Concept[M]. Los Angeles: Springer Science & Business Media, 2012.

[12]Fujiwara-Greve T. Bayesian Nash equilibrium[J]. Monographs in Mathematical Economics, 2015, 1: 133-151.

[13]Myerson R B. Game Theory[M]. Cambridge: Harvard University Press, 2013.

[14]Peters H. Game Theory: A Multi-Leveled Approach[M]. Berlin: Heidelberg Springer, 2015.

[15]Fudenberg D, Tirole J. Perfect Bayesian equilibrium and sequential equilibrium[J]. Journal of Economic Theory, 1991, 53（2）: 236-260.

[16]Branzei R, Dimitrov D, Tijs S. Models in Cooperative Game Theory[M]. Berlin, Heidelberg: Springer Science & Business Media, 2008.

[17]Montet C, Serra D. Game Theory and Economics[M]. Birmingham: Palgrave Macmillan Basingstoke, 2003.

[18]Peleg B, Sudhölter P. Introduction to the Theory of Cooperative Games[M]. Berlin, Heidelberg: Springer Science & Business Media, 2007.

[19]Borkotokey S. Cooperative games with fuzzy coalitions and fuzzy characteristic functions[J]. Fuzzy Sets and Systems, 2008, 159（2）: 138-151.

[20]Li S，Zhang Q. A simplified expression of the Shapley function for fuzzy game[J]. European Journal of Operational Research，2009，196（1）：234-245.

[21]Mareš M. Fuzzy coalition structures[J]. Fuzzy Sets and Systems，2000，114（1）：23-33.

[22]Hart S，Mas-Colell A. Cooperation：Game-Theoretic Approaches[M]. Berlin，Heidelberg：Springer Science & Business Media，2012.

[23]Pardalos P M，Migdalas A，Pitsoulis L. Pareto Optimality，Game Theory and Equilibria[M]. Berlin，Heidelberg：Springer Science & Business Media，2008.

[24]Hargreaves-Heap S，Varoufakis Y. Game Theory：A Critical Introduction[M]. London：Routledge，2004.

[25]Kruś L，Bronisz P. Cooperative game solution concepts to a cost allocation problem[J]. European Journal of Operational Research，2000，122（2）：258-271.

[26]Sechi G M，Zucca R，Zuddas P. Water costs allocation in complex systems using a cooperative game theory approach[J]. Water Resources Management，2013，27（6）：1781-1796.

[27]Lozano S，Moreno P，Adenso-Díaz B，et al. Cooperative game theory approach to allocating benefits of horizontal cooperation[J]. European Journal of Operational Research，2013，229（2）：444-452.

[28]Wang L Z，Fang L，Hipel K W. Water resources allocation：a cooperative game theoretic approach[J]. Journal of Environmental Informatics，2003，2（2）：11-22.

[29]Madani K. Game theory and water resources[J]. Journal of Hydrology，2010，381（3）：225-238.

[30]Dinar A，Hogarth M. Game Theory and Water Resources：Critical review of Its Contributions，Progress and Remaining Challenges[M]. Boston：Now Publishers，2015.

[31]刘文强，孙文广. 水资源分配冲突的博弈分析[J]. 系统工程理论与实践，2002，22（1）：16-25.

[32]李献士，李健，涂雯，等. 基于演化博弈分析的流域水资源治理研究[J]. 生态经济，2015，31（6）：147-149.

[33]李建勋，解建仓，沈冰，等. 基于博弈论的区域二次配水方案及其改进遗传算法解[J]. 系统工程理论与实践，2010，（10）：1914-1920.

[34]何龙飞，吕海利，赵道致，等. 创新型产品供应网络运营最优控制与清晰联盟博弈协调[J]. 计算机集成制造系统，2013，19（5）：1091-1104.

[35]逄金辉，陈秋萍. 基于模糊机会约束的博弈联盟收益[J]. 北京理工大学学报，2010，30（11）：1383-1386.

[36]Gilles R P. The Cooperative Game Theory of Networks and Hierarchies[M]. Berlin，Heidelberg：Springer Science & Business Media，2010.

[37]Grabisch M，Xie L. A new approach to the core and Weber set of multichoice games[J]. Mathematical Methods of Operations Research，2007，66（3）：491-512.

[38]Baeyens E，Bitar E Y，Khargonekar P P，et al. Wind energy aggregation：a coalitional game app-roach[R]. IEEE，2011.

[39]Shapley L S. A value for n-person games[J]. Annals of Mathematics Studies，1953，28：307-317.

[40]施锡铨. 合作博弈引论[M]. 北京：北京大学出版社，2012.

[41]Faigle U，Kern W，Kuipers J. On the computation of the nucleolus of a cooperative game[J]. International Journal of Game Theory，2001，30（1）：79-98.

[42]Driessen T S. Cooperative Games，Solutions and Applications[M]. Berlin，Heidelberg：Springer Science & Business Media，2013.

[43]Núñez M，Rafels C. The assignment game：the τ-value[J]. International Journal of Game Theory，2003，31（3）：411-422.

[44]Cano-Berlanga S，Giménez-Gómez J M，Vilella C. Enjoying cooperative games：the R package game theory[R]. Working Papers，2015.

[45]Li S，Zhang Q. The measure of interaction among players in games with fuzzy coalitions[J]. Fuzzy Sets and Systems，2008，159（2）：119-137.

[46]Aubin J. Mathematical Methods of Game and Economic Theory[M]. New York：Courier Corporation，2007.

[47]Aubin J. Optima and Equilibria：An Introduction to Nonlinear Analysis[M]. Lo Angeles：Springer Science & Business Media，2013.

[48]Aubin J. Cooperative fuzzy games[J]. Mathematics of Operations Research，1981，6（1）：1-13.

[49]Lewicki R J，Weiss S E，Lewin D. Models of conflict，negotiation and third party intervention：a review and synthesis[J]. Journal of Organizational Behavior，1992，13（3）：209-252.

[50]Goltsman M，Hörner J，Pavlov G，et al. Mediation，arbitration and negotiation[J]. Journal of Economic Theory，2009，144（4）：1397-1420.

[51]Mareš M. Fuzzy Shapley Value[M]. Berlin，Heidelberg：Springer，2001.

[52]黄智晖，谷树忠. 水资源定价方法的比较研究[J]. 资源科学，2002，24（3）：14-18.

[53]陈丽，司训练. 水资源定价理论研究[J]. 中央财经大学学报，2007，（2）：72-75.

[54]Tawarmalani M，Sahinidis N V. A polyhedral branch-and-cut approach to global optimization[J]. Mathematical Programming，2005，103（2）：225-249.

[55]Sahinidis N V. BARON：a general purpose global optimization software package[J]. Journal of Global Optimization，1996，8（2）：201-205.

[56]Sahinidis N. BARON software[EB/OL]. http://archimedes.cheme.cmu.edu/?q=baron，2015.

[57]Liberti L，Kucherenko S. Comparison of deterministic and stochastic approaches to global optimization[J]. International Transactions in Operational Research，2005，12（3）：263-285.

[58]Castro P M，Teles J P. Comparison of global optimization algorithms for the design of water-using networks[J]. Computers & Chemical Engineering，2013，52：249-261.

[59]Lastusilta T，Bussieck M R，Westerlund T. Comparison of some high-performance MINLP solvers[J]. Chemical Engineering Transactions，2007，11：125-130.

[60]Neumaier A，Shcherbina O，Huyer W，et al. A comparison of complete global optimization solvers[J]. Mathematical Programming，2005，103（2）：335-356.

[61]牛文娟，王慧敏. 水资源利用的多主体系统控制分析[J]. 统计与决策，2007，（16）：43-45.

[62]郭贝贝，杨绪红，金晓斌，等. 基于多目标整形规划的黄土台塬区水资源空间优化配置研究[J]. 资源科学，2014，36（9）：1789-1798.

[63]陈洁，许长新，田贵良，等. 中国水权配置效率分析[J]. 中国人口·资源与环境，2011，21：49-53.

[64]付湘，陆帆，胡铁松，等. 利益相关者的水资源配置博弈[J]. 水利学报，2016，47（1）：38-43.

[65]Pitafi B A，Roumasset J A. Pareto-improving water management over space and time：the Honolulu case[J]. American Journal of Agricultural Economics，2009，91（1）：138-153.

[66]Bhaduri A，Barbier E B. International water transfer and sharing：the case of the Ganges River[J]. Environment and Development Economics，2008，13（1）：29-51.

[67]Sadegh M，Mahjouri N，Kerachian R. Optimal inter-basin water allocation using crisp and fuzzy Shapley games[J]. Water Resources Management，2010，24（10）：2291-2310.

[68]Sadegh M，Kerachian R. Water resources allocation using solution concepts of fuzzy cooperative games：fuzzy least core and fuzzy weak least core[J]. Water Resources Management，2011，25（10）：2543-2573.

第 8 章

水资源协商的政策选择

气候变化和社会经济的复杂动态发展加剧了我国当前的水资源协商管理难度。实行水资源协商管理必须立足我国基本国情和基本水情，充分考虑到地区差异和区域实际情况，构建具有灵活性、适应性和可持续性的管理政策。进行水资源协商管理的政策选择，首先要了解水资源相关政策需求的产生机理和政策发挥作用方式。另外，水资源协商管理政策的制定是一个多主体参与、由多环节构成的复杂活动，需要通过科学、民主的政策制定过程和机制，拟订、评估和选择出适合的政策方案，并通过对执行结果的分析，不断对政策进行调整和完善，才能够应对不确定性带来的各种问题。

8.1 水资源协商政策选择分析框架

水资源是最具全局和长远影响的战略性自然资源，在经济社会发展中有不可替代的基础性作用，关系到经济、生态和国家安全。在水资源短缺情况下，水资源协商管理就显得尤为重要，协商管理既要确保用水地区的水资源安全，更要保障基于水安全的经济、生态和国家安全，所以探讨水资源协商管理需要将水资源与经济、生态和国家统一考虑起来。那么，水资源与经济、生态和国家到底是个什么样的关系，或者说水资源如何影响经济、生态和国家安全发展？反过来，经济社会、生态和国家发展又是如何影响水资源安全的？这些问题将有助于水资源协商管理行动的有效展开。因此，本节将采用 PSR 分析方法探讨水资源与社会、生态与国家安全的关系，并在此基础上探讨从水资源脆弱性角度对水资源安全进行诊断分析，这是水资源协商管理行动的前提。

8.1.1　PSR 分析框架

1. PSR 框架概述

PSR 模型最初是加拿大统计学家 Rapport 和 Friend 提出，后经经济合作与发展组织和联合国环境规划署于 20 世纪八九十年代所提的环境概念模型[1]，其基本思路是"人类活动给环境和自然资源施加压力，结果改变了环境质量与自然资源质量。社会系统通过环境、经济、土地等政策、决策或管理措施对这些变化发生响应，减缓由于人类活动对环境的压力，维持环境健康"。该框架体系主要用于研究环境方面问题[2]。经济合作与发展组织根据 PSR 模型框架，提出了国家层面的针对世界重要环境问题的指标体系，这些环境问题包括气候变化、水资源、森林资源、渔业资源、臭氧层破坏、富营养化、酸化、有毒污染、废物、生物多样性与景观、城市环境质量、土壤退化（沙漠化与侵蚀）和其他不能归结为特定问题的一般性指标等 13 个方面，并针对每个问题都提出了具体的压力、状态和响应指标[3]。

在 PSR 框架中，P 指代人类活动引起的资源环境及社会的压力因素，S 指代资源环境及社会经济当前所处的状态或趋势，R 指代人类在环境、社会经济活动中的主观能动性的反映，即资源的部分可恢复性及环境本身对污染的吸纳能力。PSR 模型利用了"压力-状态-响应"这一思维逻辑，体现了人类社会与生态系统之间的相互作用关系。人类社会通过经济和社会活动从生态系统中获取其生存繁衍和发展所必需的资源，又通过生产、消费等环节向环境排放废弃物，从而改变了自然资源存量与环境质量。同时，生态系统状态的变化又反过来影响人类的社会经济活动和福利，进而人文社会通过立法、新技术、经济手段、生态意识等意识和行为的变化对这些变化做出反应[4]。如此循环往复，构成了人类社会与生态系统之间的"压力-状态-响应"关系[5, 6]。PSR 框架指标体系能较好地反映人类活动、生态问题和政策之间的联系，该框架体系倾向于认为人类活动和生态环境之间的相互作用是呈线性关系的，这种观点同生态系统与环境-经济相互作用具有复杂性的观点并不矛盾。PSR 框架体系回答了"发生了什么？"、"为什么发生？"和"我们将如何做？"三个可持续发展的基本问题[7]。

根据具体的应用情况，PSR 框架模式还可以进行调整以达到特定的目的来反映更多的细节和具体的特征。例如，联合国可持续发展委员会采用驱动力-状态-响应（driving force-state-response，DFSR）框架来反映社会、经济和制度领域的驱动力指标，并且解释了对可持续发展的正面和负面影响；欧洲环境局使用的驱动力-压力-状态-影响-响应（driving force-pressure-state-impacts-response，DPSIR）框架将环境状态和变化区分，更准确地描述了系统的复杂性和相互之间的因果关系[7]。

2. PSR 框架下水资源系统分析

水资源的开发、利用和保护属于社会-生态系统在发展过程中产生的一系列活动，考虑水资源管理必须以社会-生态系统为背景，不能脱离社会系统和生态系统的变化及两者之间的相互联系。水资源管理的对象应该包含水系统和人类系统，因此在社会-生态系统中重新设定边界，将水系统及与影响水系统的相关自然因素、与水资源交互的人类活动纳入考虑，形成一个人水复杂管理系统，并体现系统的一般特性。

从水资源的特性出发，以生态系统资源结构面的"状态"来呈现完整性程度，以人为干扰面的"压力"来探讨对生态系统施压的社会结构与经济活动，以人文社会与经济面的"响应"来反映制度响应生态系统现况与人文社会压力的情形。它区分了三种类型指标，即人为压力指标、系统状态指标和人文响应指标，结构如图 8.1 所示。

在水资源系统中，水资源开发、利用（包括生活、工业、农业、环保）等人类活动带来水资源需求的不断增加，对自然与水生态系统造成"压力"。自然与水生态系统自身由水文、大气等运动决定了水资源的供给，在"压力"的不断增加和有限的水供给下，自然系统出现水资源紧缺、污染等一系列"状态"，反馈到社会系统中，社会系统通过立法、经济手段、设计政策规则、发明新技术、增强生态意识等方式进行行动调整，实现对自然与

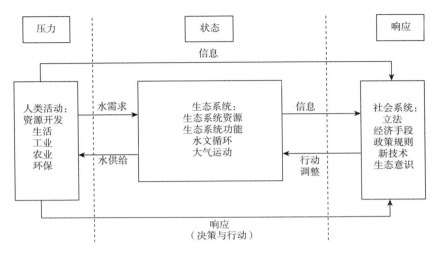

图 8.1　水资源系统的 PSR 分析框架

水生态系统的"响应"。社会系统与自然系统通过 PSR 框架形成一个反馈，为水资源管理提供一个新的思路。

在 PSR 框架下，"压力"指标反映了人类活动对自然与水生态系统的影响和作用，主要体现对水资源的开发、污染物的排放、各类生产活动和生活的水需求以及由此对自然与水生态系统造成的扰动和破坏。PSR 是一个具有循环的分析框架，因此"压力"指标不仅是"状态"形成的原因，也是"响应"的结果。

"状态"指标表征了特定时间段内自然与水生态系统的结构和功能现状，是"压力"下的变化结果，也是"响应"不断进行调整的最终目标。在"压力"下，"状态"产生一定变化，并以信息的形式传递给社会系统，社会系统根据预期目标对"压力"产生的人类活动进行行动调整，影响"状态"的指标，实现自然与水生态系统的平衡和可持续发展。

"响应"指标反映人类社会系统对自然与水生态系统的现状所做出的减轻、恢复和预防及人类活动对自然与水生态系统的负面影响，以及在"状态"下做出的各种补救行动（对原来人类活动进行调整）。"响应"是对"状态"变化的反应，也是人类活动"压力"的指导。"响应"为水资源治理提供途径，是保障社会系统和自然与水生态系统相互影响、相互依存的重要环节。

在 PSR 框架内，与水资源和人类发展有关的问题可以用"压力"、"状态"和"响应"三个方面指标来表示。其中,"压力"指标反映了人类活动对水资源造成的负荷,回答了为什么会发生如此变化、造成如此"压力"原因的问题;"状态"指标表征出水资源质量、水资源环境及生态系统的状况,回答了水资源发生了什么样变化,目前是一个怎样"状态"的问题;"响应"指标表征了人类面临水资源及水环境诸多问题所采取的对策与措施,回答了人类做了什么、应该做什么及怎么做的问题。

图 8.2 表达了水资源与社会经济发展的运行关系。在这个系统中人类为生存发展,开发利用自然生态系统中的资源、改变下垫面及河道等自然环境、排放各种废弃物,形成了系统变化的驱动压力,从而改变了资源存储量、环境质量,影响了大气运动和水循环等;自然和环境状态的变化反过来影响各类经济主体(个人、企业、政府)的经济收入、福利和人类社会发展可持续性;自然生物和人类本身存在调整自身行为趋利避害地适应环境变化的能力,尤其是人类会通过各类措施、协调意识和行为对系统变化做出响应;如此循环往复,构成了"压力-状态-响应"循环关系。

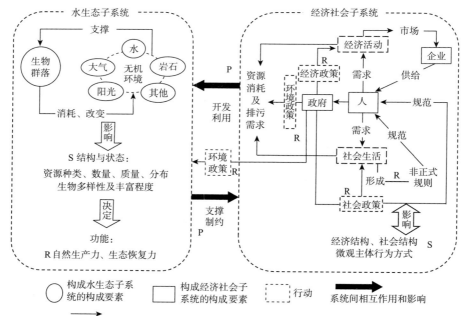

图 8.2　水资源 PSR 系统

由于水资源既是保障自然系统中不同生态系统的生态平衡和自调节与生长力的自然资源，又是人类经济社会活动的生产和生活资源，在这个复合系统中有独特的重要地位。水资源管理过程中涉及两个子系统，即水生态子系统和经济社会子系统，同时两个子系统之间又存在相互影响、制约的关系，如图 8.2 所示。

区域的水生态子系统是一个完整的复杂系统，具有自组织、自调节和自生长能力。其中，水是联系各个生态子系统的重要纽带，水资源系统是自然系统中无机环境的重要组成部分，其结构和状态直接影响生态系统的复杂性、生物群落的丰富度和生态平衡。

经济社会子系统是指区域内人类经济活动和社会活动中产生的所有关系及其过程与结构。人类对物质和精神文化的需求推动经济发展和社会进步，促进经济社会系统变革。经济生产的方式和水平影响人类社会的行为偏好、价值取向、习俗和制度规则等的形成，而价值观念和法律规范等正式及非正式的规则对人类行为尤其是经济行为起制约引导作用，正如同马克思所指出的，经济基础决定上层建筑，上层建筑反作用于经济基础。水资源是维持人类生活生产的重要基础资源，但在不同经济水平、社会发展阶段和文化背景下，经济社会子系统对水资源的价值认知、需求、开发利用方式、管理理念与方法大相径庭。

对于水资源与社会经济发展的依存与制约关系，水生态子系统为人类生产和生活持续不断地提供自然资源，是经济社会子系统存在和发展的物质基础，其生态环境和资源存量等直接制约着区域内作为生物的人类的生存和发展，很大程度上影响人类生活方式和经济社会发展模式。经济社会子系统的发展受水生态子系统制约，同时对水生态子系统有反作用。经济社会子系统中的人是水资源系统中唯一具有主观能动性的主体，能够有目的、有计划、积极主动、有意识地认识世界和改造世界。人类开发利用水资源的行为和方式，决定社会经济系统的发展路径，并影响水生态系统的平衡；人类活动的复杂性和有限理性使得水资源系统比单纯的水生态子系统更加复杂。

人类行为直接或间接影响水资源和生态环境，主要途径包括：①通过经济生产、社会生活对水资源进行开发利用，生产生活消耗水资源、排放污染等都会对水生态系统产生负面影响。由于水生态子系统有自我恢复的能力，在一定时间和限度内可以化解人类活动的负面影响，但当人类活动破坏性强度大于水生态子系统承载力时，就会引发环境退化和资源危机。②人类需求和价值取向直接影响对水资源的开发利用模式，从而影响水系统。通过不断学习，人类在发展社会和经济的同时通过技术进步、提高环保意识、实施生态治理等，修复或改变水生态系统的结构，维护水生态循环和平衡。只有规范了人类需求和价值取向，调整人类行为减少其对水生态系统的负面影响，才能够保障流域水生态和经济社会和谐发展。由于水资源的公共属性，往往需要通过集体行动来达到有效治理，在这一过程中政府的作用不容小觑。

总之，粗放式的水资源利用模式必然导致各种水问题和生态问题，影响经济社会健康发展，经济社会发展减缓又会阻碍水问题的有效解决，形成一个恶性循环。只有实现水资源合理利用，才能更好地促进各个子系统的协调发展和整个水资源系统的可持续发展。

8.1.2　PSR框架下水资源系统诊断分析

1. 水资源PSR系统与经济生态国家安全分析

水资源PSR系统是处于经济、生态、国家发展的不断变化中的，系统的结构、功能和行为随时间发展不断变化并通过自适应和自组织向更高级演化。如在定义中所指出的，水资源PSR系统中人类社会和自然生态系统之间存在"压力-状态-响应"循环的演化关系，见图8.3。

"压力"反映的是会造成系统扰动的系统内部各种要素的变化，包括自然生态系统的气候、环境因素变化和经济社会经济系统的经济、人文因素变化。由于人类活动对自然生态系统有明显的影响作用，气候、环境因素变化既受自然规律的影响也与经济、人文因素变化相关；经济、人文因素变化主要由经济社会发展决定。水资源PSR系统的压力主要表现在自然生态系统中大气运动、水循环等的明显变化导致的水资源生成和供给的时空、数量变化、自然灾害等，以及经济社会发展产生的水资源及能源消耗、污染物排放、人口压力等方面。由于PSR是一个循环过程，各种"压力"不仅是影响系统"状态"偏移的驱动因素，也是系统"响应"的结果。

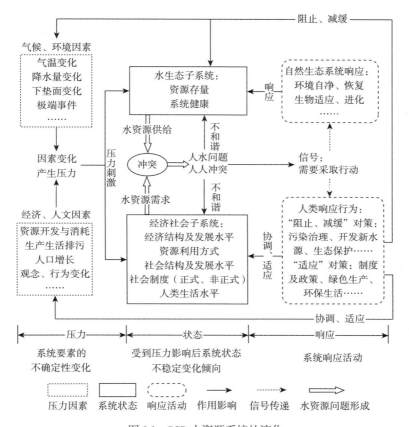

图 8.3　PSR 水资源系统的演化

　　"状态"反映了特定时间内水资源 PSR 系统及其子系统的结构和功能现状，每一特定时间的系统状态是现有的"压力"和"响应"活动共同影响的结果，系统状态的相对稳定和平衡是"响应"活动追求的目标。在"压力"刺激下，水资源 PSR 系统状态会发生进一步的改变，负面变化主要表现在：①资源尤其是水资源供给不能充分满足经济社会发展需要，废弃物排放量超过自然生态系统的自净调整能力，人水问题凸显、自然生态系统受到干扰和破坏；②水资源配置引发不同群体间利益冲突形成人人冲突与人水问题，限制了经济社会系统可持续发展。

　　由于水资源 PSR 系统具有适应性，系统会采取各种响应行动，以减轻"压力"对"状态"的不利影响。响应行动包括自然生态系统本身的自我调解、恢复行为和人类为预防、补救而采取的各类行动。人类的响应行动包括技术创新和制度创新,通过环境保护、生态修复和调整人类活动双管齐下,阻止、减缓自然生态系统的不利变化,协调经济社会发展使之与环境承载力相适应。"响应"对系统"压力"和"状态"的调节作用,反映了在受到刺激后水资源管理 PSR 系统如何采取行动,达到一个新的状态的过程。

水资源 PSR 系统遵循着"压力–状态–响应"的循环不断地在变化中寻找新的平衡状态,由此不断演化、发展,如图 8.3 所示。

当响应行动不足以应对"压力"的负面变化时,水资源 PSR 系统处于自然生态失衡、经济社会不稳定的状态,整个系统有退化的可能性;当响应能够应对经济、生态和国家变化风险时,水资源 PSR 系统处于一个良性循环中,能够不断自我完善发展。

通过 PSR 分析思考"发生了什么、为什么发生、我们将如何做"三个基本问题,能够系统理解区域系统的演化机理、深入分析区域系统水资源问题及其产生的来龙去脉和关键原因、总结有哪些响应行动,有利于寻找变化环境下水资源协商管理的有效途径,从而保障经济、生态和国家安全。

2. 水资源 PSR 系统安全诊断指标:脆弱性

如前文阐述,依据 PSR 分析框架的动态分析,能够详细描述系统和其水资源问题的发展变化过程;但并不能直接判断已有的"响应"活动对产生水资源问题的系统"压力"的应对程度,并且由于无法对水资源 PSR 系统现有"压力–状态–响应"循环的好坏进行概括描述,只能从系统状态的恶化或改善结果分析现有响应活动是否足够有效。而在研究响应活动时,需要分析现有响应活动的不足,通过比较不同的响应活动对水资源 PSR 系统状态改善的有效性,做出对策选择。因此,在对系统分析的基础上,需要寻找统一的衡量标准来表征"响应"活动对产生水资源问题的系统"压力"的应对程度。

由于脆弱性是指该系统易受影响造成损害的程度或不能应对变化的负面作用的程度,可以用脆弱性概括反映系统状态的好坏程度,脆弱性的高低可以反映响应行为的相对成效。近年来气候变化研究和水资源适应性管理研究均将脆弱性作为衡量系统状态的一个概括性特征,引入管理对策研究中,指出寻求的应对变化的管理措施应该具有改善系统脆弱性的能力,通过各种措施改善系统的脆弱性是水资源管理活动的长期目标。因此，在理解水资源 PSR 系统演化机理基础上，分析系统脆弱性有利于深入刻画水资源 PSR 系统的安全现状，剖析其存在的人水问题和人人冲突产生的原因及现有响应活动的不足，归纳解决问题需要采取的措施。

参考 IPCC 提出的气候变化下系统脆弱性定义[8]及唐国平等[9]给出的水资源脆弱性定义，可以将水资源 PSR 系统的脆弱性定义为水资源 PSR 系统易受影响或不能应对气候、环境变化和经济、人文变化的负面作用的程度。

考虑到水资源 PSR 系统由自然生态和经济社会两个子系统构成，其脆弱性也涵盖了两个子系统的脆弱性，即水资源 PSR 系统脆弱性不仅包含以人均水资源量、缺水率等作为主要衡量指标的水资源脆弱性，还应该包括由水资源变化导致的其他自然生态系统的脆弱性和经济社会系统的脆弱性。

变化环境下水资源 PSR 系统的脆弱性内涵是指，在自然变化（尤其是气候变化）和人为活动等的作用下，水资源的数量减少和水量恶化、时空分布发生变化、水资源系统结构改变，而由此引发的旱涝等自然灾害、流域系统生态失衡和水资源供需关系变化等事件的发生程度，以及在面对各种系统变化时，社会、群体或个人的经济利益、生活方式、健康和安全等易受到影响、遭受损害的程度。

总体上，水资源 PSR 系统脆弱性可理解为自然和人类活动等胁迫性因素的变化及系统敏感性和适应能力的函数。因此，可以根据脆弱性的定义和内涵，将脆弱性分为三个子维度来分析理解[10]。

（1）胁迫性维度。

胁迫性是指各种因素变化会给水资源 PSR 系统的稳定性带来影响，而对水资源协商管理变化产生驱动力。胁迫性因素是推动水资源 PSR 系统变化的压力因素，主要包含气候、环境变化和经济、人文变化两类。气候、环境变化主要包括气温、降水、蒸发、径流等气候要素的变化、极端灾害性事件发生和地质、水文等条件变化等。这类因素变化对自然子系统产生冲击，影响生态平衡和人类生产生活条件，将压力进一步传导至经济社会子系统。经济、人文变化主要是指由人类活动及其行为方式（如各种自然资源开发、耗用、污染排放、耕地保护等）变化，这类因素一方面会对自然系统产生资源需求压力、生态压力，另一方面和现有自然系统禀赋共同制约经济社会系统未来的可持续发展。

（2）敏感性维度。

水资源 PSR 系统的敏感性是指自然系统和经济社会系统易受气候变化及人类活动等刺激因素的影响程度。因此，包括自然系统（尤其是水资源系统）对气候均值、气候变异、极端事件和人类社会及经济行为的敏感程度，以及因为发生系统变化，经济、社会发展和人类生命健康等受到直接或间接影响的程度。

（3）适应性维度。

适应性是指水资源 PSR 系统适应气候变化，缓和潜在危害抓住有利机遇应对结果的能力[8]，也可以称为适应能力。水资源 PSR 系统的适应性既包含了自然系统对气候变化和行为影响的自发地调节和响应，又包含了经济社会系统中人类通过调整社会结构和行为过程、实施科学措施，减轻或抵消与变化相关的潜在危害，并利用变化带来的机会，降低社会适应变化的政治和经济成本的适应过程。这意味着水资源 PSR 系统对变化的适应能力与自然系统自身的恢复能力和人类趋利避害地应对变化的能力相关。就适应性管理来说，适应所针对的主体是人类社会，是在承认全球变化不可避免的前提下，通过改变人类社会的脆弱性而规避气候变化和全球变化带来的风险。因此，水资源 PSR 系统的适应性主要体现在人类社会的适应能力，即人类为应对预测的或实际发生的变化及其影响，无意识和自觉地进行调整活动的能力程度。适应性的存在，尤其是人类社会适应能力的存在，也是通过管理实践活动促进系统向健康可持续发展的现实保障。

概括分析三维度对脆弱性的影响如下：在其他要素不变时，脆弱性的三维度中胁迫性或敏感性的升高均会使系统向更脆弱的方向演变；而系统适应性，能减缓压力的胁迫性，使系统敏感性恢复到较低的状态，有利于减少系统脆弱性程度。三维度的变化交互作用、共同影响了水资源 PSR 系统脆弱性变化。

水资源 PSR 系统的脆弱性程度与系统本身的结构功能和系统承受的胁迫有关，具有区域性特点。由于不同区域的气候条件、自然地理条件、资源禀赋、生态环境、经济社会发展状态存在较大差异，水资源 PSR 系统及影响其脆弱性的胁迫因素也具有区域性特点。即使是类似的胁迫因素以同等程度作用于不同地区的水资源 PSR 系统，由于系统的敏感性和适应性不同，最终表现出来的脆弱性也不尽相同。

3. 水资源 PSR 系统安全诊断体系构建

水资源 PSR 系统安全诊断需要从定性分析系统问题出发，进一步深入定量识别系统的相对脆弱性状态和原因，因此需要依据水资源 PSR 系统特点构建安全诊断指标体系。本书对系统及脆弱性的分析采用的是 PSR 分析框架，由于 PSR 分析框架能够反映脆弱性变化的因果关系，可依据 PSR 分析框架，从脆弱性产生的机理出发构建安全诊断指标。因此，首先从脆弱性的三维度分别构建指标体系，最终形成诊断系统脆弱性的总指标体系[10]。

1）指标体系构建原则

在借鉴国内外关于气候变化脆弱性、水资源脆弱性等指标体系相关研究的基础上，选取反映水资源 PSR 系统的脆弱性指标需要遵循以下几个基本原则。

（1）系统性与综合性原则。水资源 PSR 系统由相互联系的两大子系统构成，选取的指标应该同时反映水生态子系统和经济社会子系统的特征。整个指标体系从多方面、综合、系统地评价水资源 PSR 系统。

（2）代表性原则。主要是指标体系构建要充分体现水资源 PSR 系统脆弱性的特征的成因。根据水资源 PSR 系统脆弱性的定义和 PSR 分析框架，分析水资源 PSR 系统的脆弱性时，应分别对其胁迫性、敏感性和适应性维度进行评价，选择能反映该子维度内涵和特点的指标。

（3）可比性原则。主要是指各指标和资料的口径、范围与通用标准或规定相一致，便于进行地区间的比较研究，且不同时间的指标相互衔接，相互可比。

（4）可操作性原则。主要是指设计指标时要考虑数据是否容易获得。水资源 PSR 系统脆弱性诊断指标构建应该以理论分析为基础，但实际应用中往往受到资料来源和数据支持的限制。某些统计指标虽然很科学，但难以取得完整的数据资料，不便实施评价。因此，设定指标的数据最好能从常规的统计年鉴、部门年报等公开数据中取得。

2）指标体系框架

根据 PSR 分析框架，水资源 PSR 系统脆弱性可理解为胁迫性、敏感性和适应性的函数。其中胁迫性和敏感性的负面变化会提升系统脆弱性，适应性能够减缓压力，提高系统应对风险的能力，降低系统脆弱性。因此，水资源 PSR 系统脆弱性诊断一方面可看作评价系统受影响而不能应对气候、环境变化和经济、人文变化的负面作用的程度；另一方面也可看作对系统的现实或将来变化的适应程度的好坏的评价。

　　评价系统脆弱性首先应构建一个具有一定通用性的脆弱性诊断指标体系框架，对具体操作层指标选取提供指导性作用；框架所描述的指标体系应该分为多个层级，上一层指标是下一层指标的概括反映。本书结合 PSR 框架，在参考已有关于气候变化和脆弱性的研究成果基础上，构建一个包含"目标层-维度层-准则层"的水资源 PSR 系统脆弱性诊断指标体系框架，见图 8.4。

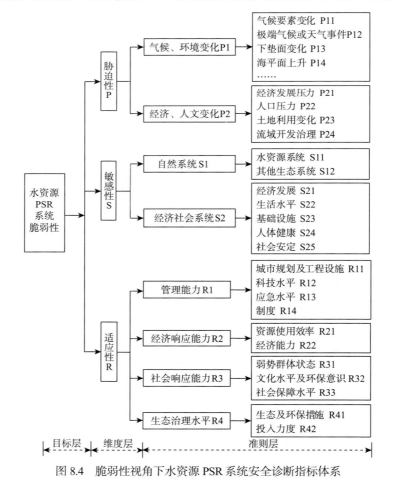

图 8.4　脆弱性视角下水资源 PSR 系统安全诊断指标体系

目标层是水资源 PSR 系统脆弱性指标，是一个相对的综合指数，综合表征区域或流域系统脆弱性程度；其进一步细分则是反映脆弱性形成机理的维度层——胁迫性维度（P）、敏感性维度（S）、适应性维度（R），各维度指标也是综合指数，概括反映其下属准则层指标。

（1）胁迫性维度指标。

由于水资源 PSR 系统所面临的压力和风险来自自然变化及人类活动，衡量胁迫性因素的指标主要包含气候、环境变化（P1）和经济、人文变化（P2）两类。气候、环境变化指标应从能影响生态平衡和人类生产生活条件的重要变化因素中选取：①气候变化带来的气温、降水、蒸发、径流等的变化；②极端气候事件或天气事件等；③下垫面和植被等影响水资源径流等自然条件的变化。由于各地区自然条件不同，自然系统的风险也有相当大的差异，如荒漠干旱地区和沿海地区的气候风险明显不同，不同地区适用的气候、环境变化类指标可能有较大差异。而人类活动产生胁迫性影响主要表现在经济发展、人口增长和资源开发利用模式变化等对自然生态系统产生的资源需求和污染压力上；因此，经济、人文变化类指标可以从经济发展压力（P21）、人口压力（P22）、土地利用变化（P22）和流域开发治理（P24）四个角度分析。其中，经济发展压力主要是指能源、水资源、污染排放等方面的压力；土地利用变化指标用于描绘城市扩张、植被变化等因素对区域自然生态系统存在的干扰和胁迫；由于本书关注水资源问题，用流域开发治理指标，尤其是水资源开发利用程度反映人为因素对系统中水资源循环的影响。

（2）敏感性维度指标。

敏感性指标主要包括自然系统敏感性指标（S1）和经济社会系统敏感性指标（S2）。其中，因为水资源系统对气候和气象要素变化的敏感性很高，并且易受人类活动干扰；自然系统的敏感性主要体现在水资源系统的敏感性上，可以从水量和水质两方面考虑水资源系统的变化。同时，其他生态系统（滩涂湿地、森林等）的状态对自然系统的恢复能力和稳定性有重要作用，也应该分析其变化。经济社会系统敏感性指标主要衡量经济社会发展和人类生命健康等受到直接或间接影响的程度。

（3）适应性维度指标。

参考 IPCC 报告和中国《气候变化国家评估报告》分析可知，水资源 PSR 系统对变化的适应能力与自然系统自身的恢复能力，水利工程的调节能力，社会经济发展水平，人口、生态与环境，科学技术水平，水资源管理制度与水平等诸多因素相关。由于自然系统自身的恢复能力难以衡量，且整个水资源 PSR 系统的适应能力更多是由人类社会的适应能力决定的，本书的适应性指标主要衡量人类社会的适应能力。可以从管理能力（R1）、经济响应能力（R2）、社会响应能力（R3）、生态治理水平（R4）四个方面评价人类社会应对变化导致的风险的响应能力。其中，管理能力主要考虑区域内的管理制度、基础设施、科技水平、应急水平等为对人类社会应对变化风险提供制度、设施、技术等保障的重要条件；经济响应能力主要考虑政府、居民等主体的经济实力和经济系统资源利用水平，经济响应能力越好，经济系统越能抵御水资源变化的不利影响，适应环境变化；社会响应能力主要考察弱势群体状态、文化水平及环保意识、社会保障水平；生态治理水平由区域内开展的生态环保措施水平和投入力度衡量。

三个维度的水资源 PSR 系统指标体系框架可为选取具体操作层指标提供思路和方向。但由于我国幅员辽阔，各流域的自然禀赋和社会、经济结构大相径庭，水资源问题在不同地区有各自的原因和具体表现，实施评估时应该遵循系统性、综合性、可比性、可操作性等原则，根据当地的实际情况选择操作层指标。

4. 水资源 PSR 系统安全诊断模型

用于多指标综合评价的方法众多，常见的包括德尔菲法、层次分析法、主成分分析等；目前脆弱性评价并没有比较公认的赋权和评价方法。水资源 PSR 系统作为一个复杂开放系统，本身就带有许多不确定性因素。其中，人类活动的复杂性使得其与纯粹的自然生态系统相比更具有难以估量的不确定性。目前，学者们大都认同脆弱性是相对于特定扰动而言的系统的内在属性，是一个相对的概念，而不是一个绝对的程度。水资源 PSR 系统的脆弱性也具有相对性、模糊性和不确定性；因此，评价水资源 PSR 系统脆弱性的等级标准也应该根据研究对象的实际情况而选用，将采用集对分析法（set pair analysis，SPA）和熵权法建立诊断模型。

1）集对分析方法和熵权法概述

（1）集对分析方法。

我国学者赵克勤和宣爱理[11]认为依据哲学中的对立统一和普遍联系的原理，应该将确定性与不确定性视为一个系统来处理。在这个系统中将确定性分为"统一"与"对立"两个方面，将不确定性称为"差异"，从同、异、反三方面分析事物及其系统；同、异、反三者相互联系、相互影响、相互制约，又在一定条件下相互转化；对于确定性和不确定性问题可以进行同、异、反定量分析。由此提出了一种不确定性问题的新方法——集对分析理论，并应用联系度对系统进行定量刻画。集对分析可以解决多目标决策、多属性评价等问题，已在评价、管理、预测和规划等研究领域得以广泛应用。

根据问题的需要，依据集对分析基本方法首先对由集合 A 和集合 B 所组成的集对 H 展开分析，共得到 N 个特性，其中有 S 个特性为两个集合所共有，两个集合在另外的 P 个特性上相对立，在其余的 $F=N-S-P$ 个特性上既不对立，又不统一，则集合 A 和集合 B 在具体问题 W 下的联系度 μ 可表示为

$$\mu = \frac{S}{N} + \frac{F}{N}i + \frac{P}{N}j = a + bi + cj \qquad (8.1)$$

其中，a、b、c 分别为集合 A 和集合 B 在该问题下的同一度、差异度和对立度，且满足 $a+b+c=1$；i 为差异标记，在[-1,1]区间视不同情况取值，i 也可仅起标记作用；j 为对立度系数，其值为-1，j 同样也可仅起标记作用。当 a 越接近 1 时，说明两个集合同一度越高，具有越高的相同倾向；当 c 越接近 1 时，说明两个集合对立度越高，两个集合间相互差异越大。

近年来，集对分析方法用于水资源不确定性研究，进行了水质评价、水资源承载力、河流健康评估等方面研究。集对分析方法对不确定性加以客观承认、系统刻画、具体分析，因而具有鲜明的辩证性，研究结果也就更加贴近实际。

（2）熵权法。

熵原本是热力学的一个概念，随后由香农（Shannon）引入信息论，信息熵值反映了信息的无序化程度，可以用来度量信息量的大小；某项指标携带的信息越多，表示该项指标对决策的作用越大，此时熵值越小，即系统的

无序度越小。因此，可用信息熵评价所获信息的有序度及其效用，即由评价指标值构成的判断矩阵来确定各评价指标的权重。熵权法属于一种客观赋权方法，得出的指标权重较为客观；可根据各指标的变异程度，利用信息熵计算出各指标的熵权，再通过熵权对各指标的权重进行修正，或者将熵权法与其他方法结合共同使用。

水资源 PSR 系统脆弱性反映的是系统对变化的适应性/不适应程度，是一个相对指标，具有模糊性和不确定性；水资源 PSR 系统脆弱性诊断问题的特性与这些问题特性具有相似性，且其社会、经济类指标的等级标准具有明显的相对性。考虑评价指标在各个评价级别都具有同、异、反联系的事实，选择用集对分析方法评估系统脆弱性程度，能更客观、辩证地分析水资源 PSR 系统状况。影响脆弱性的因素本身变动幅度越大、越不稳定，与其他因素相比则越容易对系统产生冲击，应该受到更多重视。因此，为突出不同指标代表的因素的相对变动程度对系统及其脆弱性的影响差异，用熵权法分别确定每个维度操作层指标权重系数；顶层各维度权重则根据专家意见以等权法确定。

2）诊断模型构建方法

运用熵权法和集对分析方法对水资源 PSR 系统脆弱性进行评估的具体计算方法如下[12]。

（1）各维度操作层指标权重系数计算。

第一，数据标准化。

假设有被评价对象 m 个，每个评价对象有个 n 相同的评价指标，建立矩阵：

$$X = \left(r_{ij}\right)_{m \times n}, \quad i = 1, 2, \cdots, m; j = 1, 2, \cdots, n \quad （8.2）$$

同一评价指标下不同对象中的最满意者和最不满意者分别为 $X_{\max}$、$X_{\min}$，矩阵 X 无量纲化处理后得到矩阵 D，矩阵内元素为

$$d_{ij} = \frac{X_{ij} - X_{\min}}{X_{\max} - X_{\min}} \quad （8.3）$$

第二，定义并计算各个维度下属评价指标的熵：

$$H_j = \frac{-\left(\sum_{i=1}^{m} f_{ij} \ln f_{ij}\right)}{\ln m}, \quad i = 1, 2, \cdots, m; j = 1, 2, \cdots, n \tag{8.4}$$

其中，$f_{ij} = \dfrac{d_{ij}}{\sum\limits_{i=1}^{m} d_{ij}}$，但由于当 $f_{ij} \leqslant 0$ 时，$\ln f_{ij}$ 无意义，算法需改进为

$f_{ij} = \dfrac{1 + d_{ij}}{\sum\limits_{i=1}^{m}(1 + d_{ij})}$。改进后各指标的熵权为 $\boldsymbol{W} = (w_j)_{1 \times n}$，且满足 $\sum\limits_{j=1}^{n} w_j = 1$。

$$w_j = \frac{1 - H_j}{n - \sum\limits_{j=1}^{n} H_j} \tag{8.5}$$

（2）集对分析，计算相对贴近度。

将同一地区不同年份数据按照胁迫性、敏感性、适应性三个维度整理为三个指标集合，分别进行集对分析，得到三个维度指标集合与最优评价集的相对贴近度。具体方法如下。

设评价方案集 $F = \{f_1, f_2, \cdots, f_m\}$，评价对象集为 $E = \{e_1, e_2, \cdots, e_k\}$，$e_k$ 为第 k 个被评价对象，评价指标集 $D = \{d_1, d_2, \cdots, d_n\}$，评价指标权重集 $W = \{w_1, w_2, \cdots, w_n\}$。则可以将每一个维度指标集合记为 $Q = \{F, D, E, W\}$。

在同一空间内进行对比，确定各评价方案中的最优评价指标和最劣评价指标，其中，u_r、v_r 分别为各指标的最优值和最劣值。两类指标归类构成最优评价集 $U = \{u_1, u_2, \cdots, u_n\}$，最劣评价集 $V = \{v_1, v_2, \cdots, v_n\}$。集对 $\{F, U\}$ 在 $[U, V]$ 上的联系度为

$$\begin{cases} \mu(f_m, u_n) = a_m + b_m i + c_m j, \\ a_m = \sum w_p a_{pk}, \qquad\qquad p = 1, 2, \cdots, n \\ c_m = \sum w_p c_{pk}, \end{cases} \tag{8.6}$$

其中，评价指标 d_{pk} 与集合 $[v_p, u_p]$ 的同一度和对立度分别为 a_{pk} 和 c_{pk}；第 p 项指标的权重为 w_p。

当 d_{pk} 对评价结果起正向作用和负向作用时，计算公式如式（8.7）和式（8.8）所示：

$$\begin{cases} a_{pk} = \dfrac{d_{pk}}{u_p + v_p} \\[4mm] c_{pk} = \dfrac{u_p v_p}{d_{pk}\left(u_p + v_p\right)} \end{cases} \tag{8.7}$$

$$\begin{cases} a_{pk} = \dfrac{u_p v_p}{d_{pk}\left(u_p + v_p\right)} \\[4mm] c_{pk} = \dfrac{d_{pk}}{u_p + v_p} \end{cases} \tag{8.8}$$

方案 f_m 与最优方案集 U 的相对贴近度可以反映被评方案 f_m 与最优方案集 U 的关联程度，r_m 值越大表示被评价对象越接近最优方案。

$$r_m = \frac{a_m}{a_m + c_m} \tag{8.9}$$

其中，r_{m1} 为胁迫性指标与最优评价集的相对贴近度；r_{m2} 为敏感性指标与最优评价集的相对贴近度；r_{m3} 为适应性与最优评价集的相对贴近度。r_{m1} 越大说明胁迫性越小，压力对系统的冲击越小；r_{m2} 越大说明系统敏感性越小，系统不容易受到压力冲击影响或者说系统越稳定；r_{m3} 越大说明系统适应性能力越高，越易应对、减缓冲击的不利影响。

（3）等权法核算系统脆弱性。

三个维度相对水资源系统脆弱性的权重由 W_1、W_2 和 W_3 的等权值确定，总和为 1。水资源 PSR 系统脆弱性程度与最优评价集的最优贴近度为 R_m，水资源 PSR 系统脆弱性程度越低，R_m 值越大，否则相反。

$$R_m = W_1 \cdot r_{m1} + W_2 \cdot r_{m2} + W_3 \cdot r_{m3} \tag{8.10}$$

8.1.3 水资源协商管理政策的需求分析

1. 政策需求形成

水资源协商管理涉及水资源的自然子系统和社会经济子系统。在自然子系统中，不确定环境影响着水资源的供应和需求，水资源的供需又影响着社会经济子系统中人与水、人与人之间的关系。一个理想的系统状态应该是人与自然和谐共处，自然和社会和谐发展。现实中，由于系统自身复杂性和人类实践能力的局限，进行水资源管理是一个长期、复杂、艰巨的系统工程，系统往往处于不和谐的状态，水资源管理存在多种问题。近年来，气候变化使得水资源不确定性增强，同时人类社会经济变化迅速，水资源问题比以往更具有复杂性、多变性和不确定性。传统的基于确定性的水资源短缺的调度、控制已难以适应不确定性加大的环境变化。这种背景下，严峻的人水冲突、人人冲突的现实情况与和谐、可持续发展愿望之间的差距就会很大，对水资源协商管理的落实政策需求就会应运而生，这样才能满足在变化环境下对水资源管理不确定性问题的有效解决。

水资源协商管理政策需求仍然在 PSR 框架下形成，具体过程包含以下阶段（图 8.5 和图 8.6）。

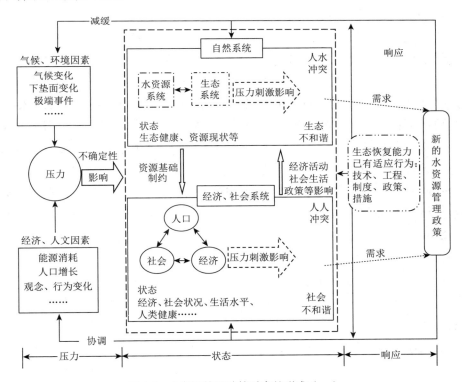

图 8.5　水资源管理政策需求的形成（一）

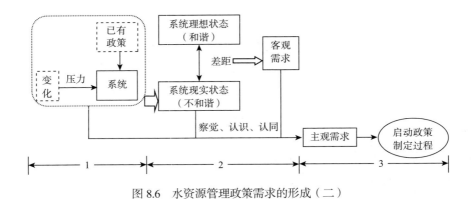

图 8.6　水资源管理政策需求的形成（二）

1）各种压力变化促使系统偏离原有状态

来自气候、环境和经济、人文两方面的压力产生各种不利影响，迫使水资源系统偏离原有状态。在水资源系统中，伴随着经济、社会发展需要的各种人类活动（资源开发、能源利用方式、环保行为等）的变化和气候要素、自然环境变化，产生了刺激系统偏离原有状态的压力因素。这些压力使得有限的可供消耗水资源总量逐渐不能满足不断增长的用水需求、排污需求，而产生了水资源短缺、水污染等一系列水问题，形成了人水冲突，影响了自然生态系统健康、和谐发展，需要相应的政策去保障经济、生态和国家的用水安全；同时在有限的资源约束下，如何进行用水量及排污权等分配直接影响用水主体的经济利益和生活质量，由此引发了各用水主体之间的（人人）冲突，影响社会和谐发展，需要相应的政策去协调各方利益，平稳落实水资源管理。

2）原有政策措施（响应）不能有效应对变化，形成客观的政策需求

由于工业时代开始以来人类活动对自然的干扰增强，自然生态系统自身的恢复能力往往不足以缓解压力带来的负面影响。同时在全球范围内经济、社会的快速发展和气候变化背景下，原有的高能耗、粗放型社会发展模式和以计划、预测、控制为主的管理模式不能应对水资源复杂系统的不确定性变化，集中体现在原有的正式规则和非正式规则不能有效引导人类采取行动、解决变化下产生的各种水问题、协调人水冲突和人人冲突。例如，原有的法律法规、政策措施（包括工程和非工程措施）、设施和技术等不能缓解多利

益主体间用水矛盾，无法支持水权在各用水户间自由流转，不能控制超量排污行为，无法为节水行为提供有效激励，公众的环保意识和用水行为不符合节约型社会的理念等。在解决变化环境下水问题时，已实施的政策措施往往在三条红线目标分配和落实过程中显示出失灵或者低效的特点，因此需要寻找更有效的新管理模式和方法，由此产生了制定水资源协商管理政策的客观需求。

3）差距和问题被察觉，主观政策需求形成，进入政策制定和选择

系统理想状态和存在各种问题的现实的差距形成了制定水资源协商管理政策的客观需求。但还需要政策制定者或主流群体对变化环境下现实的或潜在的水问题有所察觉，对水资源管理的客观需求产生认同，形成水资源协商管理政策应对变化环境带来的风险和压力的主观愿望，才可能启动政策制定过程。

2. 政策需求分析步骤

水资源协商管理政策需求是伴随变化环境下水资源管理复杂系统的变化而形成的，因此水资源协商管理政策需求分析过程也是对变化环境下水资源系统管理行为的分析过程。

纵观国内外应对变化环境的管理政策研究，众多研究者（如 Pahl-Wostl、Turner Ⅱ、IPCC 专家等）在分析系统对环境变化的适应机理时，都以从驱动因素到系统响应的 PSR 分析思路为核心来讨论，并且形成两大类适应评估方法途径。常规的管理政策评估分析主要以 IPCC 气候变化影响和适应政策评估技术指南中列举的方法工具为代表，另一种适应政策研究致力于改善各种对不确定环境的适应能力和复原能力。但无论是从具体问题出发的"方案驱动"研究方法，还是从研究目前生态和社会系统对变化的脆弱性出发的新研究方法，本质上均是从明确全球变化的影响范围入手，寻求能够改善系统脆弱性和应对变化的适应能力的管理措施。这意味着研究水资源协商管理政策时，还是应该以 PSR 分析框架为基础，从变化的可能影响和系统的脆弱性出发，来分析实际的政策需求[1]。水资源协商管理政策需求分析步骤如图 8.7 所示。

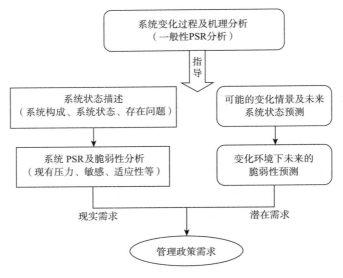

图 8.7　水资源协商管理政策需求分析步骤

（1）明确系统变化过程及机理。制定水资源协商管理政策，首先要深入了解变化环境下的人水复杂系统，明确系统在受到压力刺激时的状态变化和响应行为的动态演变规律（即 PSR），为随后详细分析和预测系统行为提供依据。

（2）考虑未来情景和脆弱性变化，预测协商管理政策的潜在需求。估计未来水资源开发利用情景及经济社会发展趋势和系统状态，归纳形成未来不同情景集。分别估测未来不同情景下的压力因素对水资源系统可能产生的影响，预测未来脆弱性的变化。在了解当前系统状态和适应能力、预测未来风险的基础上，剖析为减少未来气候等因素变化的风险应采取哪些应对措施。

（3）综合考虑现实和潜在需求，明确当前的水资源协商管理政策需求。政策制定不但是为了解决已有问题，同时还要有长远的眼光，未雨绸缪，才能保证制定出的政策具有长久的适用性。因此，在考虑现实和潜在的政策需求的基础上，针对可能出现的影响而采取趋利避害的水管理政策。在整个政策需求的分析过程中，其中系统的脆弱性是分析的重点。

3. 政策作用机制

水资源管理的相关政策属于公共政策，其作用对象（即政策相对人）是与水资源管理问题相关的社会主体（可以是个人、群体、组织等），引导和规范这些政策作用对象采取期望的社会性行为，即通过各种措施，使他们在生产和生活中采取有利于提高应对不确定风险的适应能力、降低气候变化可能的损失、改善整个系统脆弱性的适应性行为。

水资源协商管理政策是由政策相对人执行实施的，但政策的最终作用对象、发挥作用的环节、手段不尽相同，可从这几个角度分析政策作用的机制。

1）从最终作用对象角度分析

水资源协商管理政策包括阻止/减缓和适应人类对水资源系统的响应行为，但阻止/减缓与适应行为的范畴不同，政策作用的对象不同，发挥作用的机理不同，如图 8.8 所示[13]。

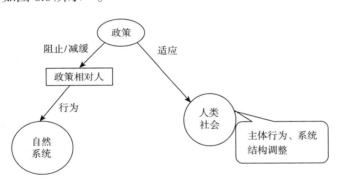

图 8.8　水资源协商管理政策作用机制

（1）控制气候和环境因素的阻止/减缓政策。

阻止或减缓全球变化的行为，所针对的主体是地球系统，发生在全球变化达到某一临界值之前，目的是通过控制或减缓全球变化的某些关键过程而减轻全球变化可能带来的影响[2]。因此这类政策针对水生态系统及其子系统，在分析水生态系统运行机理基础上，通过控制影响系统的各种环境变量，干预自然演化过程，达到解决问题的目标，如跨流域调水、人工增雨等。但即使是针对水生态系统及其子系统，控制气候和环境因素的阻止/减缓政策，也是通过政策相对人的人为行动实施的。例如，修复植被是通过林业部门、环保部门、公众等进行植树造林、绿化等活动实现的，政策的直接对象（政策相对人）是这些政策执行和参与者，通过他们的行为作用于水生态系统，改变系统状态，达到阻止或减缓全球变化的目的。

（2）调节人类行为的适应政策。

水资源协商管理需要人们不断去调整适应自身的用水行为和用水方式，公众的广泛参与才能更有效地落实水资源管理，才能较为顺利地完成红线目标。那么，适应政策往往针对的是人类社会，是在承认全球变化不可避免的前提下，通过改变人类社会的脆弱性而规避全球变化带来的风险[13]。这类政策强调的是改变人类价值观、行为方式，尤其是开发利用资源的模式，通过发挥人类主观能动作用，改善经济社会系统结构、功能，减少其遭受风险时发生损失的可能性，增强适应气候变化的可持续能力，同时减少人为因素对自然系统的胁迫，达到改善整个系统适应能力的目标，如实行阶梯水价、增收水资源费、鼓励节水技术、宣传环保理念等。

2）从作用环节角度分析

在压力刺激下一个水资源系统的演变可以很好地用 PSR 模型描述。在各种驱动因素影响下，对现有系统的压力产生，从而改变了系统状态，这种变化对自然和经济社会产生影响。为了缓解和适应这一过程产生的不利影响（损害），可以制定和实施水资源协商管理政策，相应采取各种干预措施（及措施组合）。根据发挥作用的环节不同，政策主要可以分为两类，如图 8.9 所示。

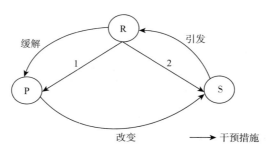

图 8.9　水资源管理政策作用机制

（1）减少（缓解）压力 P 的政策。

识别系统面临的压力、分析影响压力的驱动因素。针对这些因素制定管理政策、条例，对其变化进行限制，减少压力产生的可能。例如，限制某类化学农药的使用，以减少其中的氮元素对地下水产生污染的概率；限制高耗水行业发展，减少用水总量；改变水价政策，引导用户节水。这类干预措施能从根源上减少潜在的压力。同时，针对现实存在的压力，制定管理政策以缓解压力的强度，干预压力改变系统状态的过程，从而减轻压力对系统状态的负面刺激，如对排放的污水进行净化处理，在旱季进行人工增雨。

（2）改善状态 S 的政策。

这类政策的目标是采取针对性干预措施，解决系统现存的各种环境问题和经济或社会问题，改善水资源系统状态，缓解各种压力带来的不利影响。例如，对污染的湖泊进行治理、开展水流失治理、完善防洪设施、普及节水设备、救助弱势群体、建立货币补偿机制补偿由于气候政策受到损失的群体。

3）从政策手段类型分析

同一般公共政策一样，水资源协商管理政策影响的也是相对人行为的基本方式，包括引导和规范。引导主要通过正面刺激诱导或鼓励政策相对人采取适应性行为；规范通过负面刺激驱使或监督政策相对人采取规定行为或禁止实施规定行为，带有强制性。政策手段又可以归类为经济手段、规制（法律/行政）手段、宣传教育手段等。不同手段的强制性或引导性不同，起作用的主要内在方式不同，如图 8.10 所示。

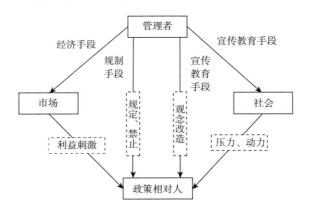

图 8.10　水资源协商管理政策作用机制

经济手段包括引导性的基于市场的经济手段和带有强制性的基于职权的经济手段。其中，基于市场的经济手段是通过调控市场活动引导政策相对人的行为，如对资源价格调整、给予环保企业补贴、税收优惠、创建排污权交易市场等，促使市场经济规律引导企业采取节能减排的生产经营方式。基于职权的经济手段是依靠政府的法定职权直接给予政策相对人惩罚或者奖励作为经济刺激，包括拨款、补贴、罚款等。

规制手段基于政府的法律权威和行政权力通过规定行为、颁布禁令和特定标准、审批及发放许可证、定额等，限制政策相对人的用水、排污等行为。

宣传教育手段主要通过环保教育、舆论宣传、信息公开等方式，引导或迫使政策相对人主动采取适应性行为。

为实施水资源管理政策，可以从减少压力和改善状态两个环节入手，同时实施缓解和适应政策，干预水资源系统适应性的演变过程，可以减少气候变化的负面影响。一般来说，解决某个特定水问题可采用多种不同的适应政策，其中的每一种都可以不同形式、不同程度实现目标，也可以对可选择的政策进行集成和协调，选择一个政策组合。政策选择需要一个决策的过程，在此过程中应该考虑作为一个整体的水资源系统的现状、特点和利益相关者的需求及偏好。利益相关者应广泛参与水资源协商管理的政策选择过程。

8.2　水资源协商管理政策选择程序

8.2.1　政策选择中的协商研讨

1. 水资源管理政策选择的协商必要性

政府的法律职权决定了在公共政策制定过程中政府的核心地位，在我国传统上政府是政策制定的发起者、政策设计者、最终决策者。但是以行政主体为主要甚至是单一的参与者的政策制定方式不符合水资源协商管理的需要。水资源协商管理的政策选择应该是一个全过程、多利益主体参与协商、政策制定和实施的过程。

水资源管理面临的问题具有动态性、情景不确定性，涉及多学科，比确定情景下的水资源管理更具复杂性。这些特点决定了解决水资源管理的关键问题——明确环境变化的影响范围，进行政策选择需要的大量的数据和信息，以及不同领域的专业人员的广泛参与和支持。

水资源协商管理与传统管理不同的一个关键点在于强调对人类行为的引导和调整，首先需要大量私人信息（偏好、成本、效益、行为模式等），政策相对人的积极参与对私人信息的完整性和可靠性有重要影响。同时，水资源协商管理本身是一个强调公众参与和社会学习并通过实践不断改进管理的过程。在水资源协商管理过程中利益相关者之间的沟通、模仿、协调是达成一致行动（有效地政策选择和实施）的必需过程。

因此，应该通过多主体参与多阶段协商研讨，实现民主、科学的水资源管理政策选择。

2. 水资源管理政策选择的协商研讨机制

1）参与协商的主体

协商决策是一个群体决策过程，参与水资源管理政策选择协商研讨的主体应包括水管理者、各领域专家、下级政府、基层用水户、供水企业，同时各个主体所扮演的角色所处的地位是不同的。

管理者是指有合法权限，可针对特定水资源问题制定管理政策的政府或管理部门。具体的问题涉及的范围、层面等不同，管理者也不同，可能为中央、省市各级政府、流域管理机构，以及水利、农林、环保、物价、航运等各管理部门。管理者在决策过程中起主导作用，是政策制定程序的发起者和最终决策者，有权根据问题实际情况和现实条件决定是否启动政策设计或者放弃制定新政策；并有引导、组织、促进协商研讨的权利和义务。

各领域专家主要涉及水资源管理、经济学、管理学、系统科学、工程学、环境科学、水资源学、航运学等方面的专家、学者、研究人员等。他们从专业的角度为决策提供科学指导，决策立场中立，无个人利益价值取向。

下级政府是指在管理者管辖范围内，预计政策涉及区域的更低科层的政府或部门。下级政府从属于上层管理者，水资源协商管理政策的具体实施是依靠各层次的下级政府执行的。他们对自身管辖范围内的实际情况更了解，而且政策对下层政府所属区域发展有直接影响，因此，下级政府参与政策选择协商时具有双重身份，一方面为管理者提供决策支持，另一方面为本区域争取利益和权利。

政策相对人是直接受政策影响的利益相关者，根据具体问题的不同，可包括基层用水户、供水企业等。基层用水户按照用水性质分为农业用水户（如灌区、用水协会）、工业用水户（行业、企业）、居民生活用水户、生态和环境用水户（由政府作为其利益的代表）、航运用水户（由交通部门作为其利用的代表）等。供水企业包括水库、自来水公司等。这类用户在决策过程中更多考虑自身利益的实现。间接利益相关者包括除了政策相对人以外的一般意义上的公众、NGO 等，主要在政策制定时参与提供建议、在政策实施过程中进行监督。专家团主要由各领域专家、管理者、下级政府中挑选出的专业人员组成，负责政策备选方案设计、模型及评价标准的构建和选择、方案评估基础工作以及可能的政策调整修改。作为政策方案的设计者，专家团一般不参与政策的具体选择。

2）协商任务及内容

水资源管理政策选择的协商贯穿于政策选择的全过程。每个阶段的协商任务和内容如图 8.11 所示。

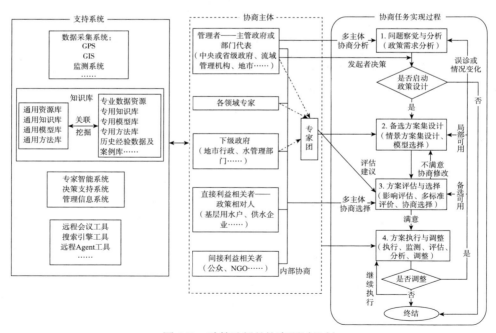

图 8.11　政策选择的协商研讨机制

（1）问题察觉与分析阶段。这一阶段是分析系统现在、识别和分析问题、明确水资源管理政策需求的阶段，也是协商研讨发起阶段。协商研讨的发起可以是自上而下的也可以是自下而上的。前者是由管理者根据掌握的信息，考虑制定新政策，因而发起政策选择协商的号召，其他主体响应参与协商研讨。后者是由其他主体察觉到现实问题，进行讨论、发出政策需求信息，这些分散的信息经过汇总整理后，提交给管理者，引发正式的准备政策选择协商讨论。在这一阶段对问题分析完后，由管理者依据分析结果决定是否设计新政策，进入备选方案集设计阶段。

（2）备选方案集设计阶段。管理者确定要制定新的政策后，则进入这一阶段进行不同情景的备选方案集设计和评估模型及评价标准选择。专家团基于各主体或数据采集系统提供的相关资料以及前期协商研讨得出的对问题的分析结果，结合知识库和专业经验，建立不同未来情景及备选方案，并确定分析政策可能影响的评估模型和用于政策评价的多标准评价体系。

（3）方案评估与选择阶段。专家团根据上一阶段确定的模型和标准对方案进行论证及影响评价、综合评估，并提交备选方案及评估结果给各主体。各主体据此阐述意见并进行相互讨论，同时与专家团交换意见，专家团在此基础上对方案进行修改、新增。通过多主体反复协商直至达成共识，选出令绝大多数主体最满意的方案。

（4）方案执行与调整阶段。通过协商选出的最满意的方案经过和法化程序后，开始生效执行。方案执行过程中出于法律责任、社会责任和维护自身利益考虑，其他主体对政策相对人是否遵守规定进行监督、举报或奖惩，同时政策相对人之间互相监督，从而促进政策的有效实施。同时，管理者和下级政府需要实时监测、统计并公示政策措施的影响，对实际效果进行评估、分析，并做出相应政策调整。

3）协商的支持

由于水资源管理是一个涉及多学科的复杂问题，多利益主体的协商研讨需要大量的信息、数据和决策工具支持。信息采集数据系统通过全球定位系统（global positioning system，GPS）、GIS、环境监测设施和仪器、经济社会数据统计系统等收集决策需要的自然环境和经济社会基础数据，包括土地利用信息、绿化和水土流失治理信息、水资源专题数据（如水文测站、水工程分布、降水、蒸发、径流、泥沙、水质污染和污染源分布等）、人口数据、GDP 及各产业产值信息等。

知识库由相互关联的通用知识库和专业知识库组成，通用知识库储存一般性的公共知识，而专业知识库存储为水资源政策选择提供环境科学、社会科学、国家相关法规等各学科的相关知识。专业数据资源库存储数据采集系统收集的数据信息，模型库、方法库包含水资源系统分析、政策评价与仿真的各种模型和算法，历史经验数据及案例库收纳区域水资源管理历史信息（包括问题历史状态、措施、效果等）和可借鉴的国内外经典案列。

专家智能系统、决策支持系统、管理信息系统、远程会议工具、搜索引擎工具、远程 Agent 工具等为远程的协商研讨提供网络沟通支持。

8.2.2　政策选择的一般程序

政策科学家 Yehezkel Dror 认为政策制定既可以被视为一个包括多个因素和子系统的复合系统，也可以被视为一个由多个阶段和环节构成的动态的行为过程。依据一般公共政策的制定程序，水资源协商管理政策制定程序可分为问题的察觉与分析、备选方案集设计（政策方案设计和政策评估模型构建）、方案的评估与选择（方案的评估、选择和合法化）、方案的执行与调整（执行、监测、评估、分析、调整与终结）四大环节，如图 8.12 所示。一个政策选择过程意味着需要政策制定者在主观判断和与利益相关者协商的基础上对每个阶段做出决定，这些决定有可能是相互排斥的（选择哪个目标、采用什么样的数据、采取哪种模式）。本节以水冲突问题为例，具体解释政策选择包含的阶段和在每个阶段必需的主要工作内容。

1. 问题的察觉与分析

水资源协商管理政策的制定应该从问题的察觉与提议环节开始，观察和分析已有水资源问题，通过 PSR 框架分析和系统脆弱性分析，判断有哪些需要列入政策议程的问题。

1）问题察觉

通过资料分析和社会调查等方法了解，归纳管理区域内"环境–人–水"系统现状和面临的水资源问题。应从流域的流域形状、自然地理特点、社会

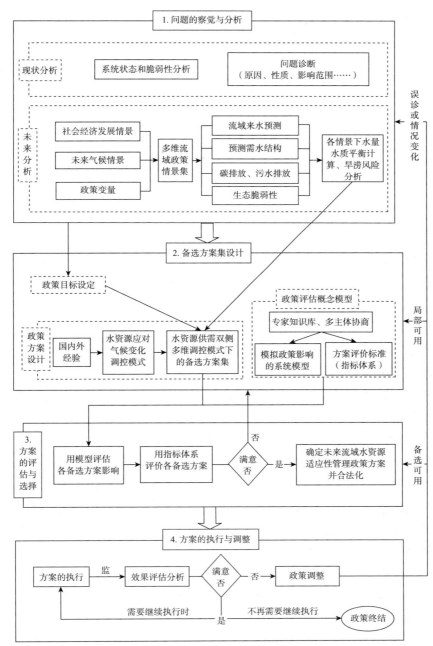

图 8.12 水资源协商管理的政策选择程序

经济状况、水利工程体系、人文环境等现状出发，充分考虑各种水资源问题间的内在联系，尤其是水资源短缺与用水相关利益分配和用水行为之间的关系，以及水安全与社会经济可持续发展之间的关系。据已有水文资料、灾害统计资料、社会经济统计资料，对流域"环境-人-水"系统现状和脆弱性进行评估。通过分析现存系统状态，初步推测问题未来发展趋势和潜在威胁，明确有哪些问题急需通过采取管理政策予以解决。

收集真实可靠的信息和数据在这阶段十分重要，能共享自然生态信息和经济、社会数据的系统或数据平台以及实地调查访谈能有效弥补信息差距。

2）问题分析

（1）对问题现状进行分析。

就要采取措施解决的水资源问题进行深入细致的研究，确定其性质、影响范围及造成该问题的原因。结合前期对"环境-人-水"系统的分析，对要解决的水资源问题进行深入研究，确定该问题是属于供给问题还是需求问题，是外源性问题还是内源性问题，是经济问题还是非经济问题等；确定水资源问题影响的地理范围是特定区域（点）还是全区域（面），利益相关者包括产业、居民、社会团体、政府中的哪些，产生的影响是长期影响还是短期影响，主要是经济影响（如经济发展、经济结构等）还是社会影响（如人口规模、居民生活质量、观念等）；判断引起问题的原因主要是自然因素还是人类行为。

通过对问题的细致诊断，才能够建立适宜当地独特的水资源协商管理的方案。在问题的诊断过程中，尤其要注意：充分分析利益相关者的类型、行为特点和利益诉求，为制订方案中引导和调节利益相关者行为的政策及制度提供理论依据；分析问题原因中的人类行为因素，使制定出的政策措施能通过调节人类活动，减少人类行为引发的不利影响；挖掘深层原因，尤其是观念和体制性原因，以便于采取相应的措施，消除根源、中介原因或进行末端治理，提高管理政策的有效性。

（2）估计未来情景下问题可能的变化趋势。

水资源协商管理政策不仅仅是为了解决眼前已有的水问题，更要对未来可能发生的变化采取前瞻性的减缓和适应措施。因此要在分析未来可能的情景下水冲突问题的发展趋势的基础上进行政策方案的设计。

依据已有的资料，如政府经济社会发展规划等相关资料，综合构建包含未来气候情景、社会经济发展情景、（现行）政策变量的多维流域政策情景集。对各情景下的来水情况、各产业和生活需水结构、污染排放进行预测，并估测未来生态脆弱性。通过水文模型进行各情景下的水量、水质平衡计算和旱涝风险分析，对未来可能的各个情景下水冲突问题的发展变化趋势（用水缺口及时间、污染程度变化、旱涝灾害风险）进行预测。在明确水冲突问题现状和未来可能变化情景的基础上，可定量分析理想状态和现实及不采取措施的未来的差距，由此可为缓解可能的威胁，进行下一步政策目标设定和方案设计。

在问题察觉的提议环节，为了更深入地分析需要实施水资源协商管理政策的区域及其脆弱性和管理需求，应该重视利益相关者的充分参与。应该召集来自相关组织的利益相关者，就该地区的关键性问题、不确定性因素进行研讨。最终根据分析结果，考虑资源有限性、需求强度不同等因素，将问题按轻重缓急排序，把确定要采取的政策措施列入政策议程。

2.备选方案集设计

在前一阶段问题和政策深入分析基础上，考虑不同未来情景、拟订备选政策方案集；同时为了评估和比较替代方案，建立包含系统分析和方案评价标准的政策评估基本概念模型。

水资源协商管理政策方案设计应在对系统脆弱性和已有对策的应用及效率有比较深刻理解的基础上，根据不同变化情景条件下对未来影响预估的研究结果，充分考虑区域差异和发展目标，明确适应性政策目标、干预点和政策手段，拟订方案。

1）政策目标的确定

对政策目标的内涵进行明确界定，区分战略目标和具体目标。战略目标比较宏观、涉及一类政策、往往不与特定方案联系在一起。水资源协商管理政策的战略目标可以是提高工业用水效率，缓解用水矛盾，解决工业用水短缺问题，提高节水意识等。水资源协商管理的目的在于维持和增强生态系统恢复力，即关键生态系统结构和过程对自然及人类社会干扰的持续性和适应性，而不是对生态系统进行控制，这意味着虽然单个政策的直接目标一般是解决节能、减排、水污染、短缺等具体问题，但其最终目标是通过不断学习管理实践的过程，协调人类活动适应环境变化，以减少系统脆弱性[3]。

具体目标是一项政策实施后希望达到的具体效果。水资源管理政策具体目标的确定应基于对未来情景下水冲突问题变化的预测，目标应该是具体明确、可度量的，直接针对要解决的水资源问题。例如，在 A1 高经济发展情景下，某省到 2015 年预计年用水总量缺口达 x 亿立方米，为解决未来的缺水问题，需控制用水总量，提高用水效率。故计划争取下年全省生产、生活、生态实际用水总量较本年减少 3.5 亿立方米，万元地区生产总值用水量较本年提高 5%，万元工业增加值耗水量下降 2%。

2）方案设计

方案设计首先要符合国内外水资源管理的成熟经验，同时必须综合考虑地区未来的社会、经济发展趋势和自然环境变化，包括人口数量和结构、文化水平、经济发展趋势、产业结构、气候趋势、生态环境状态、自然灾害的可能性等因素。因此，应依据政策制定相关参与群体的经验，针对具体问题和目标，结合多维情景预测制订多个具有可行性的备选方案，以进行择优比较。每个备选方案应该包括为达到水资源协商管理政策目标采取的具体政策措施在内的行动计划，即要确定政策干预点和选择具体政策手段。

水资源协商管理政策的干预点选择是确定政策直接着力施加影响的领域，供给管理、需求管理，末端治理、消除中介原因、根源治理，观念调节、行为调节。不同的水资源问题采取的主要干预点一般不一样，但为了达到较好的效果，通常可以选择多个干预点配合进行干预。为解决水资源短缺问题应该同时进行供水和需水管理，并配合使用观念调节和行为调节，通过改变用水观念和行为来改变用水需求。同样为提高节水意识，可以通过观念调节（宣传教育），辅以需求管理（提高用水价格、抑制需求），通过提高使用者对水资源价值的认识，以达到提高环保意识的目标。

选择具体政策手段是指选择引导或促使政策对象采取期望行为的具体措施。政策手段主要包括规制手段（法律、行政）、经济手段、宣传教育三种。水资源管理应该协调人类行为适应环境变化，因此应该注意使用配合各种手段促进参与水资源管理的利益相关者通过吸收实践经验，改变观念和行为。例如，为了提高工业用水效率可以规定用水定额和奖惩办法，调整用水价格，提高对高耗水行业的收费，通过宣传环保思想提高节水意识、减少浪费，综合使用三种政策手段达成目标。

方案要有实用性、可操作性和细致性，尤其要注意水资源协商管理政策方案实施可能对弱势群体（如农村贫困户）的影响。同时，因为各干预手段之间可能很不和谐，可能会损害一些群体的利益（如果将农业用水转移给工业，会影响农业产量和农民收益，如果不给予农民补偿或其他经济激励，可能会引起矛盾和对政策的抵制）。应该妥善考虑和处理利益相关者的建议，并协调各方关系。

3）建立政策评估的基本概念模型

政策评估的关键是对环境变化影响的利弊进行综合分析，区分有利和不利的变化，识别受损和受益的部门，认识直接影响和间接影响，需要建立包含估计政策效果的系统分析模型和评估备选方案的标准[4]。

（1）建立系统分析模型。

不同的方案干预点和手段有所不同，如果执行可能会产生不同效果。为了量化不同方案，必须提供一个可以描述系统内因果关系的模拟系统变化的模型。模型类型的选择及模型的详细程度是与方案设计的政策干预点选择和采取的政策行动紧密联系起来的。模型可以包括数学模型和专家经验结论。由于计算能力的限制，可以通过降低复杂度的方法，即采用一个容易计算的模型。小范围的实践和仿真也是建立系统分析模型的有效方法。

模型的输入变量必须包含量化干预手段作用的参数（政策变量）和允许去描述系统未来状态的变量（如降水量、需水量），由此可以构建出不同情景。无论是方案还是情景，在模型运行运用之前，它们都必须量化。情景的选择可以由专家经验推导得到或者由其他模型模拟得到，如未来降雨情况可以由气候变化模型产生，而经济和社会发展的情况可以根据专家分析或政府规划来描述。值得注意的是可能存在不止一种情景，情景并不一定确定，经常是随机的。例如，未来某段时间在降雨情景下湖泊水位是高还是低，未来区域缺水量等，都受气候因素或人为因素的不确定性影响，在不同的气候模式和发展模式下会呈现出不同的结果。通过模型可估测分析不同情景下各备选方案的可能实施效果，为方案选择提供依据。为了促进社会学习，应该使利益相关者了解水资源管理行为，对系统模型构建达成共识。这样未来通过模型分析得到的政策影响评估结果能够得到更广泛的信任和接受。用于政策效果分析的系统模型见图 8.13。

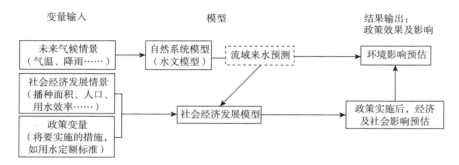

图 8.13　用于政策效果分析的系统模型

（2）定义评价标准。

为了以后评估和比较替代方案，在设计方案的同时应该定义一套反映问题特点和利益相关者所表达的价值判断的评价标准。标准不仅考虑政策的目标，还要涉及利益相关者关注的影响，特别是可持续发展的标准必须由包括相关利益者群体在内的环境协会和机构提出。让利益相关者在指标中看到他们的利益被表达，可以使协商选择方案的过程更加顺利。备选方案评价标准见图 8.14。

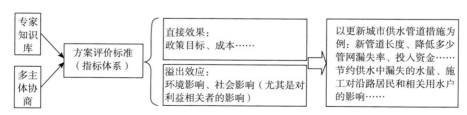

图 8.14　备选方案评价标准

3. 方案的评估与选择

在选择方案时要让方案符合政治可接受性、经济可承受性、社会可接受性和管理可行性等特性。其中政治可接受性是指政策方案不违背当政阶层的主流政治信条和政治利益。我国水资源管理政策方案主要在公众参与下由相关主管部门或地区政府在可持续发展理念指导下提出，政策方案基本是符合主流政治信条和人民利益的，因此不需要对政治可接受性做特别评估[5]。在方案评估时应针对以下三方面进行评估。

（1）经济可承受性。经济可承受性是指政策方案实施所需的经济投入不能超出政府的财政支付能力。如果一个水资源协商管理政策方案所需的经济投入超出了政府财政的支付能力，或者影响了政府财政长期健康运行，政策方案将难以实施，不具有较好的可行性。

（2）社会可接受性。社会可接受性是指政策方案不能有悖于社会公认的基本原则、基本规范，不能违背社会多数人的利益。价值偏好不一致或价值冲突的存在是正常现象，主要有两种情况：水资源管理政策的价值偏好与某些既得利益群体或利益集团的价值偏好会有所冲突；另外某些情况下由于政策决策者比普通公众更有远见，政策观念可能与社会主流的观念不完全一致。但总体来说水资源协商管理政策从长远上、根本上应该更符合公众的利益和历史趋势，因此政策决策者和执行者应该创造条件使得政策价值观被公众了解和接受，通过利益协调和信念调整，协调人水关系和人人关系，以改善系统脆弱性、达到人水和谐。

（3）管理可行性。管理可行性是指政策方案的实施必须是现行行政体系可以操作与管理的，不能过于宏观、缺乏可操作性。首先，针对特定地区制订的水资源协商管理政策方案应有明确的具体目标和符合政策执行者权限的具体可操作的措施。其次，与传统管理模式不同，水资源协商管理政策需要多中心、利益相关者广泛参与的一体化水资源管理机制配合才能够更加有效地实施。因此，应该从行政体系和配套机制与水资源管理政策方案需求是否符合的角度考察协商政策的可操作性。

方案的评估与选择步骤如下。

（1）评估和评价备选方案。

每一个备选方案所产生的影响都必须被预估。可以比较备选方案实施前后可能产生的差异，以及比较各备选方案的影响，在此基础上挑选出最好的方案。有的时候备选方案和实施过的历史方案很相似或者一致，这个时候历史方案影响的统计数据可能比较可靠，但如果水资源适应性系统行为改变的话（如未来气候模式变化、区域产业及用水结构变化等），那么方案影响必须通过描述了这些预期变化的模型来评估。

方案的实施影响主要包括水资源管理协商政策实现其预期目标的程度（有效性）、政策溢出效应（社会影响、环境影响）、财务效率及经济效率、政策对未来水资源脆弱性的影响等。备选方案的影响评估结束后，可以得到一系列的指标值（如财政资金的消费量、减少的污水排放量），这些指标值是下一步方案评价的基础数据。

根据之前建立的评价指标体系，对每个备选方案可能的实施影响，系统地分析与评价。

（2）协商选择出最满意的方案。

从设计出的多个备选方案中选择或综合出一个最满意的方案。它能使各方都接受，在无法解决各方面的利益冲突的情况下，需要对备选方案进行协商或修改，有时可能需要通过给受到负面影响的群体一些补偿换得他们对方案的认同。例如，在对初始水权进行分配、组织区域或行业水权转让等方案制订过程中，由于水资源作为生产要素对经济产出有直接影响，用水量直接影响各用水户经济利益，方案若无法兼顾各方利益得到广泛认同，则会被认为自身利益受到损害或未得到合理利益的用水户否决和抵制，需要进一步的协商和修改。

最终选择的备选方案一般是具有帕累托效率的，即它们至少被一方支持，在经济上也是可行的，改动它们既不可能提高一方的满意度而又同时不损害另一方的满意度。利益相关者参与协商选出的最满意方案具有较好的公众接受度，往往容易落实。

在选出最满意的方案后，通过立法机关审议立法、有关部门审核通过，或经过专家论证、公众听证、社会公示等法定程序等途径，使所选择的政策方案具有合法性，成为合法的政策。

4. 方案的执行与调整

1）方案的执行

水资源协商管理政策方案的执行是一个多主体广泛参与的过程，在这个过程中，每类参与主体都可能具有多重身份，如图 8.15 所示。

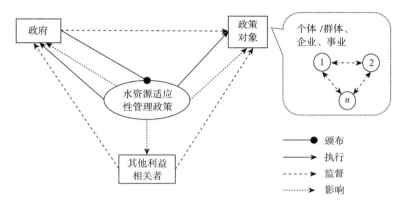

图 8.15 多主体参与下水资源管理政策的执行

（1）政府。

政府具有政策颁布者（监督者）和执行者双重身份。由于政府的权威性，无论出于合法性还是合理性，政府有强制实施经过批准的水资源管理政策，并按规定对遵守政策者给予奖励和对违反政策者进行惩罚的权利。在这个角度上政府处于监督者的地位。同时政府作为机构组织，是经济社会系统的一部分，其运作行为也消耗公共资源，并对环境产生影响，因此也需要遵守水资源协商管理政策，具有政策执行者身份。政府遵守和实施水资源管理协商政策具有示范性作用。

（2）作为水资源协商管理对象的各种主体。

水资源协商管理政策针对的对象是各种有关社会群体，这种群体既可以是个人/群体也可以是组织机构。例如，针对农民灌溉、某类排污企业、某种高耗水行业的用水定额标准，通过干预调节他们的用水行为，减少用水压力。这时农民和相关企业都是政策执行者，必须遵守有关规定，否则就要承担被惩罚的风险，同时这些政策执行者间存在相互模仿和监督行为。需要注意的是，不同的具体政策所针对的对象可能不同，在分析具体政策时候要具体分析。

（3）其他不是政策对象的利益相关者。

对于一项特定的政策，除了政策的执行者会受到政策的直接限制和影响外，其他非执行者的利益相关者可能会间接受到政策溢出效应的影响。其他不是政策对象的利益相关者包括非政策对象的其他用水主体、一般意义上的社会公众、NGO、科研学者等。这些利益相关者往往是最佳的自发的政策执行监督者，如居住在湖边的居民出于环保意识和对污染可能产生的对人体健康及居住环境影响的担忧，会自觉关注影响湖水质量的行为。其出于自身利益的考虑，会对限制在该地区排污的政策持支持和欢迎态度，同时厌恶和监督周边排污企业（该政策对象即政策执行者）的违法排污行为，并关注政府对排污企业的监督和惩罚力度。

2）监测、评估与分析

政策循环中的实施监测和效果评估是水资源协商管理政策不断调整改进的基础。应构建完善的物理监测系统（各种指标检测设备及网络），并建立数据共享平台，保证沟通协调机制的畅通，随时关注系统的最新变化和政策的实施效果。

必须对管理政策进行绩效评价，为政策改进提供依据。同时还需要评价政策调整的效果，以促进管理政策自我完善、适应变化能力。水资源协商管理政策实施效果可从以下方面评估。

（1）直接效果：效率评价（成本收益评价）、有效性评价（目标的达成程度）。

（2）间接效果：公平性、程序公正性分析（对不同群体的影响，尤其是对弱势群体的影响）、公众参与度；环境影响、社会影响（包括认知行为）及对系统脆弱性的影响。

（3）对政策方案的调整能力评估：即评估政策的灵活性，在面对情况变化时是否能够迅速调整，采取的新应对方式是否更有效。

通过对政策实施效果和过程的监测及评估，可对比预期效果和实际效果的差距；分析判断差异是政策方案本身设计不周密，还是情景变化或者执行力等问题造成的；通过总结经验，明确政策调整方向，以减小不确定性带来的风险。

3）政策调整与终结

政策调整是指在政策实施中或实施后，根据情景变化和评估结果以及未来可能出现的状态等方面的新信息，适时调整政策内容或其实施方法，以保证管理政策的效果。若未来情景变化在原有的方案设计已经考虑的范围内，政策的调整可以从原先的备选方案集中重新开始选择或者是对原有的政策措施进行微调；在政策执行过程中出现的新的问题或者是对问题有了更深的认识，在找到新原因之后，需要从问题的分析开始，重新完善政策方案。如果是原有问题已经解决，或者未来情景变化非常大，与原先预计或原有问题完全不一样，已有政策方案完全不适合继续使用，应该终结政策。

8.3　水资源协商管理政策选择工具

如何选择好可操作的水资源管理政策是水资源协商管理有效开展的基础环节。从分析来看，水资源管理关系到国家、社会、生态方方面面，社会经济发展系统无处不渗透着水的足迹，与水有着千丝万缕的联系，为此本书将采用可计算一般均衡（computable general equilibrium，CGE）分析工具来辅助管理政策的选择。

8.3.1　用于水资源问题研究的 CGE 模型

1. CGE 模型研究水资源问题的适用性分析

一般均衡理论认为经济结构只能满足一种稳定的均衡状态，经济系统中任何一个变量的变化都会波及整个系统，而对其他商品或者要素的价格、数量产生广泛的影响。根据一般均衡理论构建的 CGE 模型将企业、居民、政府和世界其他地区视为主要经济主体，描绘经济系统中经济主体优化行为、商品和要素市场的供给活动、需求活动和供需关系，与传统局部均衡模型、投入产出模型、线性规划模型和宏观经济计量模型相比更适合模拟政策变化及外部冲击的影响。

20 世纪末以来，一些复杂系统模型被开发用于分析政策影响模拟，其中 CGE 模型在发达国家和发展中国家的各类公共政策研究中得到了广泛的应用和发展。过去 CGE 模型主要用于贸易政策、公共财政政策、结构调整、外生冲击、收入分配等问题研究，近年来能源和环境问题也开始运用 CGE 模型分析环境和经济的相互影响、评估环境政策影响、分析经济政策的环境影响等。

CGE 模型将宏观经济系统看作一个整体，设置生产、收入支出、贸易等多个相互连接的模块，采用数学方法描述经济系统的内部运行过程；并假设系统内的主体具有响应变化的能力，能够依据系统内供需关系、价格、成本、税收等因素变动的信息调整决策。因此，CGE 模型符合作为水资源政策影响模拟及政策选择模型的基本要求[14]。

（1）从整体角度，定量描述了一个动态、非线性的复杂经济系统。各模块的方程组和优化条件，如生产函数、效用函数、利润最大化与约束、均衡条件等，以数学方式描述各主体行为和多主体间的生产、贸易、消费、投资、储蓄等的循环过程，并可以从价值量和实物量角度表达各经济主体的行为结果。

（2）系统中各经济主体间的经济行为具有传导性。当任一变量发生变化时，经济主体会依据信息决策、调整行为，带动系统运行和其他变量变化，从而对整个国民经济产生影响。而这种影响可以通过方程组求解模拟出来。因此，引入水资源后可以用 CGE 模型模拟经济主体和国民经济的用水量、用水效率等的变化。

（3）依据应用目的，可以设计公共政策控制 CGE 模型系统内的变量，如价格、供应量、税收、财政支付等，由此能够模拟由于政策控制变量变化对经济系统的影响，如水量控制政策、水价政策、财政补贴政策、资源税收政策、外生水灾害冲击等。

（4）CGE 模型模拟结果不但能反映经济主体的生产、交换等活动变化，还反映了更深层次的资源利用途径和效率等的改变；另外，依据经济系统的变化可间接推算出社会系统主体收入差距、劳动力转移、社会福利以及自然生态子系统中资源消耗、污染排放活动等的相应变化。

然而标准的 CGE 模型没有资源环境模块，且只包括资本和劳动力两种生产要素；根据研究需要和现实条件，可采用不同方法将水资源引入标准 CGE 模型中，通过建立水资源与经济生产的函数关系，把一个标准 CGE 模型扩展成水资源 CGE 模型。如此便可以模拟由于水资源相关变量变化对经济系统运行的影响，从而利用 CGE 模型研究分析水资源问题。

2. 水资源纳入 CGE 的方法分析

如果要通过 CGE 方法来进行水资源协商管理政策选择，那么首先就要考虑如何将水资源引入 CGE 模型。已有的利用 CGE 模型探讨水资源问题的研究中，将水资源纳入模型的方式可概括为三种：①为了处理方便作为一个外嵌模块与传统 CGE 模型链接，间接处理水问题；②将水单独视为同劳动、资本、土地等一样性质的基本生产要素，纳入生产函数；③将水作为一种提供商品或服务的行业进行核算。研究者通常根据问题需要和数据的完备性选择其中某种方法构建水资源 CGE 模型。由于第一种方法只是对典型 CGE 模型的扩展，没有改变模型结构，而是通过建立独立的外生水模块作为生产限制条件，不能直接计算水价或水量变动；而后两种方式改变模型结构、引入水资源对经济系统的反馈，通过生产函数描述水资源在生产活动中的作用，可以分析水价和水量变化，因此使用更加普遍。

然而，作为国民经济众多行业之一的水生产与供应业只是以水资源作为主要生产要素、生产出水商品，并将水商品销售给其他行业和消费者（政府、居民、其他地区等）使用的一种特殊行业。并且由于各行业普遍存在自取生产用水的现象，并非国民经济发展消耗的所有水资源都由水生产与供应业提供，在生产生活中的水同时存在着生产要素、中间产品和最终商品三种形态[①]，如图 8.16 所示。构建水资源 CGE 模型时必须考虑到水资源的这一特殊属性。如果不把水看作基本生产要素，只将供水企业作为一个行业或者产业纳入模型，仅采用投入产出表中水生产与供应业的经济数据核算用水总价值量，实际上是将水生产与供应业的商品总量（即自来水供应量）作为国民经济用水总量，忽略了水资源是一种稀缺的、有偿使用的资源的本质，不符合国家的现行政策理念和现实情况。此时，模型中使用的水价实际上是包含供水企业利润、成本、费用等的供水水价，即水商品的价格，计算的水量也远远小于实际经济活动用水量。因此，在此基础上所做的水价政策和水量受供给变动影响。

---

① 由水生产与供应业产出的是水商品，水商品作为中间投入品供其他产业使用时可称为水中间投入品，被居民、政府等消费的水是最终商品。

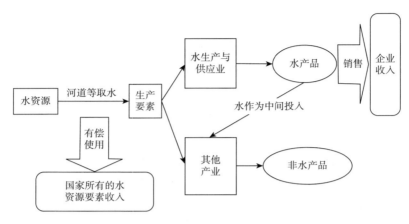

图 8.16 水在生产中的三种形态

当把水资源像劳动力和资本一样作为基本生产要素引入生产函数，并单独按实际用水总量计量水要素报酬时，经济发展消耗的全部水资源的要素价值在 CGE 模型中得到体现，模型能够模拟水资源要素价格和供给量的变动影响。但现有研究中，此类模型对水资源要素价格的计量并不统一，主要有以工程水价计量和影子价格计量两种。从经济学角度看，水资源要素的报酬应该按照资源价值决定的资源价格决定，以影子价格计量水资源要素价格较合理。但我国水资源价格即水资源费，并非由市场决定，而是由政府调控的，水资源费的征收标准远远低于水资源的理论影子价格，且水资源费的实际征收率低，为支持农业发展，许多地方农业基本生产不缴或者缓缴水资源费。如果仅仅采用影子价格计量水资源要素价格，未考虑到我国实际获取的水要素报酬远远小于理论价值的情况，不对模型做出相应修改，等同假设我国水资源报酬是完全按照理论的水资源经济价值征收的，模型的效果会受到影响。

综合考虑以上因素，本书构建的水资源 CGE 模型中把取自河流、湖泊等水体、投入经济生产的水资源视为一项与劳动力、资本一样的基本生产要素，同时将投入水生产与水供应单独列出核算，以体现水资源在经济生产中的三种形态的特点。

8.3.2 包含水要素的水资源 CGE 模型构建

标准的 CGE 模型无法研究水资源问题，因此模拟水资源管理政策必须建立包含水资源的 CGE 模型。首先，应从经济系统和所研究的问题的实际情况出发，对传统的 CGE 模型结构及社会核算矩阵（social accounting matrix，SAM）进行改造，使模型能系统反映宏观经济与水资源环境的内在复杂联系。再根据研究需要设计水资源协商管理政策情景，通过调节相应变量模拟政策冲击，将模拟得到的均衡解与基准期相比较，方可对比分析水资源管理政策的影响。

1. 模型假设

一般 CGE 模型包括生产模块、贸易模块、收入支出模块、投资模块、宏观闭合模块等。本书结合已有水资源问题研究，将水资源纳入生产模块，设计水资源 CGE 模型时采用了以下基本假设。

（1）假设商品市场是完全竞争的，各个部门的企业遵循成本最小化和利润最大化经营方式，所有的生产部门规模报酬呈不变特性。

（2）依据阿明顿（Armington）条件和小国假设，国内商品与进口商品不完全替代，商品的进出口价格都由世界价格决定。消费者和生产商在做出购买和销售决策时均进行优化选择。

（3）考虑到我国经济现实情况，劳动力市场采用更加符合实际的凯恩斯闭合，模型中劳动要素的供给由实际需求决定，且具有弹性；经济有明显投资驱动特点，可认为资本要素市场的实际供应量充分利用。

另外，还增加了与水资源要素相关的假设[7]。

（4）水资源价值及用水补贴假设：为体现水资源经济价值，水资源要素是生产的基本要素之一，水资源要素报酬按照影子价格计算。且由于我国水资源是所有权归国家所有的公共资源，全部水资源要素报酬理应由政府收取，所有生产取水行为均需按水资源要素经济价值向国家支付报酬[7]。然而为了反映我国收取的水资源要素报酬远远低于水资源经济价值，存在高额用水补贴的现实情况；假设政府先按照影子价格和各部门实际用水量计算出的用水量总价值对各部门均征收水资源要素报酬，再对行业生产用水发放补贴。补贴额为水资源要素报酬与实收水资源要素报酬（即实收水资源费总额）的差额，计入总产出的其他成本中，如有多收部分的可以视为额外水资源税费。

（5）经济主体假设：经济主体包括政府、企业、居民，其中居民群体分为城镇居民和农村居民。所有经济主体都是理性经济人，具有适应能力，会根据环境变化改变消费（商品和水资源等要素）、投资、储蓄等活动的决策。

（6）用水来源假设：企业用水包括自取的作为生产要素的水资源和购买的作为本企业中间投入品使用的水商品（也可称为水中间投入品），由于资料限制，假设政府和居民用水完全来源于水生产与供应业提供的水商品。

2. 水资源 CGE 模型反映的经济系统

本书构建的水资源 CGE 模型描述的经济系统运行如图 8.17 所示。

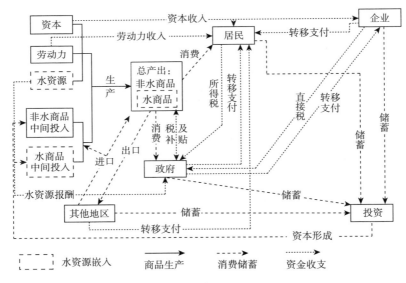

图 8.17　水资源 CGE 模型描述的经济系统

在该水资源 CGE 模型描述的经济系统中，水资源同时以基本生产要素、水商品和中间投入品存在；所有商品可以分为非水商品和水商品。企业（生产部门）使用中间投入品和生产要素进行生产活动并获得收入；水生产与供应业生产出的自来水商品简称为水商品，其他部门的产出简称为非水商品。部门产出的商品可提供给企业作为中间投入品用于生产，也可以通过本地政府和居民消费或者出口到其他地区赚取外汇。除了本地产出的商品外，市场上还有进口商品供各主体消费、投资、储蓄；投资活动形成的资本可再次投入生产过程。各主体间还存在收取要素报酬、转移支付、缴纳税费等资金收支活动。主体的行为导致的实物和资金流动相互关联，因此无论何种因素导致的特定主体行为变化均会影响其他主体的生产、消费、投资、储蓄等活动，从而改变整个经济系统的资源利用、产出和收入分配。

通过对标准的 CGE 模型模块和方程体系的合理改进、构建，水资源 CGE 模型可以将水资源要素相关变量——水资源要素价格、供需量、用水补贴、水商品价格等纳入模型中，反映水资源与系统中其他要素间相互作用和相互依存的复杂联系以及各主体使用水资源和水商品的行为方式。在此基础上，根据研究的水资源问题可设计不同政策情景控制并改变模型中的变量，根据经济行为的传导性，任一或多个变量的价、量、价值变化时，整个 CGE 模型描述的经济活动都会发生连锁变化。由此，可以通过水资源 CGE 模型来模拟不同情景下水资源政策的具体影响。

3. 水资源 CGE 模型的结构及方程体系

本书所构建的三要素水资源 CGE 模型结构如图 8.18 所示，其中水资源同时以中间投入品、水商品和水资源要素三种形态投入生产、贸易、投资等经济活动。

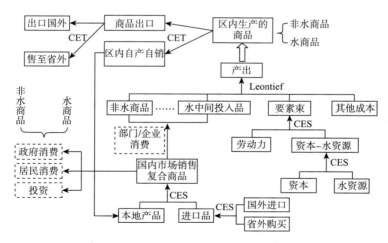

图 8.18　CGE 模型中水资源相关因素嵌入

将经济系统中的生产活动简化为农业、工业、服务业和水生产与供应业四个部门的生产过程，每个部门生产均需要使用基本生产要素和中间投入品。其中，中间投入品包含进口和本地各个部门产出的非水商品和水商品。同时，增加水资源要素，与劳动力和资本共同作为基本要素，与中间投入一起形成总产出。总生产函数由三层嵌套构成，顶层为 Leontief 函数描述总产出的形成；基本要素间存在替代关系，可用一个两层 CES 嵌套函数表达，其中资本与水资源要素先合成资本-水资源束，再与劳动要素合成要素束（增加值）。

本地市场销售的商品来源于区域自产和进口，区域内市场上销售的商品同时被企业、政府、居民购买用于消费或者投资；区域内自产商品可以在区域内销售或出口至省外和国外。所有商品都包括农业、工业和服务业生产的非水商品和水生产与供应业生产的水商品。根据阿明顿条件和小国假设，进口可由 CES（constant elasity of substitution，即常数替代弹性方程）函数描述，出口则由 CET（constant elasity of transformation，即常弹性转换方程）函数描述。

1）生产模块

生产模块中将经济系统简化成四个部门的生产过程，资本、劳动和水资源三要素作为基本生产要素通过两层 CES 嵌套合成要素束，合成的要素束（增加值）与中间投入一起形成的总产出可通过 Leontief 函数描述。

总产出：

$$PA_a \cdot QA_a = \left(1 + indtax_a + wst_a\right) \cdot \left(PVA_a \cdot QVA_a + PINTA_a \cdot QINTA_a\right) \quad (8.11)$$

$$QINTA_a = a_a \cdot QA_a \quad (8.12)$$

中间需求：

$$QINTA_{ca} = ica_{ca} \cdot QINTA_a \quad (8.13)$$

$$PINTA_{ca} = \sum_{c \in C} ica_{ca} \cdot PQ_c \quad (8.14)$$

$$QVA_a = f_a \cdot QA_a \quad (8.15)$$

增加值：

$$PVA_a \cdot QVA_a = WK \cdot QKD_a + WL \cdot QLD_a + WW \cdot QWD_a \quad (8.16)$$

$$\mathrm{QVA}_a = \mathrm{s1}_a \left[\delta 1_a \mathrm{QKW}_a^{\rho 1_a} + (1 - \delta 1_a) \mathrm{QLD}_a^{\rho 1_a} \right]^{\frac{1}{\rho 1_a}} \tag{8.17}$$

$$QKW_a = \mathrm{s2}_a \left[\delta 2_a QKD_a^{\rho 2_a} + (1 - \delta 2_a) QWD_a^{\rho 2_a} \right]^{\frac{1}{\rho 2_a}} \tag{8.18}$$

$$\mathrm{PKW}_a \cdot \mathrm{QKW}_a = \mathrm{WK} \cdot \mathrm{QKD}_a + \mathrm{WW} \cdot \mathrm{QWD}_a \tag{8.19}$$

要素需求方程：

$$\frac{\mathrm{PKW}}{\mathrm{WL}} = \frac{\delta 1_a}{\left(1 - \delta 1_a\right)} \left(\frac{\mathrm{QLD}_a}{\mathrm{QKW}_a} \right)^{1 - \rho 1_a} \tag{8.20}$$

$$\frac{\mathrm{WK}}{\mathrm{WW}} = \frac{\delta 2_a}{\left(1 - \delta 2_a\right)} \left(\frac{\mathrm{QWD}_a}{\mathrm{QKD}_a} \right)^{1 - \rho 2_a} \tag{8.21}$$

其中，a 属于活动子集 A，c 属于商品子集 C；QA_a 为产出量，PA_a 为总产出含税价格，PQ_c 为商品价格，QINT_{ca} 为中间投入个量，QINTA_a 为中间投入总量，PINTA_a 为中间投入价格，QVA_a 为增加值量，PVA_a 为增加值价格。a_a 为每一单位总产出所需要的中间投入的数量，f_a 为每一单位总产出所需要的增加值的数量，ica_{ca} 为投入产出系数；$\mathrm{s1}_a$、$\mathrm{s2}_a$ 为生产函数的规模参数，$\delta 1_a$ 和 $\delta 2_a$ 为份额参数，$\rho 1_a$ 和 $\rho 2_a$ 分别为生产函数中劳动与资本-水资源束替代参数、资本与水资源要素替代参数；PKW_a、QKW_a 分别为"资本-水"要素束的价格和需求量；indtax_a 为扣除水资源费和关税之外的生产间接税平均税率。wst_a 为政府对生产用水的补贴/税率。资本、劳动力和水资源要素的平均价格分别为 WK、WL、WW，需求量分别为 QKD_a、QLD_a、QWD_a。

2）收入支出模块

收入支出模块描述了要素收入、经济主体（企业、居民、政府）收支和国民收入。要素收入为各部门资本、劳动力和水资源的报酬，假设劳动力报酬为居民所得，资本报酬由企业和居民共同所得，水资源报酬归政府所有。企业、居民主体的收入来源于相应的要素报酬和获得的政府及其他地区转移支付，支出包括商品消费、缴纳的税费、相应交付的转移支付和储蓄。政府的收入来源包括生产间接税费、关税、居民企业所得税、水资源报酬，支出包括各项转移支付、对生产用水的补贴和对商品的消费。所有经济主体的储蓄都等于收入减去支出。

居民收入：

$$
\begin{aligned}
YH = & WL \cdot QLSAGG_a + WK \cdot shifhk \cdot QKSAGG + transfrent \\
& + transfrhg + transfrhroc + transfrhrow \cdot EXR
\end{aligned}
\tag{8.22}
$$

居民对商品 c 的消费需求：

$$
PQ_c \cdot QH_c = shrh_c \cdot mpc \cdot (1 - tih) \cdot YH \tag{8.23}
$$

企业税前收入：

$$
YENT = shifentk \cdot WK \cdot QKSAGG + transfrentg \tag{8.24}
$$

企业储蓄：

$$
ENTSAV = (1 - tient) \cdot YENT + transfrhent \tag{8.25}
$$

其中，YH、YENT、ENTSAV 分别为居民收入、企业税前收入、企业储蓄；QLSAGG、QKSAGG 为要素实际供给数；shifentk、shifhk 为资本收入分配给企业和居民的份额；transfrhent、transfrhg 和 transfrhroc、transfrhrow 分别为居民收到的来自企业、政府和省外地区及国外的转移支付；transfrentg、transfrrocg 和 transfrrowg 为政府对企业、省外其他地区和国外的转移支付；QH_c 为居民消费的 c 商品量；$shrh_c$ 为居民收入对商品 c 的消费支出份额；mpc 为居民的边际消费倾向；tih、tient 分别为居民和企业所得税税率。

政府收入：

$$
\begin{aligned}
YG = & \sum_a \left(indtax_a + wst_a \right) \cdot \left(QINTA_a \cdot QINTA_a + PVA_a \cdot QVA_a \right) \\
& + \sum_a WW \cdot QWD_a + tih \cdot YH + tient \cdot YENT + transfrgroc \\
& + \left(transfrgrow + \sum_c tm_c \cdot pwm_c \cdot QM_c + \sum_c te_c \cdot pwe_c \cdot QE_c \right) \cdot EXR
\end{aligned}
\tag{8.26}
$$

政府支出[①]：

$$
\begin{aligned}
EG = & \sum_c PQ_c \cdot \overline{QG_c} + transfrhg + transfrentg \\
& + transfrrocg + transfrrowg
\end{aligned}
\tag{8.27}
$$

政府净储蓄为政府的收入和支出的差额：

———————————

① 书中所有用上划线标明的变量皆为外生给定。

$$GSAV = YG - EG \quad (8.28)$$

其中，YG、EG、GSAV 分别为政府收入、支出与储蓄；$\overline{QG_c}$ 为政府对商品 c 的需求；transfrgrow 为国外对政府的转移支付。

3）贸易模块

区域内销售的商品包括自产及进口其他省份和国外的商品，而自产商品可在区域内销售或出口至其他省份或国外。本书中设定汇率为固定汇率，根据阿明顿条件和小国假设，进口方程可由 CES 函数描述［式（8.29）~式（8.39）］，出口方程则由 CET 函数描述［式（8.40）~式（8.50）］。

$QB_c > 0$ 时，

$$QDB_c = a_c^B \left[\delta_c^B QD_c^{\rho_c^B} + \left(1 - \delta_c^B\right) QB_c^{\rho_c^B} \right]^{\frac{1}{\rho_c^B}} \quad (8.29)$$

$QB_c = 0$ 时，

$$QDB_c = QD_c \quad (8.30)$$

$QB_c > 0$ 时，

$$\frac{PD_c}{PB_c} = \frac{\delta_c^B}{\left(1 - \delta_c^B\right)} \left(\frac{QB_c}{QD_c}\right)^{1 - \rho_c^B} \quad (8.31)$$

$QB_c = 0$ 时，

$$PDB_c = PD_c \quad (8.32)$$

$$PBD_c \cdot QDB_c = PD_c \cdot QD_c + PB_c \cdot QB_c \quad (8.33)$$

$QM_c > 0$ 时，

$$QQ_c = a_c^M \left[\delta_c^M QDB_c^{\rho_c^M} + \left(1 - \delta_c^M\right) QM_c^{\rho_c^M} \right]^{\frac{1}{\rho_c^M}} \quad (8.34)$$

$QM_c = 0$ 时，

$$QQ_c = QDB_c \quad (8.35)$$

$QM_c > 0$ 时，

$$\frac{PDB_c}{PM_c} = \frac{\delta_c^M}{\left(1 - \delta_c^M\right)} \left(\frac{QM_c}{QDB_c}\right)^{1 - \rho_c^M} \quad (8.36)$$

$QM_c = 0$ 时，

$$PQ_c = PDB_c \quad (8.37)$$

$$PQ_c \cdot QQ_c = PDB_c \cdot QDB_c + PM_c \cdot QM_c \qquad (8.38)$$

$$PM_c = pwm_c \left(1 - tm_c\right) EXR \qquad (8.39)$$

$QS_c > 0$ 时,

$$QDS_c = a_c^S \left[\delta_c^S QD_c^{\rho_c^S} + \left(1 - \delta_c^S\right) QS_c^{\rho_c^S} \right]^{\frac{1}{\rho_c^S}}, \quad \rho_c^E > 1 \qquad (8.40)$$

$QS_c = 0$ 时,

$$QDS_c = QD_c \qquad (8.41)$$

$QS_c > 0$ 时,

$$\frac{PD_c}{PS_c} = \frac{\delta_c^S}{\left(1 - \delta_c^S\right)} \left(\frac{QS_c}{QD_c} \right)^{1 - \rho_c^S} \qquad (8.42)$$

$QS_c = 0$ 时,

$$PDS_c = PD_c \qquad (8.43)$$

$$PX_c \cdot QX_c = PDS_c \cdot QDS_c + PE_c \cdot QE_c \qquad (8.44)$$

$QE_c > 0$ 时,

$$QX_c = a_c^E \left[\delta_c^E QDS_c^{\rho_c^E} + \left(1 - \delta_c^E\right) QE_c^{\rho_c^E} \right]^{\frac{1}{\rho_c^E}}, \quad \rho_c^E > 1 \qquad (8.45)$$

$QE_c = 0$ 时,

$$QX_c = QDS_c \qquad (8.46)$$

$QE_c > 0$ 时,

$$\frac{PDS_c}{PE_c} = \frac{\delta_c^E}{\left(1 - \delta_c^E\right)} \left(\frac{QE_c}{QDS_c} \right)^{1 - \rho_c^E} \qquad (8.47)$$

$QE_c = 0$ 时,

$$PX_c = PDS_c \qquad (8.48)$$

$$PX_c \cdot QX_c = PDS_c \cdot QDS_c + PE_c \cdot QE_c \qquad (8.49)$$

$$PE_c = pwe_c \cdot \left(1 - te_c\right) \cdot EXR \qquad (8.50)$$

其中,QX_c、PX_c 为区域内生产的商品总量和价格;QD_c、PD_c 为区域内生产且在区域内销售的商品量和价格;QE_c、PE_c 为区域内生产且出口至国外销售的商品量和价格;QS_c、PS_c 为区域内生产且出口至国内其他省份销售的商品量和价格;QQ_c、PQ_c 为在区域内销售的商品量和价格;QB_c、PB_c 为在区域内销售的从国内其他省份进口的商品量和价格；QM_c、PM_c 为在区域内销售的从国外其他地区进口的商品量和价格；pwm_c 和 pwe_c 分别为进口、出口商品的国际价格；tm_c 和 te_c 为进口、出口税率；EXR 为汇率，假设国内省份之间商品流通不需要支付税费；a_c^M、a_c^E、a_c^S 为规模参数；δ_c^M、δ_c^E、δ_c^S 为份额参数。

4）投资模块

EINV 为总投资支出，$\overline{QINV_c}$ 为对商品 c 的投资需求，社会总投资由各个部门的投资组成：

$$EINV = \sum_c PQ_c \cdot \overline{QINV_c} \tag{8.51}$$

5）宏观闭合及均衡

CGE 模型中经济系统要达到商品市场和要素市场均衡。中国经济中存在劳动力不充分就业的现实情况，劳动要素的供给具有弹性，且往往由实际需求决定，同时政府允许财政盈余和赤字，劳动市场出清采用更加符合实际的凯恩斯闭合方式。由于中国经济带有明显的投资驱动特点，可以认为总投资外生给定，资本要素市场的实际供应量充分利用。同时，水资源要素价格外生，需求量内生决定[15]。市场出清方程组如下：

$$QQ_c = \sum_c QINT_c + \sum_h QH_{ch} + \overline{QINV_c} + \overline{QG_c} \tag{8.52}$$

$$\sum_a QLD_a = QLSAGG \tag{8.53}$$

$$\sum_a QKD_a = \overline{QKSAGG} \tag{8.54}$$

$$\sum_a QWD_a = QWSAGG \tag{8.55}$$

投资-储蓄的均衡：

$$\begin{aligned} EINV = &(1-mpc_h) \cdot (1-ti_h) \cdot YH + ENTSAV + GSAV \\ &+ ROCSAV + EXR \cdot ROWSAV + VBIS \end{aligned} \tag{8.56}$$

其中，ROCSAV 为省外其他地区储蓄；ROWSAV 为外国储蓄；EXR 为外生决定，外汇收支平衡如下：

$$\sum_c \text{pwm}_c \cdot \text{QM}_c = \sum_a \text{pwe}_c \cdot \text{QE}_c + \sum_h \text{transfrhrow} \qquad (8.57)$$
$$+ \text{transfrentrow} + \text{transfrgrow} + \text{ROWSAV}$$

支出法算法可计算 GDP，等于全部居民消费、固定资产和存货投资、政府消费和出口总额之和减去总进口额：

$$\text{GDP} = \sum_{c \in C} \left(\text{QH}_c + \overline{\text{QINV}_c} + \overline{\text{QG}_c} + \text{QE}_c - \text{QM}_c + \text{QS}_c - \text{QB}_c \right) \qquad (8.58)$$

$$\text{PGDP} \cdot \text{GDP} = \sum_{c \in C} \text{PQ}_c \cdot \left(\text{QH}_c + \overline{\text{QINV}_c} + \overline{\text{QG}_c} \right) + \sum_c \text{PE}_c \cdot \text{QE}_c$$
$$- \sum_c \text{PM}_c \cdot \text{QM}_c + \sum_c \text{PS}_c \cdot \text{QS}_c - \sum_c \text{PB}_c \cdot \text{QB}_c \qquad (8.59)$$
$$+ \sum_c \text{tm}_c \cdot \text{pwm}_c \cdot \text{EXR} \cdot \text{QM}_c$$

4. 核算水资源价值的 SAM 构建

CGE 模型计算所用的数据取自 SAM。SAM 是联合国国民经济核算体系（the system of national accounts，SNA）规定的国民经济核算的矩阵表示形式。它记录了在一定时期内一国（或地区）各种经济行为主体之间发生的数量关联，包括投入产出表中生产部门之间及与非生产部门之间的投入产出、增加值形成和最终支出的关系，以及诸如转移支付、所得税等投入产出表中表达的、非生产部门之间的经济相互往来关系[10]。SAM 作为一种系统的和综合性的社会经济核算形式，其用途绝不仅限于提供一套丰富且具有高度一致性的统计材料，而是体现在多方面——描述社会经济现实、校验核准统计数据、提供政策分析工具、构建模型数据基础[16, 17]。

SAM 中的各账户的收入与支出平衡，描述了经济活动的生产、分配、消费的循环过程。依据 SAM 的基础结构，可以根据经济研究的需要，进一步细化各类账户，构建出更加复杂的 SAM。构建 CGE 模型必须根据具体研究对象、研究内容的情况，编制相应的 SAM。因此，本书将根据研究需要和我国水资源管理的现实情况，将一般 SAM 结构进行修改，编制出一个可以反映水资源价值的 SAM（简称水资源 SAM），如表 8.1 所示。水资源 SAM 除具有一般 SAM 基本结构特征外，还具有自身的结构特点[14]。

表 8.1　水资源 SAM

项目		活动				商品				要素			主体			用水税/补贴	投资	国内其他地区	国外	合计
		农业	工业	服务业	供水业	农业	工业	服务业	供水业	资本	劳动	水资源	企业	居民	政府					
活动	农业					销售														总产出
	工业						销售													总产出
	服务业							销售												总产出
	供水业								销售											总产出
商品	农业	中间投入												居民消费	政府消费		投资	售至国内市场	出口	总需求
	工业																			总需求
	服务业																			总需求
	供水业																			总需求
要素	资本	增加值（资本报酬）																		要素收入
	劳动	增加值（劳动力报酬）																		要素收入
	水资源	增加值（水资源报酬）														水资源税补贴				要素收入
主体	企业									企业收入					转移支付					主体收入
	居民									居民收入			利润分配		转移支付			其他收入	其他收入	主体收入
	政府	生产间接税				关税						应收水资源报酬	直接税	直接税						主体收入
用水税补贴		（正数时）额外水资源税/（负数时）用水补贴																		用水税补贴
投资													储蓄	储蓄	储蓄			储蓄	储蓄	总储蓄
国内其他地区						从国内其他地区调入														省际支出
国外						进口														外汇支出
合计		总投入				总供给				要素支出			主体支出			水资源税补贴	总投资	省际收入	外汇收入	

注：表中水生产与供应业简称供水业

1）增加一个水资源要素报酬账户

为了体现水资源三种存在形式，模型中包括资本、劳动力及水资源三要素，增设一个单独账户核算水资源要素报酬。水资源要素报酬账户反映的是水资源经济价值，其数据依据水资源要素价格和水资源公报中各行业用水量估算。本模型中所指的水资源要素价格是由水资源经济价值决定的水资源影子价格。由于水资源归国家所有，报酬由政府征收、管理、支配使用。假设所有部门均应该按水资源要素价格和实际用水量向政府支付全部水资源要素报酬：

各部门应收水资源要素报酬=水资源影子价格 × 各部门用水量

2）增加一个用水补贴账户

我国水资源归国家所有，水资源要素报酬应归国家所有。水资源费可看作实际收取的水资源报酬，由于种种现实原因，水资源费征收额远远低于理论上的水资源经济价值。因此这两者的差额可以看作政府对生产部门的用水补贴或税收（正数为税收、负数为补贴）[18]。

为了反映我国水资源管理尤其是水资源要素报酬收取的现实情况，增加了政府对生产用水补贴账户（wusb）。该账户核算实收水资源费与理论应收水资源要素报酬的差额，这一部分差额的价值以政府对生产用水的补贴/税收的形式进入部门生产的总成本中。而相对应地生产间接税费应该扣除水资源费和关税。修改后的模型计量了水要素报酬和政府对生产用水的补贴，可以通过调整水要素价格和生产用水补贴率，模拟分析它们对用水需求和国民经济的影响程度。

各部门用水补贴=各部门应收水资源要素报酬-实际收取的水资源报酬
=各部门应收水资源要素报酬-水资源费

生产间接税费=原始投入产出表中生产税-关税-水资源费

3）将水生产与供应业单独列为一个行业

将国民经济生产部门简化为农业、工业、服务业三大部门①，并且将水

---

① 按照《国民经济行业分类》（GB/T 4754—2002）中的产业分类标准划分。由于本书中案例研究区域的水资源及资本等相关数据不足，为保证研究可靠性，只能将国民经济简单分为 4 部门，如果研究资料翔实，可以进一步细分到 7 部门、42 部门乃至更多部门。

生产与供应业单独作为第四部门列出。该行业的商品是自来水，即水商品。各行业生产消耗的水中间投入品、居民消费的水商品价格均按照水生产与供应业产品价格计算。

4）设置两类居民账户

中国经济具有明显的城乡二元特征，因此将居民账户细化为城镇居民账户和农村居民账户，涉及居民的其他变量，如居民消费、居民收入、居民所得税、其他主体对居民的转移支付等也进行了城镇居民和农村居民的区分。

SAM 的数据来源主要有区域间投入产出表及各种统计年鉴，如统计年鉴、金融年鉴、财政年鉴、劳动统计年鉴、税务年鉴等，年鉴包含全国的和所研究地方的[2]。其中水资源相关数据来源于统计年鉴、水资源公报、其他内部资料或研究成果。

8.3.3　政策情景构建及影响模拟分析

水资源协商管理政策不仅仅是为了解决眼前已有的水问题，更要对未来可能发生的变化采取前瞻性的减缓和适应措施，因此需要考虑未来区域水资源 PSR 系统可能的变化，更深刻地了解水资源问题的可能发展趋势，以分析水资源管理需求。因此，需要结合系统脆弱性现状诊断结果并分析未来区域发展趋势，选择必须尽快着手解决的问题，设计政策方案；通过构建政策情景，模拟分析政策可能影响，选择并实施合适的水资源管理政策。

1. 政策情景构建

水资源协商管理政策情景的构建应充分考虑未来的区域水资源系统中经济社会发展趋势和自然生态系统可能的变化情况。由于水资源 PSR 系统的未来变化带有不确定性，未来系统脆弱性状态也具有不确定性；就水资源问题来说，不确定性主要源于自然来水和社会需水的不确定性。由于科学认知的局限性，自然系统变化尤其是气候的具体变化难以准确预知和干预，相对而言人类更容易调控、引导经济社会子系统和水资源利用方式的变化方向。随着时间尺度增大，系统变化的不确定性和预测难度相应增加；在近期，自然系统的发展可以参考历史平均资料，经济社会系统发展可以按照历史趋势和规划估计；然而，水资源协商管理是一个长期的管理过程，水资源开发利用预测周期越长，未来系统变化越难以预料，需要实施情景分析。

1）近期区域水资源 PSR 系统发展趋势分析方法

由于系统具有一定的稳定性，除非持续破坏性开发或出现极端天气和重大突发灾害事件外，自然生态系统短期内不会发生巨变。因此，可以假设气象条件变化基本在历史范围。根据历史统计和水文、气象模型等预测短期内未来水资源及自然生态系统变化，由此推算可供用水量。并可结合发展规划和相关资料，如"十二五"规划、行业用水标准、人口增长预测等，在一定程度上预测短期内社会经济的发展及水资源需求量。在研究条件充分的情况下，对于短期内水资源 PSR 系统及水资源问题发展做出的预测分析有一定可靠性；可以参考近期预测的水资源问题发展趋势，设计政策目标和方案。

2）长期区域水资源 PSR 系统情景分析方法

但是长期下由于不确定性的存在，无法准确预测未来的社会发展情况和自然生态系统受人类活动影响的程度，只能通过情景分析多种可能的未来系统发展趋势。情景也称构想，不是对未来的预测，而是对未来可能的社会发展途径的一种定性或定量的描述。情景分析就是利用模型方法，对一系列未来世界的可能发展状况及诸多因素之间的相互作用关系进行定量的描述和研究。在气候变化研究中，学者们在温室气体排放情景基础上设计了多种社会经济发展情景，最常用的是 2000 年 IPCC 公布的 SRES（Special Report on Emissions Scenarios，即排放情景特别报告）。SRES 设计了四种世界发展模式，包括高经济发展情景 A1、区域资源情景 A2、全球可持续发展情景 B1 和区域可持续发展情景 B2，基于这四种世界发展模式又衍生出 40 种排放情景。在 IPCC 情景框架下，中国国家发改委能源研究所提出了中国温室气体排放的情景，主要考虑开放世界的中国 A1BC 和致力于解决本地环境问题的中国 B2C 两种情景。可以参考这些基本情景，通过气候模型模拟未来区域水文过程变化，估算不同情景下水资源供应量，并结合地区政府经济社会发展规划等相关资料，设计相应情景下区域经济社会发展情景，分析支撑区域发展所需的水资源需求量；由此可以分析未来情景下水资源是否能够满足区域社会经济可持续发展和可能存在的水资源问题。情景分析不同于对未来发展的预测，也不是要回答哪种情景最有可能发生，而是描述未来的多种可能发展途径，以寻找要实现发展目标应该采取的政策。由于长期未来的不确定性，不可能确定哪一个情景会发生，在有可能的条件下应该分析不同情景，对水资源问题有更全面的认识后首选维护措施作为水资源适应性管理长期战略和政策措施。

为了更深入地分析需要实施水资源管理政策的区域及其脆弱性和管理需求，应该重视利益相关者的充分参与和信息采集。可以召集来自相关组织的利益相关者，就该地区的关键性问题、不确定性因素进行研讨，并通过共享自然生态信息和经济、社会数据的系统或数据平台以及实地调查访谈有效弥补信息差距。

常态下在同一地区内可能有水短缺、水生态不平衡等多样水资源问题同时存在，由于资源有限性、需求强度不同等，任何一个决策机关都不可能就所有问题同时制定政策。在明确水资源问题现状和未来可能变化情景基础上，通过专家意见汇总，判断问题的轻重缓急，优先对急需解决的问题设计趋利避害适应性政策。将设计的管理政策引入 CGE 模型，通过控制相应变量，就可以定量模拟不同政策情景产生的影响。一般来说，CGE 模型的控制变量需是模型中的外生变量，可控制的变量和参数主要包括要素价格变动、要素供应量变动、政府支出变动和技术参数变化等[14]。因此，水资源 CGE 模型中的情景根据控制变量不同大致可以分为四种。

（1）水量变动情景。

水资源协商管理中的用水总量控制和用水定额控制政策以及自然因素导致的供水量减少都可以被设定为水资源供应量变化情景。在此情景中，由于可用于生产的水资源投入量减少，短期内在用水效率和生产结构不改变的情况下，部门的总产出下降、总利润减少，整个国民经济和主体收入都会降低；为了弥补损失，追求利润，生产部门会自发改进生产技术或使用其他要素替代水资源，从而长期上使用水效率提高、水资源消耗量增长速度放缓。

（2）水价变动情景。

水价变动情景可包括水生产与供应业产出的水商品价格变动情景和水资源要素价格变动情景。无论是哪一种价格变动都能直接改变企业用水成本和生产决策，影响总产出和合成品价格，从而最终影响到出口、进口和企业收入；而企业收入的影响会对政府税收、居民收入等产生影响，同时商品价格的变化会影响政府、居民等主体的消费、储蓄等活动[6, 15]。

（3）水资源相关财政政策情景。

水资源相关财政政策是指生产用水补贴政策和其他以用水量为计量依据的税费政策，但由于本书中水资源费被视为实收水资源报酬，其调整属于水价变动情景，不属于财政政策情景。水资源相关财政政策的作用与水价变动的作用类似，通过影响用水成本，对部门产出活动、经济主体收入和用水总量产生影响。

（4）用水技术进步情景。

用水效率进步既可能是生产力自然发展的结果，也可以通过推行技术政策[①]、促进节水技术普及而实现。用水技术进步体现为减少单位产量耗水量，节约了单位产量的用水成本，而为了追求利益最大化生产者的生产及用水决策变化，通过总产出、商品价格等的变化，将影响传导至政府、居民的经济决策中。技术进步带来的用水效率提高效果可以长期持续，并且内在的经济刺激能够激励生产者主动追求技术进步、扩大生产，从而推动经济发展。但也可能存在效率进步的"回弹"效应，即可能会因为驱动生产者扩大生产规模而导致用水总量增加。

水资源问题的表现形式众多，由于时间和精力有限，本书选取解决水短缺的节水政策作为研究对象。现实实践和众多理论研究表明，中国的水资源短缺不仅是资源短缺更是制度短缺，有效用水引导机制的缺乏是造成我国水资源利用效率和配置效率低下的主要原因，转型时期解决水资源短缺的途径应重点在于"节流"而不是"开源"。因此，水资源管理认为选择能够长期激励和约束用水行为的制度性和技术性适应手段，从需求侧管理调整用水利益主体的行为，是缓解水资源短缺状况较好的办法。因此，本书研究从众多水资源管理政策中选取水资源要素价格调整政策、用水补贴政策和技术进步政策作为代表，进行三类政策情景模拟分析[7]。

（1）水资源要素价格政策情景（情景 a）。

水资源要素所获得的实际报酬是由国家收取和管理的水资源费。2012 年国务院发布的《国务院关于实行最严格水资源管理制度的意见》明确提出以三条红线为主要内涵的最严格水资源管理制度，并指出"严格水资源有偿使

---

① 技术进步政策包括技术进步的指导性政策、技术进步的组织政策、技术进步的奖惩政策。

用。合理调整水资源费征收标准，扩大征收范围，严格水资源费征收、使用和管理"。然而长期以来我国水资源费征收标准普遍偏低，且实际征收率偏低，与水资源条件和经济发展水平严重不相符。在此基础上，综合水价远远低于水资源的经济价值，没有体现水资源的稀缺性，不能弥补消耗带来的生态恶化的外部性成本。王浩、沈大军、陈进等学者都认为，水价偏低是导致我国用水效率低下，用水浪费严重的重要因素。近年来水价调整作为控制用水量和浪费行为的政策，被提上各地方的水资源管理改革议程[6, 16-18]。

然而，经济社会消耗的全部水资源大部分是直接取自江河、湖泊、地下水系统的天然水，只有一部分是水生产与供应业生产的水商品。研究认为由于水资源要素价格是一切用水活动均应支付的价格，其影响应比水商品价格政策影响更为显著，应该分析水资源要素价格政策影响。因此，本书中的价格情景是指调整水资源作为生产要素的资源价格，而不是作为水商品的自来水水价。

（2）用水补贴政策情景（情景 b）。

在我国水要素价格是由政府调控的，由于市场调控失灵，用水户所缴纳的水资源费与水资源要素价值不等价，相当于存在着巨大的生产用水补贴。在考虑水资源要素价格调整政策时，提高实际计收价格是另外一种重要的途径。提高实际计收价格，可以通过水资源费征收标准调整或生产用水补贴/税率调整、减少用水补贴实现[6]。

水资源价格政策情景和用水补贴政策情景均是通过经济手段，改变用水主体的用水成本，水资源市场相对价格变化会影响用水主体的用水行为和资源配置方式，微观主体的决策最终影响整个国民经济发展，但用水成本提高可能会减缓国民经济发展。

（3）技术进步政策情景（情景 c）。

技术进步政策情景是指在政府鼓励下纯粹用水技术进步导致的用水效率提高，且假设技术进步是一次完成的，即只考虑用水效率的外生变化。生产函数中用参数 λ_a 表示用水效率技术进步，假设所有部门都存在节水型技术进步，基准期 $\lambda=1$，则生产函数中式（8.18）改为式（8.60）。发生节水型技术进步时 $\lambda>1$，节水技术越先进、用水效率越高则 λ 越大[6]。

$$QKW_a = s2_a \left[\delta2_a QKD_a^{\rho2_a} + \left(1 - \delta2_a\right)\left(\lambda_a QWD\right)_a^{\rho2_a} \right]^{\frac{1}{\rho2_a}} \qquad (8.60)$$

2. 政策模拟及水资源 PSR 系统再诊断

1）参数赋值

CGE 模型中的参数、外生变量在模型运行前都必须赋予初值，其中参数包括主要份额参数和弹性参数。函数的替代弹性可用标定法根据基准年数据估算，或者采用计量经济学方法通过多年统计资料测算；但由于贸易明细数据难以获得，贸易函数的替代弹性一般都参照已有研究结果。生产函数和贸易函数份额参数可利用已有函数、弹性参数和基准期数据反推得到；其他诸如中间投入系数、收入支出份额系数、各种税率等份额参数可通过基准年的 SAM 相关数据校准估算。

2）政策情景模拟

根据研究构建水资源 CGE 模型和设置多种情景，使用 GAMS 软件编程，并调整模型中政策变量可进行政策模拟。将模拟结果与基期模型均衡解对比，可分析情景变化对整个经济社会系统的影响，包括水资源消耗量和国民经济产出、居民福利等的变化趋势。由此模拟结果可以分析水资源管理政策在宏观、中观层次上的经济成本和溢出效应。

3）政策影响下预期和实际系统状态再诊断

随着政策实施或者区域发展，水资源 PSR 系统的胁迫性、敏感性、适应性因素逐渐变化，系统结构、功能和状态改变。考虑到政策影响的复杂性，要判断政策在长期是否有利于系统状态的可持续改善，必须要再次进行系统脆弱性诊断，分析政策实施后可能和现实的系统状态。在分析政策的成本效益基础上，可以将脆弱性变化作为分析政策综合效益的一个参考标准。

在对设计的水资源协商管理政策方案进行政策模拟后，可以通过模型中的相应变量估测政策实施对国民经济总量、部门产出、经济主体收支、就业水平、水资源消耗量及利用效率等方面的影响。根据研究需要将水资源 PSR 系统脆弱性诊断指标中表示系统初始状态的指标值更新为 CGE 模拟出的相关指标数值，重新进行脆弱性估算，再次诊断水资源系统脆弱性状态；估算出的新系统脆弱性与基准期情景的脆弱性相比较，可以分析估计仅由政策方案导致的系统脆弱性状态变化。这一变化概括地衡量了水资源协商管理政策改善系统状态的能力，与政策影响模拟出的具体经济、社会等指标一起，共同反映了水资源协商管理政策实施可能的综合影响，为政策选择提供参考。

　　同样，在政策实施后通过监测、社会调查、统计、影响评估等方法获得了一系列描述系统实际状态的数据，依此更新水资源 PSR 系统脆弱性指标体系中的具体指标的数值，再次通过脆弱性诊断实际系统状态，可对比分析政策实施后系统脆弱性程度的实际变化及原因，由此获得的信息是政策学习的基础资料。具体的系统再诊断方法和系统状况初始诊断一样，采用相同的脆弱性诊断指标和评估方法，如图 8.19 所示，故不予赘述。

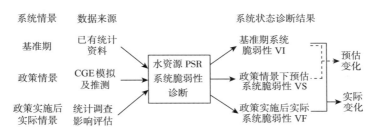

图 8.19　水资源 PSR 系统状态再诊断

4）系统脆弱性再诊断与政策学习

　　通过再诊断分析政策情景下系统及其脆弱性变化后，政策制定者应该依据政策目标、预估政策影响和实际政策影响，分析政策效果是否满意、成本收益等是否符合预期。如果满意，政策制定实施经验应该予以推广；如果不满意则应该分析具体原因，并通过技术学习或概念学习不断完善执行方式、修正政策目标手段或者重新研究新政策来寻求更满意的水资源管理措施。在这一过程中，多次循环使用"系统脆弱性状态诊断—政策影响（模拟或调查）—系统脆弱性再诊断"（system diagnose-impact analyse-system diagnose，SIS）的方法分析，判断政策调整可能的影响和政策实践实际的效果是必要的工作内容。

8.4　水资源协商管理的具体政策与操作细则

落实水资源协商管理以保障经济、生态与国家安全还需改革并完善以下政策或细则，这些政策或细则包括管理体制机制、管理组织结构、法律细则、市场运作、执行监管、文化宣传等方面，是进一步促进水资源协商管理的政策引导和有效补充，以及夯实水资源管理有效施行的社会根基。

8.4.1　体制机制改革与完善的公共政策[①]

经研究发现，水资源管理在政府职能转变、组织结构、管理方式等方面需要改革并完善。

落实水资源管理制度过程是一个政府全程参与的过程，从制度的顶层设计到具体细则的部署，从制度的监督管理到考核方案的实施，都需要政府的参与配合，并在不同环节担负着制度设计者、利益协调者、监督管理者、秩序规制者、违法制裁者等多种角色。而政府的不同角色、不同职能与功能的交织重叠导致了在水资源管理过程中也普遍存在着经济领域及公共服务领域常出现的"越位"、"缺位"和"错位"等"三位"现象："越位"表现在干预市场过多、涉水社会事务包揽过多等；"缺位"表现在水环境资源保护不足、涉水市场事务监管不力、公共服务供给不够等；"错位"更多表现为权责不清、履职不到位等。这些都直接反映了最严格水资源管理过程中政府职能的转变远没有到位，特别是政府在水资源管理中公共服务职能重心的调整与转移问题。同时，在两型社会转型时期，面对多元社会需求的不断产生，水资源管理也要转变模式，加强水资源的服务型管理，科学配置政府职能。

1）落实水资源协商管理过程中政府职能转变的必要性

政府职能是一切政府行为的逻辑与现实起点，政府行为贯穿于水资源协商管理的全过程，因此政府职能定位的准确性、职能范围的合理性和履行方

---

① 具体内容详见：王慧敏，陈蓉，许叶军，等. 最严格水资源管理过程中政府职能转变的困境及途径研究[J]. 河海大学学报（哲学社会科学版），2015，（4）：64-68.

式的恰当性都将对水资源协商管理能否有效落实产生重要的影响，可以说落实水资源管理的过程就是政府职能转变的过程。

（1）水资源管理体制改革的需要。目前我国水资源管理体制本质上仍是行政区域分割管理体制，存在诸多体制性障碍，包括流域管理上的"条块分割"、区域管理上的"城乡分割"、功能管理上的"部门分割"、依法管理上的"政出多门"等，这一管理体制直接影响到各级政府水资源管理制度的执行情况。在管理模式上，各级政府仍采用分散管理体制模式，沿袭以往的组织管理与机构部门，人、事、财、物关系难以理顺；在管理理念上，各级政府多以行政规划指令为主，市场参与水资源管理过程仍停留在形式上；在管理职能上，政府职能交叉、重叠，"政府失灵"行为时有发生；在管理方式上，政府行为在水资源管理各个方面都有渗透，非常"实干"和"全能"，结果"事事关心，事事难顺心"。可见，现有水资源管理体制不但阻碍了水资源协商管理实施进程，更严重的是政府工作效率低下。因此，需要迫切转变政府职能，而水资源作为社会的一种公共资源，其管理不需要"实干""全能"型政府，而需要一个善治的有限政府。

（2）中国水市场体系建立的需要。水资源协商管理牵涉到从供水、用水到管水整个水资源消费链条上的诸多利益主体，利益主体的公平由政府来保障，效率由市场来体现。目前，政府已经完成了三条红线的顶层设计与制度安排，此时政府应该站在市场运行圈外，肩负起监管者的职能，拾遗补缺，引导市场协调好红线控制下的水资源管理。然而，现实是政府既当"运动员""教练员"，又当"裁判员"，过多干预水资源管理中市场运行过程，混乱宏观调控与微观管理的关系，政市关系处理依然停留在口号与文件阶段，结果导致市场发挥作用太少，公平与效率的失衡。因此，要动态调整好政府与市场能力权衡中的政府职能边界，努力转变政府在不同发展阶段的角色，明确政府的市场功能，真正向市场放权，做好每个阶段的角色工作。

（3）水资源协商管理制度有效执行的需要。从水资源管理实施情况来看，政府所构建的考评体系及执行监管还比较薄弱：考核内容较为原则，缺乏可操作的具体细则；考核指标不够完善，缺乏执行能力的考核指标等；考核问责力偏弱，规范和约束性不强，易流于形式；考核依据不足，管理监测信息技术落后，考核评估方式不够灵活，并且考核依据的公信度偏弱；考核保障措施不到位等，这些问题在一定程度上影响了水资源管理制度执行落实情况，也反映出政府在水资源管理中执行能力不足。从现有考核来看，目前比较全面的是最严格水资源管理考核体系，它关注的重心是三条红线指标完成情况和制度落实情况，是对数据和进度的考核，而不是对用水满意程度的考核。因此，需要通过政府公共服务职能转变来推进社会全面参与水资源节约与保护工作，促进水资源协商管理的有效落实。

2）水资源协商管理过程中政府职能转变的困境分析

（1）思想观念的制约。随着水生态文明建设和民生水利发展，人们已意识到我国水资源管理正由刚性特征的机械行政组织管理向具有灵活性特征的适应性管理转变，需引入市场机制调节水资源管理。然而，在水资源协商管理中，由于传统治水思想和行政管理观念的根深蒂固，部分地区并未真正理解水资源协商管理的内涵，仍是按照长期以来的水行政管理的惯性思维和惯性行为来组织、安排、协调水资源管理，流于形式。特别是部分行政人员惯性思想观念严重，又缺乏主动学习热情和创新意识，担心权利分解与下放，结果造成水资源协商管理表面看似协调和谐，本质上却未发生根本变化，阻碍了水资源管理变革及政府职能的转变。

（2）制度创新与供给的滞后。水资源管理制度是我国水利改革中一项重要的制度创新，而这一管理过程更是一个制度创新与制度供给的过程。一方面，中央政府在对水资源管理制度环境与制度设计完成以后，相关实施细则是由各级地方政府安排，这就使得水资源管理落实的制度供给明显滞后于制度需求，出现制度延迟；另一方面，在落实过程中，新制度规则与原有水资源管理体制存在不兼容状况，加之原有制度依赖和体制锁定下的各利益主体博弈导致新制度难以发挥作用，也会带来制度延时，如最严格水资源管理制度是在我国水资源危机突出下提出的，属于需求诱致性制度供给，这一制度特点就决定了它不可能解决所有最严格水资源管理制度需求问题[1]。

（3）职能转变囿于机构改革。一个可观察的事实是水资源协商管理仍是在现有的水资源管理体制及涉水机构部门组织下落实的。面对机构重叠、职能交叉、权责利边界模糊、人财事物关系难以理顺等问题，必会严重制约和影响到政府部门进行水资源协商管理的能力和效率。每一次职能转变都伴随着组织机构被简单机械地"分开—合并—再分开—再合并"的循环过程，并未真正对政府职能与权力格局进行深层次的调整与设计，从而导致职能转变流于形式，不利于水资源协商管理工作的开展。

（4）政府公共服务职能被弱化。主要表现在：一是政府公共服务职能"缺位"，如水利建设投入支出不足或资金不到位，在一定程度上增加了水旱灾害发生的频率。二是公共服务职能范围模糊。在水资源协商管理中，政府主要是做好顶层设计和监管考核等管控工作，但事实却是政府分不清自己服务职能范围，大包大揽，"三位"现象与失灵并存。三是公共服务主体单一性。水资源协商管理是一项社会化运动，需要社会的广泛参与。因此，要想缓解水危机，就要强化政府公共服务职能，争取广泛的公众参与，这也是服务型政府的基本要求。

（5）政府自利性普遍存在。在水资源协商管理中，政府是责任主体，是所有涉水公共事务管理者及公共服务职能的提供者，具有明显的公利性。但同样地，政府也是水资源管理的一种社会组织，这类组织由不同的利益主体组成，具有较高的地位和行政权力行使权，此时政府就变成某一群体利益的代表，具有自利性，寻求自我服务和自身利益最大化，深刻影响着公共利益的维护、增进和分配，而现阶段水资源管理体制及运行机制的不完善、不透明特点更加剧了政府自利性膨胀与蔓延。正是因为自利性普遍存在，在水资源协商管理时，国家一再强调要协调好中央政府与地方政府、政府职能部门与地方政府、职能部门间及地方政府间关系，平衡各种利益主体间的用水冲突和水污染冲突，促进流域管理与区域管理的统一。

（6）政府职能转变的长期性。政府职能转变是一个长期且艰难的过程，不是一蹴而就的。职能转变的重点按照政治型政府—经济型政府—服务型政府轨迹演变，从全能型政府向有限型政府转变，直接影响并推动了水资源管理中政府职能与政府行为转变。然而，我们也清楚认识到现阶段水资源管理仍存在很多政府职能转变的问题，特别是在变化环境下，水资源管理过程充斥着大量的不确定性，有自然不确定性（如气候变化、水旱灾害等），也有社会不确定性（如经济发展、区域发展等影响），更有人为不确定性（如管理、执行、监督等环节），这些不确定性因素决定了水资源协商管理是一个长期、动态的管理过程，也就意味着政府职能转变的长期动态性。

3）水资源协商管理过程中政府职能转变的主要途径

面对上述职能转变困境，在新的水利改革形势下，继续推进政府在水资源协商管理中的职能转变，促进服务型政府建设，对有效落实管理、提高管理执行力至关重要，为此有必要找准推动政府职能转变的主要途径。

（1）通过制度创新创造政府职能转变的良好宏观政策环境。制度创新是政府职能转变的主要途径，而管理制度体系是政府职能履行的规范体系。水资源协商管理应着力解决影响水资源有效管理的体制机制问题，优化机构设置，促进政府职能向创造良好的政策环境转变，这样才能有效规避制度供给滞后和职能囿于机构改革的困境。这就需要突破现有水资源管理理念，站在国家战略高度重新审视水资源协商管理重要性：一是打破现有水资源管理方式和管理模式，理顺水资源全过程协商管理的各部门、各层级的关系，优化、调整或重组组织管理机构；二是积极转变政府管理职能，推进政事分开、政资分开，确定好政府的职责和权利边界，统筹安排人、财、物、事，理顺各级政府、部门间的财权与事权分配关系；三是政府职能转变应建立在法治和责任基础上，应建立健全各项法律法规，确保水资源协商管理规范化、法制化运行；四是处理好水资源管理制度与制度间的内在关系，做好体制机制及各项制度衔接和配合，提高管理的执行力；五是将水资源管理纳入整个社会经济发展规划，强化管理机构对初始水权的科学配置、对水资源宏观规划与总量控制的监督管理，进一步修缮最严格水资源管理工作落实方案和指标分配，做好顶层设计，促进更加科学化、制度化、精细化管理。

（2）通过水市场培育创造规范有序的水资源管理市场经济环境。根据欧美发达国家和地区的经验，市场手段是水资源管理的重要且有效手段，水权、水价与水市场体系建立能够提高水资源管理与配置效率。因此，在理顺政府与市场的关系时，要明确政府在市场运行中的职能与角色，促进市场信息完善，最大限度地为水资源协商管理创造良好有序的经济环境。首先，建立基于"全过程成本"的水资源产品定价方法，构建多层次的科学水价体系和水资源价值核算体系，真实反映水市场供求关系和水资源价值。其次，健全水权交易机制，规范水权交易规则、交易程序及审批制度，减少微观经济指标的审批，强化公益性、社会性规则的审批标准，不断完善水权交易监管体系。再次，探索生态补偿向生态共建共享转变之路，创新流域生态共建共享补偿模式及监管问责机制，积极引导市场与社会力量共同参与流域生态建设活动，合理制定水生态共建共享补偿标准，确保水生态质量。最后，加强政府在水利投入中的主体地位，明晰各级政府事权划分和投入重点，不断创新水利投入方式，扩展公共财政对水利的投入渠道，完善地方水利建设基金政策与水资源有偿使用制度。总之，水资源管理中的政府职能主要体现为建立市场、监督市场、引导市场与参与市场。

（3）通过多元化主体参与促进政府公共服务能力的提升。水资源协商管理的实施需要全社会参与，那么水资源管理的政府职能转变就应着眼于民生，通过建立多元主体参与的服务监管体系，提高政府监管能力与公共服务力。这里借鉴广东省的做法，将公众参与纳入水资源管理监管体系，规范水资源管理考核制度，明确考核方式、考核主体和对象及考核结果的运用，构建公开、民主和透明的监管考核过程体系，确保监督与考核工作落到实处。需要做到：一是考核主体的多元性、代表性和广泛性，保障考核评估的客观性和科学性；二是公众参与监管考核的方式要具有灵活性、动态性和适应性，确保考核结果的公平性和透明度，提高考核公信力；三是合理建立符合地方水情的监管考核评估指标，充分发挥政府、公众、民间机构等多方的沟通，既要考虑易操作的量化考核指标，还要考虑能落实的体现制度建设、执法成效的定性考核指标；四是建立公众意见反馈机制，增加公众满意度，从而避免公众参与流于形式。

（4）通过宣传教育方式加快政府职能转变的推进工作。思想观念的转变是政府职能转变的前提，是实现行动上转型的支撑条件。当务之急就是要通过宣传和教育方式，加快推进水资源管理中政府职能转变工作：一是要全面树立有限政府和服务政府的观念。破除全能政府观，认识到政府是有限政府，即权力有限、职能有限和行动有限，是为了社会共同利益提供服务的组织。二是宣传教育的对象应面向全社会。对涉水事务的政府公职人员树立正确的政府职能观，创新管理理念、改进工作方式和转变工作作风，完善政府信用体系的建设，提高管理工作效率和服务水平。还应注重对广大人民群众进行宣传教育，既让人民了解政府职能范围和服务根本，又能对政府进行社会监管，提高政府公信力和执行力。三是要采取多元化的宣传教育手段。充分利用各种媒介，如新闻、网络、微信、微博等，对水资源管理中的政府职能进行宣传，既要有理论宣传教育，还要有实际的交流、访谈、参观等活动。

综上所述，上述途径不是单一行动，而是需要相互配合，共管齐下，才可能促进政府职能在水资源管理过程中的顺利转变，才能真正将政府行为聚焦于提高人民真实福利水平，保障水资源协商管理的有效落实。

8.4.2 相关法律问题的透析与政策建议

水资源协商管理过程中法律问题较多，有些问题并没有明确法律条例或划分清晰法律界限，如跨界调水法律问题、农业水权交易法律关系等。2016年4月，水利部印发了《水权交易管理暂行办法》，涉及区域水权交易、取水权交易和灌溉用水户水权交易等。水权法律问题与水资源协商管理紧密相关，应加强依法治水。

1.加强并完善我国跨界调水协商的法律制度[①]

本书以东阳义务水权交易案为切入口，尝试对我国跨界协商调水的法律问题进行初步研究。

1）东阳义务水权交易案的合法性分析

研究认为，首先，商品交易的前提就是所有权，东阳政府缺乏所有权的依据；其次，转让给义乌的水，在义乌还需要进行取水权的许可，而非直接投入生产生活使用，这在逻辑上出现了矛盾。综上所述，东阳义乌的这次所谓水权交易只是徒有其名，而无其实，通过对法条的分析，理解成水量的调配似乎更为准确。

根据水法第44条和第45条，东阳义乌关于水量分配的实施程序应当由金华市人民政府的水利部门制定，报金华市人民政府批准。据此，也可得知地方政府具有一定的水资源调度分配的权力，此权力是一种管理权力，而非水权。水法第7条规定，国家对水资源依法实行取水许可制度和有偿使用制度，而东阳义乌在交易之前并没有报请有关部门就东阳地区水资源的取得进

---

① 本部分为笔者主持国家社会科学重大基金项目研究成果，李义松为课题组成员之一。具体案例内容详见：李义松，鞠海兵.我国跨地区调水法律问题探析——从东阳义务"水交易"案切入[J].江苏警官学院学报，2014，29（1）：28-31.

行审批许可，只是两个市政府单方面进行谈判和磋商，即使承认其交易的内容合法，程序上也是不符合法律规定的。综上所述，无论从内容上，还是程序上，东阳义乌两地政府关于水的交易行为缺乏合法性依据。

那么，作为一个实践案例，弄清楚其理论上的性质和意义固然重要，但更深层次的是事件本身反映的现实需要和法律在该领域的缺失与不足。从东阳义乌的"水交易"可以看出，我国跨界"水交易"还存在许多理论和实践难题亟待解决，需要从特殊案例摸索出一般性规则和模式。

2）我国跨界调水实践存在的问题

由于水权概念在我国还没有明确、权威的界定，加之国家鼓励资源的优化配置，地方政府的交易行为得到了默许并且成为典型案例为其他地区所效仿。在水权交易市场完全开放时，地方政府的积极探索对进一步开放水资源交易市场意义重大，但仍然没有摆脱浓重的行政色彩。诚然，政府间跨界的水权交易行为解决了需水地区的生产生活需要，对经济社会的发展有利，但供水地政府是否尽到了公共信托中受托人的忠实、勤勉、审慎的义务，是否从本地区的公共利益出发，确保本地区的生产生活用水充沛且在遭遇突发情况时（如污染、干旱等）能够有效采取措施保障本地区民众的用水权利，这些还值得商榷。此外，地方政府间"水交易"行为缺乏政策和法律的指引，签订的所谓"协议"在履行期间发生纠纷时，也没有一个统一的协调机构进行处理，导致实践中经常出现扯皮的现象，这极不利于水资源的有效利用和地区经济社会的发展。目前，我国经济粗放型的增长方式并没有得到根本改变，地区间旨在促进工业发展的调水很可能带来更大程度的污染问题，需要花费更多的人力、物力和财力治理污染，所以，调水必须经过上级政府的批准和严格审查，充分发扬民主，征求供需双方民众的意见，更显对公共利益的谨慎态度。

3）我国跨界调水法律制度的完善

为回应这一现实问题和需要，未来我国应当在立法上做出修改。

第一，立足我国的国情和水情，结合域外对水权的成功的立法经验，将国内的水权概念在法律上确立下来，为后面一系列制度和实践研究扫除障碍。在水资源的调配问题上，由于资源的进一步紧缺，一方面要鼓励地区之间的水调配行为，另一方面还要注重保护水源地区的公共利益，这一点要求法律对水调配行为做出更为细致和严格的规定，如强制说明理由、召开听证会征求民意等。

第二，严格政府的法律责任。政府要切实履行水权初始分配中的管理职能，对跨地区的调水进行科学论证和有效规划，避免调水行为对生态环境带来的伤害，坚持水资源总量控制原则，协调好人与自然的关系以及供水地和需水地之间不同群体的利益关系，维护代内公平和代际公平。

第三，完善信息公开和公众参与制度。由于调水涉及两个甚至多个地区的公共利益，政府作为公共利益的代表者，应当以更加审慎的态度进行处理，及时将信息告知地区个体，以规避信息不对称带来的市场风险，提高资源配置的效率。同时，及时反馈个体利益诉求，举行听证，实现科学决策、民主决策。

第四，将水量调配的权力收归更高一级政府（省一级政府或者国务院）行使，以利于对公共利益的谨慎处理，同时还应设置一个专门的机构协调地区间因调水产生的纠纷和矛盾。

目前，我国这种"水交易"行为实质是跨界政府自发的或是上级政府协调下的水量调配行为，名为交易，实为调配。无偿调配地区间的水资源，必将损害供水地区的公共利益，有失公平，所以这种行为通常是有偿的（金钱、投资机会等）。当然，任何问题的解决都不是孤立的，需要统筹协调好方方面面的关系，调水问题同样如此，有待国家通过立法加以规定和完善。

2. 农业水权协商的法律关系及制度创新[①]

农业用水是我国水资源管理节水的重点领域，节水潜力很大，因此这些农业用水节约下来或将用于水权交易，然而当前农业水权管理相对混乱，不利于农村经济社会的可持续发展和农业水资源管理，有必要分析农业水权协商的法律关系，厘清相关权利之间的逻辑关系，建立相对稳定的水资源管理制度，为农业水权协商制度的建立及运行打下坚实的理论基础。

1）农业水权协商的法律关系

研究认为，农业水权交易是水权交易的下位概念，水权交易的内涵界定是农业水权交易内涵界定和转让再分配的基础，对农业水权交易的清晰

---

① 本部分为笔者主持国家社会科学重大基金项目研究成果，李义松为课题组成员之一。具体案例内容详见：李义松，万马. 农业水权交易制度的权属分析及创新思路[J]. 江苏农业科学，2015，43（8）：1-3.

界定基于对水权交易内涵的清晰阐释。在水权交易中，水资源是商品经济产物的一种，可交易水权具有财产权的性质，是在水权中引入市场机制，通过市场发挥作用来优化水资源配置，是水资源非所有人进行水使用权转让的一系列财产权利。农业水权交易延续着水权交易的性质，是一种财产权利的转让，是通过市场来优化农业水资源配置的一种方式，使农业水资源使用权在不同主体之间让渡一系列财产权利。农业水权协商法律关系是农业水权的基本理论之一，农业水权协商属民事权利范畴，包含着主体、客体和内容三个方面。

（1）农业水权协商法律关系的主体。

法律制度调整后的具体社会关系是一种法律关系，要建立一个完善的法律体系，首先要明确法律关系的主体。对农业水权协商法律关系的主体进行解读，有助于阐析可交易农业水权的法律关系。本书研究认为：政府、村民自治组织不宜作为农业水权协商法律关系的主体；灌区水管部门可以成为农业水权协商的名义主体；农户是农业水权协商的一般主体。

（2）农业水权协商法律关系的客体。

农业水权协商法律关系的客体，可以阐释为农业水权协商权利义务所指向的对象，即农业水资源。明晰可交易农业水权法律关系的客体，应首先了解农业水资源的组成，明晰农业水资源中哪些内容可以被纳入交易领域。农业用水依据用途可分为四类，即农业生态用水、基本农业生活用水、农业灌溉用水和机动用水，区分这四类农业用水的不同分配模式，可以确定农业水权协商的交易对象，即是否能够进入市场进行交易，研究结果见表 8.2。

表 8.2　农业水权的分配模式

用途	分配模式	可交易与否
农业生态用水	预留分配	不可交易
基本农业生活用水	人口分配	不可交易
农业灌溉用水	混合分配	部分可交易
机动用水	市场分配	可交易

（3）农业水权协商法律关系的内容。

从法学观点看，农业水权协商的内容包括权利和义务，二者相互依存、不可分割。在当前环境下设计、制定农业水权的权利、义务制度，对农业水资源的可持续利用大有必要。

农业水权协商制度的设计在于对它的使用应具有公益属性。国家宪法、环境保护法及法规在不同层次上建立了公共权力与私人权利属性的农业水权，是一个具有操作性、系统的权利。当前，环境民法学发展迅猛，农业水权中必然也包含民法学的相关概念，如水票制、水银行制度等，在法律体系中也应明确相应的权利。明晰可交易农业水权的具体制度内容，加强对农业水权私权的保护，方可有效发挥其应有的功用。

农业水权协商本质是一种交易行为，必然存在转让和受让双方，二者的义务履行是不同的，应分别进行制度设计。转让方的主要义务是遵守有关法律、法规的规定，在规则框架内实施转让，而受让方最主要的义务是按规定支付转让费用及按约定使用农业水资源。除此之外，还应有一项共同义务，即不得侵犯国家、集体利益及第三人的合法权益。

2）农业水权协商法律制度创新建议

构建农业水权协商制度是一个系统工程，应立足我国基本国情，结合当前农业水权协商的具体情况，不断完善相关法律制度，以推进农业水权交易的依法进行。

（1）构建农业水权协商的基础法律制度。一是完善农业水资源初始分配及再分配制度。农业水资源的初始分配与再分配是水资源开展及进行交易的前提，在法律中完善水资源初始分配与再分配制度有助于水权排他性的增强，促使权利的进一步确定，可公平和高效实施农业水权交易。二是基于用户管理方式，建立、完善农业水权交易市场。首先，应有正确的交易市场准入制度，确定哪些主体能够具有参与交易的适格性；其次，应确立公平、合理、有效的交易方式及具有经济杠杆作用的农业水价，使农户在不加大交易成本的前提下，通过中介市场有效分享市场信息，从交易中获得最大的收益；最后，农村水市场均衡发展还离不开农业水权市场的监管，应充分发挥政府的规范作用，加强对农业水市场的有效监管，才能够更加经济高效地分配水资源。

（2）构建农业水权协商制度的具体交易规则。一是确立界定清晰、可测量和易于执行的用水权。通过不同的水权凭证，确立界定清晰、可测量和易于执行的用水权，是赋予水权人以私权、维护用水者交易正当性的前提，意味着法律给予农户取水权的保障。用水权的具体化有助于在法律意义上构建农业水权的交易制度，实现从行政公权力到民事权利过渡、从政府管制水资源分配到农户参与水资源市场化的转变。二是促进交易可行性，保护第三者利益。在我国，虽然已经出现农业水权交易，但有的法律内容却明确规定禁止水权交易，这将不利于农业水权协商的健康发展。在农业水权协商过程中，应做到有法可依、有章可循，农业水权协商参与者的权益才可以最大化地得到法律保护。另外，应允许和鼓励第三方或公众代表参与交易协商，或者在农业水权交易制度中特别规定第三方利益补偿机制及第三方影响评价制度等，以保证交易稳定和谐。

（3）农业水权协商法律监督机制的完善。一是明晰和强化不同主体的监督地位。建立多元化监督机制，健全基于政府、农村集体经济组织、农民用水者协会、企业、个人等多层级、多主体、不同方式的监督体系，应进一步完善相关法律规定，明晰各监督主体的监督范围、方式、程序，建立起有效行使监督权的法律屏障，体现其应有的制度价值。二是建立农业水权协商过程的监督机制。首先，加强对农业水权初始分配的监督，保障分配的公平合理。应通过制定法律法规，对农业水权初始分配进行详细的权限实体及程序安排；通过完善公众参与制度，赋予公民全过程的参与监督以保障程序的公开透明，保障分配的公平合理，进而实现水资源的价值。其次，加强对具体协商过程的监督，使农业水权交易规范有序进行。政府应当监管农业水权的交易价格，防止投机行为的发生和价格的非正常波动，确保交易价格相对稳定；构建一套简便易行的水权登记制度，维护交易安全。最后，加强交易后对水使用人的监督，以充分保护第三人利益。在农业水权交易协议达成后，并不意味着监督的结束，仍需对水权交易受让人的用水行为进行监管。受让人在对受让后的农业水资源进行用益时，应遵照合同的约定及相关法律的规定执行，相关单位及公民均有权对其进行监督，对侵犯国家及他人利益的行为，应进行相应的行政处罚及法律制裁。因此，加强对交易后水使用人的监督，可最大化地保障第三方的利益，使农业水权交易发挥其应有的效能。

8.4.3　准市场调节机制与操作细则

充分发挥市场在水资源配置中的作用，是水资源协商管理的有力保障。本书在水权转让实践中发现，还需要在以下方面进行完善与补充，才能更好地培育水资源协商管理的市场运行环境，更好地发挥市场功能促进管理落实。

1. 建立水生态基金管理体系，创新市场运作机制

水生态系统服务具有准公共物品属性，计划配额管理容易导致外部不经济性，丧失管理效率；市场自由配置容易导致稀缺资源垄断，丧失安全保障。因此，有必要进行水生态系统服务的准市场管理。面向市场化政府和社会资本合作（public-private partnership，PPP）落地困难、周期长、滞后明显，参与主体缺乏公平、诚信的约束机制，同时水生态补偿范围广，涉及补偿对象多，补偿方式单一，财政转移支付对生态补偿与保护投入增长缓慢，以及杂乱的环保税费等现象，建议以国务院为牵头单位，联合水利、环保、发改、住建等多部门，各省（自治区、直辖市）为参与单位，共同组建国家水生态基金。

水基金是国家参与管理，市场推动设立的准市场基金，其设立的目的是实现生态文明建设，统筹水环境保护和涉水行业投资开发。水基金的资金来源是国家环保税收、社会资本及公众认购资金，水基金的主要用途是水污染、水生态补偿的先行垫付和国家赔付。水基金组织结构主要包括董事会与运营中心。其中，董事会主要负责重大事项决策及基金会发展战略问题，建议邀请全国人大常务委员会分管领导担任董事会主席，各部门、各省（自治区、直辖市）的分管领导为董事会成员，设置轮值董事（由董事会成员轮流担任），国务院办公厅统筹秘书处工作，初期建议按年度召开董事会，相关筹备工作由秘书处负责；运营中心主要负责基金的日常运作管理，建议聘请职业经理人团队参与管理，打造第三方运营平台，符合基金会投资方向且小于设定额度的可由运营中心直接投资，采取备案制，留待年度董事会审议；基金会资本金建议存放于两家以上国有银行。

国家水生态基金运营过程主要需抓好"募投管退"四个环节。

（1）基金募集制度：国家水生态基金的基础来源为国家与地方政府税收中的涉水税款，主要包含水资源费（税）、污水排污费（税）、环保费（税）（涉水部分）、企业所得税（水权交易、排污权交易）等，建议在国家

年度 GDP 收入中划拨 0.000 1% 作为国家投入（67.67 万亿元，2015 年）。募集方式建议从国税地税两级直接划拨，在地方地区生产总值考核中直接扣除该部分。

（2）基金投资制度：国家水生态基金投资方式主要分为两种，一种为业务投资，一种为发展投资。其中，业务投资在初期建议占基金资本金的90%，主要包含两种方式，即申报审批投资与预警监控投资，前者主要由相关利益主体提交申请，由运营中心报秘书处，非紧急申请留待年度董事会审批，紧急申请报轮值董事审批；后者主要依靠涉水问题的数据监控及网络舆情预警，发现问题则由运营中心直接投资。发展投资在初期建议不超过基金资本金的 10%，主要用于具有稳定收益项目的投资，用于基金资本金的保值增值。

（3）基金运作规则：国家水生态基金建议采取准市场运作机制，首先，符合基金会投资内容事项，若相关利益主体尚未投资到位，基金会具有直接投资的权限，同时，在明确相关利益主体权责后，基金会具有依法向相关利益主体收缴投资资本金及投资期利息的权利；其次，对于责任主体无法明确的重大涉水问题，基金会具有直接赔付的责任，资本金由基金会自行承担，建议大力推进水灾害保险制度，降低基金会投资压力；最后，对于并发的多项投资，基金会投资需报请董事会审议通过，同时聘请第三方评估机构对投资过程进行绩效评估与累积影响评估。

（4）基金退出机制：国家水生态基金的退出机制初期建议考虑两种，一种是投资提前收回，另一种是投资到期退出。其中，提前收回主要是相关利益主体的自主投资到位，申请基金会投资收回，由运营中心评估相关费用损益情况，在相关利益主体缴付相关费用后投资提前收回，但同时保留第三方评估机构对投资过程的监测评估服务；到期退出是指无相关利益主体提出申请，但投资时限达到基金会投资管理限定，执行到期退出，由第三方评估机构进行投资绩效评估与累积影响评估，由运营中心评估盈亏情况，剩余资金进入基金会资本金，将投资考评结果备案，上报年度董事会审议。

通过第三方运作机制和委员会管理制度，实现水基金管理运作的公平性与效率性，规避了地方利益博弈带来的协调困难，明确了投资边界，保障基本公益性投资。同时，还保留部分自主增值的资金比例，通过金融增值实现水基金收益，破解政府兜底难题，有效解决了环保市场化的推广难题，推动环保产业化发展。

2. 构建水生态服务价值核算体系，促进区域共建共享

水生态资产核算的目标首先是"摸清家底"，全面统计我国水生态服务价值，为水生态系统可持续发展潜力评价奠定基石；其次是有效地将水生态信息与社会经济信息桥接，通过统一的概念、定义、分类、计算方法，获取协调一致的数据信息，反映社会经济活动外部性与水生态系统间的耦合关系，使决策者明确从水生态服务供给侧和人类福祉需求侧综合考量发展规划，从而进一步完善现代水利统计体系，加强水生态系统综合管理，以期形成绿色、共享、开放的新国民经济核算体系。水生态服务价值核算体系通过"摸清家底"和全面核算，将不同地区的社会经济活动连贯起来，为各区域社会经济可持续发展和水资源良性循环提供基础数据支持，有利于各区域水资源共建共享。

核算工作由国家统计局与水利部牵头，搭建由水生态文明建设办公室、环保部门、国土部门、流域管理部门等多部门的跨学科、跨部门的统一工作平台，在统一协调部署下，联合拟订核算方案及目标，联合联动实施核算。核算方案制订遵循"四个兼顾"原则，即兼顾国际共性与我国个性、兼顾实物量与价值量、兼顾存量与流量、兼顾当期核算与预期测算。核算模式接轨并拓展现有的联合国水资源环境经济核算体系（System of Environmental and Economic Accounting for Water，SEEAW），结合我国现有统计制度，在不改变现有国民经济核算体系的情况下，将水生态系统服务资产作为国民经济核算体系的卫星账户，建立实物量账户和经济量账户相统一的水生态系统服务资产体系。围绕供给服务、调节服务、文化服务和支持服务，结合我国水生态系统个性特征，识别水生态系统服务供给框架，设立水生态系统服务资产核算综合账户，包括水资源供给使用账户、水产品账户、气候调节账户、水质账户、水利服务建设账户、水文化账户、生物多样性账户。所有核算账户分为实物量与经济量两层次。综合国际标准产业分类与行政部门数据口径，确定水生态系统服务资产核算账户数据接口，建立政府官方与公众实时对接的水生态系统大数据共享平台，推进智慧水生态建设，为核算提供数据支持与

更新支持。集成生态模型法与市场价值法，利用平台数据，在多尺度域下量化评估水生态系统服务资产实物量，编制服务资产实物型账户，对服务予以估价进而编制经济型账户，最终编制形成水生态系统服务资产总值表、投入产出表、资产负债表。

参 考 文 献

[1]谢杰. 汇率改革、贸易开放与中国二元经济[D]. 中国农业科学院博士学位论文，2008.

[2]赵娜. 京津区域 CGE 系统开发及区域经济政策分析[D]. 华东师范大学硕士学位论文，2011.

[3]刘慧雅. 基于模型驱动的 DCGE 决策支持系统开发与实现[D]. 华东师范大学硕士学位论文，2012.

[4]王朝才，许军，汪昊. 从对经济效率影响的视角谈我国增值税扩围方案的选择[J]. 财政研究，2012，（7）：28-33.

[5]查冬兰，周德群. 基于 CGE 模型的中国能源效率回弹效应研究[J]. 数量经济技术经济研究，2010，（12）：39-53.

[6]苏友华. 崇左市突发性水污染事件应急调水分析[J]. 企业科技与发展月刊，2011，（20）：115-117.

[7]国务院. 国务院关于实行最严格水资源管理制度的意见（国发〔2012〕3 号）[J]. 西部资源，2012，（1）：1-3.

[8]Houghton J T，Ding Y，Griggs D J，et al. Climate Change 2001：The Scientific Basis[M]. Cambridge：Cambridge University Press，2001.

[9]唐国平，李秀彬，刘燕华. 全球气候变化下水资源脆弱性及其评估方法[J]. 地球科学进展，2000，15（3）：313-317.

[10]安赟. 论麦积区水资源的可持续利用[J]. 中国农业信息，2012，（9S）：62-63.

[11]赵克勤，宣爱理. 集对论——一种新的不确定性理论方法与应用[J]. 系统工程，1996，（1）：18-23.

[12]李昌彦，王慧敏，佟金萍，等.气候变化下水资源适应性系统脆弱性评价——以鄱阳湖流域为例[J]. 长江流域资源与环境，2013，22（2）：22-26.

[13]陈宜瑜. 对开展全球变化区域适应研究的几点看法[J]. 地球科学进展，2004，19（4）：495-499.

[14]李昌彦，王慧敏，佟金萍，等. 基于 CGE 模型的水资源政策模拟分析——以江西省为例[J]. 资源科学，2014，36（1）：84-93.

[15]李昌彦，王慧敏，王圣，等. 水资源适应对策影响分析与模拟[J]. 中国人口·资源与环境，2014，24（3）：145-153.

[16]金帅，盛昭瀚，刘小峰. 流域系统复杂性与适应性管理[J]. 中国人口·资源与环境，2010，20（7）：60-67.

[17]潘志华，郑大玮. 适应气候变化的内涵、机制与理论研究框架初探[J]. 中国农业资源与区划，2013，34（6）：12-17.

[18]李婉芝. 智库在公共政策过程中的作用分析[D]. 湖北大学硕士学位论文，2012.

第 9 章

水资源协商管理监控体系

　　2012 年，水利部副部长胡四一在全国水利信息化工作座谈会暨国家水资源监控能力建设项目建设管理工作会议上发表了题为"全面实施国家水资源监控能力建设项目 全力提升水利信息化整体水平"的讲话，指出为了贯彻中央一号文件和国务院三号文件精神，要着力加强重点工程"国家水资源监控能力建设项目"的建设实施。实行水资源协商管理制度，需要健全一系列配套制度和建立相应的技术支撑体系，这些均离不开科学完善的监控手段和全面准确的信息服务。目前该项目已正式启动，国家、流域和省级水资源监控能力建设项目办公室全部成立，项目建设工作有序推进。水利部、财政部联合印发《国家水资源监控能力建设项目实施方案（2012—2014 年）》和《国家水资源监控能力建设项目管理办法》，项目主要软硬件产品统一选型议价工作完成，省界断面水量监测建设任务得到确认，项目技术标准编制工作积极开展，三级信息平台统一设计、统一集成和通用软件开发等工作全面铺开，标志着我国水利信息化水平将迈上新台阶。

　　2006 年，美国提出了 CPS（cyber-physical system，即网络-实体系统），并将此项技术体系作为新一代技术革命的突破点[1]。2013 年 4 月，德国政府在汉诺威工业博览会上提出了"工业 4.0"概念，描绘了以 CPS 为基础的未来制造业的愿景，将是继蒸汽机的应用、规模化的生产和电子信息技术等三次工业革命后的以生产高度数字化、网络化、机器自组织为标志的第四次工业革命[2]。2015 年，李克强总理在"两会"上高屋建瓴地提出中国的"互联网+"行动计划，旨在促进以云计算、物联网、大数据为代表的新一代信息技术与传统产业的深度融合，未来的工业、金融、交通、医疗、社会治理、公共服务等与互联网的接轨、融合、进化必将成为大趋势[3, 4]。2015 年 7 月 1 日，《国务院办公厅关于运用大数据加强对市场主体服务和监管的若干意见》印发，这是运用现代信息技术加强政府公共服务和市场监管、推动简政放权及政府职能转变的重要政策文件。"互联网+"正以前所未有的广度和深度，加快推进资源配置方式、生产方式、组织方式[5]。

　　2015 年 3 月，阿里研究院颁布了国内第一份《"互联网+"研究报告》，提出所谓"互联网+"，就是以互联网为主的包括移动互联网、云计算、大数据、物联网等的一整套信息技术在经济、社会生活各部门的扩散、应用过程。2015 年 7 月 4 日，《国务院关于积极推进"互联网+"行动的指导意见》（国发〔2015〕40 号）印发，其中对"互联网+"的定义是：把互联网的创新成果与经济社会各领域深度融合，推动技术进步、效率提升和组织变革，提升实体经济创新力和生产力，形成更广泛的以互联网为基础设施和创新要素的经济社会发展新形态。并从国家层面推出了 11 项"互联网+"行动的时间表和路线图[6]。

　　因此，"互联网+"和水资源管理制度的深度融合必将成为我国水利信息化的高级形式，是贯彻落实水资源协商管理制度的高级技术实现体系。

9.1　基于"互联网+"的水资源协商管理监控需求分析

　　从水资源协商管理需求的角度来说，基于"互联网+"的水资源协商管理监控技术体系应当包含两大部分内容，一部分用于解决水资源协商管理中的结构化问题，一部分用于解决非结构化问题。首先，水资源协商管理监控技术体系应当实现水资源管理的结构化问题，即国家政策要求的三条红线和四项制度所对应的业务功能。此外，水资源协商管理虽然通过政府直接干预的方式解决我国水资源总量短缺、水资源浪费严重、用水效率低下和水质状况不断恶化的问题，但是各级地方政府、职能部门、企事业单位及社会公众作为制度相关人，在制度实施中的作为、利益诉求直接关系到制度实施的效果。因此，水资源协商管理监控技术体系还应当为各类制度相关人提供决策支持平台，为解决水资源协商管理中的非结构化问题提供技术支持。

9.1.1　协商管理的监控技术体系业务功能需求

基于"互联网+"的水资源协商管理监控是在水资源管理责任与考核制度的需求下进行的，为各级政府、水行政主管部门及其他相关职能部门提供水资源协商管理主要业务的在线管理、三条红线考核的技术支撑和相关决策的技术支持，为各级用水户提供相关水资源政策及信息，为社会公众参与水资源协商管理提供监督议政平台。

因此，水资源协商管理的内容仍然需要确立水资源管理三条红线，实施四项制度（用水总量控制制度、用水效率控制制度、水功能区限制纳污制度和水资源管理责任与考核制度）[7]。水资源协商管理的业务需求包括取用水总量控制管理、用水效率控制管理、水功能区限制纳污管理、水资源管理责任与考核。

取用水总量控制管理业务包括取用水总量监测管理、用水计划管理、取水许可管理、地下水保护管理、水资源配置与调度管理、水资源费征收与使用管理等。

用水效率控制管理业务包括用水定额制定及管理、节水型社会建设试点管理、重点用水户用水监督管理、节水技术改造管理、节约用水日常管理等。

水功能区限制纳污管理业务包括水功能区监督管理、饮用水水源地保护、水生态系统保护与修复。水功能区纳污能力核定管理、入河排污口设置与监督管理、水功能区水质达标评估、饮用水水源地达标评估、水生态保护与修复试点管理、重要河湖健康评估等。

水资源管理责任与考核业务包括对省地市县等各个层级的相关责任主体关于三条红线实施效果和效率的监督考核情况等。

9.1.2　协商管理的监控体系管理决策支持功能需求

除了针对水资源协商管理的业务功能需求，在监控系统中开发相应的业务功能模块以外，为了增强水资源协商管理制度的实施效果，确保政策落地，水资源管理监控体系还应当具备管理决策支持功能。

水资源协商管理不仅包含结构化管理问题，也包括非结构化管理问题。水资源协商管理涵盖了水资源开发、利用、保护全过程，它们互为支撑、相互关联，是一个有机的整体[8, 9]。目前，从中央到各个层级的地方，已经为这个有机的整体中的水资源总量控制、用水效率控制、水功能区纳污控制划定了控制指标体系，为水资源管理责任与考核制订了考核工作实施方案。但是，对于这个有机的整体中的非结构化问题，如控制指标体系的动态调整、责任考核工作的年度实施方案制订、年度用水计划编制、节水技术改造、突发性水污染事件应急管理、水资源协商管理中的利益矛盾冲突等，则超出了结构化解决工具的能力范围。因此，为了加强水资源协商管理的实施效果，提升水资源管理的能力水平，还应当关注水资源管理中的这些非结构化问题，并借助"互联网+"的优势在传统的水资源管理方式之外为其提供技术化的解决方案，这便是水资源协商管理监控技术体系中的管理决策支持功能。

不同于传统的管理决策支持系统，基于"互联网+"的水资源协商管理监控技术体系中的管理决策支持平台要充分利用互联网、大数据、云计算等先进的信息技术和管理模式。云计算利用互联网将分散在不同地理位置的计算、通信、存储、软件、信息和知识等所有资源互联互通，组织成一台虚拟的超级计算机，对资源统一管理和调度，构成一个资源池向用户提供按需服务[10]。由云计算发展出来的云管理模式已经在企业界取得了很大的成功，如海尔利用互联网打造人单合一模式，华大基因利用云计算进行协同创新，招商银行在新浪、腾讯 QQ 试水社交化个性互动，匹克公司通过云端为客户定制时尚个性化的运动鞋，融创中国通过移动解决方案支持售楼业务，蔚蓝生物通过云之家企业社交平台提高远程研发效率[11]。云管理模式体现了"互联网+"的时代背景下现代信息技术对传统管理模式的渗透和创新改造。水资源协商管理具有实施时空范围广、涉及的管理机构和管理对象及利益主体分散庞杂的特征，水资源协商管理中的非结构化管理问题是一项需要中央政府、地方政府、各级职能部门、企事业单位、领域专家、普通民众等共同参与的系统工程，因此需要创新管理模式，提高管理效率和管理水平。第四次工业革命已开始冲击全世界的社会经济和发展模式。水资源协商管理不应仅是被动地为了解决我国现存的各种水资源问题，更应主动借助这一制度契机发展我国先进的水资源管理模式。从水资源协商管理监控技术体系来讲，就是应顺应第四次工业革命的发展趋势和要求，充分利用先进的信息技术创造和实现先进的管理模式。

钱学森教授早在 20 世纪 90 年代就提出了解决复杂非结构化决策问题的方法论和技术体系。1990 年的《自然》第一期发表了钱学森等的重要文章，题为"一个新的科学领域——开放的复杂巨系统及其方法论"，提出了"开放的复杂巨系统"的概念及处理相关问题的方法论：从定性到定量的综合集成法。钱学森认为这个综合集成法实际上是思维科学的一项应用技术。他借鉴我国哲学家熊十力的观点，对综合集成法中的人机结合做了如下解释：人的心智可概括为"性智"和"量智"两部分，其中"性智"是一种从定性的、宏观的角度，对总的方面巧妙加以把握的智慧，与经验的积累、形象思维有密切的联系；"量智"是一种定量的、微观的分析、概括与推理的智慧，与严格的训练、逻辑思维有密切的联系[12]。从信息处理的角度来考虑，人机结合把人的"性智""量智"与计算机的高性能信息处理相结合，实现定性的（不精确的）与定量的（精确的）处理互相补充，达到从定性到定量的认识[13]。在解决复杂问题的过程中，能够形式化的工作尽量让计算机去完成，一些关键的、无法形式化的工作，则靠人的直接参与或间接作用，这样构成人机结合的系统。这种系统既体现了"心智"的关键作用，也体现了计算机的特长。1992 年，在综合集成法的基础上，钱学森针对如何完成思维科学的任务——"提高人的思维能力"这个问题，概括出人机结合、以人为主、从定性到定量的综合集成研讨厅的理论框架，包括：①几十年来世界学术讨论的研讨会；② C3I（communication，command，control and intelligence，即指挥自动化技术系统）及作战模拟；③从定性到定量的综合集成法；④信息情报技术；⑤"五次产业革命"；⑥人工智能；⑦虚拟现实；⑧人-机结合的智能系统；⑨系统学等[14]。该理论框架把综合集成法中的个体智慧明确上升为群体智慧。综合集成研讨厅是专家们同计算机和信息资料情报系统一起工作的"厅"，是把专家们和知识库、信息系统、各种人工智能系统、每秒几十亿次的计算机等像作战指挥厅那样组织起来，成为人机结合的巨型智能系统[15]。"组织"二字代表了逻辑、理性，而专家们和"人工智能专家"系统代表了以实践经验为基础的非逻辑、非理性智能。所以这个"厅"是 21

世纪民主集中制的"工作厅",是辩证思维的体现[14, 16]。

在全球化的今天,人类的发展遭遇到不确定性和复杂性的挑战,最好的办法是通过制度减少不确定性和复杂性。德国著名思想家哈贝马斯认为:"现代社会不仅通过价值、规范和理解过程进行社会学整合,而且通过市场和以行政方式运用的力量进行系统性整合。"[17]因此,制度的有效性和行政效率是水资源协商管理中必须要考虑的问题。新制度主义的三大流派均认为制度有效性作为制度的一种存在状态,其实质是制度与制度相关人行为之间的关系问题。在水资源协商管理中,制度的相关人包括中央政府、地方政府、各级职能部门、企事业单位、领域专家、普通民众。中央政府作为制度的供给者,地方政府和各级职能部门作为制度的执行者,领域专家作为制度的建议者,企事业单位和普通民众作为制度的利益相关者,可能由于有限理性、混合行为动机等原因,在对制度的理解、追求的目标等方面具有不一致性,从而直接影响到水资源协商管理制度的有效性。效率是行政的重要目标之一,效率的实现以行政方案的合法、合理和优化为基础条件。通过行政主体与行政相对人以及社会公众之间的沟通、协商,使行政方案具备可理解性和可接受性,是提高行政效率的可靠途径[18]。2011年6月8日,中共中央办公厅和国务院办公厅印发了《关于深化政务公开加强政务服务的意见》的通知,指出政务公开是促进服务政府、责任政府、法治政府、廉洁政府建设,提高依法行政和政务服务水平的必然选择,要以改革创新精神深化政务公开工作,坚持方便群众知情、便于群众监督的原则,拓宽工作领域,深化公开内容,丰富公开形式,促进政府自身建设和管理创新。坚持创新载体、完善制度,实现政务公开的规范化、标准化。坚持问政于民、问需于民、问计于民,依靠群众积极支持和广泛参与,畅通政府和群众互动渠道,切实提高政务公开的社会效益[19]。

目前,国家对公众参与社会事务越来越重视,公众参与社会事务的热情也逐渐高涨。相对于政府及其职能部门以及领域专家在水资源协商管理中的职务行为,社会公众参与水资源协商管理多是出于对自身利益的考量,是一种非职务行为,如水污染直接影响到社会公众的健康,用水计划和用水总量控制指标直接影响到农业和工业企业的生产活动,因而在实践中将会面临着公众获取信息难度大、缺乏专业知识和法律知识、参与渠道狭窄、参与方式简单、介入管理层面较低、难以充分行使权利等问题。社会公众资源具有公众类型、社会网络连接、社会环境的异构性和动态性[10]，如何实现水资源协商管理，打破资源时空限制，有效管理规模巨大的社会公众，克服公众参与水资源管理松散、随意的局面，解决公众需求多样、信息获取困难、参与渠道狭窄、专业知识不足等问题，提高参与效率和参与水平，合理调度相应的公众资源完成三条红线和四项制度的相关任务，辅助管理决策，必须要借助基于"互联网+"的管理理念和现代信息技术的成果。

因此，基于"互联网+"的水资源协商管理监控技术体系中的管理决策支持平台是综合运用了互联网、大数据、云计算等先进信息技术和人机结合、以人为主、从定性到定量的综合集成研讨厅方法论的工程技术体系，不仅为水资源协商管理中的管理主体提供管理决策支持平台，而且为相关利益主体提供公共事务参与平台。互联网的出现，促进了协作，推动了伙伴关系的发展，成为新的生产力发展方式及生活方式。因此，水资源协商管理监控技术体系应当包含基于互联网的管理决策支持功能，是在信息化时代包含社会公众在内的多元主体参与水资源管理制度实施监督、表达利益诉求的高效渠道。

9.1.3　协商管理监控技术体系的大数据驱动特征

近年来，大数据已经成为世界各国各界持续关注的热点，大数据研究被上升为国家意志，一个国家拥有数据的规模和运用数据的能力被认为是综合国力的重要组成部分。数据已经从简单的处理对象转变为一种基础性战略资源。国际数据公司 IDC 发布研究报告称，全球数据量大约每两年就会翻一番。美国政府认为大数据是"未来的新石油"，并于 2012 年投资两亿美元启动了"大数据研究和发展计划"。

2008 年 9 月，美国《自然》杂志发表文章 "Big Data：Science in the Petabyte Era"。此后，大数据概念被广泛应用和传播。目前，对大数据概念有多种解析和定义。维基百科对大数据的定义是：大数据是由于规模、复杂性、实时而导致的使之无法在一定时间内用常规软件工具对其进行获取、存储、搜索、分享、分析、可视化的数据集合。互联网数据中心将大数据定义为：为更经济地从高频率的、大容量的、不同结构和类型的数据中获取价值而设计的新一代架构和技术。

水资源协商管理监控技术体系涵盖了水文、水质、水资源、供水、排水、防洪抗旱等各个方面，利用智能传感器、无线终端设备及互联网等实现具有广域时空特征的数据和信息的传递，结合水力学、水文学、水资源学和管理学的各类模型，支撑水资源协商管理的业务功能和管理决策支持功能。水资源协商管理的业务功能需求和管理决策支持功能是随时随地发生的，因此水资源管理监控技术体系必将是利用云技术构建的统一的、开放的综合性应用系统平台。云计算通过弹性处理海量最严格水资源管理信息，实现对资源的统一管理和分配，实现用户按照各自的需求访问计算机和存储系统，完成想要的操作。

水资源管理信息具有大数据的 4V 特点，即数据量大（volume）、速度快（velocity）、类型多（variety）、真实性（veracity），因此对水资源管理信息的处理需要综合运用数据仓库、数据安全、数据分析、数据挖掘等大数据技术对采集到的海量水资源管理信息进行实时存储、检索、大规模并行计算、信息融合、数据挖掘、分析预测等，实现水资源协商管理业务流程和管理决策支持功能的动态性、精细化和伸缩性。

大数据应用不同于传统数据应用的最大区别是如何通过挖掘海量数据之间的关联关系找出有价值的、隐藏的知识，为水资源管理服务。通过数据资源的整合、共享、重复使用、自由架构，支持数据利用的创新，挖掘数据信息的价值，是大数据技术的核心出发点。例如，谷歌地球将各类空间信息数据进行整合后给公众提供各种形式的数据服务，实现了数据的弹性应用，最大限度地发挥出数据的价值。水资源管理信息除了大量结构化数据以外，还包括大量的办公文档、文本、报表、图片、图像、音频和视频信息，数据量大，数据形式多样化、非结构化特征明显，数据存储、处理、共享和挖掘异常困难。因此，从技术实现的角度，可以将水资源协商管理大数据资源分为存储层、共享层、服务层和应用层四个层次。存储层实现水资源协商管理大数据的安全可靠存储，具有持续更新和存储能力；共享层进行异构数据的封装、整合和交换等，具备数据开放和共享能力；服务层通过对共享数据的深度挖掘、融合，分析海量数据之间的关联关系，找出海量数据中隐含的知识，对水资源管理的业务功能和管理决策支持功能提供数据资源支持，是实现水资源协商管理业务流程和管理决策支持功能的动态性、精细化和伸缩性的关键层；应用层面向各类用户，提供数据的复杂查询和检索功能。大数据驱动下的水资源协商管理监控技术体系必然不同于传统的管理信息系统，而是融合了现代数据传输和管理技术的技术体系。

9.2　基于"互联网+"的协商管理监控系统架构

9.2.1　政策执行监控系统总体框架

借鉴 CPS 的"物联网+智能分析平台+务联网"的大数据创值体系[1]，设计水资源协商管理监控系统总体框架为三层结构，即基于物联网的智能数据收集系统层、基于云的智能数据分析管理与优化系统层和基于务联网的水资源智能管理及服务体系层，如图 9.1 所示。该框架以信息和数据作为水资源协商管理各项业务的基础，这些信息和数据通常与计算机技术结合起来，综合采用地理信息平台、多智能体技术、数据库与知识库（汇集以往的和现有的知识、管理过程中得到的知识、各种相关数据与信息、专业和经验知识等以及数据库管理系统）、模型库系统（含预测决策模型、参数、算法等），通过多通道人机交互等接入终端与服务器，建立起一个基于互联网的水资源多层分布式协商管理系统。

该三层系统的特征体现在以下几个方面。

（1）基于物联网的智能数据收集系统是整个监控系统的网络数据服务层，包括网络通信层和信息采集层，通过智能传感器、GPS 等实现智能数据感知，从信息来源和采集方式上保证数据质量和全面性，为上层水资源智能管理及服务体系层提供优良的数据环境。如今，我国已实现了四网融合，即电信网、广播网、互联网和国家电网，电力光纤入户解决了数据传输问题，实现了电、水、煤气等计量表信息的远程采集[20]。网络融合能够将机理、环境与群体有机结合，构建能够指导实体空间的网络环境，包括精确同步、关联建模、变化记录、分析预测等[1]。

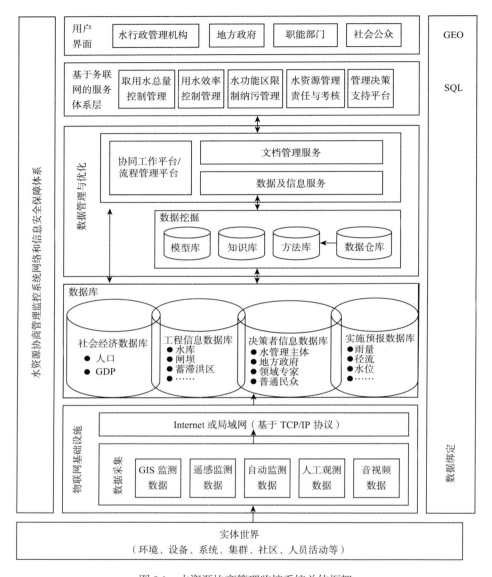

图 9.1　水资源协商管理监控系统总体框架

GEO：gene expression omnibus，即基因表达综合数据库；SQL：structured query language，
即结构化查询语言

（2）基于云的智能数据分析管理与优化系统是整个监控系统的信息资源管理层，在系统的后台运行，包括数据库、知识库、模型库、专家库、文

档库等，能够实现在任何时间按需获取的存储和计算能力，实现数据到信息的转化和海量信息的持续存储，通过对水资源管理大数据信息的特征提取、智能筛选、存储分类与融合、多层挖掘、聚类关联与调用，按照信息分析的频度和重点进行自适应的、动态的"数据–信息"转换，为基于物联网的水资源智能管理及服务体系设计与应用提供信息支撑。

（3）基于物联网的水资源智能管理及服务体系的设计与应用是整个监控系统的业务处理层，以多源数据的多维度关联、评估、预测，结合数据可视化工具和决策优化算法，实现水资源协商管理责任与考核的协同优化，是具有最严格水资源管理、联席会议管理、防汛抗旱管理、公众参与平台等丰富业务模块的应用门户系统，可实现与已建相关水利业务系统的集成，并基于用户友好的人机交互界面，为业务应用人员提供全方位、多角度的信息查询、业务分析及预案管理等应用功能，为水资源管理提供一个网络化的综合性的服务生态系统，支持各类服务参与者（政府及其职能部门、领域专家、社会公众）之间的服务协作，实现水资源管理服务价值的创造与传递[20]。

9.2.2　基于 J2EE 的政策执行监控系统体系结构

水资源协商管理监控系统框架实现采用 J2EE 技术。J2EE 是 SUN 公司定义的一个开放式应用规范，提供了一个多层次分布式应用和一系列的开发技术规范。J2EE 是基于组件的应用，每一组件都提供了方法、属性和事件的接口，组件可支持多种语言开发，是可重用、共享和分布式的。系统的体系结构如图 9.2 所示。客户端以 Web 浏览器作为群体决策人员的用户界面，具有可视化良好、操作方便的特点。中间层由 Web 层和服务器端组成，是系统的核心部分。Web 层用来提供信息发布（由 Web 服务器和 Web 组件组成，组件包括 JSP 页面和 Servlet）和处理客户请求（调用相应的逻辑模块，并返回结果）等。服务器端把支持水资源管理的各要素综合集成起来。资源层包括相关数据库、模型库、方法库、知识库、文档库、案例库、历史管理经验记录数据库，以及系统外部的其他信息系统及其资源等。

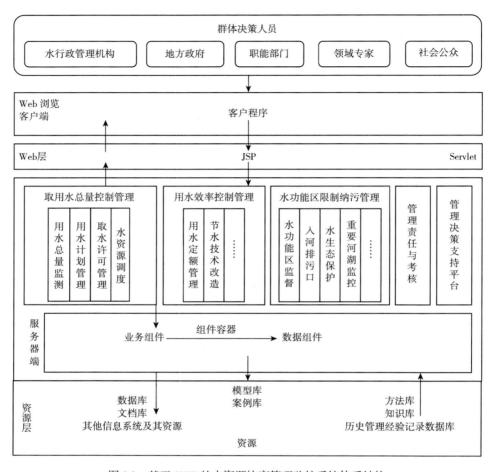

图 9.2 基于 J2EE 的水资源协商管理监控系统体系结构

根据大系统结构——分布网络关联式的思路，该体系结构采用网络技术、界面技术、单项应用技术、综合集成技术等。

1）网络技术

水资源协商管理监控系统可以直接依托局域网（水利部门自建网）、城局网、互联网等实现分布网络关联式结构思路，不必专门建网。

2）界面技术

对于人机结合的综合集成体系来说，界面技术是至关重要的。界面技术不仅用于描述设备外观，更可以描述人与设备之间的交互过程。人机界面是人与机器相互作用的纽带和进行交互的操作方式。水资源协商管理人机交互界面不仅考虑人与电脑的"友好"协同，更要考虑人与人在以电脑为交流纽带时表达思想、传递思想的协同性。利用可视化的人机交互过程，给管理者一种"身临其境"的感觉。可使用的界面技术包括以下几种。

（1）文字说明（text）。这是一种常见的可视化形式。通过这种形式，可以使管理者很容易知道系统功能、研讨要求、研讨状态、研讨内容等。

（2）时序图（time serial charts）。这种可视化形式用来显示一个变量或多个变量值与时间的关系，来支持各类管理模型的各种数据在时序上的特征，以便确定数据对模型的运转有何影响，用于模型的可靠性分析的依据。

（3）条形图和圆饼图（bar and pie charts）。这种图形以明显的形式对所用数据进行分析或对用水、节水、水质等状况进行描述，如用水计划、河湖水质分布等。

（4）散布图（scatter diagrams）。该图用来显示两个变量之间的关系，如雨量变化与季节或时间的关系、径流量与季节的关系、水质与水量之间的关系等。

（5）层次图（hierarchy charts）。在管理者组成描述、系统功能描述、模型描述和模型层次调用描述中，可用此图来实现可视化。

（6）关联图（sequence charts）。这种图是按先后顺序及逻辑关系而形成的，在水资源协商管理可视化中，可以用该图描述水量数据流程、模型驱动顺序、应急调度预案编制等。

（7）过程跟踪（procedure retrial）。采用各种技术，对系统的输入、输出、处理等进行全面跟踪。

（8）动态画面（motion graphics）。动态画面对水资源协商管理的可视化是极其重要的，任何一种可视化形式都可根据计算机图形技术和科学计算可视化技术，采用动态形式展现在用户面前。

根据数据类型选择不同的可视化技术来进行人机交互，为管理参与用户提供一个易于接受的机器界面环境。尤其应考虑到底层用户知识背景的差异、计算机水平参差不齐，满足他们的人机界面更应该直观、简洁、易于实现。对于高层决策者，界面技术应易于进行知识引导，系统要能根据用户输入的问题特征信息，利用知识库推理选择适合特定问题需要的最佳方案显示给高层决策专家，并且要能充分给决策专家发挥其主观能动性的空间。

3）单项应用技术

系统的研究开发将会涉及各式各样的单项应用技术，如数据库技术、数据挖掘技术、信息采集和信息加工技术、知识工程、人工智能、建模、仿真、预测、预报、评估、多人多层次多目标决策、博弈、水量和水质预警。涉及面这样宽的技术、模型与知识，必须依靠一个足够规模的群体和一批较为科学的综合集成技术来实现。

4）综合集成技术

从综合集成所涉及的内容来说，最严格水资源管理体系至少要考虑方法综合集成、技术综合集成、模型综合集成、仿真综合集成、运算结果综合集成、定量定性综合集成、评价综合集成、数据综合集成、意见综合集成、信息综合集成、知识综合集成、智慧综合集成等十余个方面。这些综合集成内容庞杂，实现的难度各不相同，有些已经有所开发，有些还正待研究与探索。我们可以借鉴已有研究的综合集成技术成果，并根据水资源系统自身特点加以发展应用。

9.2.3 基于云服务的系统网络拓扑

水资源协商管理监控系统所运行的网络架构采用服务计算的核心思想，通过网络把多个成本相对较低的计算实体整合成一个计算资源池，对各种资源进行统一管理和调度，并借助面向服务的模式向管理群体提供按需服务的使用功能。其云服务的网络拓扑结构如图 9.3 所示。

（1）Web 服务器 A：提供整个水资源协商管理监控系统的程序发布功能。

（2）数据库管理服务器 A：为 Web 服务器 A 中的应用系统提供各种水资源协商管理所涉及的业务数据以及决策模型库、知识库、决策方案的存储和查询等功能。

（3）Web 服务器 B：提供基于 Web Services 的跨平台电子地图服务；为 Web 服务器 A 发布的空间信息查询程序提供所需的地图资源以及为模型计算结果提供展示的背景。

（4）数据库管理服务器 B：提供支持 ArcGIS 的 Geodatabase 地理空间数

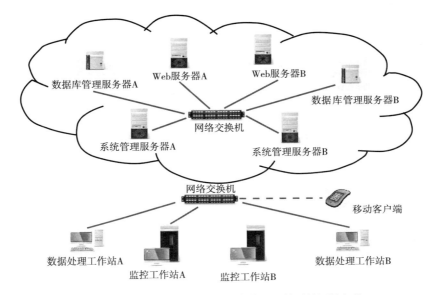

图 9.3　基于云服务的水资源协商管理监控系统网络拓扑

据库的存储功能；为 Web 服务器 B 发布的地图服务中各图层绑定相应的空间数据。

（5）系统管理服务器 A：提供监控系统的版本控制、备份及业务信息的数据备份等功能，同时与 Web 服务器 A、数据库管理服务器 A 之间形成交互。

（6）系统管理服务器 B：用于对水资源协商管理监控系统的运行环境进行配置和初始化的工作，如业务管理者角色认证、系统功能权限的配置设定；用于监控系统负责人发布管理信息、群发通知以及制定业务管理任务和流程等管理功能。

以上六个部件构成了水资源协商管理监控系统云服务内部的重要组成部分，而监控系统的终端用户（管理者、社会公众等）则应至少配置以下设备对云服务所提供的各项功能进行访问。

（1）监控工作站 A：用于运行基于富客户端的人机交互程序，为管理者参与水资源协商管理活动和群决策提供辅助工具。

（2）监控工作站 B：运行基于富客户端的人机交互程序，高层管理决策者可以监控各项水资源协商管理业务流程、进度以及责任与考核情况，展现水资源协商管理的最终结果。

（3）数据处理工作站 A：用于将采集到的不同格式的与水资源协商管理相关的业务数据文件整理、转换并导入数据库管理服务器。

（4）数据处理工作站 B：用于对地图文件进行处理、转换并导入数据库管理服务器的 Geodatabase 空间数据库中。

（5）移动客户端：用户可通过系统的手机 APP 接入系统，进行系统信息的实时查询或接收系统通知消息。

9.2.4 系统软硬件技术环境

包括软硬件技术选型，符合"统一技术标准、统一运行环境、统一安全保障、统一数据中心和统一门户"的系统建设要求，保证水资源协商管理监控系统相关业务应用的运行环境一致，保证不同来源的数据之间，以及国家、省市县等不同级别水利管理部门、环保部门、政府部门、研究部门等之间能够更好实现互联互通及信息交换，便捷、可靠地实现数据集成贯通，保证水资源协商管理业务平台、水资源管理综合数据库及系统支撑软件的统一版本管理、统一部署运行、统一升级及滚动开发运用，有效降低系统综合建设成本，支持水资源协商管理制度的持续实施。

软件范围主要包括数据库管理软件、J2EE 应用服务器、GIS 软件、数据交换管理软件等。数据库管理软件可选择成熟的大型商用数据库，如 MS SQL Server 数据库；J2EE 应用服务器根据实际业务情况和资金投入情况，选择采用在 J2EE 应用服务器市场具有较高市场占有率和良好用户口碑的应用系统；GIS 软件根据实际业务情况和资金投入情况，选择有较高市场占有率和良好的用户口碑的 GIS 应用软件（GIS 三维支撑软件），并最好在水利行业信息化建设中有相关的典型成熟案例；数据交换管理软件主要用于多源异构监测数据和水资源业务管理数据的分布式数据交换，最终实现整个平台的贯通集成。因实际中各分布式数据节点的情况各异，需要数据交换软件具有适应和支持不同情况的能力。硬件技术选型，根据实际业务情况和资金投入情况，以节约建设成本，统一技术架构为原则，在确保平台信息互通、资源共享、业务协同目标实现的情况下，选择合理的硬件设备。

9.3　基于"互联网+"的水资源协商管理决策支持平台体系

9.3.1　信息通信平台体系

水资源协商管理需要海量、实时、格式统一的信息支持，为了便于全程采集并管理各类水资源数据信息，能够让较多分散的主体有入口进入监控系统参与决策，必须建设一个专业监控系统信息通信平台。

1. 总体内容

监控系统信息通信平台整体解决方案包括七部分内容：①数据采集及传输线路层；②支持决策的各类数据库资源层；③应用服务层，包括支持决策和挖掘数据的各种模型库、方法库，决策所需的知识库，支持协同工作的工作平台和流程管理平台，文档管理服务；④业务管理任务，即三条红线和四项制度管理、公众参与平台管理；⑤用户层；⑥监控系统网络和信息安全保障体系，主要是保护网络安全稳定和免受外来攻击，预防信息泄露或受到外来破坏等；⑦监控系统与其他水利部门业务系统互联。

水资源协商管理监控是通过共享信息、数据和专家知识进行的。在计算机宽带网络上，监控系统把通过 GIS、遥感、遥测、人工观测的数据和各种音视频数据等采集汇总并分类到各类数据库系统（包括社会经济数据库、工程信息数据库、实时预报数据库等），另外，将所有可能参与管理的人员信息汇集录入管理主体人员数据库，对管理人员进行分类管理。在数据库系统的基础上，一方面按不同的主题构建数据仓库，在模型和规则的指导下通过数据挖掘对知识库进行补充；另一方面通过数据共享服务功能，为业务服务和其他应用服务提供支持。应用服务平台中的数据仓库、模型库、服务管理等各部分之间没有固定的层次关系，协同工作平台/流程管理平台为支持系统或决策提供协同和过程支持。最上层用户界面供用户进入而设置，用户根据不同业务任务处理的需要，在标准服务协议的支持下，以数据库、模型库、知识库为基础，在协同工作平台/流程管理平台的支持下，来完成业务管理任务。网络和信息安全体系是实现监控系统功能的保障，从物理安全、网络安全、系统安全、数据安全等方面采取相应措施并建设完善平台安全管理。安全体系建设符合《水利网络与信息安全体系建设基本技术要求》中对应等保Ⅲ级的相关要求。水资源协商管理业务服务是该体系的最高层次应用，它以各专业应用系统为主体，通过应用虚拟仿真技术、多 Agent 智能技术、界面技术等为各应用集成提供模拟分析的软硬件环境和虚拟现实、业务仿真的可视化环境，完成对水资源协商管理的监测、分析、研究、预测、决策、执行和反馈的全过程。

2. 信息采集

信息采集以数据收集系统、遥感、GPS、遥测、智能设备等高新技术监测手段为主，通过自动监测、网络等技术，获取全面系统的水利信息监测数据，通过通信系统将这些信息传输至各级水利信息中心，进行数据处理、整理、分析，为水资源协商管理监控提供决策信息服务。星形结构适用于传输距离较短的场合，总线形结构适用于对传输速率要求不太严格的场合，而环形冗余结构适用于对通信可靠性要求较高的场合。随着以太网技术不断发展和成熟，已可实现高达 2.5 吉字节/秒的传输速率。

9.3.2 数据管理与优化平台体系

数据管理与优化平台体系采用集中分布式数据库，实现集中和异地分布式数据资源同步，保证数据的一致性和权威性。水资源协商管理综合数据库包括地理空间数据、实施雨水情数据、旱情数据、气象数据、水利工程数据、取用水量监测数据、节水数据、水质数据、生态数据、工情数据、社会经济数据、专题成果数据、相关政策信息数据和元数据等。水资源协商管理综合数据库中的所有数据，都遵循统一的标准进行管理，利用数据交换管理组件提供的跨单位访问的数据交换与共享功能，实现透明的数据访问与交换。

数据管理与优化平台体系提供数据库信息的浏览、查询、更新、删除、备份等功能，支持平台数据信息的一般访问和在任何时间按需获取的存储和计算能力，实现数据到信息的转化和海量信息的持续存储，并保障数据信息安全。此外，通过对水资源协商管理大数据信息的特征提取、智能筛选、存储分类与融合、多层挖掘、聚类关联与调用，按照信息分析的频度和重点进行自适应的、动态的"数据-信息"转换，为基于务联网的水资源协商管理智能管理及服务体系设计与应用提供信息支撑。

数据库用于统一存储、管理水资源相关各类业务数据，根据业务功能需要，建立五大类数据库，每一类数据库中又包含若干个细分的子数据库。

1. 基础信息数据库

（1）地理空间数据库：包括 1∶50 000 电子地形图与数字高程模型（digital elevation model，DEM）数据、重点地区 1∶10 000 及以上电子地形图与数字高程模型数据。相关的地理要素信息有行政区划（县界及以上、乡村名称），居民地（乡村以上、重点水利工程所在地的居民地），交通线路信息（高速公路、国道、省道、铁路等），重点研究区域范围界限信息（研究范围界、水系界、省界），高分辨率遥感影像、航拍影像，相关水系及水利工程数据（一级河流及二级河流、水库、水闸、灌区、堤防、蓄滞洪区等空间分布及基本编码信息）等。

（2）水利工程数据库：河流、水库、堤防、渠首工程、分水工程、灌区及江河湖库水系连通工程等水利工程信息；重点工程、重要设备情况信息，包括重点工程运行状况、工程险情信息、工程运行动态视频信息等。

（3）洪旱灾害数据库：包括旱情信息和抗旱工作信息等。旱情主要信息要素包括历史旱情信息、实时旱情信息、旱情统计信息和旱情综合信息。抗旱工作主要信息要素包括抗旱基础信息、抗旱工作记录、抗旱应急预案等。洪灾主要信息要素包括历史洪涝信息、实时洪涝信息、洪涝统计信息和洪涝综合信息。抗洪工作主要信息要素包括抗洪基础信息、抗洪工作记录、抗洪应急预案等。

（4）气象信息数据库：包括历史气象资料、实时气象资料和预测气象资料等信息内容。主要信息要素有气温、湿度、风速及蒸发等。

（5）社会经济数据库：主要对历史社会经济数据和未来规划社会经济数据进行管理。信息要素包括人口、人口密度、土地利用、粮食生产及经济产值等。

（6）地方经济社会发展综合评价数据库：包括地方经济社会发展综合评价指标体系、评价标准、历史评价信息等。

（7）水资源协商管理制度试点信息数据库：包括试点概况信息、试点水资源协商管理制度执行情况等信息。

（8）地下水禁采区、限采区、超采区数据库：包括地下水禁采区、限采区、超采区地下水位信息，超采区综合治理试点信息数据库。

（9）全国重要饮用水水源地信息数据库。

（10）全国水生态文明城市试点数据库。

2. 实时采集数据库

（1）实时雨水情数据库：包括降水量、水位、流量、蓄水量等水雨情信息；主要收集监测站网所监测的雨水情数据，内容及结构可参照《实时雨水情数据库表结构与标示符标准》（SL 323—2005）执行。

（2）气象实时信息数据库：气温、湿度、风速及蒸发等实时气象信息。

（3）水资源量信息数据库：河流径流量，省界控制断面、取水口、水源地等水量监测信息；农业灌溉用水等重点取用水户计量监控信息等。

（4）地下水禁采区、限采区、超采区实时水位信息数据库。

（5）水质信息数据库：包括江河湖泊、省界断面水功能区、全国重要水功能区、分级分类水功能区、取水口、水源地、入河排污口等水质实时监测信息。

3. 业务数据库

（1）取用水量总量控制管理数据库，包括：三条红线控制指标体系数据库，内容为系统监控范围的国家及省市县各个层面的三条红线控制指标和阶段性管理目标；主要江河流域水量分配方案数据库；河流流量信息数据库，地下水水位信息数据库；年度全国及省市县用水总量数据库；最严格水资源管理试点用水总量控制情况数据库；重点取用水户计量监控信息数据库；等等。

（2）用水效率控制管理数据库，包括：行业用水定额信息数据库，区域用水定额信息数据库，节水技术规范国家强制性标准，工业节水工艺、技术和装备目录数据库，重点用水行业节水标杆企业和标杆标准数据库，节水

载体建设技术标准数据库等；万元工业增加值用水量数据库，农田灌溉水有
效利用系数数据库；最严格水资源管理试点用水效率控制情况数据库；地下
水禁采、限采区数据库；地下水超采综合治理试点情况数据库；大中型灌
区续建配套与节水改造数据库；工业和生活节水技术改造数据库；等等。

（3）水功能区限制纳污管理数据库，包括：水域纳污容量信息数据
库，河湖排污口信息数据库，江河湖泊水质状况数据库，重要水功能区水质
达标率数据库，最严格水资源管理试点水功能区限制纳污情况数据库；分级
分类水功能区信息数据库；省界断面水功能区及全国重要水功能区监测情况
数据库；全国重要饮用水水源地信息数据库；全国重要饮用水水源地水质监
测情况数据库；全国水生态文明城市试点建设情况数据库；等等。

（4）水资源管理责任与考核数据库，包括：地方政府相关领导干部和
相关企业负责人信息数据库，水资源管理责任与考核信息数据库，水资源管
理责任考核结果数据库，等等。

4. 管理决策支持平台数据库

其主要用于保存管理协商研讨的过程与结果信息，便于决策层分析和
参考。

5. 文档库

国家及 31 个省（自治区、直辖市，不含港澳台地区）最严格水资源管
理制度相关配套文件，节水技术规范国家强制性标准；工业节水工艺、技术
和装备目录，主要江河流域水量分配方案，水资源费征收标准，分级分类水
功能区管理规定，全国重要饮用水水源地达标评估技术指南，水生态文明建
设指标，节水设备购置补贴、金融支持、市场准入等激励政策；相关专题研
究成果信息，包括相关单位对多年管理工作取得的成果分专题进行管理。主
要包括防洪成果数据（历史洪水基本情况、防洪预案、防洪报告、重点防洪
区）、应急调水成果数据（基本信息、应急预案、实施过程、应急调水报
告）、突发污染事件处置成果数据（基本信息、处置措施、实施过程、应急
处置报告）、模型成果数据（重点河道、水库水量水质模型，风险评估模
型）、文献专题数据等。

数据收集整理和入库，收集整理水资源管理所需的数据，将已有的数据

整理后导入、存入数据库。收集的数据资料主要包括基础数据和专题数据。基础数据包括基础地理数据和水利基础数据；专题数据主要包括水利专题数据、水利相关监测统计、社会经济及多媒体历史数据、遥感正射影像数据和数字高程模型数据等。具体如下。

（1）基础地理数据。

水资源管理区内 1∶250 000 数字线划地图（digital line graphic，DLG）、数字高程模型数据。数字线划数据含流域范围界（线）、行政界线（点、面，含地市级、县级、乡镇级）、公路（线，含高速、国道、省道、县道、乡道、机耕道等）、铁路（线）、地貌（点、线、面）、植被（点、线、面）、居民地及设施（点、线、面，含房屋和各级行政办公地点）、其他交通设施（点、线，含火车站、水运港客运站、干船坞、机场、港口、火车渡、汽车渡、人渡等）、其他科学观测站（点，含气象站、地震台、天文台、环保监测站、卫星地面站、科学实验站等）等数据。

（2）水利基础数据。

水资源管理区水系轴线、水系岸线、湖泊、水文地质单元、流域、水库、大坝、水闸、水电站、泵站工程、引（调）水工程、农村供水工程、灌区、蓄滞洪区、水文测站、水质测站、雨水情测站、堤防、涉水组织机构等 1∶250 000 数字线划数据。

（3）水利专题数据。

收集内容主要是指水资源专题，包括地表水水源地、地下水水源地、水资源分区、水功能分区、水功能区界碑、地表水取水口、地下水取水井、地下水超采区、取用水户、河道断面、污水处理厂、入河排污口、取用水测站、地下水测站（井）等。

（4）水利相关监测统计、社会经济及多媒体历史数据（数字线划数据）。

雨水情、水文、水质、地下水等历史监测统计数据，各级行政区经济统计信息和水利相关的图片、视频等历史资料。

（5）遥感正射影像数据。

遥感正射影像数据是多波段的栅格图，每个波段为 8 比特整型栅格值，像元值在 0~255，能够清晰地表达人眼识别的地物，作为三维数据的表面进行叠加，通过收集水资源管理区内的高分辨率卫星遥感影像数据，更真实地展现该区域的三维模型。

（6）数字高程模型数据。

数字高程模型数据是单波段栅格数据，波段值为 16 比特整型数据，单波段影像不符合人眼识别的空间数据，需要经过一定处理，数字高程模型的主要作用是提取高程数据，通过对水资源管理区内 1∶50 000 的数字高程模型和直管河道及重点地区的 1∶10 000 原始数字高程模型数据进行相应处理，提取原始数字高程模型衍生的坡度、山体阴影、流域信息等数据，可作为三维立体显示的支撑框架。

空间数据、监测数据、业务数据、基础数据和多媒体数据主要来源于各业务部门和外系统导入。已有数据库存储的，根据原系统的数据字典，将数据从原数据库导入本系统对应数据库；以非数据库形式存储的，将数据进行整理后导入数据库。数据入库前按照《水利信息化标准指南》（2003 年）、《信息分类和编码的基本原则与方法（GB/T 7027—2002》进行标准化处理。空间数据按照《地理空间数据交换格式》（GB/T 17798—2007）等全国统一标准进行标准化处理，统一采用西安 80 大地坐标系和黄海 85 高程。对于导入系统的数据，主要进行校核、补充、完善、整合等；对于在系统中产生的数据，主要由应用逻辑控制、数据库控制完成标准化工作；对代码类信息应按照《中华人民共和国行政区划代码》（GB/T 2260—2007）、《基础地理信息要素分类与代码》（GB/T 13923—2006）等全国统一标准进行信息编码。数据质量控制遵循《计算机软件质量保证计划规范》（GB/T 12504—90）。从数据完整性、逻辑一致性、空间定位准确度、数据准确性、时相要求等方面加以控制，见表 9.1。

表 9.1　入库质量控制要求

一级质量元素	描述	二级质量元素	描述
数据完整性	用于描述数据整合成果完整程度，包括整合后提交的图、文、数、表	元数据完整性	包括元数据是否提交和元数据采集信息是否完整
		文档数据完整性	提交文档成果是否完整
		非空间表格数据完整性	主要是指数据库中非空间表格数据的完整性
		空间数据完整性	是指空间数据在范围、实体、关系及属性上的存在和缺失的状况

续表

一级质量元素	描述	二级质量元素	描述
逻辑一致性	是指地理数据集内部结构的一致性程度及其对同一现象或同类现象表达的一致程度。包括数据结构、数据内容（包括空间特征、专题特征和时间特征），以及拓扑性质上的内在一致性	概念一致性	结构设计与标准的符合度
		格式一致性	提交数据的格式和形式与标准及项目要求之间的匹配程度
		拓扑一致性	具有几何逻辑关系的点、线、面拓扑关系和逻辑关系的准确程度
		接边一致性	相邻分幅的统一数据分层实体及属性保持的一致程度
空间定位准确度	是指空间实体的表达与实体真实位置的接近程度	数学基础要求	用于表达实体空间位置的数学参数采用的准确程度，主要包括平面坐标系和高程基准选择及其投影参数选择的正确性等
		接边要求	相邻空间数据接边的吻合度
		转换精度	在数据转换过程中，转换后数据精度应不丢失
数据正确性	用于表达或描述整合成果数据的准确程度，如空间实体的属性、类型表达是否准确，元数据、文档数据、非空间表格数据等内容是否正确	属性数据正确性	是指空间数据所符合的地理信息的正确性，本次技术要求是指空间实体的属性值与其真值符合的程度
		元数据正确性	提交的元数据应对相应的数据集进行描述
		文档数据正确性	提交的文档数据是否正确
		非空间表格数据正确性	用于表达专题信息的非空间表格数据是否准确
时相要求	是指表达某个时点信息数据	数据的时相	数据库中数据所表达的某个时点信息

　　与业务数据库进行交互的过程采用 DAO（data access object，即数据访问对象）+JDBC（Java database connectivity，即 Java 数据库连接）的模式进行设计。DAO 专门用于与数据库进行交互，属于 MVC（即模型 model、视图 view、控制器 controller）模型层中的对象。使用 DAO 的设计模式，可将低级别的数据访问逻辑与高级别的业务逻辑分离。实现 DAO 模式需要把对业务数据的操作（如增加、删除、修改等操作）全部封装在 DAO 对象里。DAO 工作流程图如图 9.4 所示。

图 9.4　DAO 工作流程图

利用数据交换管理组件，为业务应用系统数据统一管理、交换和应用提供支撑，支持分散、异构的数据和系统进行协同工作，提供跨部门、跨系统的决策数据和信息服务。数据交换管理组件可实现多套系统间的信息交换、信息共享与业务协同，加强信息资源管理，开展数据和应用整合，进一步发挥信息资源和应用系统的效能，提升信息化建设对业务和管理的支撑作用。实现对现有应用资源、数据资源进行集成，完成信息共享和信息交换，为集成后的资源提供应用统一服务访问接口。Web Service 将 XML（extensible markup language，即可扩展标记语言）作为数据描述格式，将标准 HTTP（hyper text transfer protocol，即超文本传输协议）作为数据传输协议，将现有应用集成在一起。JCA（Java connector architecture，即 Java 连接器架构）完善了用 J2EE 构造企业应用的技术体系，提供了一种按照开放的产业标准定义 EIS（electronic information system，即电子信息系统）接口的途径。通过使用公共的可调用接口及继承 JCA 提供的 QoS（quality of service，即服务质量）机制，程序员能够在保证性能和系统完整性的前提下，简化系统的集成工作，提高集成效率。

模型库包括四大类模型库。

（1）取用水总量控制管理模型库，具体包括：①取用水总量比较模型；②用水计划编制模型；③地下水压采方案制定模型；④水资源配置与调度模型。

（2）用水效率控制管理模型库，具体包括：①用水定额制定模型；②重点用水户节水潜力计算模型；③节水规划编制模型；④节水技术改造规划模型；⑤用水效率评价模型。

（3）水功能区限制纳污管理模型库，具体包括：①水功能区水质评价模型；②河湖健康评价模型。

这三类模型库是水资源协商管理业务功能实现中必备的核心支持模型，涉及水文水资源、运筹与决策、水环境与水生态等专业学科知识，也有很多成熟的模型可以应用。可以结合本监控区域的特点选择合适的模型存入模型库，便于三条红线业务功能模块调用。

（4）综合集成研讨模型库。参与水资源协商管理综合集成研讨的主体在形成最终的决策方案之前，无法直接依靠数据库中的数据进行决策，必须先依靠模型库中的模型进行辅助决策，因而群决策的设计和运行是以模型驱动的，模型库在很大程度上决定了集成研讨的性能。建立综合集成研讨模型库系统的目的是便于调用、管理模型库中的预测、决策模型，使得模型库可以更好地为水资源协商管理的相关议题方案形成提供快速支持。可基于面向服务架构（service-oriented architecture，SOA）研究异构环境下综合集成研讨模型库系统中的模型动态集成技术。SOA 是一种软件应用架构，它将应用程序的不同功能单元（称为服务）通过这些服务之间定义良好的接口和契约联系起来[21]。SOA 应用于企业信息化领域是为了让企业的信息化建设更加关注于业务流程而非底层 IT 基础结构，而将 SOA 应用于群决策模型库系统的构建，目的是要实现模型库的动态扩充以及模型服务的跨平台调用等功能。

9.3.3　核心功能业务体系

系统通过信息交换与共享服务，在数据层面实现资源共享。业务门户为各业务系统提供统一授权和认证，利用单点登录功能进行访问控制，实现界面集成，实现信息的模块化抽取、整合及展示。

水资源协商管理监控系统的核心业务功能可分为四部分，即取用水总量控制管理业务功能子系统、用水效率控制管理业务功能子系统、水功能区限制纳污管理业务功能子系统、水资源管理责任与考核业务功能子系统，如图 9.5 所示。

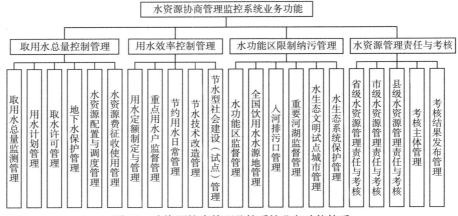

图 9.5　水资源协商管理监控系统业务功能体系

四个子系统均提供统一的业务信息查询功能和界面。信息查询与展示功能包括：①三条红线控制指标体系，包括国家及省市县各个层面的三条红线控制指标和阶段性管理目标；②主要江河流域水量分配方案，严格控制流域与区域取用水总量；③行业和区域用水定额信息，节水技术规范国家强制性标准，工业节水工艺、技术和装备目录，重点用水行业节水标杆企业和标杆标准，节水载体建设技术标准；④水域纳污容量；⑤河湖排污口数量及地理分布；⑥江河湖泊水质状况监测；⑦饮用水水源地；⑧河流流量信息；⑨地下水水位信息；⑩水资源管理责任与考核信息；⑪地方经济社会发展综合评价体系；⑫地方政府相关领导干部和相关企业负责人考核结果；⑬国家及31 个省（自治区、直辖市，不含港澳台地区）最严格水资源管理制度相关配套文件；⑭年度全国及省市县用水总量、万元工业增加值用水量、农田灌溉水有效利用系数、重要水功能区水质达标率；⑮最严格水资源管理制度试点情况；⑯水资源费征收标准（动态）；⑰地下水禁采、限采区；⑱地下水超采区综合治理试点情况；⑲分级分类水功能区信息及管理规定；⑳省界断面水功能区及全国重要水功能区监测情况；㉑全国重要饮用水水源地达标评估技术指南；㉒全国重要饮用水水源地水质监测情况；㉓水生态文明建设指标，全国水生态文明城市试点建设情况；㉔节水考核；㉕大中型灌区续建配套与节水改造，工业和生活节水技术改造，节水设备购置补贴、金融支持、市场准入等激励政策；㉖农业灌溉用水等重点取用水户计量监控信息；㉗江河湖库水系连通工程。

取用水总量控制管理业务功能子系统包含以下业务功能模块：①取用水总量监测管理模块，该功能模块每次启动运行时，自动链接基础信息数据库、取用水量总量控制管理数据库、实时采集数据库和模型库，调入取用水总量控制指标体系和各省界控制断面、取水口、水源地等实时水量监测信息及模型库中的运算模型，对二者进行对比分析，并将对比分析结果以图表等形式展示在系统界面上，对于超额取水点或用水户给予管理者特别提示，便于管理者采取措施。②用水计划管理模块，该功能模块接受来自上级的用水总量配额计划作为本区域的用水总量控制目标，并以此为基础编制年度用水计划，结果存入取用水总量控制管理数据库，作为取用水总量控制指标体系。③取水许可管理模块，该模块主要完成取水许可行政审批功能和取水许可台账管理功能。取水许可行政审批功能包括：首先，取水许可审批，对取用水总量已达到或超过控制指标的地区，暂停审批建设项目新增取水，对取用水总量接近控制指标的地区，限制审批新增取水；农业用水取水许可管理。其次，地下水取水许可审批，严格地下水管理和保护，实行地下水取水总量控制和水位控制，以防地下水超采。再次，水资源使用权确权登记。最后，取水工程申报及验收。取水许可台账管理功能通过定义、录入、查询界面，实现取水许可台账数据的采集、存储、交换和共享。该模块与取用水总量监测管理模块、用水效率控制管理数据库相链接，基于用水定额信息和取用水总量监测管理模块的监测结果进行取水许可管理。④地下水保护管理，该功能模块每次启动时自动与基础信息数据库、取用水总量控制管理数据库、地下水禁采区、限采区、超采区实时水位信息数据库和模型库链接，获取地下水位信息，根据地下水超采情况调取模型库中的地下水压采方案制订模型制订地下水压采区治理和管理方案，并上报给上级部门进行审批，上级部门下达压采指标后，将压采指标存入取用水总量控制管理数据库，作为下一轮的地下水位控制依据。⑤水资源配置与调度管理模块，该功能模块每次启动运行时，自动链接基础信息数据库、取用水总量控制管理数据库、实时采集数据库和模型库，调入实时雨水情信息、实时气象信息、地下水位信息、社会经济信息、水利工程信息、取用水计划信息等，调取模型库中的水资源配置模型和水资源调度模型，制订53条跨省重要江河水量分配、调度方案、应急调度预案和调度计划及地下水压采实施方案，协调好生活用水、生产用水和生态用水，并将水资源配置方案与水资源调度方案报上级部门审批，作为上级部门审批用水计划的依据。⑥水资源费征收使用管理模块，该功能模块从取用水量总量控制管理数据库调取水资源费征收标准和取用水总量监测管理模块监测结果，向取水户发出缴费通知，通过在线缴费系统收取水资源费，并制订本区域的水资源费使用方案报上级部门审批，按照上级部门批复的方案使用水资源费，同时接受上级部门的审核监督。

用水效率控制管理业务功能子系统包含以下业务功能模块：①用水定额制定与管理功能模块，实现行业（分普通用水行业和重点用水行业）和区域用水定额制定与管理。该功能模块每次启动运行时，自动链接基础信息数据库、取用水总量控制管理数据库、用水效率控制管理数据库和模型库，调入本地区行业或区域水资源自然条件、用水总量指标、经济社会发展数据和水利工程技术条件，调用模型库中相应的用水定额制定模型，制定城镇一般生活用水、一般工业用水、公共用水大户、工业高用水高污染行业、主要农作物分季节灌溉等用水定额，作为行业或区域用水计划编制及取水许可的基础和依据。②重点用水户监督管理功能模块，实现对重点用水户的用水节水情况管理。该功能模块每次启动运行时，自动链接基础信息数据库、取用水总量控制管理数据库、用水效率控制管理数据库和实时采集数据库，调用模型库中的节水潜力计算模型，分析重点用水户的用水情况和节水潜力，提出节水实施方案。③节约用水日常管理功能模块，根据国家城市节约用水管理规定、行业或地方节约用水管理规定、企业节约用水管理规定等，实现节约用水规划和节约用水年度计划编制，对系统监控范围内的节约用水状况进行监督管理。该功能模块每次启动运行时，自动链接基础信息数据库、取用水总量控制管理数据库、用水效率控制管理数据库和实时采集数据库，调用模型库中的节水规划模型编制城市、行业、企业等节水年度计划，并作为节水责任考核指标下达给各责任单位或个人，同时接收各责任单位或个人的节水状况月度或年度报表，调用模型库中的对比分析计算模型，审查节水指标落实情况。对没有完成节水指标的责任单位和个人除了由水资源责任与考核管理业务功能子系统制订和发布制裁方案外，还对其分析原因，提出改进措施。④节水技术改造管理功能模块，实现系统监控范围内的生活、工业、农业节水技术改造规划方案制订。该功能模块每次启动运行时，自动链接基础信息数据库、取用水总量控制管理数据库、用水效率控制管理数据库和模型库，调入本地区行业或区域水资源自然条件、用水总量指标、经济社会发展数据、节水技术实施情况和水利工程技术条件，参照节水技术规范国家强制性标准，工业节水工艺、技术和装备目录及重点用水行业节水标杆企业和标杆标准，最严格水资源管理制度试点和节水型社会建设试点的节水技术实施情况等，调用模型库中相应的节水技术改造规划模型，制订城镇一般生活用水、一般工业用水、一般农业用水、公共用水大户、工业高用水高污染行业、大型灌区等节水技术改造方案，作为行业或区域进行节水技术改造的基础和依据。⑤节水型社会建设（试点）管理功能模块，实现节水型社会建设试点节水情况评价和展示功能。该功能模块每次启动运行时，自动链接基础信息数据库、取用水总量控制管理数据库、用水效率控制管理数据库和实时采集数据库，调入节水型社会建设试点节水信息，调用模型库中的对比分析计算模块，对节水型社会建设试点用水效率进行评价和展示，作为其他区域开展用水效率控制管理工作的参照。

水功能区限制纳污管理业务功能子系统包含以下业务功能模块：①水功能区监督管理功能模块，实现对省界断面水功能区、最严格水资源管理试点水功能区等分级分类水功能区水质状况进行监督管理。该功能模块每次启动运行时，自动链接基础信息数据库、水功能区限制纳污管理数据库、实时采集数据库和模型库，调入分级分类水功能区限制纳污指标和水质实时监测数据，调用模型库中的水质评价模型，将评价结果与水功能区应达到的水质指标进行对比分析，并将结果以图表等形式展示在系统界面上，对于水质不达标的水功能区给予管理者特别提示，并显示水质不达标的项目，便于管理者采取进一步限制纳污纠偏或应急措施。②全国饮用水水源地管理功能模块，实现对全国饮用水水源地的水质状况进行监督管理。该功能模块每次启动运行时，自动链接基础信息数据库、水功能区限制纳污管理数据库、实时采集数据库和模型库，调入饮用水水源地水质达标指标和水质实时监测数据，调用模型库中的水质评价模型，将评价结果与饮用水水源地应达到的水质指标进行对比分析，并将结果以图表等形式展示在系统界面上，对于水质不达标的饮用水水源地给予管理者特别提示，并显示水质不达标的项目，便于管理者采取应急措施恢复饮用水水源地水质。③入河排污口管理功能模块，实现对入河排污口的实时监测管理。该功能模块每次启动运行时，自动链接基础信息数据库、水功能区限制纳污管理数据库、实时采集数据库和模型库，调入入河排污口限制排污指标和入河排污口实时排污量监测数据，调用模型库中的对比分析计算模型，将监测结果与入河排污口应达到的限制排污指标进行对比分析，并将结果以图表等形式展示在系统界面上，对于超限排污的入河排污口给予管理者特别提示，并显示排污超标的项目，便于管理者采取管理措施。④重要河湖监督管理功能模块，实现重要河湖的健康状况管理功能。该功能模块每次启动运行时，自动链接基础信息数据库、水功能区限制纳污管理数据库、实时采集数据库和模型库，调入重要河湖水环境监测指标和实时监测数据，调用模型库中的河湖健康评价模型，将评价结果与重要河湖健康指标进行对比分析，并将对比结果以图表等形式展示在系统界面上，对于健康状况不达标的河湖给予管理者特别提示，并显示造成河湖不健康的项目，便于管理者采取管理措施。⑤水生态文明试点城市管理功能模块，实现对水生态文明试点城市的信息查询、展示和评价功能。该功能模块每次启动运行时，自动链接基础信息数据库、水功能区限制纳污管理数据库和模型库，调入水生态文明城市试点信息及其相关监测数据，调用模型库中的评价模型对试点城市的水生态文明建设情况进行评价，并将相关信息和评价结果以图表等形式分类展示在系统界面上，便于管理者采取管理措施。⑥水生态系统保护管理功能模块，对本监控系统范围内已经达到不同破坏和退化标准的水体实现生物多样性和连续性的保护及修复管理。该功能模块每次启动运行时，自动链接基础信息数据库、水功能区限制纳污管理数据库、实时采集数据库和模型库，并与水功能区监督管理模块、全国饮用水水源地管理功能模块、入河排污口管理功能模块和重要河湖监督管理功能模块链接，获取各功能模块监测结果，调用模型库中的对比分析计算模型，将监测结果与水体破坏或退化等级进行对比分析，并将结果以图表等形式展示在系统界面上，对于被破坏的水体给予管理者特别提示，并提出生态保护和修复方案，便于管理者采取措施。

水资源管理责任与考核业务功能子系统包含以下业务功能模块：①省级水资源管理责任与考核功能模块，实现对省级水资源管理责任主体的考核。该功能模块每次启动运行时，自动链接水资源管理责任与考核数据库，调入省级水资源管理责任主体信息和考核指标，并与省级取用水总量控制管理业务功能子系统、省级用水效率控制管理业务功能子系统、省级水功能区限制纳污管理业务功能子系统实时链接，获得这三个业务功能子系统的取用水总量控制、用水效率控制和水功能区限制纳污的监测结果，将监测结果与省级水资源管理责任主体的考核指标进行对比分析，并将结果以图表等形式展示在系统界面上，对于考核不合格的责任主体给予管理者特别提示，并显示考核不合格的项目，便于管理者采取处罚或纠偏措施。考核结果上报上级管理部门，同时存入水资源管理责任与考核数据库，用于责任追溯和信息发布。②市级水资源管理责任与考核功能模块，实现对市级水资源管理责任主体的考核。该功能模块每次启动运行时，自动链接水资源管理责任与考核数据库，调入市级水资源管理责任主体信息和考核指标，并与市级取用水总量控制管理业务功能子系统、市级用水效率控制管理业务功能子系统、市级水功能区限制纳污管理业务功能子系统实时链接，获得这三个业务功能子系统的取用水总量控制、用水效率控制和水功能区限制纳污的监测结果，将监测结果与市级水资源管理责任主体的考核指标进行对比分析，并将结果以图表等形式展示在系统界面上，对于考核不合格的责任主体给予管理者特别提示，并显示考核不合格的项目，便于管理者采取处罚或纠偏措施。考核结果上报省级管理部门，同时存入水资源管理责任与考核数据库，用于责任追溯和信息发布。③县级水资源管理责任与考核功能模块，实现对县级水资源管理责任主体的考核。该功能模块每次启动运行时，自动链接水资源管理责任与考核数据库，调入县级水资源管理责任主体信息和考核指标，并与县级取用水总量控制管理业务功能子系统、县级用水效率控制管理业务功能子系统、县级水功能区限制纳污管理业务功能子系统实时链接，获得这三个业务功能子系统的取用水总量控制、用水效率控制和水功能区限制纳污的监测结果，将监测结果与县级水资源管理责任主体的考核指标进行对比分析，并将结果以图表等形式展示在系统界面上，对于考核不合格的责任主体给予管理者特别提示，并显示考核不合格的项目，便于管理者采取处罚或纠偏措施。考核结果上报市级管理部门，同时存入水资源管理责任与考核数据库，用于责任追溯和信息发布。④考核主体管理功能模块，实现对考核主体的存储、查询及动态变更管理。该功能模块只在需要时启动，如当有人事变动、岗位职责变动或考核指标变动时。每次启动运行时，自动链接水资源管理责任与考核数据库，调入各级水资源管理责任主体信息，为管理者提供授权的查询和修改界面，并将动态更新结果保存入水资源管理责任与考核数据库。⑤考核结果发布管理功能模块，实现考核结果的动态发布。该功能模块每次启动运行时，自动链接水资源管理责任与考核数据库，调入各级水资源管理责任主体及其考核结果信息，提供分级分类信息发布功能，便于管理者自查和上级管理部门及公众的考查监督。

9.3.4 决策研讨平台体系

互联网起源和进化的最终目标是实现人类大脑的联网，水资源协商的制度制订者、管理者与利益相关者在协商管理过程中通过互联网使得各主体意识形成联系，意识和建议的交织犹如彼此间大脑联网在一起。互联网把各种设施、数据、知识、人员等要素集成起来，形成了一个类似人脑的知识创造场。水资源协商管理决策支持平台体系借助互联网的这一优势，基于从定性到定量的综合集成研讨厅理论和工程体系，实现水资源管理决策支持平台功能。

综合集成研讨厅体系的实质是指多利益主体解决水资源协商管理这一复杂决策问题时，将人、机器、各种数据和知识等集成，构成一个统一、人机结合的巨型智能问题系统和问题求解系统。作为支持不同利益群体决策的环境系统，它的成功应用就是要发挥这个系统的整体优势和综合优势，为多元主体参与和管理水资源提供途径。研讨厅要能将专家凭经验得到的定性认识、社会公众利益诉求及民间智慧以及各种信息与其他知识，通过计算机及相关的技术，进行综合建立模型，反复修改，最终上升为对系统的定量认识。因此，在基于互联网的水资源协商管理决策支持平台体系中要能解决不同利益主体定性决策、定性协商、定量化表达、群体共识形成以及研讨中的"定性沟通定量化"等问题。

管理决策支持平台体系直接与水资源协商管理监控系统业务功能子系统链接，获取取用水总量控制管理、用水效率控制管理、水功能区限制纳污管理及水资源管理责任与考核的相关信息，以便以社会公众理解的方式发布。除了向社会公众发布水资源协商管理信息以外，该平台体系以多元主体决策研讨为核心功能，提供研讨主持人和参与水资源协商管理的行政管理者、领域专家、社会公众等多利益主体在综合集成研讨的虚拟环境中对水资源协商管理问题情景进行分析、检索和比较，在政策预案的标准和约束范围内提出代表各方利益观点的应对策略，并进行群体交互式研讨，最终由政府决策者集结、发布最终的应对策略预案。

为了保证社会公众参与水资源管理的规范性、严肃性和有效性，以研讨协商会议作为参加的形式。社会公众可以利用该平台向相关部门提起问题请求，由部门指定的会议主持人组织研讨协商会议。相关部门也可以利用该平台向社会公众就最严格水资源管理中的某个问题发出参与邀请，经过必要的身份认证和资质审核（如公民的征信情况）等程序，接受社会公众的参与请求。

在管理决策支持平台体系中参与研讨协商的主体包括：①中央政府。作为中央政府的代表主要有水利部及相关流域管理机构。水利部作为全国水利的最高管理部门，主要的任务是制定水资源协商管理制度及其相关政策，并监督各地的执行情况；流域管理机构主要职责是制定本流域水资源协商管理制度及相关政策，并监督流域范围内各省市县的执行情况，处理省界断面纠纷，并就某个问题主持研讨的全过程，在研讨过程中负责上传下达及不同主体之间的协调问题。②地方政府及职能部门主要考虑本省经济发展、水文条件、环保需求等方面，接受上级部门提出的水资源管理指标，制定本地的水资源协商管理制度配套政策措施，并监督执行情况；而在方案制订过程中，则可能代表本省的用水单位和个人利益与其他省份进行协调。③社会公众代表，包括企事业单位及涉水个体。随着市场经济的发展，人们的主体意识不断增强，在水资源协商管理的过程中，有时需要限制社会公众的用水、节水和排污需求。如果社会公众认为危害到自身的利益，极易引起社会矛盾，因此需要给社会公众表达利益诉求的途径，这既是民主化进程的需要，也是建设和谐社会的需要。④专家。参与研讨的相关领域的多个专家是研讨厅的主体，是复杂问题求解任务的主要承担者。专家体系作用的发挥主要体现在各个专家"心智"的运用上，专家利用人类特有的顿悟、经验和创造力，为解决问题的关键所在。同时，专家的思维在研讨过程中互相补充，相互激发，产生的群体思维优势是无可比拟的。因此，专家是整个研讨的核心。专家作为研讨的第三方，具有某个方面的专业知识，专家参与是实现最严格水资源管理的重要保证，研讨过程中一系列模型的建立离不开专家的帮助和支持。不同的利益主体在研讨的过程中，呈现出非常明显的群体特征，这些特征是由其参与研讨活动的目标和价值取向决定的，需要研讨主持人在研讨过程中予以关注。

基于综合集成研讨厅的水资源协商管理决策支持平台框架如图 9.6 所

示。该框架包括两个部分，实线框部分和虚线框部分。虚线框部分为水利部、生态环境部、国务院等最严格水资源管理制度实施的上层机构提供研讨平台，研讨内容为水资源协商管理方案及责任分配。水资源协商管理制度的实施会触及许多既得利益群体，会遭遇落后的用水观念的挑战，在实施过程中必然不会一帆风顺。通过对实施效果的动态考察，考虑现有实施方案的不足之处及相关政策和法律法规需进一步完善的地方，通过高层研讨不断调整方案、完善政策和法律法规，实现水资源管理制度螺旋式上升和落实，达到治水的最终目标，切实解决制约我国社会经济发展的水资源问题。实线框部分是用于社会公众参与的研讨厅，参与研讨的主体包括省地市县级政府、相关职能部门、流域管理机构、领域专家及社会公众。研讨的内容主要为涉及社会公众的水资源协商管理责任分配问题，如企事业单位的用水定额、节水指标、排污限制等。水资源协商管理责任除了要落实到水资源管理者本身以外，更要取得社会公众的理解和支持，才能真正做到制度落地，是落实中央政府提出的"凡涉及群众切身利益的重要改革方案、重大政策措施、重点工程项目，在决策前要广泛征求群众意见，并以适当方式反馈或者公布意见采纳情况。完善重大行政决策程序规则，把公众参与、专家论证、风险评估、合法性审查和集体讨论决定作为必经程序加以规范，增强公共政策制定透明度和公众参与度"[22]的政策要求。另外，利用社会公众的力量参与监督水资源协商管理制度实施过程中可能的权力寻租，对防止腐败、规范行政裁量权行使、提高政策实施效率和效果、提高政府政务水平也具有重要价值。

在研讨厅中，除了参与研讨的主体——人之外，还应该有一些信息和数据来作为人决策时的参考和依据，这些信息和数据通常与计算机技术结合起来。研讨厅系统采用多媒体技术、数据与知识仓库（汇集以往的和现有的知识、研讨中得到的知识、各种相关数据与信息、专业和经验知识等及数据库管理系统）、模型库（汇集模型、参数、算法、事例及模型库管理系统）系统，多通道人机交互（手写与语音、视频输入）等接入终端与服务器。这样就建立起一个研讨者位于不同地方的分布式研讨厅。

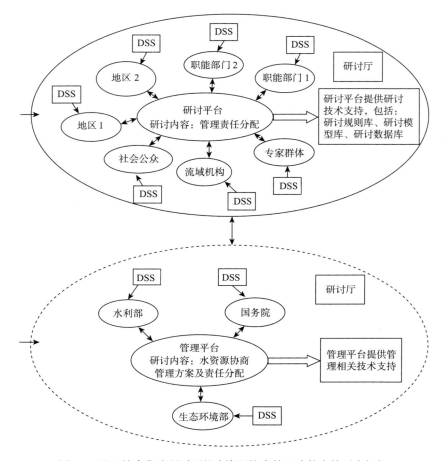

图 9.6 基于综合集成研讨厅的水资源协商管理决策支持平台框架

　　决策研讨用户面向的综合集成研讨厅是一个类似于会议室的环境系统，但这一环境系统要能支持三个方面的内容，即支持决策过程、支持决策方法和支持群体决策的环境。这三个方面的支持形成一个有机的整体。三者的集成结构示意图如图 9.7 所示。

　　应用综合集成研讨厅进行水资源协商管理公众参与决策的基本过程如下：首先决策群体根据决策问题建立决策流模型，该模型具有柔性和可修改性。其次生成决策流模型的实例，并由决策流管理系统解释和执行。该决策模型实例中伴随着常规决策和复杂决策，当决策中的子活动需要群体决策时，

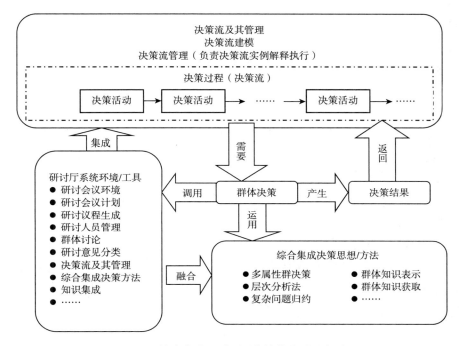

图 9.7　综合集成研讨厅系统结构关系示意图

调用研讨厅系统辅助支持工具，并使用综合集成的群体决策方法，最后将决策结果反馈给决策流实例。

综合集成研讨厅系统的主要特点在于集成复杂群决策支持的三方面于一个整体系统之中。该结构以互联网为基础，提供了底层通信，可实现视频、音频、图像、文本等多媒体文件的远程传输，并有群体召集、讨论、投票等工具，为群体决策提供了可视化环境基础。群体决策过程采用决策流及其管理系统的方法，其主要为水资源协商管理这一复杂决策过程提供建模、实例生成、运行与监督等功能。决策过程模型之中，包含对群体决策活动的定义和描述。

研讨流程是指研讨进行的方式和步骤，对研讨流程进行有效的控制，可以提高研讨效率，优化研讨结果。目前一般认为，体现综合集成思想的研讨流程应该包括以下几个方面：

（1）确定各位参与研讨者的身份及其权限，研讨参与者一般包括研讨主持人和研讨家。

（2）选择研讨模板与方式，建立研讨控制框架。

（3）主持人在流程控制中的参与和调度。

（4）研讨阶段的控制与监控。

（5）对研讨任务状态变迁进行统一管理。

（6）研讨过程的管理，包括研讨小组划分、研讨参与人员发言权的获取和释放等。

（7）研讨方案的归纳与整理。

（8）经过一个螺旋式上升的循环研讨与表决过程，形成最终决策方案。

整个研讨流程主要有两条主线索：一条线索是解决问题，它以任务分解和任务流程为基础，通过在不同层次的子任务中选用不同的研讨模式和问题分析技术，从而形成研讨的组织和流程；另一条线索是知识循环，通过选择知识—知识应用—信息反馈，完成人与系统间的知识循环，以及系统对人的支持，从而构成系统的开放性，其中选择知识从系统知识和用户新建知识中进行。

研讨开始前，首先要对决策任务更清楚地理解，这起始于决策任务的认知。所谓的决策任务认知是指，对于确定的决策任务，如何划分它的任务结构，明确它的决策目标、决策准则和约束条件，以便更清楚地理解决策任务。在决策认知阶段，由高层决策参与人员、研讨主持人负责确定决策目标、决策准则和约束条件。参与研讨的专家负责提供决策任务的相关背景资料，根据决策任务提出需要研讨的问题，列出决策准则和约束条件。决策高层对参与人员提出的建议、信息进行汇总商定以后，明确决策目标。

在确定决策任务之后，就应该马上确定决策目标。目标即所希望达到的结果。群体决策应该基于多目标，多目标有两层含义：第一，多方面的目标；第二，分为必须达到的目标、尽可能达到的目标和期望达到的目标。

决策准则即研讨专家设定出一个标准，以此标准来判断是否达到预定的决策目标，或者用来判断一个决策目标的好坏。决策约束条件为该决策方案可能涉及的技术、财力、人力等方面的限制，用以判断决策目标的可行性。决策规则研讨流程如图9.8所示。

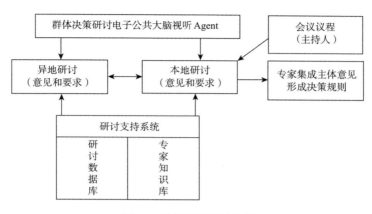

图 9.8 决策规则研讨流程

研讨的流程涉及研讨者之间、研讨者与主持人之间、人与机器之间的交互，以及各种研讨资源的调用，如果不能设计出合理的研讨规范及优良的计算机辅助工具，则可能出现无法合理利用资源、研讨流程混乱、无法促进研讨任务解决等问题。因此，如何在综合集成研讨中为相关领域专家提供一种结构化、规范化而且灵活的流程管理，是水资源协商管理监管面临的一个关键问题。尽管研讨流程中有些流程可以通过计算机的辅助自动完成，如服务的调用、研讨过程的记录，但有的还需要通过人机交互完成，如当面临一个问题需要决策的时候，对于一些有歧义的、不确定的和感性的东西的判断，现在的计算机还不能处理，这时候就需要人的参与，人根据计算机提供的资源，通过人之间的交流、人机之间的交互完成指定的研讨任务。

（1）专家群体思维互动。

综合集成研讨厅是专家们同计算机和信息资料系统一起工作的"厅"，是人机结合的智能系统，它包括专家体系、机器体系和知识体系。其中专家体系是核心，整个体系的成效有赖于专家们，即人的精神状态，是处于高度激发状态，还是混时间的状态。只有前者才能使体系高效运转。群体研讨过程中常容易出现思维跳跃、研讨过程混乱与时间浪费等通病，如何克服这些通病，并且针对实际情况构建有效的专家群体互动对话模型是综合集成所要研究的关键技术。

（2）专家群体收敛分析。

复杂问题研讨决策过程涉及多位专家，每位专家之间对问题的看法常常出现差异，由于群体中的每个成员对复杂问题有各种不同理解，以及群体中的成员对包含在复杂问题中各种因素重要性的感知不同，研讨厅中的专家群体会产生分散化思维。如何克服这种弊病，使参加研讨的专家群体的思维最终基本达成一致是一个非常重要的问题。

（3）研讨流程控制。

对于研讨流程的研究，赵明昌和李耀东[23]讨论了基于流程的研讨组织框架，设计了基于 Plugin 设计模式的通用工具、模型、知识库管理框架，并给出了分布式决策支持工具的通信机制和远程调用过程，从而在综合集成研讨时可以支持复杂的研讨过程。胡晓惠[24]提出了用工作流集成的思想来研究人机结合的问题，文中采用适配器的方法来实现单项研讨任务工作流集成，对多项研讨任务工作流集采用研讨工作流、研讨子任务和研讨对象的三层构架实现，部分达到了研讨流程管理的有序化。

研讨参与人员由研讨专家和研讨主持人组成。研讨专家由拥有丰富的与研讨决策问题相关知识的群体组成，在研讨过程中占主体地位，运用他们的经验、知识与创造力等计算机所不具备的能力，承担解决复杂决策问题的主要任务。研讨专家中一部分比较权威的人组成研讨高层，拥有较高的权限，参与研讨任务目标制定。研讨主持人对研讨过程拥有一定的控制权限，他可通过对发言权的获取与释放、投票箱的开启与关闭、研讨工具的添加与删除等多种方式对研讨过程进行干预。研讨主持人负责在控制端组织和推进专家研讨，如研讨框架建模、研讨流程开启与关闭、研讨过程干预与监控、研讨方案归纳与整理等，从而辅助研讨流程的有序、快速推进，使得研讨目标能够顺利、科学、合理地完成。

一般情况下，数量众多的决策主体很难实现对某一问题的决策，但在综合集成研讨厅环境的支持下，可以实现广义的协调和磋商决策。另外，每一次决策不可能也不需要上述各方全面参与，哪些部门或人员参与，根据任务性质来确定，或通过建立灵活的委托机制来履行代理决策，以解决许多人不能或无法参与决策的问题。

9.4　水资源协商管理监管与全民水文化建设

水资源协商管理需要通过广泛的公众参与和全民水文化建设来监管其落实效果。

9.4.1　云管理下公众参与水资源协商管理全面监管[①]

虽然目前全国范围内已出现公众参与水污染治理的实践，但是效果不容乐观。广州市政府从 2008 年底开始，加大资金投入，决定要"举全市之力"整治河涌，但是经过多年的治理工作，广州市区不少河涌的水质仍然没有好转。事实上，由于缺乏规范的管理模式，公众参与意识普遍不高，而且由于参与渠道及信息发布的不足，大多数公众并不清楚参与的内容、参与的途径及参与的救济方式，其利益诉求得不到积极的回应，此外，河涌治理中举行的听证会更是流于形式，徒有虚名。广州市河涌治理未在市民中形成共识，"举全市之力"变成天方夜谭。

昆明市的滇池由北向南贯穿昆明市城区，是昆明市的"母亲河"，近年来由于经济社会的快速发展中的对生态环境的破坏，滇池及其支流特别是盘龙江河水污染，臭气熏天，严重损害了昆明市的社会经济发展。为响应国家号召，昆明市政府在加强滇池治理法律法规建设的同时，也积极引导昆明市民参与滇池水污染治理，如聘请热心环保的市民担任环保义务监督员、规定市民获取环境信息的范围等。尽管昆明市政府在滇池治理中赋予公众一定的参与权，公众在拥有环境知情权的同时，还能担任"河长"，参与监督滇池的治理工作。但在滇池治理过程中还是没有实现真正的公众参与。一是至今还没有一个参与滇池治理的 NGO，公众参与的组织化程度低。二是《昆明市环境保护公众参与办法》强调的公众参与只属于比较低层次的参与，无论是让市民当"河长"还是担任污染情况监督员，都属于事后参与，而没有完

---

① 本部分为笔者主持国家社会科学重大基金项目研究成果，胡震云为课题组成员之一。具体内容详见：胡震云，张玮，陈晨.论云管理理念下公众参与环境保护的管理创新[J].江海学刊，2013，（6）：215-220.

整地参与到滇池治理的全过程。有关滇池治理政策的事前制定和事中实施这两过程都缺乏公众的参与，只是集中于事后的监督或救济。三是虽然规定了公众获取环境信息的范围，但公众获取信息的具体程序、公众以哪种途径和渠道参与滇池治理、政府对公众利益诉求的回应机制如何搭建却没有清晰提到。只是对公众的知情权和参与权笼统地做了原则上的规定，缺乏操作性和技术性，这与滇池污染日益严重，亟须公众参与治理的现实不相符合。

石梁河水库损害赔偿案无疑反映了政治系统在公众诉求时的态度。石梁河水库位于山东省临沭县和连云港东海县、赣榆区交汇处，是淮河流域一座比较大型的水库。东海县为了发展当地经济，让水库周围的村民尽快脱贫，鼓励当地村民在水库中网箱养鱼。但 2000 年 10 月和 2001 年 5 月从上游沭河下来的两次污水，使水库中的鱼虾全部死光，直接经济损失 1 100 多万元。经当地环境保护行政主管部门和农业部渔业环境监测中心黄渤海区监测站调查及监测，污水来自临沭县的临沭造纸厂和一个化工厂。遭受经济损失的村民来到临沭县城，要求政府给予解决，当地政府先是承认有污染，并答应给予解决，但村民返回后，污染工厂所在地的政府就再也没有任何回应。后经曲折诉讼后，连云港中级人民法院和江苏省高级人民法院都认定 97 户渔民经济损失 560.4 万元，但是在执行中，却发现涉案厂方所在地的市县两级法院，不但没有协助公众获取赔偿款，反而两级法院在一天之内对两个被告下达了 7 份调解书，将被告财产转移，导致无资金可用。从这种案例中，我们可以发现如果当地的党政机关和排污企业形成统一战线，而忽视甚至保护排污企业，那么作为公民的个体也很难从中获得补偿。除此之外，在司法系统中，法官对公众的环境侵权诉讼，在一定程度上压制了公众参与的发展。

水资源协商管理是一项需要全社会共同参与的系统工程，公众参与已成为推进水资源协商管理工作的重要机制。对于公众参与水资源管理工作来说，社会公众资源具有分布性、异构性和动态性等云特性。云管理是基于移动互联和社交网络由云计算发展出来的管理模式。所谓云计算是利用互联网将分散在不同地理位置的计算、通信、存储、软件、信息和知识等所有资源互联互通，组织成一台虚拟的超级计算机，对资源统一管理和调度，构成一个资源池向用户提供按需服务。云管理已经在企业界取得很大成功，是未来企业管理发展的必然趋势。研究认为，可以云管理系统的理论、方法和手段，构建公众参与环境保护的云管理模式，即把水资源协商管理中发挥不同作用、具有不同特性的社会公众当做公众资源云，通过公众参与水资源云管理平台，以完成监管任务为目标，打破时间、空间和资源的限制，构建资源管理、任务管理、资源配置系统，建立信息发布、接受、处理、反馈机制，把特定的公众资源分配给监管任务，合理地调度相应的公众资源完成相关监管任务，实现公众资源云的有效配置。

　　面对现有公众参与的现状，本书构建了公众参与水资源协商管理的云管理模式，使公众参与更具有效率、更富有活力，具体体现在以下几个方面：第一，公众参与的云管理模式能建立起一套完整的、科学的管理体系，克服目前公众参与管理松散、随意的局面。第二，云管理能有效管理规模巨大的社会公众，使其更高效地完成水资源协商管理全面监管任务。第三，云管理能有效解决当前公众参与水资源协商管理任务复杂、需求多样的问题。第四，云管理能解决公众参与渠道不足的问题。云管理平台可以容纳公众参与水资源协商管理的全部事项，规范公众参与流程，公众通过平台获得相关信息、行使参与权利、得到参与结果反馈。第五，云管理能克服公众获取信息难的问题。云管理平台能根据任务的性质，向有关键影响力的资源云发出请求，请求这些资源云在其微博转发信息、给出链接，或在社区发布置顶话题等，把这些信息及时传递给社会公众。第六，云管理能拓展公众参与最严格水资源管理监管的方式。以互联网为支撑的云管理，可通过直接、规范、网络化的民主形式，扩展公众参与水资源协商管理监管的方式。第七，云管理能使水资源协商管理宣传教育的范围更广、程度更深，克服目前公众水资源协商管理知识不足的问题。

　　因此，研究发现，公众参与水资源协商管理进行全面监管应注意以下几方面的完善。

　　第一，构建云管理资源分配体系，提高公众参与监管效率。云管理的核心是建立一种监管任务资源分配体系，该体系根据公众监管任务调度合适的公众资源云，组成虚拟任务团队完成相应任务，提高监管效率。具体包括：一是成立资源云管理机构。二是聚集公众参与云资源，形成公共资源库。在建设初期，云资源来源渠道可考虑两个方面，即由相关政府部门的资源汇集而成，或通过社会注册，逐步积累而成。三是对公众资源云进行合理分类，赋予特性值，便于安排任务时有效、合理配置资源。特性指标可包括公众网络影响力、影响公众参与的各项要素（收入、年龄、教育水平、制度、价值观、宗教信仰、信息状况、环境态度、预期行为结果、家庭人口数等）、热心公益的程度、行动力等。四是根据监管问题的差异性，合理建立任务、分解任务。五是构建安全、稳定、可靠的资源配置检索系统。首先，在相关部门建立公众资源云接入口，方便检索和利用；其次，设置检索系统用户的分级权限；最后，借用知识管理中知识地图的概念，构建检索系统。

第二，借助云管理平台，完善公众参与机制。一是要完善公众参与流程。协助政府开展的环保工作很多，其可以有两种工作方式：方式一是按照任务的属性把某些需要广泛参与的任务在平台发布，让符合任务要求的公众来主动承接；方式二是针对某些有特殊要求的环保任务，第一步，先根据任务的性质和要求，评估所需资源云的构成，第二步，利用平台的检索系统推荐虚拟团队的候选组成人员，第三步，通过平台留言、电子邮件、即时通信、电话、直接见面等方式把任务发布给系统推荐的候选人，第四步，候选人确认任务后组成实际工作小组来完成任务，第五步，任务完成后，平台根据任务的属性、任务的完成情况按照评价标准给予参与者评价，并赋予公众参与的"绿色积分"。二是完善公众参与激励机制，提高公众参与的积极性。以任务完成"绿色积分"为基础构建激励机制，激励公众自愿参与水资源管理。政府还可设立专项的环保奖金用于奖励贡献突出的参与者；还可给予公众精神上的奖励，如通过电视、报纸、网络等公开表扬方式，或者通过设立相应奖项，增加公民的荣誉感。三是完善公众参与反馈机制。该机制包括三个层面：首先，公众参与活动结果的直接反馈，如公众提出的意见是否采纳、公众反映问题的处理结果的反馈等；其次，对公众参与活动进行评估，赋予"绿色积分"；最后，建立公众参与活动结果的申述制度，当公众对前两个层面的处理结果有不同意见时有申述权利。

第三，充分发挥云管理的网络平台的作用，推进公众参与水资源监管工作。一是充分发挥网络舆论的作用，发起各种水资源管理与保护运动。二是拓展水资源管理信息公开渠道，扩大信息的接受面和关注度，降低公众参与的信息成本。三是培育社会网络，重视意见领袖的作用，引导网络舆情，抢占网络影响高地。四是借助互联网平台，进行环境宣传和教育，增强公众水资源节约与保护责任感，提高公众参与能力。另外，政府要研究网络舆情生成和演变规律，提高网络舆情监测、突发事件应对、内容与话题写作、互动与语言沟通、政务微博营销等技巧，安排与环保相关的议题，有意识地引导网络舆情走向既定的方向，促进网络舆情的理性化，形成健康的、强势的水资源节约保护主流舆论。

第四，完善公众参与法律法规，保证公众参与的自由、公平、公正。在云管理体系构建过程中，政府应加快有关公众参与水资源监管的立法工作，确定公众参与的法律地位，使得公众参与水资源管理的具体范围、途径、形式、责任与义务、程序、诉讼及相应的激励措施都以法律的形式明确下来。尤其要建设网络公众参与的程序性制度，以保障公众利用互联网参与水资源管理的有效性和有序性。要制定相关法律法规并辅以技术手段，在最大限度地保障个人的隐私权、匿名权、知情权、表达权、监督权的基础上，建立一种独立于个人的网络规范秩序，控制网络权力的滥用，以保证调查的公平、公开、公正。

下面的案例是公众参与水环境公益诉讼案件，以听证会方式、采取法律手段，社会团体参与协商处理水资源环境管理问题，促进了案件公平、公开、公正的审理。

中华环保联合会提出的环境公益诉讼案

2009 年 7 月 6 日，因江阴港集装箱有限公司在江阴市黄田港口从事铁矿粉作业过程中产生铁矿粉粉尘污染，严重影响了周围的空气质量和居民的生活环境，并将含有铁矿粉的红色废水未经处理直接冲洗排入下水道，经黄田港排入长江，影响附近居民饮用水安全，且江阴港集装箱有限公司在作业过程中产生的噪声影响了周围居民生活，中华环保联合会与江苏省江阴市居民朱正茂作为共同原告，向江苏省无锡市中级人民法院起诉江阴港集装箱有限公司环境污染侵权。同日，中华环保联合会向法院提出申请，要求被告江阴港集装箱有限公司停止环境污染行为。

2009 年 7 月 7 日，法院对江阴港集装箱有限公司作业现场和周边环境进行了现场勘验，并于当日作出民事裁定书，责令被告江阴港集装箱有限公司立即停止实施污染侵害行为。8 月 6 日，法院召集原被告双方进行听证，并责成被告江阴港集装箱有限公司在案件未审结以前，采取切实可行方案和措施，迅速改善环境质量状态。为此，江阴港集装箱有限公司进行全面整改，彻底封堵污水排放管口，调整风向作业时间，减少粉尘对周边居民的污染。同时，对周边紧邻河道进行了清淤，改善了水体质量。在采取上述环境治理措施后，被告江阴港集装箱有限公司向法院申请调解处理。

2009 年 9 月 16 日，法院依法组成合议庭，审理了本案。经审查原告朱正茂、中华环保联合会的诉讼请求以及被告江阴港集装箱有限公司申请调解的理由，法院依法主持调解，并出具了民事调解书。

本案的特色之处在于：首先，民间团体首次作为诉讼主体。其次，本案的诉讼主体除了民间团体之外还有公民个人。非常巧妙地以"'公益'加'私益'"的形式完成了该起诉讼。在环境侵害纠纷中，受害者多为有关组织或公民个人，与侵害者相比往往处于弱势地位，因此往往对成为起诉主体心存忌惮，即使勉强提起诉讼，在双方力量失衡的情况下也往往不能取得预期的效果，甚至还会因此得不偿失，遭受更多的利益损害。在这种情形下，中华环保联合会这样的社会团体作为原起诉主体参与到环境公益诉讼中就显得尤为重要。社会团体参与到环保公益诉讼中不但在一定程度上缩小了诉讼主体双方之间的差距，而且其在环境保护领域的专业性更提升了胜诉和执行的把握。此外，社会团体还可以凭借其在有关领域的影响力将案件的宣传和示范效应予以扩大，对提高社会公众的环保维权意识大有益处。

资料来源：齐玎.接近环境正义：环保团体参与环境公益诉讼问题研究[D].复旦大学硕士学位论文，2012

9.4.2　以社区为载体的全民水文化建设

水文化建设是水生态系统服务管理的上层内涵，也是落实水资源协商管理制度、实践水生态文明建设的内在驱动力。就目前来看，水文化宣传教育的力度、形式、手段等各方面与发达国家都有一定距离，尤其是以社区为载体的贴近民众生活的水文化建设工作存在较大的缺失。社区的管理者在水文化建设的认识和管理理念存在偏差，宣传形式单一，管理运行机制不完善，设施不健全，居民节水意识薄弱，参与度不高。社区是文化的土壤，文化的孕育和传承存在于社区的社会活动及生活工作之中，社区文化对居民的素质影响越来越明显，水文化的建设不仅要依靠水利文化建设，同时还需要通过社区文化来加强居民对水文化的感知和认知，提高居民饮用水危机意识、水资源匮乏忧患意识、水资源节约意识、水环境保护意识及文化品位。水文化是人民的文化，推进水文化建设的核心在于人心所向，难点在于"最后一公里"的实现，而社区作为社会管理的基层单位，是水文化建设"最后一公里"的实施力量。下面的案例是江苏常州御城社区水文化建设示范，该小区鼓励社区全民参与节水用水、启用节水标准器具和实施雨污分流等活动，很好地落实了"最后一公里"的水文化建设工作。

江苏常州御城社区水文化建设示范

常州御城雄踞常州新城南 15 平方千米的行政、文化、教育核心区位，南接延政路，紧邻花园街，南北依托常武路，东西通长虹路。御城社区建于2008 年，占地面积约 49 万平方米，建筑面积 90 万平方米，涵盖独立别墅、叠加别墅、小高层、高层等多种类型住宅，社区绿化率超过 50%，总住户数有将近 7 000 户。在小区建设过程中，根据国家节水设施具体的要求，房产开发商和施工单位凡是涉及用水器具，都一律要求按国家节水标准器具进行规划和建设，有效地提高了社区节水器具的普及率。御城社区严格遵循江苏省节水型社会的建设标准，努力通过各种途径完成居民节水和社区节水双目标的实现。

第一，以组织建设来促进社区节水工作。节约工作是我国的基本国策，节水工作是节约工作的重要组成部分，节水工作要长期开展下去，就必须加强组织管理机制建设，为此社区成立节水工作领导小组，由社区党委书记耿守林担任组长，社区的工作人员和物管人员为工作领导小组成员，安排专人负责节水工作，并结合御城社区自身的实际情况，制定了《御城社区节水管理岗位职责》《御城社区用水计量管理制度》《御城社区水电维修制度》《御城社区水电维修程序》等节水管理工作制度，御城社区水电维修部专门建了一本《御城社区业主维修处理记录》，对住户报修的内容进行记录，为了保证水电维修的质量，社区还出台水电报修回访制度，制定了水电报修回访记录，对维修情况进行回访调查，监督维修人员，让居民对水电维修效果进行评价。

第二，以宣传来推动节水型小区深入发展。为了让社区多层次的居民了解节水的相关知识，社区通过多种形式开展节水知识宣传。例如，开展节水知识培训班、对小朋友进行节水宣传教育、开展节水型家庭评选活动、悬挂各类节水宣传横幅等。

第三，抓好社区节水基础建设工作。御城社区在设计规划时，将雨水排放管道与生活污水排放管道分开，雨水直接排放到河道，而生活污水则通过市政管网送到区污水处理厂进行净化处理。御城社区刚建设时，考虑到新建社区必须采用国家新出台的节水器具标准，坚决禁止使用一次性冲洗量大于9升的水冲式坐便器、铸铁螺旋式水龙头等国家明令淘汰的非节水型器具，开发商在建设时采用节水器具，御城社区的所有住户都是新式的节水器具，节水器具普及率已达100%。

第四，确保计量的准确性。社区不仅十分重视各家各户用水情况，而且更重视公共节水的相关环节。注重检查及公共用水的水表井盖是否有损坏、是否运行正常。为了保证社区各用水点水表运行正常，社区在管理时采取两个措施：在自来水公司的抄表员抄表时，采用目测的方法检查水表是否完好；与物管联系要求社区保安人员在巡查时，注意每个自来水井盖是否有裂、塌等可能损坏水表的情况，发现情况立即报修。有了社区全方位节水工作的扎实开展，目前御城社区居民生活用水户水表和公共用水水表安装率为100%，完好率为100%。

节水工作是一项长期的工作，与老百姓生活息息相关，只有起点，没有终点。在未来的节水工作中，御城社区将会不断深化社区用水管理水平，努力提高科学节水的能力，不断总结经验，弥补不足，开拓创新，扎实推进社区节水工作。

资料来源：根据江苏省社会科学基金重点项目"推进江苏水生态文明建设研究"（15JZA006）的课题调研资料整理

通过上述案例，研究认为在着力打造社区水文化建设平台时还需要推进以下几方面工作。

（1）硬件建设框架：社区水文化平台硬件建设的目标是承载社区水文化活动、传导社区水文化信息。建设难点是社区规划的多规融合、资源配置的合理可行等，解决关键是以"创新、协调、绿色、开放、共享"发展目标为引领，在政府引导、市场运作、公众参与的多利益相关者合作框架下，建立健全"互联网+居民委员会+物业公司+居民"的智慧社区自适应管理模式。社区水文化平台硬件建设主要包括构筑物建设与技术平台搭建。其中，构筑物建设主要包含社区活动中心建设、社区水文化宣传构筑物建设、社区水文化景观构筑物建设、社区智慧化基础设施建设等，技术平台搭建主要包含社区数据平台构建、信息采集装置铺设、信息反馈渠道搭建等。

（2）软件建设模式：社区水文化平台软件建设的目标是促进信息传导、搭建协调平台。建设难点是多主体的差异性偏好协调问题、引导宣传与自由表达的协调问题等，解决关键是依托智慧社区自适应管理模式，建立健全"舆论引导+大数据预测+全媒体推进+线上线下联动"的智慧社区 O2O（online to offline，即线上到线下）管理模式。社区水文化平台软件建设内容主要包括舆论引导机制、大数据预测机制、全媒体推进路径选择机制、线上线下联动机制等。社区水文化微信平台由社区委员会负责申请，并由社区委员会成员及居民代表等对推送信息和咨询类信息进行梳理。

（3）保障体系建设：加快推进社区水文化基础设施建设，通过采取新建、扩建、改建等办法，形成结构合理、功能健全、实用高效的社区水文化设施网络；强化社区水文化队伍建设，培育具有社区特色、素质高的社区水文化骨干队伍，充分发挥社区内机关、学校、企业、事业单位人才集聚的优势；完善社区水文化建设监管体制与运行机制，加强社区文化的制度建设和法律保障，制定与水文化设施、水文化活动相关的管理条例，完善居民委员会规章制度，保证水文化建设有法可依，以强化社区居民委员会独立实体权力和功能、以社区服务的系列化与网络化等为特色的社区运行机制。健全社区水文化建设宣传体系，创建各种有品位、有特色的社区水文化活动，提高居民的参与意识；加强社区水文化志愿者队伍建设，充分发挥共青团、高校、行业协会、民间组织的作用，做好招募选拔、组织管理、教育培训等工作，增强社区水文化活动的覆盖面。

（4）典型推广机制：社区水文化平台的典型推广需要以共性与个性相结合、目标导向与受众意愿相结合、建设推广与管理培训相结合为原则，以典型示范、分类推广、政府引导、市场运作、社区自主、逐步推进为思路。典型推广机制的核心是典型示范区建设、柔性推广路径，其中，典型示范区建设涉及典型示范区遴选、硬件建设、软件建设、示范区建设绩效评估机制构建等，柔性推广路径需要在国家水文化规划的基础上，主要建立健全示范区宣传机制、要素推广的溯源机制、财税金融扶持政策、投融资机制等。

为保障社区水文化建设的全面推进，社区还需要加强各方面工作的探索，采取多种形式，努力搭建社区居民健身休闲娱乐、文化交流、学习教育的平台。

参 考 文 献

[1]江世亮，李辉. 德国的"工业 4.0"其实就是美国的 CPS——访美国 NSF 智能维护系统产学合作中心主任李杰[J]. 世界科学，2014，（5）：18-21.

[2]王景. "互联网+"时代的工程管理[J]. 中国建设信息化，2015，（20）：18-21.

[3]宁家骏. "互联网+"行动计划的实施背景、内涵及主要内容[J]. 电子政务，2015，（6）：32-38.

[4]黄璜. 互联网+、国家治理与公共政策[J]. 电子政务，2015，（7）：54-65.

[5]欧阳日辉. 从"+互联网"到"互联网+"——技术革命如何孕育新型经济社会形态[J]. 人民论坛·学术前沿，2015，（10）：25-38.

[6]王国华，骆毅. 论"互联网+"下的社会治理转型[J]. 人民论坛·学术前沿，2015，（10）：39-51.

[7]陈明忠，张续军. 最严格水资源管理制度相关政策体系研究[J]. 水利水电科技展，2015，（5）：130-135.

[8]刘玒玒，解建仓，黄毅. 实行严格水资源管理新模式研究[J]. 西北农林科技大学学报（自然科学版），2013，41（9）：207-213.

[9]胡丽娟. 许昌市主要工业行业用水结构典型调查分析[J]. 河南水利与南水北调，2015，（15）：20-21.

[10]胡震云，张玮，陈晨. 论云管理理念下公众参与环境保护的管理创新[J]. 江海学刊，2013，（6）：215-220.

[11]中国管理模式杰出奖理事会. 云管理时代：解码中国管理模式[J]. 中国科技纵横，2013，（18）：24-29.

[12]李耀东，崔霞，戴汝为. 综合集成研讨厅的理论框架、设计与实现[J]. 复杂系统与复杂性科学，2004，（1）：27-32.

[13]李耀东. 综合集成研讨厅设计与实现中的若干问题研究[D]. 中国科学院自动化研究所博士学

位论文，2003.

[14]戴汝为，李耀东. 基于综合集成的研讨厅体系与系统复杂性[J]. 复杂系统与复杂性科学，2004，（4）：1-24.

[15]于景元，涂元季. 从定性到定量综合集成方法——案例研究[J]. 系统工程理论与实践，2002，22（5）：1-7.

[16]于景元，周晓纪. 从定性到定量综合集成方法的实现和应用[J]. 系统工程理论与实践，2002，22（10）：26-32.

[17]Hanley N，Spash C L. Cost benefit analysis and the environment[J]. Environment Values，1996，5（2）：182-183.

[18]张宇，王丽娜. 沟通、协商与行政效率的提高[J]. Economic Research Guide，2011，（26）：160.

[19]泉政. 抓好试点是深化政务公开政务服务的重要举措——《关于深化政务公开加强政务服务的意见》解读之二[J]. 中国监察，2011，（23）：47-48.

[20]李娜. 网络融合背景下我国电子政务发展研究[D]. 燕山大学硕士学位论文，2012.

[21]操龙兵，戴汝为. 基于 Internet 的综合集成研讨厅系统体系结构研究[J]. 计算机科学，2002，29（6）：63-66.

[22]国务院. 国务院关于实行最严格水资源管理制度的意见[J]. 西部资源，2012，（1）：1-3.

[23]赵明昌，李耀东. 一个新的综合集成研讨厅软件框架[J]. 计算机工程与应用，2008，44（11）：1-4.

[24]胡晓惠. 一种人机结合的研讨工作流集成方法[J]. 计算机研究与进度，2004，41（1）：227-232.

第　10　章

新疆哈密地区水权转让协商管理实践

本章以哈密地区（已于 2016 年撤地设市）水权转让为例，进一步分析区域内水资源配置的协商问题。选择哈密地区主要基于几方面考虑：其一，该地区的经济发展与水资源可持续利用之间的冲突较为典型；其二，该地区社会人员构成复杂，主体间异质性更为明显，社会稳定性凸显重要。本章内容是 2009 年水利部公益性行业项目"新疆经济需水结构调整与控制技术研究"研究成果，主要就是为了研究哈密地区水权转让的协商管理问题，重点探讨水权转让中多主体合作和个体利益决策及水权转让协商实现的组织结构等内容，为说明哈密地区水紧缺提供了可行的分水方案。

10.1　新疆哈密地区概况

10.1.1　哈密自然经济环境概况

哈密地区位于新疆维吾尔自治区东部，其自然地理特征可概括为四山夹三盆，地势中间高南北低。地处觉洛塔格山和天山主脉之间，整体地貌构架符合新疆山地-绿洲-荒漠的自然景观变化特征。全区总面积 14.30 万平方千米，辖 3 个县市，包括哈密市、巴里坤哈萨克自治县及伊吾县。下辖 10 个镇、27 个乡，共 169 个村。

受高大的东天山影响，山南山北形成迥然不同、分异明显的两个自然地理单元。天山南部干燥少雨，温差大，光照时间长，是特色瓜果的主产区。天山北部冬冷夏凉，是哈密地区的畜牧业基地。

2008 年末全地区总人口 56.27 万人，比上年末增加了 1.65 万人，人口密度为 3.96 人/米 ^{2}。1990 年以来人口平均增长速度 1.6%。全区人口总体文化素质有较大幅度提高，文盲率大幅度下降了 5.36%，同时具有较高文化程度的人数比重不断上升。

据统计，2007 年哈密地区全年实现地区生产总值 91.99 亿元，比上年增长 16.4%，2003 年仅 53.9 亿元。分产业看：第一产业增加值 14.22 亿元，增长 11.6%；第二产业增加值 31.85 亿元，增长 21.3%；第三产业增加值 45.92 亿元，增长 14.7%。分结构看，第一产业占地区生产总值的比重为 15.5%，比上年提高了 0.3 个百分点；第二产业增加值比重为 34.6%，提高了 1.3 个百分点；第三产业增加值比重为 49.9%，降低了 1.6 个百分点。人均地区生产总值 16 910 元，比上年同期增长 15.7%。

目前，哈密地区经济发展情况具有两方面特点。

（1）全区的产业结构趋于合理。优势资源开发和工业化进程加快，整体产业结构趋于合理，从 2000 年的"17.9∶30.9∶51.2"已调整为 2008 年"13.9∶46.2∶39.9"，第二产业比重提升较快。

（2）工业化进程加快。2008 年哈密地区地方规模以上的工业增加值 27.28 亿元，同比增长 22.8%。与 2000 年的 8.66 亿元相比，年均增长 15.4%，工业化进程明显加快；重工业增加值 25.23 亿元，同比增长 22.4%，比重占到 92.48%，工业结构重型化特点明显。

工业化速度加快，为生态环境带来了更多的压力。统计数据显示，2008 年废水排放量 3 527.97 万吨，废水达标排放率 48.5%，比上年下降了 34.5 个百分点；废水中主要污染物化学需氧量（chemical oxygen demand，COD）排放量 0.83 万吨，增加 15.2%。废气中主要污染物二氧化硫排放量 4.34 万吨，增加了 15.1%。

目前，全区依托于西部开发战略和国家给予的各项倾斜扶持政策，以"生态立区、工业强区、科教兴区、南园北牧、增收富民"为发展战略，开始加快优势资源转换战略步伐，不断加大经济结构和产业结构的调整力度。

依靠特殊的地理优势发展经济：该区矿产资源丰富，矿种多、储量大，目前已探明各类矿种 76 种，占全疆已发现矿种的 65%，储量居全疆第一位的有 17 种。以煤炭为例，哈密地区每日预测资源量为 5 708 亿吨，占全国预测量的 12.5%，占新疆预测资源量的 31.7%，居全疆第一。同时，该区还蕴藏着丰富的有色金属、石油和天然气资源、无机盐资源等，为区域产业结构调整提供丰富的资源储备。

10.1.2 哈密地区水资源概述

哈密地区地处内陆干旱地区，全地区多年平均降水量在 16.3~213.0 毫米，哈密市降水量仅为 34 毫米，但蒸发量达 2 700~3 300 毫米。

1. 地表水与地下水

全区水资源总量为 16.86 亿立方米。地表水资源量 9.45 亿立方米，地下水资源量 7.41 亿立方米（其中，不重复量 2.98 亿立方米），仅高于吐鲁番，是全疆第二的少水地区。其中，伊吾县又是径流小于 1 亿立方米的少水县之一，单位面积来水量仅为 1.2 万米 ^{3}/千米 ^{2}，比新疆 5.2 万米 ^{3}/千米 ^{2}少得多。哈密全区产水量 0.89 万米 ^{3}/千米 ^{2}，约为全国平均水平的 1/33、全疆平均水平的 1/6；区域内人均水资源量为 2 800 立方米，是全疆人均占有水资源量的 1/2，哈密市人均占有量仅为 1 500 立方米，低于国际警戒线的 1 700 立方米。

全地区无大江大河，河流小溪均属于季节性水流，大多数发源于哈尔里克山及巴里坤山，由山区降水和融冰化雪补给，共有大小山沟 140 余条（内陆小河），年径流量 8.47 亿立方米。其水文特点是沟溪多、流程短、水量小、水资源补给以雨水和积雪融水为主[1]。

哈密地区的农业灌溉，除用地表水外，很大部分，特别是天山以南的哈密绿洲要靠地下水来提供。地下水的补给来源一是大气降水，二是山区裂隙水，三是河流出山口后河床、渠系及田间渗漏水。从补给比重来看，第三种补给是主要的，山前冲积扇是平原地下水主要形成区，潜水埋藏在透水性强、粗粒松散的沉积层中，深度一般在 10 米以下，主要补给来源是河床渗漏。

地区境内有大小泉千余眼，星罗棋布于天山南北，年平均流量 2.47 亿立方米；1985 年有坎儿井 301 道，出水坎儿井 295 道，年径流量 1.2 亿立方米，灌溉面积 4 万余亩。中华人民共和国成立初期和 20 世纪 50 年代中期，共有坎儿井 437 道。70 年代，由于大量开掘机电井，不少坎儿井干涸报废。目前，全地区有机电井 2 068 眼（含兵团农垦），内配套 1 737 眼，年提水量 2.17 亿立方米；有自流井 30 眼，出水量 1 840 万米³/年[①]。2008 年哈密地区水利工程基本情况如表 10.1 所示。

表 10.1　2008 年哈密地区水利工程基本情况

项目		合计	哈密市	巴里坤哈萨克自治县	伊吾县
水库	座数	24	13	9	2
	容积/万立方米	8 271	5 559	2 551	161
塘坝	座数	12	3	6	3
	容积/万立方米	128	32	64	32
小水电	座数	17	3	10	4
	出力/千瓦	4 497	1 080	2 622	795
引水工程	引水渠/千米	2 627	1 071	1 267	289
机电井/眼	深井	1 208	990	180	38
	浅井	1 148	940	171	37
村镇供水工程	处数	84	41	36	7

2. 降水量情况

哈密地区居于内陆，降水稀少，如表 10.2 所示。

表 10.2　哈密地区各站降水量四季分配表

站名	春（3~5 月）		夏（6~8 月）		秋（9~11 月）		冬（12~次年 2 月）		年降水量/毫米	连续最大的四个月		
	降水量/毫米	占全年比重/%	降水量/毫米	占全年比重/%	降水量/毫米	占全年比重/%	降水量/毫米	占全年比重/%		降水量/毫米	占全年比重/%	出现月份
哈密	6.1	17.6	17.6	50.9	6.7	19.4	4.1	11.8	34.5	20.7	59.8	6~9
巴里坤	42.9	20.0	115.6	54.0	44.0	20.6	11.5	5.4	214.0	140.2	65.5	6~9
伊吾	18.5	18.9	63.6	65.0	13.3	13.5	2.4	2.4	97.8	72.5	74.1	5~8

由于地形影响，各地差异较大，降水量和降水日数，均以中部山区多，南北戈壁少；山区迎风坡多，背风坡少；森林地带偏多，盐碱戈壁地带少。

---

① 资料来源：哈密地区志-自然环境-水文.哈密政府网，2010-08-06.

南北戈壁地区，全年降水量不足 40 毫米，降水日数不足 25 天。淖毛湖戈壁降水更少，年降水量仅有 14.3 毫米，降水日数 12 天左右，是全国少降水的地区之一。

山区多降水，年降水量 100~250 毫米，降水日数 40~80 天。迎风坡处的巴里坤西黑沟水文站，年降水量多达 441.9 毫米，降水日数可在 80 天以上；而天山南麓的石城子水文站（背风坡）和地形比较闭塞的伊吾城镇附近，年降水量仅有 90 毫米左右，降水日数不足 50 天。

哈密地区降水量虽少，但年际变化很大，戈壁平原地区或降水较少的地区表现更为突出。

3. 蒸发量情况

哈密地区空气干燥，湿度小，春夏多风，温度高，致使蒸发量可观，具体见表 10.3。

表 10.3　不同时间哈密地区各站蒸发量分配表

站名	4~9月占全年蒸发量的比重/%	6~8月占全年蒸发量的比重/%	10月至次年3月占全年蒸发量的比重/%	年蒸发量/毫米	最大月占全年蒸发量		最小月占全年蒸发量	
					比重/%	出现月份	比重/%	出现月份
哈密	82.1	46.1	17.9	1 616.8	16.1	7	0.9	1
巴里坤	83.8	46.6	16.2	1 638.6	16.7	6	0.9	1
伊吾	79.3	42.5	20.7	1 254.0	16.0	5	1.7	1

哈密城镇附近和淖毛湖戈壁，全年蒸发总量分别为 2 799.8 毫米和 4 417.8 毫米，蒸发量分别是降水量的 80 倍和 300 倍以上。哈密城镇附近，5~8 月各月的蒸发量可超过 400 毫米；淖毛湖戈壁更为可观，5~8 月各月的蒸发量竟超过 600 毫米。而且 6、7 月竟达 700 毫米以上。七角井、三塘湖、淖毛湖一带是新疆乃至全国蒸发量最大的地区之一。

虽然山区略较平原戈壁地区的湿度大些，可是蒸发量仍很大，巴里坤盆地全年蒸发量 1 602.7 毫米，约为降水量的 7.5 倍，而且 5~8 月各月的蒸发量也在 230~260 毫米。伊吾谷地和天山南麓，全年蒸发总量为 2 200~2 600 毫米，是降水量的 20~25 倍。

4. 旱涝灾害情况

哈密地区的干旱通常可分为土壤干旱和大气干旱。群众中也流传着"天旱、地旱"、"天不旱、地旱"和"地不旱、天旱"等各种干旱状态的说法。

哈密地区干燥少雨，降水分布不均，作物生长季气温高多风，导致干旱突出而又普遍。各地干旱发生季、月，以春旱、晚春旱和夏旱影响较重。

哈密虽是极干旱地区，但局部洪水灾害几乎每年都有发生，尤其是春洪和夏洪及局部性暴雨造成的危害不浅，洪、旱交替或同时出现，防旱抗旱和防洪需同时进行。

综上所述，哈密地区总体上水资源在总量上仍然处于非常短缺的程度，降水量过少而蒸发量过高，而且在水资源空间上分布极不均匀，山北的巴里坤和伊吾相对丰富，山南的哈密市极为匮乏，导致区域经济发展遇到瓶颈。哈密地区具有水权转让需求的主要原因在于：第一，为保障经济可持续增长，整体需求量不断增加；第二，现有用水结构下水资源经济效益低下，单方水产出十分不理想；第三，水供给十分有限，地下水已严重开采，想通过增加供给的方式满足新增水资源需求是无法实现的；第四，地区具有丰富的矿物资源，为工业进一步发展提供了物质基础。因此，客观环境要求通过水权转让来缓解区域用水矛盾，促进经济发展。

10.1.3　哈密地区水资源管理现状

在明晰现有水资源开发利用情况的基础上，进一步对该区域水资源管理现状进行分析。

（1）现有水资源供给量与社会发展需求量存在严重冲突。

哈密地区水资源总量为 16.86 亿立方米，单位面积产水量 0.89 万立方米，是全国平均水平的 1/33。区域人均水资源量为 2 800 立方米，其中哈密地区仅为 1 500 立方米。同时，哈密地区气候极为干旱，年降水量仅为 34 毫米，蒸发量却达 2 700~3 300 毫米，区域水资源主要靠东天山降水补给。全区属于典型的资源型缺水地区。

在有限的水资源条件下，为满足随社会发展而不断增长的水资源需求，全区地下水超采量 2.2 亿立方米，其中哈密市地下水总开采量占其可利用量的 124.6%，水资源被严重过度开发。随着经济社会的进一步发展，预测到 2020 年，为支撑新型工业化发展，工业增加值将达到 50%以上，工业新增需水量约为 5.14 亿立方米，届时水资源稀缺引发的供需矛盾将更加突出。

（2）现有水资源配置结构与经济发展用水结构存在严重冲突。

哈密地区一直沿用过去的分水比例和用水结构，在较早时期，农业、工业、生活和人工生态用水比例为"88.1：2.6：5.4：3.9"，与全国同期比例"64.63：22.15：11.74：1.48"相比，工农业用水比例相差很大，用水结构极不合理。

目前，由于行业用水结构已有了初步成效，全区农业用水占到总用水量的 81%，工农业用水分别为 0.163 7 亿立方米和 2.977 2 亿立方米，农业用水量是工业的 18 倍，但农业单方水收益仅为工业的 1/40，现有行业结构导致的单方水产出过低，无法满足区域经济增长的目标[2, 3]。

（3）现有用水方式与稀缺程度存在较大冲突。

全区节水意识不强。水资源管理制度和节水运行机制缺失，管理较为粗放式，缺乏节约用水的有效机制和用水经济考核措施[4]。2009 年全区农业用水灌溉水利用系数仅为 0.5，工业用水重复利用率仅达到 55%，低于全国平均水平。

此外，节水型用水器普及率较低，节水多以政府强制或政策补贴进行支持。随着节水型社会建设，2009 年万元工业增加值取水量已由 232 立方米降到 120 立方米。

（4）现有水利设施滞后于经济发展。

哈密地区水利建设长期无法满足经济发展要求。由于水资源空间分布不均，相当部分水资源分布偏远，但由于地区控制性水利工程建设滞后，缺乏骨干水利调蓄工程，地表水开发利用率低，无法实现水资源的合理配置、适时调度和高效利用。深层次的体制问题仍是制约水利发展的重要因素，在水利改革不断深化的同时需要加以重视。

（5）哈密地区水资源管理体制不统一。

哈密地区水资源由哈密、巴里坤、伊吾与新疆生产建设兵团农十三师各团场共同开发利用。1992 年起，地方基本实现了城乡水资源一体化管理。但区域内兵团单位尚未纳入统一管理，在水资源开发利用上不能统一规划和管理，使得全区无序开发地下水资源现象十分严重，加之团场与地方所属乡、场的地理分布多有交错，上下游用水关系失衡，时常引起纷争，使缺水矛盾更加尖锐。

（6）其他问题。

全区水资源主要靠天山冰川融雪水补给，而山区控制性工程建设滞后，缺乏骨干水利调蓄工程；用水结构不合理等造成哈密地区在水资源开发利用中"资源型、工程型和管理型缺水"并存的局面；对水资源稀缺程度和经济价值的认识不到位，导致区域水资源总体存在耗水量大、单方水产出低的问题，无法支撑地区经济社会的可持续发展，更无法保障水资源的可持续利用。

综上所述，目前哈密地区水资源配置现状十分严峻。在水资源严重稀缺的约束下，哈密地方政府已开始通过行业用水结构调整进行水资源优化配置，主要采用节水或者退耕的方式将部分农业用水转为工业用水，提高水资源经济效益，促进区域经济社会发展。目前供水结构调整已经取得了阶段性成果，万元地区生产总值用水量由 2005 年的 1 518 立方米减少到 820 立方米，降幅达到45.98%；农业用水由 2005 年的 88.1%压缩为 81.0%，工业用水由 2.6%调增到5.7%，生态用水由 3.9%调增到 7.0%。但在调整过程中遇到较多障碍，包括利益协调困难、信息传播阻碍等，表明现有区域水资源管理体制和配置方案无法满足哈密经济发展与区域社会稳定，更无法保障水资源的可持续发展。

同时，哈密地区属于一个多民族区域，社会结构复杂，利益协调和信息沟通尤为重要。在地方政府优化水资源配置过程中，作为供水方和受损方的农业主体（农民）属于弱势群体，水资源优化配置必须保障他们的权益，目前主要通过补偿的方式进行利益协调。然而作为需水方和受益方的工业企业通过地方政府招商引资而进驻哈密地区，是区域未来经济发展的重要基础和动力，现有水资源治理中"谁受益谁补偿"的原则不完全适用，需要考虑工业企业愿意承担补偿的程度。随着经济社会的发展，一方面农民的损失难以度量，另一方面企业收益风险不定，补偿额度和内容始终不能满足各主体偏好及需求，造成水资源配置过程中遇到较多阻碍。因此，在现状哈密地区的人水复杂系统中，供需极不平衡，需要通过制度安排和治理结构进行调整，缓解供需矛盾。

10.2　水权转让协商的多中心合作机制

在水权转让过程中，哈密地区同样面临水资源管理的目标限制。鉴于哈密地区用水紧张，通过行业间的水权转让来提高水资源利用效率。因此，本节将根据第 5 章内容给出哈密地区水权转让流程[3]。

（1）哈密地区人水复杂系统的相关参数需要监测以描述 $f(\sigma, \partial, \cdots, \kappa)$，包括自然系统中"地表水和地下水量、降水量、蒸发量"；社会系统中"区域人口总量、各行业需水量、已用水量、耗水量、污染量、单位水产出"。

（2）将"现有供水结构和供水量"与"未来行业需水结构和需水量"进行比较，根据区域发展目标，设计水权转让的配置方案，即农业向工业的调节水量。

（3）结合利益协调机制计算 φ、η 的取值范围，保障多中心合作机制的实现。

10.2.1 哈密地区数据选取

结合多中心合作机制和哈密实地数据（表 10.4），考察传统补偿机制和多中心合作机制的优劣，包括对区域整体收益的比较和各主体收益的前后比较，并给出哈密地区多中心机制的合约内容。其中，农民生活补偿以家庭资产为准，单户 83 916.81 元。全区农户总人数 184 156 人，农户数为 47 871 户。

表 10.4 哈密地区水权转让变量列表说明

变量	取值/元	变量	取值/元	变量	取值
C	$0.155\,\Delta t + 0.033\,45 \times 10^8$	C_{216}	2.3×10^4	ρ	154.8 元/米³
C_1	$0.001\,\Delta t$	C_{22}	$0.003\,\Delta t$	p	4.009 元/米³
C_2	$0.154\,\Delta t$	C_3	$0.033\,45 \times 10^8$	q	158.809 元/米³
C_{21}	$0.151\,\Delta t$	C_{31}	$0.09 \times 0.365 \times 10^8$	r_1	25%
C_{211}	12×10^4	C_{32}	$0.024 \times 10^8 \times 2.5\%$	s	6.61×10^8 米³
C_{212}	1.8×10^4	ε	$2.405\,4\,\Delta t + 40.172 \times 10^8$	t	0.42×10^8 米³
C_{213}	2.4×10^4	ε_1	$2.405\,4\,\Delta t$	L_1	0.5
C_{214}	15.04×10^4	ε_2	40.172×10^8	ν	0.6
C_{215}	3×10^4	R_N	$154.8 \times (1 - \gamma_1)\Delta t$	τ	2.5%

注：$C_{216} =$ 个人工资×职工人数+人员工资×14%+人员工资×1.5%+人员工资×2%；$C_{211} \sim C_{216}$ 分别表示水库折旧费、水库大修理费、财产保险费、水资源费、年工程维修费和人员工资及福利，R_N 表示企业新增水量的收益

10.2.2　多中心合作机制与合约规则设计

1. 激励性合约

将表 10.4 数据代入合作规则中，得出哈密地区水权转让的合作规则，同时验证在该合作规则下各个主体收益可得到改进。

1）根据博弈分析来计算

（1）收益共享合约：$0.034 < \delta < 1, 0 < \eta < 0.966$。

结论 10.1　在多中心合作机制中，当 $0.034 < \delta < 1, 0 < \eta < 0.966$ 时，存在一组 (δ, η)，使得企业与农民用水者协会的收益共享合约能够实现[3]。同时，$P_{A_2} - P_{A_1} = 2.359\Delta t$，农业主体的收益函数得到显著改进。

结论 10.2　农民用水者协会在多中心合作机制中的收益高于传统机制下的收益，且在多中心机制中的总收益能随着调节水量的增加而不断提高[3]。

（2）成本分摊合约：$40.172 \times 10^8 + 2.405\Delta t + a - b + A > 0$，$-a + b - 4.764\Delta t > 0$。

其中，

$$a = \varphi\left(0.155\Delta t + 0.034 \times 10^8\right), \quad b = L_1\left(2.560\Delta t + 40.206 \times 10^8\right)$$
$$A = A_1 + A_2 + A_3 - A_1' - A_2' - A_3' > 0$$

结论 10.3　在多中心合作机制中，当 $\Delta t < 17.03 \times 10^8 + 0.42A$ 时，无论分摊系数 ψ 和 φ 的大小，政府与企业收益函数都能够同时得到改进[3]。由《2008 年度哈密地区水资源公报》可知，全区年供水总量为 7.293 8 亿立方米，因此调节水量不能超过上述范围，结论 10.3 恒成立。

由此给出激励性合约的基本内容。

2）根据机制设计来计算

设 L 为农民心理认为自身的损失（为调节水量的损失值 $L = \Delta t \times p = 4.009\Delta t$）。结合人水复杂系统情景模式，进一步分析哈密地区利益协调机制，并得出如下结论。

（1）对 $\max\left(C + q(t + \Delta t) \times r_1 - (1 - \varphi) \times C\right)$ 代入数据得

$$\max\left(39.857\,25\Delta t + 16.708\,395 \times 10^8 - (1 - \varphi) \times (0.155\Delta t + 0.033\,45 \times 10^8)\right)$$

结论 10.4　在多中心合作机制中，政府收益随调节水量和 φ 的增加而增加，其中对调节水量的变化敏感度高，对 φ 的敏感度非常小。

（2）由式（5.5）得：当调节水量较小，取 $\Delta t = 0.4 \times 10^8$ 时，$\eta < 0.17$；当调节水量较大，取 $\Delta t = 7 \times 10^8$ 时，$\eta < 0.97$。

结论 10.5　当调节水量较少时，农业主体在新增收益中应获得绝大部分收益，协调双方利益矛盾；当调节水量较大时，工业主体获得绝大部分收益。

（3）由式（5.6）得：当调节水量较小，取 $\Delta t = 0.4 \times 10^8, \psi = 0.956$ 时，$0 < \varphi < 1.198$；当调节水量较大，取 $\Delta t = 7 \times 10^8, \psi = 0.479$，$0 < \varphi < 1.029$。

结论 10.6　多中心机制中始终存在任意 $\varphi, \varphi \in (0,1)$，使得水权转让受益方（政府和工业）共同承担转让成本，实现费用的合理分摊。

因此，合约给出收益共享系数和成本分摊系数的取值范围及它们与水量之间的关系，两个系数的具体值确定需要基于调节水量，而调节水量取决于人水复杂系统。

2. 保障性合约

在机制设计理论下对水权转让协商的保障机制进行设计，但在提高整体和各主体收益的同时，还需要注意信息的流动和主体间平等合作与相互监督。因此，需要进行辅助保障性机制的设计，以影响水权转让主体的转让意识和转让吸引力，改善各个主体的行动概率。

1）信息沟通合约

根据博弈分析得出，实现激励性合约和多主体合作需要满足水权转让各个参与方对相关信息和数据及时掌握，包括区域的总水量及水量变化趋势、耗水量情况、不同行业的单位水产出、收益的构成、政府的相关政策等[2]。为实现这一目的，哈密地方政府作为社会中介人的角色，促进形成一个基本的信息沟通机制。

具体而言，信息沟通机制的基础是一个信息交流和协商的平台，该平台成员由五堡乡政府、农民用水者协会及企业单位组成，建立并公开公共信息平台，通过信息沟通平台对水权转让的相关信息数据进行公开和交流[5]；建立信息反馈和输送渠道，农民用水者协会及企业单位有专人负责与乡政府沟通，及时反馈信息，促进信息沟通和信息集改进；在政策和规则的制定过程中采取听证形式，促进各方参与信息沟通[2]。

在信息平台的基础上，进一步考虑通过相关政策或规则的设计来实现信息平台的运用，促进信息沟通机制在多主体合作过程中发挥作用，即引导参与者的选择。

在哈密地区人水复杂系统中相关数据或环境条件变化时，通过信息沟通机制可实现对利益协调机制的及时调整[3]。

根据系统动力学模型的分析结果给出该机制具体的政策内容，如表 10.5 所示。

表 10.5　哈密地区信息沟通机制的内容

控制因素	政策因素	发布者	政策内容
转让意识	稀缺程度	政府	宣传水资源可用水量的有限性，传递"稀缺性"的信息 宣传水资源是人类社会生存和发展的必要元素
转让意识	稀缺程度	高校、NGO	宣传水资源可持续发展的必要性
转让意识	水资源经济效益	政府、工业生产者、农业生产者	公布各行业单方水产出
转让意识	水资源经济效益	政府	宣传"和谐社会""和谐发展"，营造良好的外部环境
吸引力	遗憾系数	政府	转让示范工程建设，公布建设成果并与未转让地区进行比较
吸引力	历史依赖系数	政府	宣传"节能环保""社会可持续发展"的新理念 宣传城市化和工业化的未来趋势及社会意义 宣传"节约用水"的传统美德

（1）转让意识改善：若稀缺程度、水经济效益指数等相关信息被行动主体获得，则能够传递给主体对水资源现状的正确认知，提高他们对水资源优化配置必要性的认同感。这可以通过政府、高校（科研机构）、NGO 等进行宣传。

（2）吸引力改善：积极进行水权转让的示范工程建设，帮助社会公众建立"水权转让可以并且能够实现用水户收益的提高"这一印象和认知，提高水权转让的认同感。同时，比较示范工程与未进行水权转让地区的经济发展情况和人民生活水平，以进一步降低哈密地区公众的遗憾程度，促进用水主体选择转让策略的吸引力增强，转让行动概率可能性提高[6]。

（3）吸引力改善：当该区域的某些历史认知不利于水权转让的实现，如当地居民没有节水意识，并对现状十分满意，不愿意改变，此时可以通过

"积极教育宣传新的用水观念和发展观念（水资源可持续发展、和谐社会、节能环保等）、强调新的生活方式（现代化）、生产模式（高产出低投入）"等，更新人们关于水权转让的历史经验和认知，降低人们对历史经验的依赖程度；当某些历史认知有利于水权转让的实现，如具有节约用水等传统观念，则通过"学习历史经验、继承民族传统美德"等宣传方式来增加人们对历史的依赖程度。这两个部分可以同时进行，但要针对当地实际情况和特征来选择具体的措施。

2）监督奖惩合约

在多中心合作机制下，各个主体代表自身利益平等地进行协商，交互的利益关系导致任何一方的违约都会造成其他主体的利益受损，因此各主体具有相互监督来约束彼此的行为选择的动力，此时，通过内部的相互监督既能实现行为约束，又能够降低约束成本。在多中心合作机制中，任意一方不能遵守利益协调合约，都将导致合约和合作的终止，各个主体只能通过传统机制进行水权转让或者放弃转让，此时各方的收益都受到损失。可能发生损失这一风险的存在，进一步促使各个主体主动履行合约，同时，也为监督其他主体的履行情况。在监督奖惩机制中，同样通过政策和规则的设计来实现多主体的相互监督[2, 3, 5]。哈密地区监督奖惩机制的内容如表 10.6 所示。

表 10.6　哈密地区监督奖惩机制的内容

控制因素	政策因素	发布者	政策内容
转让意识	收益率	政府、农业生产者、工业生产者	在转让初期，通过政府补贴或转移支付的方式扶持农业；在转让初期，通过政府补贴或转移支付的方式扶持工业
	治污负担系数	政府、NGO、农业生产者、工业生产者	在转让过程中根据工业的排污量情况，从环境保护角度对工业进行发展规模和生产技术的约束，由农业和 NGO 监督
	农业财政政策	政府、高校、农业生产者	根据转让的实际情况和农民生活情况，进行必要的财政调节
	工业税收政策	政府、高校、工业生产者	根据转让情况和工业发展阶段进行工业税收政策的调节

（1）转让意识：通过对工农业在转让初期的收益率补贴，激励它们参与到水权转让中。

（2）转让意识：通过进行治污负担系数的规则设计和农业财政政策的颁布，防止水权转让的无限扩张。污染是工业发展的负面影响，因此不能盲目地将农业用水转为工业用水，这会导致环境污染的加重，"用生态换经济"是不健康的发展方式。更重要的是，若一味考虑经济收益，那么农民不愿意再进行耕种养殖，这对区域粮食安全是巨大的冲击，因此，需要对企业进行约束。同时，通过农业补贴政策和扶持计划来维持农民耕作的积极性。

（3）转让意识：通过工业税收政策促进地方经济发展。哈密地区正处于发展阶段，需要大量引进工业企业和集团。该地区自身具有丰富的资源和矿产，但交通问题、人才问题和水稀缺问题较为突出，因此在转让过程中若由工业承担大部分的成本，会影响工业投产的积极性。此时，政府可通过一些税收政策、转移支付或其他补偿方式来降低工业企业的财政压力，尤其是在新投产时期。

综上，基于保障性合约，各主体在激励性合约下可提高自身收益函数，哈密地区水权转让协商的合作关系有所改善，促进转让的顺利实现[2]。

10.2.3　哈密地区水权转让的协商组织结构设计

1. 参与部门分析

首先基于利益相关者理论，从理论角度将哈密地区水权转让协商中应当涉及的水行政主体、水市场主体、水公众主体等三大类利益相关者列出如下。

1）水行政主体

行政机构：各级人民政府和行政职能部门。

水利机构：包括水利部及派出机构（流域机构）。

立法司法监督机构：包括最高人民法院和各级人民法院，以及最高人民检察院和下属的各级检察院。

其他机构：国务院直属的相关部委，包括生态环境部、农业农村部、国家林业和草原局、国家发改委、国家电网公司、住房和城乡建设部、交通运输部、国家卫生健康委员会等。

2）水市场主体

供水单位：自来水公司（集团）。

股东及员工：自来水公司（集团）的股东和员工。

行业生产部门：哈密地区参与水权转让的工业、农业生产者。

当地居民：哈密地区水权转让方所在地的现居人口，一般与部分行业生产者相同。

金融机构：产权交易所、环境资源交易所。

咨询机构：水资源咨询公司等。

产品消费者：工农业产品的消费者。

3）水公众主体

当地居民后代：哈密地区水权转让方所在地的未来人口。

附近地区居民：哈密地区水权转让方所在地的附近居民。

学者：高校及科研机构在水资源治理方面的专家。

NGO：以水资源保护、生态平衡为目标的NGO。

评论家及媒体：作为第三方的评论家和社会媒体。

社会大众：公众。

将理论上的三大类与现状下的三类参与者相比较可发现，现状下的三类参与者分别为政府型参与者、生产型参与者和社会型参与者，其内涵与理论上的三大类存在较大差距，以水市场主体最为突出。水市场主体已包含了生产型参与者，考虑我国国情，自来水公司及内部股东和员工往往作为地方政府的一部分而不单独分析。而金融机构、咨询机构等市场类主体却没有得到完全考虑，这正说明了现状条件下水资源配置中市场手段缺乏有效的组织结构进行支撑，导致水权转让和交易无法真正以市场的形式实现。

此外，水公众主体与现状下的社会型参与者的内涵也具有一定差异，主要体现在当地居民后代、附近地区居民及公众未能参与到水资源治理中，这又需要通过一定的组织形式来提供参与的渠道。

2. 协商组织结构及职能分析

根据哈密地区水权转让的执行情况和流程，结合利益相关者的三大类利益主体类别，设计协商组织结构如图10.1所示。

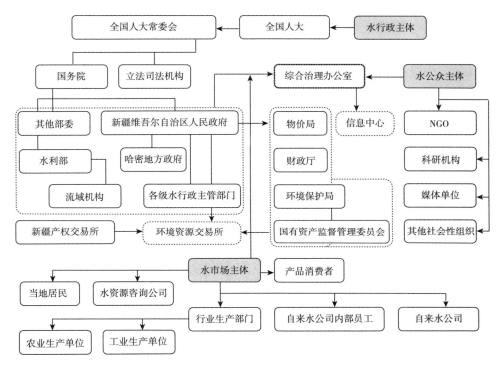

图 10.1　水权转让的协商组织结构

在该组织结构图中，由国务院下属的各部委、新疆维吾尔自治区人民政府及下属各级水行政主管部门和哈密地方政府构成区域水行政协商主体；由地方 NGO、科研机构、媒体单位和其他社会性组织构成水公众协商主体；由行业生产部门、当地居民、水资源咨询公司、哈密市自来水公司及内部员工和生产部门的产品消费者构成水市场协商主体。

区域水行政主体作为水权转让的主导者，需要在转让过程中起到引导和带领的作用。具体体现在以下几个部门。

新疆维吾尔自治区水利厅负责各个用水单位初始水权的核准，对转让或交易双方资格进行审核认定，监督转让合同的履行；新疆维吾尔自治区水利厅组织相关部门可成立新疆地区水权储备管理中心，管理中心负责管理分配剩余的预留水权，可根据当年实际需要参与交易转让活动；财政厅和水利厅每年对交易双方的用水量、耗水量和地区生产总值贡献值进行公告；物价局、财政厅、水利厅负责对水权交易和转让基价进行测算及审核发布。

水市场主体内的生产部门应定期公布自身用水效率和用水效益，并积极进行交流和协商。水公众主体内各个成员应积极参与和评价水资源治理及转让活动。

基于我国国情、多中心合作思想和合作机制，为实现多类主体的沟通及协商、信息的沟通和转让交易，开展水权转让活动应补充设置三个关键部门。

（1）综合治理办公室：由哈密地区水行政主体、水公众主体和水市场主体共同组成，该办公室提供各类主体参与水资源管理的实现路径，为多主体协商和交流提供平台，是哈密地区水资源管理的政策制定和执行的核心组织。

（2）信息中心：综合治理办公室下属信息中心。具有三个方面职责：第一，负责监控、搜集哈密地区人水复杂系统的关键指标数据，并进行汇总和分析，最后反馈到综合治理办公室；第二，负责进行网站建设和维护，实现水行政主体、水公众主体和水市场主体各协商主体间的信息共享；第三，负责进行不同主体间的沟通，尤其是在产生纠纷或冲突时为主体间谈判提供渠道，并上报综合治理办公室，根据纠纷或冲突的性质和严重程度选择解决途径。

（3）环境资源交易所：该所由新疆维吾尔自治区人民政府批准，新疆产权交易所出资，自治区人民政府和下属相关部门（物价局、财政厅、环境保护局和国有资产监督管理委员会）及新疆产权交易所共同进行建设构成，是水权转让和交易的具体场所。交易所根据不同阶段的实际情况适当调整交易规则，如竞价在同量级企业间进行。对于水资源的转让价格，在遵循市场杠杆的同时，也要让企业具备支付能力，兼顾经济发展需要。

10.3　水权转让协商的配置模型及规则设计

10.3.1　水权转让协商的配置模型

哈密全区属于资源型、工程型、管理型缺水地区，且空间上分布不均。

2009 年哈密地区农业用水（包含种植和畜牧）6.256 23 × 10^8 立方米，工业（包含第三产业）用水 2.794 × 10^7 立方米，农业用水是工业用水 22 倍之多，但单方水收益不到工业的 1/135。在有限的水资源供给条件下，为保障区域经济的持续发展，哈密地区已开始行业间的水权转让协商，并通过补偿实现[6]。但农业和工业对补偿标准及内容难以达成共识导致转让遇到障碍。同时相关政策和补助多为固定额度，造成转让难以维持。

在此基于系统动力学和 EWA 演化学习机制建立水权转让的动力学模型，考察水权转让过程中主体演化学习的特征和影响因素，并给出政策改进方案实现水权转让，强化水资源管理落实[6]。

系统动力学是一门分析研究信息反馈系统的学科，将水权转让与个体的社会学习整合体现在动力学模型中，考察基于 EWA 演化学习模型下个体在转让过程中行为决策的影响要素，进而根据 Vensim PLE 的仿真结果对现有哈密地区的相关水权转让政策提出调整和完善方案，促进该地区水资源的高效利用和持续运行[6]。

在哈密地区水权转让系统动力学模型中，现有行业用水结构的水资源产出无法满足经济增长的需求，行业间水权转让可以在水资源总需求量不变的条件下通过提高水资源单方产出效益来满足经济增长的需求，即哈密地区水权转让是在保证粮食安全的前提下将部分农业用水转化为工业用水，因此配置机制主要以工业和农业为参与方进行设计，具体调节水量由经济增长额度决定。

1）变量设计

用水主体（工业和农业）的转让意识（积极性）λ_i 决定是否参与转让[6]。农业转让意识由 ρ、σ、v_A 和 δ_A 决定；工业转让意识由 ρ、σ、v_I、δ_I、τ 决定，污染是水权转让的负面效益，由受益方工业承担，政府则通过政策进行分摊。在 EWA 演化学习模型下，用水主体选择转让或不转让的行动概率由转让吸引力 $A_i(t)$ 和 λ_i 决定，最后形成用水主体的期望收益。根据哈密地区实际转让设置系统动力学变量如表 10.7 所示。

表 10.7   哈密地区水权转让变量描述

变量	定义	类型	初始值	量纲
\multicolumn{5}{c}{系统变量}
GDP	地区生产总值现值	辅助变量	II+IA	元
GDPC	地区生产总值增加值	辅助变量	GDP×（1+0.02）	元
TD	总需求	存量	TS−IRQ−ARQ	立方米
II	工业收益	辅助变量	AEI×QI	元
IA	农业收益	辅助变量	AEA×QA	元
QI	工业用水	辅助变量	IRQ+TQV，初始值为 $0.279\,438\times10^8$	立方米
QA	农业用水	辅助变量	ARQ−TQV，初始值为 6.25623×10^8	立方米
AEI	工业单产	辅助变量	390.12	元/立方米
AEA	农业单产	辅助变量	2.88	元/立方米
TS	供给速率	流量	$7.293\,81\times10^8$	立方米
TQV	转移速率	流量	Δt	立方米
Δt	调节水量	流量	（GDPC−GDP）/（AEI−AEA）	立方米
IRQ	工业分配速率	流量	TD×0.2	立方米
ARQ	农业分配速率	流量	TD×0.7	立方米
IIA	工业增加值	辅助变量	Δt ×AEI	元
IAA	农业增加值	辅助变量	T	元
IPQ	工业排污量	辅助变量	IPQ×（1+IPQS），初始值为 $2.877\,08\times10^7$	立方米
IPQS	治污增长率	辅助变量	IIA/II	—
\multicolumn{5}{c}{决策变量}
$P_i(t)$	行动概率	辅助变量	$P_i/\mathrm{SUM}(P_i)$	—
P_i	行动选择	流量	EXP（$A_i(t)\times\lambda$）	—
SUM（P_i）	行动选择累积	存量	SUM（EXP（$A_i(t)\times\lambda$））	—
$A_i(t)$	吸引力	辅助变量	$A_\mathrm{I}(t)$=1, $A_\mathrm{A}(t)$=0.8	—
λ_I	工业转让意识	辅助变量	（δ_I+$\sigma-\tau$+$\rho-v_\mathrm{I}$）/5	—
λ_A	农业转让意识	辅助变量	（δ_A+σ+ρ+v_A）/4	—
ρ	稀缺程度	辅助变量	0.6	—
τ	治污负担指数	辅助变量	IPQ/QI	—
σ	水资源经济效益指数	辅助变量	0.993	—
μ	收益共享系数	辅助变量	0.04	—
T	共享转移支付	辅助变量	IIA×μ	—
v_I	工业税收政策	辅助变量	0.25	—
v_A	农业财政政策	辅助变量	0	—
HII	工业最高收益	辅助变量	$3.128\,11\times10^8\times390.12$	元
HIA	农业最高收益	辅助变量	$3.128\,11\times10^8\times2.88$	元

续表

变量	定义	类型	初始值	量纲
			决策变量	
EII	工业期望收益	辅助变量	$P_I(t) \times (\text{HII}-T) + (1-P_I(t)) \times \text{II}$	元
EAI	农业期望收益	辅助变量	$P_A(t) \times (\text{HIA}+T) + (1-P_A(t)) \times \text{IA}$	元
δ_I	工业收益率	辅助变量	$(\text{IIA}-T)/(\text{IIA}-T+\text{II})$	—
δ_A	农业收益率	辅助变量	$\text{IAA}/(\text{IAA}+\text{IA})$	—

其中，根据哈密地区实地情况和 Vensim PLE 的操作特征，做以下设定：①为保证哈密地区粮食安全，设定农业最大调节水量为现用水量的 1/2；②吸引力 $A_i(t)$ 设为自变量，后结合 EWA 演化学习模型进行分析；③设影响转让意识的各个要素的权重相等。

2）系统动力学流图设计

基于 Vensim PLE 软件设计系统动力学模型[6]如图 10.2 所示。

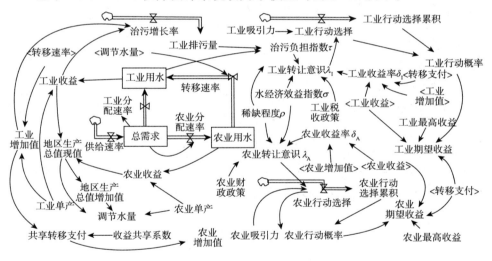

图 10.2　水权转让系统动力学流图

3）系统动力学方程

综合前面的理论分析和方法，建立水权转让的系统动力学方程[6]如下：

$$\Delta t.\text{K} = (\text{GDPC.J} - \text{GDP.JK})/(\text{AEI} - \text{AEA}) \tag{10.1}$$

$$\text{AEI} = 390.12 \tag{10.2}$$

$$\text{IRQ.K} = \text{TD.K} \times 0.2 \tag{10.3}$$

$$P_1(t) = P_1 / \mathrm{SUM}(P_1) \tag{10.4}$$

$$P_1 = \mathrm{EXP}(A_1(t) \times \lambda_1) \tag{10.5}$$

$$v_1 = -0.25 \tag{10.6}$$

$$\mathrm{EII.K} = P_1(t) \times (\mathrm{HII} - T.\mathrm{K}) + (1 - P_1(t)) \times \mathrm{II.K} \tag{10.7}$$

$$\delta_1.\mathrm{K} = (\mathrm{IIA.K} - T.\mathrm{K}) / (\mathrm{IIA.K} - T.\mathrm{K} + \mathrm{II.K}) \tag{10.8}$$

$$\mathrm{II.K} = \mathrm{AEI} \times \mathrm{QI.K} \tag{10.9}$$

$$A_1(t) = 1 \tag{10.10}$$

$$\mathrm{SUM}(P_1).\mathrm{K} = \mathrm{INTEG}(P_1, 1) \tag{10.11}$$

$$\lambda_1.\mathrm{K} = (\delta_1.\mathrm{K} + \sigma - \tau + \rho - v_1) / 5 \tag{10.12}$$

$$\mathrm{QI.K} = \mathrm{INTEG}(\mathrm{IRQ.JK} + \mathrm{TQV.JK}, 2.794 \times 10^7) \tag{10.13}$$

$$\mathrm{IIA.K} = \Delta t.\mathrm{K} \times \mathrm{AEI} \tag{10.14}$$

$$\mathrm{TS} = 7.29381 \times 10^8 \tag{10.15}$$

$$\mu = 0.04 \tag{10.16}$$

$$v_A = 0 \tag{10.17}$$

$$\mathrm{AEA} = 2.88 \tag{10.18}$$

$$\mathrm{ARQ.K} = \mathrm{TD.K} \times 0.7 \tag{10.19}$$

$$P_A(t) = P_A / \mathrm{SUM}(P_A) \tag{10.20}$$

$$P_A = \mathrm{EXP}(A_A(t) \times \lambda_A) \tag{10.21}$$

$$\mathrm{EAI.K} = P_A(t) \times (\mathrm{HIA} + T) + (1 - P_A(t)) \times \mathrm{IA.K} \tag{10.22}$$

$$\delta_A = \mathrm{IAA.K} / (\mathrm{IAA.K} + \mathrm{IA.K}) \tag{10.23}$$

$$\mathrm{IA.K} = \mathrm{AEA} \times \mathrm{QA.K} \tag{10.24}$$

$$A_A(t) = 0.8 \tag{10.25}$$

$$\mathrm{SUM}(P_A) = \mathrm{INTEG}(P_A, 1) \tag{10.26}$$

$$\lambda_A.\mathrm{K} = (\delta_A.\mathrm{K} + \sigma + \rho + v_A) / 4 \tag{10.27}$$

$$\mathrm{QA.K} = \mathrm{INTEG}(\mathrm{ARQ.JK} - \mathrm{TQV.JK}, 6.25623 \times 10^8) \tag{10.28}$$

$$\mathrm{IAA.K} = T.\mathrm{K} \tag{10.29}$$

$$\sigma = 0.993 \tag{10.30}$$

$$\mathrm{FINALTIME} = 100, \mathrm{Units : Year} \tag{10.31}$$

$$GDP.K = II.K + IA.K \tag{10.32}$$

$$GDPC.K = GDP.J \times (1 + 0.02) \tag{10.33}$$

$$\rho = 0.7 \tag{10.34}$$

$$HII = 3.128\,11 \times 10^8 \times 390.12 \tag{10.35}$$

$$HIA = 3.128\,11 \times 10^8 \times 2.88 \tag{10.36}$$

$$INITIALTIME = 0, Units : Year \tag{10.37}$$

$$IPQ.K = INTEG\left(IPQ.K \times (1 + IPQS), 2.877\,08 \times 10^7\right) \tag{10.38}$$

$$TQV.K = \Delta t.K \tag{10.39}$$

$$T.K = IIA.K \times \mu \tag{10.40}$$

$$\tau = IPQ.K / QI.K \tag{10.41}$$

$$IPQS = IIA.K / II.K \tag{10.42}$$

$$TD.K = INTEG\left(TS - IRQ.K - ARQ.K, 7.293\,63 \times 10^8\right) \tag{10.43}$$

$$SAVEPER = TIMESTEP, Units : Year[0,?] \tag{10.44}$$

$$TIME\ STEP = 1, Units : Year\ [0,?], The\ time\ step\ for\ the\ simulation. \tag{10.45}$$

10.3.2　水权转让协商的规则设计

EWA 演化学习机制是一种综合个体和组织互动、知识信息共享、灵活反馈学习的行动决策机制。如何为水权转让协商中个体（主体）进行 EWA 演化学习提供有效的政策和规则，是下一步需要解决的问题。下面将基于系统动力学建立水权转让配置模型，从决策角度探索个体的行动概率受不同政策影响所产生的变化，寻求促进参与水资源协商有效管理的学习规则。

学习规则分为外部学习规则和内部学习规则两个部分[6]。

（1）内部学习规则是结合外部环境对个体自身学习和决策流程中内部影响因子进行调整的规则。内部学习规则主要用于调整主体的学习能力和效果，即主体在水资源管理中进行学习的能力，一般通过法律手段、行政手段进行间接影响。

（2）外部学习规则是根据 EWA 演化学习机制的运行特征，对外部相关影响因子进行调整的规则。外部学习规则主要用于改善主体的学习积极性，即主体在水资源管理过程中进行学习的意愿，一般通过经济手段进行直接的激励或约束。

在模型中控制水权转让实现效果的关键点在于用水主体的转让意识和行动概率，对应有三组策略，即有三类政策规则对它们进行控制[6]：①补偿额度；②工业税收政策 v_I 和农业财政政策 v_A；③吸引力 $A_i(t)$。

其中，补偿额度决定了工农业的收益率，进一步影响它们的转让意识和行动概率；v_I 和 v_A 直接作用于转让意识，进而影响吸引力 $A_i(t)$ 则直接影响行动选择和行动概率。下面就两类学习规则分别进行仿真和分析。

1）内部学习规则

主要是对主体转让吸引力 $A_i^j(t)$ 的调整。分别调整工农业主体的吸引力 $A_i^j(t)$，吸引力越大用水主体能越早采取转让行动，但随着时间变化，行动概率的走向逐渐趋同[6]。

吸引力由 $N(t)$、δ、ϕ 和 κ 共同决定，其中 $N(t)$ 是经验权重，表示学习主体对历史经验的积累和运用态度，它又受 ϕ 和 κ 影响，因此，下面着重考虑 δ、ϕ 和 κ 三个要素。

（1）δ 为加强比例系数，赋予未选策略支付的权重，可以反映已得收益和"机会收益"之间的差距（可能会低估），心理学含义为"遗憾"——该系数的作用在于尽量提高被鼓励策略的成功率和成功收益，强化所选策略的认同感，降低对未选策略的权重，使遗憾减小，进而使主体在今后选择同样策略的概率增大。在水权转让中，可通过政策或鼓励措施进行示范工程建设，帮助社会公众建立"水权转让在可实现的基础上能够改进用水主体收益率"的印象和认知，提高认同感并降低遗憾系数 δ，促进用水主体选择转让策略的吸引力增强、转让行动概率可能性提高。

（2）ϕ 为对历史经验的衰减程度，它控制吸引力的增长——正常取值是在 0.9 左右。但需要注意的是，ϕ 反映的是当学习环境不断变化时，以往或对旧经验的故意放弃而导致前一期吸引力的衰退。因此，在水权转让中，当历史经验或认知不利于水权转让的实现时，可以通过设计策略和规则来提高 ϕ 值，降低人们对历史经验的依赖程度，包括教育宣传新的观念（水资源可持续发展、和谐社会、节能环保等）、强调新的生活方式（现代化）、生产模式（高产出低投入）等，反之则增加 ϕ 值。

（3）κ 为吸引力增长率，一般表示主体自身的学习能力，学习能力越强、速度越快，κ 值越大。κ 受主体自身偏好和属性的影响较大，无法短时间通过政策进行影响，需长期对主体的学习能力进行培养。

总体而言，$A_i^j(t)$ 的各个影响要素并不是单一的越大越能促进水权转让或者越小越能促进主体参与转让，而是要考虑社会背景和主体的历史经验，结合区域实际情况进行分析，以制定出有效的政策和规则。

在系统动力学模型中调整 $A_i^j(t)$ 值的大小，可发现，吸引力 $A_i^j(t)$ 值越大，主体选择水权转让的行动概率越高，但持续性不长。

2）外部学习规则

外部学习规则的设计主要考虑几个外部相关影响因子，包括收益系数和财政政策[6]。

（1）固定补偿额度与共享收益系数。

哈密地区现行转让机制中采用工业对农业的固定补偿额度方式，补偿额度为（$2.405\,4 \times TW + 40.172 \times 10^8$）。

固定补偿能够实现水权转让，但双方达成一致的行动概率的时间跨度较长。在固定的补偿额度方式下农业转让意识随着时间变化而逐渐降低。传统机制下的固定补偿缺乏对环境变化的适应性，因此调整为收益共享，由工业增加值和 μ 共同决定补偿额度，由此得出以下两个结论：第一，在共享条件下，工农业更容易达成一致的行动选择。第二，在共享条件下，农业的转让意识更能持续。

（2）固定额度的工业税收政策 v_{I} 和农业财政政策 v_{A}。

正面的财政政策能够提高主体的行动概率。此外，提高转移意识的相关影响因素，如稀缺程度、水资源经济效益指数，或降低治污负担指数，也能够提高水权转让初期阶段农业主体或工业主体的行动概率，但在 10 年左右行动概率趋势都将与未提高之前的分布趋同。

由此说明，通过固定额度的补贴或资助对提高用水主体的行动概率作用有限。进一步将工业财政政策设计为工业财政政策 $\times 0.07$，INTEG（工业税收政策 $\times 0.07$，-0.25），使得扶持政策随着时间变化具有一定调整性，改善"转让意识和行动概率长期的维持"效果显著。调整 λ 的其他因素，发现扶持政策可以改善效果的持续性。同样的效果也体现在农业主体上。

通过政策促进工农业转让吸引力提高属于内部学习规则，它强调对环境的适应性，需要根据系统属性和环境特性进行设计；补偿额度或财政政策扶持属于外部学习规则，它们强调对时间的适应性，需要考虑时间因素的影响。前者作用于个体的行为模式上，耗时长，效果较为隐性但影响力持久，需要长期的投入和重视；后者所需时间较短，效果明显，但影响力不具有可持续性，可设计非线性政策使政策随着时间的变化产生变化以弥补其不足。

综上，在哈密地区水权转让中，收益共享形式比固定补偿额度更有利于工农业的转让行动达成一致，同时改善它们的转让意识；通过政策促进工农业转让吸引力提高，或适当增加财政政策扶持，有利于提高行动概率，促进水权转让的实现。

10.4　不同情景下哈密地区水权转让实现

水权转让方案能够随着人水复杂系统的变化进行调整。人水复杂系统的变化主要体现在水需求和水供给的变化上，水资源管理根据每一个情景下水需求与水供给的关系，即特定时间和特定的调节水量，提供适合的合作合约及制度安排体系，下面的政策和方案调节以时间轴及调节水量进行分析。

10.4.1　哈密地区水权转让激励性合约的调整改进

激励性合约以规则为表现形式，控制实物流（水流）和资金流的合约。水流决定资金流，同时水流自身随着时间的增长受到外部环境变化的影响，调节水量也会随着外部环境的变化而产生变化，因此激励性合约中的不确定性来源于水流，可从调节水量来考虑调整，以应对各种变化。哈密地区水权转让进行如下步骤的调整：

（1）根据水文监测获取当年总供给量；同时根据区域发展规划，拟定各生产部门需水量。

（2）根据水权转让的实施目的、上一期各生产部门的单方水产出效益及上一期各部门的用水量，确定当期转出方、转入方和转让的调整水量，据此进行行业需水结构调整。

（3）根据多中心合作的合作规则、历史分摊和补偿内容，确定收益共享与成本分摊系数。

（4）根据对水权转让实现的时间跨度要求，政府进行政策规则的设计或改善，以便更好地促进水权转让的实现和维持。

根据调节水量和时间段的不同形成哈密地区特定情景，根据不同情景给出规则设计的调整方案。

在供需总水量确定的情况下，可根据调节量确定收益共享系数和成本分摊系数如表 10.8 所示。表 10.8 是基于多中心合作机制的合作规则，给出在不同转让的调节水量下合作规则中相关变量的取值范围，包括传统补偿机制下达成转让的成本分摊系数和在多中心合作机制下的收益共享系数。需要注意的是，没有给出多中心合作机制下政府与工业成本分摊系数。这是由于在多中心机制下任何分摊系数都能够达成合作，但作为受益方的政府和工业应当共同承担成本，因此，成本分摊系数可以作为政府激励工业进行生产和参与水权转让的控制规则。

表 10.8　不同调节水量下激励性合约的调整

调节水量 /亿立方米	C/万元	ε/亿元	L/亿元	$1-\eta$	φ 上限	φ 下限	η
0.4	960	41.1	1.6	0.75	1.0	−17.7	0.17
0.5	1 115	41.4	2.0	0.75	1.0	−19.0	0.34
0.6	1 270	41.6	2.4	0.75	1.0	−19.9	0.45
0.7	1 425	41.9	2.8	0.75	1.0	−20.7	0.53
0.8	1 580	42.1	3.2	0.75	1.0	−21.3	0.59
0.9	1 735	42.3	3.6	0.75	1.0	−21.8	0.64
1	1 890	42.6	4.0	0.75	1.0	−22.2	0.68
2	3 440	45.0	8.0	0.75	1.0	−24.3	0.85
3	4 990	47.4	12.0	0.75	1.0	−25.1	0.90
4	6 540	49.8	16.0	0.75	1.0	−25.5	0.93
5	8 090	52.2	20.0	0.75	1.0	−25.8	0.95
6	9 640	54.6	24.1	0.75	1.0	−26.0	0.96
7	11 190	57.0	28.1	0.75	1.0	−26.1	0.97

由表 10.8 可以得出如下结论。

结论 10.7 在传统补偿机制下，政府与工业的成本分摊系数、对农业的补偿额度、农民自身的损失程度、税收情况及转让工程成本是影响多中心合作机制水权转让合约内容的重要因素。这是由于主体的知识库中储存有传统补偿机制。在面对多中心合作机制时，会通过对比使自身利益达到最优。

结论 10.8 在多中心合作机制下，当调节水量较少时，农业主体在新增收益中应获得绝大部分收益，需要协调双方利益矛盾；当调节水量较大时，工业主体获得绝大部分收益。

结论 10.9 在多中心合作机制下，始终存在任意的成本分摊系数，使得水权转让受益方（政府和工业）共同承担转让成本和费用分摊，实现水权转让。

综上，在多中心机制下，收益共享系数随调节水量变化而变化，以协调工业与农业之间的关系。同时，同为受益人的政府和工业之间的关系较传统补偿机制下有较大改善，能够实现合作，不再由成本分摊因素决定。

10.4.2 哈密地区水权转让保障性合约的调整改进

保障性合约以政策为表现形式，控制信息流和资金流。信息流和资金流都受到时间轴及水流的共同影响。需要注意的是，此处的资金流与激励性合约中的资金流是不同的概念，后者是水权转让在实现中产生的收益和成本进行分配或分摊时产生的资金流量，而此处的资金流是政府参与水权转让的行动过程所产生的结果。因此，在适应性调整时，不仅需要考虑水流的影响，还要考虑在激励性合约中水流带来的资金流对各个主体的影响，即对激励性合约起到反调节的作用。信息沟通合约主要通过信息流的流动实现对水权转让参与方的引导和影响。随着时间和人水复杂系统情景的变化，这一过程需要不同的政策才能推动。

以时间轴来看，在水权转让的早期，政策力度需求较强，因为在初期需要促进工业和农业了解相关信息，并积极参与到转让中。随着时间的推移，各方逐渐了解并熟悉相关信息，同时自身具备了一定的转让积极性，就可以减弱政策力度。基于 EWA 演化学习的水权转让机制的仿真结果也已经显示，根据时间变化的非线性的政策规则设计更能够有助于提高水权转让中各主体参与的持久性。以水流来看，当调节水量转让较少时，各主体承担的费用和享受的收益不同，如工业在收益分享较低的情况下需要承担较高的转让成本，此时通过引入配套的政策来宣传和鼓励工业，保障水权转让的正常实现。当调节水量较高时，根据收益成本、各主体的社会角色及行动特征，及时调整政策实现适度转让，而不是一味地追求经济收益最大化。同时，需要注意的是，信息沟通合约和监督奖惩合约是不可分割的整体，它们对人水复杂系统的影响力能够相互制约、实现平衡，两者缺一不可。

监督奖惩合约通过政策内容的变动来实现人水关系的调整。由 EWA 演变学习的动力学仿真分析可知，政策和规则随时间进行非线性变化能够更好地发挥其保障性作用。下面考察政策随调节水量变化能否对合作关系进行改善。

仍以工业税收政策为例，在前面的分析中提到，在调节水量较低时农业应享有更多的新增收益以提高其转让积极性，同时工业企业还需要承担主要的转让成本。但哈密地区由于地方经济发展需要吸引工业企业投产，因此需要根据调节水量大小设计适应性的工业税收政策。随着调节水量的增加，政府为激励工业继续参与转让，工业税收后收益比例 c 由固定值 $c=(1-v_I)=0.75$ 变为 $c(t+1)=c(t)+0.07$ 的差分方程的形式，列表 10.9 如下。

表 10.9　不同调节水量下合约变量的取值范围

调节水量/亿立方米	C/万元	ε/亿元	L/亿元	$1-\eta$	φ 上限	φ 下限	η 新
0.4	960	41.1	1.6	0.75	1.000	−17.7	0.170
0.5	1 115	41.4	2.0	0.82	1.000	−19.0	0.395
0.6	1 270	41.6	2.4	0.98	1.000	−19.9	0.580
0.7	1 425	41.9	2.8	0.96	1.000	−20.7	0.634
0.8	1 580	42.1	3.2	1.03	1.000	−21.3	0.703
0.9	1 735	42.3	3.6	1.10	1.000	−21.8	0.754
1	1 890	42.6	4.0	1.17	1.000	−22.2	0.792
2	3 440	45.0	8.0	1.24	1.000	−24.3	0.906
3	4 990	47.4	12.0	1.31	1.000	−25.1	0.943
4	6 540	49.8	16.0	1.38	1.000	−25.5	0.961
5	8 090	52.2	20.0	1.45	1.000	−25.8	0.972
6	9 640	54.6	24.1	1.52	1.000	−26.0	0.979
7	11 190	57.0	28.1	1.59	1.000	−26.1	0.984

比较两种工业税收政策的造成 η 的变化如图 10.3 所示。

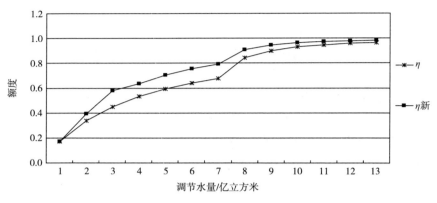

图 10.3 线性与非线性工业税收政策效果比较

如图 10.3 所示，在固定工业税收政策下，收益共享系数随着调节水量的增加逐渐逼近 1.0。而在非线性工业税收政策下，当调节水量在 0.2 亿~0.8 亿立方米的范围内，收益共享系数增长速度加快，而当调节水量超过 0.8 亿立方米之后，增长速度低于固定政策时的速度。

在调节水量较低时，工业承担的财务压力加大，随水量增加工业的共享收益增加同时成本分摊减少，财务压力降低许多，因此非线性工业税收政策更加贴合哈密地区的实际情况，并使工业收益率得到改善，进而改善其转让意识和行动概率。哈密地方政府扶持工业应该考虑调节水量的大小，实现适应性调整。

表 10.10 根据时间轴和调节水量的变化，将哈密地区水权转让分为六种情景，并给出不同情景下的政策制定。

表 10.10 哈密地区水权转让保障性合约的调整

时间	调节水量	影响因素	强度	政策内容变化
前期	低水量	稀缺程度	强	宣传水资源可用水量的有限性，传递"稀缺性"的信息； 宣传水资源是人类社会生存和发展的必要元素； 宣传水资源可持续发展的必要性
		水资源经济效益	强	公布各行业单方水产出，传统"水资源的经济属性"； 宣传"和谐社会"和谐发展"，营造良好的外部环境
		遗憾系数	强	转让示范工程建设，公布建设成果并与未转让地区进行比较

续表

时间	调节水量	影响因素	强度	政策内容变化
前期	低水量	历史依赖系数	强	宣传"节能环保""社会可持续发展"的新理念； 宣传城市化和工业化的未来趋势及社会意义； 宣传"节约用水"的传统美德
		收益率	强	通过政府补贴或转移支付的方式扶持农业； 通过政府补贴或转移支付的方式扶持工业
		治污负担系数	弱	根据在转让过程中工业的排污量情况，从环境保护角度对工业进行发展规模和生产技术的约束
		农业财政政策	强	根据转让的实际情况和农民生活情况，进行必要的财政调节
		工业税收政策	强	根据工业发展阶段进行一定的税收政策的调节
	高水量	稀缺程度	强	宣传水资源可用水量的有限性，传递"稀缺性"的信息； 宣传水资源是人类社会生存和发展的必要元素； 宣传水资源可持续发展的必要性
		水资源经济效益	强	公布各行业单方水产出，传统"水资源的经济属性"； 宣传"和谐社会""和谐发展"，营造良好的外部环境
		遗憾系数	强	转让示范工程建设，公布建设成果并与未转让地区进行比较
		历史依赖系数	强	宣传"节能环保""社会可持续发展"的新理念； 宣传城市化和工业化的未来趋势及社会意义； 宣传"节约用水"的传统美德
		收益率	强	通过政府补贴或转移支付的方式扶持农业； 通过政府补贴或转移支付的方式扶持工业
		治污负担系数	弱	根据在转让过程中工业的排污量情况，从环境保护角度对工业进行发展规模和生产技术的约束
		农业财政政策	强	根据转让的实际情况和农民生活情况，进行必要的财政调节
		工业税收政策	强	根据工业发展阶段进行一定的税收政策的调节
中期	低水量	稀缺程度	中	宣传水资源可用水量的有限性，传递"稀缺性"的信息； 宣传水资源是人类社会生存和发展的必要元素； 宣传水资源可持续发展的必要性
		水资源经济效益	中	公布各行业单方水产出，传统"水资源的经济属性"； 宣传"和谐社会""和谐发展"，营造良好的外部环境
		遗憾系数	中	公布已转让成果，加强参与方的转让认同感
		历史依赖系数	中	宣传"节能环保""社会可持续发展"的新理念； 宣传城市化和工业化的未来趋势及社会意义； 宣传"节约用水"的传统美德
		收益率	中	根据转让情况决定政府补贴或转移支付扶持农业的程度； 根据转让情况决定政府补贴或转移支付扶持工业的程度
		治污负担系数	弱	根据在转让过程中工业的排污量情况，从环境保护角度对工业进行发展规模和生产技术的约束
		农业财政政策	中	根据转让的实际情况和农民生活情况，进行必要的财政调节
		工业税收政策	中	根据工业发展阶段进行一定的税收政策的调节

续表

时间	调节水量	影响因素	强度	政策内容变化
中期	高水量	稀缺程度	强	宣传水资源可用水量的有限性,传递"稀缺性"的信息; 宣传水资源是人类社会生存和发展的必要元素; 宣传水资源可持续发展的必要性
		水资源经济效益	强	公布各行业单方水产出,传统"水资源的经济属性"; 宣传"和谐社会""和谐发展",营造良好的外部环境
		遗憾系数	中	公布已转让成果,加强参与方的转让认同感
		历史依赖系数	中	宣传"节能环保""社会可持续发展"的新理念; 宣传城市化和工业化的未来趋势及社会意义; 宣传"节约用水"的传统美德
		收益率	中	根据转让情况决定政府补贴或转移支付扶持农业的程度; 根据转让情况决定政府补贴或转移支付扶持工业的程度
		治污负担系数	中	根据在转让过程中工业的排污量情况,从环境保护角度对工业进行发展规模和生产技术的约束
		农业财政政策	中	根据转让的实际情况和农民生活情况,进行必要的财政调节
		工业税收政策	中	根据工业发展阶段进行一定的税收政策的调节
后期	低水量	稀缺程度	弱	宣传水资源可持续发展的必要性
		水资源经济效益	弱	宣传"和谐社会""和谐发展",营造良好的外部环境
		遗憾系数	弱	基于已有转让实例总结并公布对区域经济和人民生活水平的改善
		历史依赖系数	弱	宣传"节能环保""社会可持续发展"的新理念; 宣传"节约用水"的传统美德
		收益率	弱	根据转让情况决定政府补贴或转移支付扶持农业的程度; 根据转让情况决定政府补贴或转移支付扶持工业的程度
		治污负担系数	中	根据在转让过程中工业的排污量情况,从环境保护角度对工业进行发展规模和生产技术的约束
		农业财政政策	弱	根据转让过程中扶持农业耕种养殖,提高农业生产积极性
		工业税收政策	弱	根据工业发展阶段和调节水量进行必要的税收政策调节
	高水量	稀缺程度	弱	宣传水资源可持续发展的必要性
		水资源经济效益	弱	宣传"和谐社会""和谐发展",营造良好的外部环境
		遗憾系数	中	基于已有转让实例总结并公布对区域经济和人民生活水平的改善
		历史依赖系数	弱	宣传"节能环保""社会可持续发展"的新理念; 宣传"节约用水"的传统美德
		收益率	弱	根据转让情况决定政府补贴或转移支付扶持农业的程度; 根据转让情况决定政府补贴或转移支付扶持工业的程度
		治污负担系数	强	根据转让过程中工业的排污量情况,从环境保护角度对工业进行发展规模和生产技术的约束,由农业和NGO监督
		农业财政政策	弱	根据农业生活情况制定相关财政补贴政策; 扶持农业耕种养殖,提高农业生产积极性
		工业税收政策	弱	根据工业发展阶段和调节水量进行必要的税收政策调节

首先，表中的时间跨度前期、中期和后期，指的是一次水权转让的时间跨度。但需要注意的是，一次水权转让的时间跨度不是指单次发生的水权转让，而由多次水权转让构成，这是水资源的特殊性所致。由于农业不可能一次性将工业需要的水都提出来，且工业的需水时间是以生产周期为单位的，每一个单位发生一次转让。当转让双方确定合作关系后，在需水方（工业）具有持续的水需求且供水方（农业）愿意继续将自己的水资源让渡出去时，这种周期性的转让关系会一直存在，可能会持续许多年。因此，一次水权转让的时间跨度是指在转让关系终止之前包含多次转让行为的全部过程，表中将这一全过程分为前期、中期和后期三个阶段。

其次，政策强度分为"强""中""弱"三级。政策强度是相对于主体本身的积极性而言的，根据主体行动概率的影响因素进行确定。例如，在转让初期，主体完全没有接触过水权转让，为提高其积极性，需要进行"强"政策方式，宣传水资源的稀缺性和经济价值；在转让中期主体对水权转让有了较好了解并有一定认同感，那么相关的政策强度就需要降低，从"强"变为"中"；而到后期，主体对水权转让已有很深刻的认知，并非常清楚它对自己的影响，完全认识到水资源的稀缺程度，并了解它能为自己带来的经济价值，此时就进一步降低对稀缺程度和水资源经济效益方面的政策强度，由"中"变为"弱"。因此，政策的强度取决于各个参与主体的认知和意识，并基于社会经济发展的实际情况进行调整。

最后，政策内容也将根据时间和调节水量的变化做适应性的调整。在任何一个时间阶段里，高水量和低水量也只是代表一个大概的范围，信息沟通合约受时间影响较大，根据表 10.10 进行适应性调整。而监督奖惩合约与水流关系也非常重要，因此，根据调节水量的具体值，进一步设计非线性政策，以保障水权转让在每一个环节的实现。

综上，随着人水系统的不断变化，哈密地区水权转让能够基于人水复杂系统的特征和参与主体的行动选择规律，从时间和调节水量出发，设计积极有效的政策，提高水权转让的灵活性和适应性。

10.5　哈密地区水权转让协商的对策与建议

为使哈密地区在不同情景下水权转让的顺利实现，需要针对不同来水量、需水量等因素考虑主体间的利益关系变化和行为决策的变化。多中心合作机制中的合作规则是最终实现水权转让的制度安排，而 EWA 演化学习机制中的学习规则则是实现合作规则适应性变化的制度安排，在学习规则的指导下，合作规则根据一定情景下的调节水量或转让时段的不同而变化调整。

1. 不断调整配置行为规则，促进水权转让实现[6]

行为学习规则包含两类：①内部行为学习规则是调节工农业的转让吸引力，它强调对环境的适应性，需要根据系统属性和环境特性进行设计；②外部行为学习规则是调节工农业的总收益，它强调对时间的适应性，需要考虑时间因素的影响。

前者作用于个体的行为模式上，耗时长，效果较为隐性但影响力持久，需要长期的投入和重视；后者所需时间较短，效果明显，但影响力不具有可持续性，可设计非线性政策使政策随着时间的变化产生变化以弥补其不足。

在哈密地区水权转让中，收益共享形式比固定补偿额度更有利于工农业的转让行动达成一致，同时改善它们的转让意识；通过政策促进工农业转让吸引力提高，或适当增加财政政策扶持，有利于提高行动概率，促进水权转让的实现。

2. 进一步加强多中心合作机制的合作规则设计

面对不同的转让情景，在学习规则的指导下，对合作规则进行调整，促进转让实现。

（1）激励性合约中包含两个重要参数，即收益共享系数和成本分摊系数。收益共享系数应随调节水量变化而变化，以灵活协调工业与农业之间的关系；成本分摊系数的变化更多起到政府对工业的激励作用，合作本身已不再受成本分摊因素影响。

（2）保障性合约包括信息沟通合约和监督奖惩合约。信息沟通合约可根据时间变化来制定分步式政策，能够更好地提高水权转让中各主体参与的持久性，同时辅以调节水量及时调整政策细节，实现适度转让；监督奖惩合约中非线性政策更加贴合哈密地区的实际情况，在进行政策制定时需要考虑调节水量之间的关系，实现政策调整；此外，保障性合约不仅需要考虑时间和水流的影响，还要考虑在激励性合约中水流带来的资金流对各个主体的影响，即对激励性合约起到反调节的作用。

3. 不断完善水资源管理的组织结构

多中心合作思想下的合作机制需要配套的组织结构予以保证，在现有组织结构中增加综合治理办公室、信息中心和环境资源交易所，实现多中心合作下的水权转让。

至此，哈密地区水权转让应在 AWG 体制下，基于人水复杂系统的特征和参与主体的行动选择规律，总结时间和水流变化的影响，设计积极有效、灵活变动的政策，提高水权转让的灵活性和适应性。

参 考 文 献

[1]秦莉，袁玉江，喻树龙，等.利用树轮宽度资料重建天山东段近 443 年相对湿度变化[J].地球环境学报，2012，（3）：908-914.

[2]邓敏，王慧敏.多中心合作下水权转让合约机制设计——以哈密地区为例[J].资源科学，2012，（1）：114-119.

[3]邓敏，王慧敏.适应性治理下水权转让多中心合作模式研究[J].软科学，2012，26（2）：20-24.

[4]关全力.新疆农业节水管理一体化体系研究[D].新疆农业大学博士学位论文，2011.

[5]孙启贵，王庆莲.中国城市社区电子健康的治理研究——以上海市闸北区为例[C].第十届中国科技政策与管理学术年会论文集——分 6：区域创新与绿色发展（Ⅰ），2014.

[6]邓敏，王慧敏.气候变化下适应性治理的学习模式研究——以哈密地区水权转让为例[J].系统工程理论与实践，2014，34（1）：215-222.

第 11 章

漳河上游流域水资源冲突的协商管理实践

本章在第 3 章水资源协商管理内涵与共容利益目标分析、第 6 章水资源协商管理的个体理性决策和第 7 章水资源协商管理的群体理性决策基础上，对漳河上游流域跨界水资源冲突的协商管理过程中面临的实际问题进行分析。漳河上游流域水资源分配协商涉及山西省、河北省及河南省三个省级行政区域，试想通过三地水资源冲突的协商决策技术的具体应用，为漳河上游流域水资源冲突解决以及我国类似水资源冲突的协商管理提供理论层面和操作层面的决策及政策支持。

11.1　漳河上游流域概况

11.1.1　漳河上游流域的自然地理概况

海河又称沽河，是我国华北地区最大的水系，属于我国七大流域之一。总流域面积达 31.8 万平方千米，涵盖了天津、北京全部，河北绝大部分，以及河南、山东、山西、内蒙古等省区，海河流域的总人口将近 1.5 亿。海河水系由海河干流和上游的潮白河、大清河、子牙河、永定河及南运河五大支流组成。2012 年海河流域平均降水量 601.3 毫米，比多年平均多 12.3%，属于偏丰年份。全流域地表水资源量为 235.53 亿立方米。海河支流南运河指的是京杭大运河从天津到山东临清的一段，全长 524 千米。南运河的水流自南而北，南起山东临清，流经山东德州、河北省吴桥，由河北省青县入天津静海区，在天津三岔河口与北运河汇合后流入海河。而卫河是海河水系支流南运河的主要支流，通常是指新乡合河乡至河北馆陶县称沟弯一段，干流长 283 千米，河道全长 344.5 千米（其中在河南省内的河道长 240 千米），流域面积 14 970 平方千米。在河南省境内河长 2 865 千米，流域面积 14 580 平方千米。

漳河是海河水系南运河的支流卫河的一个支流，发源于山西省的太行山南端长治市，下游流经河北省邯郸市、河南省安阳市两地边界。漳河上游（山西省境内）分清漳河、浊漳河两大支流，分别从长治市的黎城县及平顺县流出山西省境内。在河北省西南边界的涉县合漳村汇合成漳河干流，从岳城水库出山汇入卫运河，全长 466 千米，其中漳河干流长 179 千米。漳河流经三省四市共计 25 个县市区，流域面积达到 1.92 万平方千米，其中岳城水库坝址以上流域面积 1.82 万平方千米。本书所研究的漳河上游流域特指岳城水库观台水文站以上区域，流域面积 18.2 平方千米，其中山西省流域面积 15.8 平方千米，河北省流域面积 1.8 平方千米，河南省流域面积 0.6 平方千米。

清漳河有东西两源。清漳东源发源于山西省昔阳县西寨柳林，流经昔阳、和顺、左权，沿途纳洪河、清河之后，在左权县上交漳村与清漳西源汇流，全长 105.5 千米。流域面积 1 580 平方千米，河床平均纵坡 8.2%。清漳西源发源于山西省和顺县八赋岭附近的横岭官上，沿途纳龙旺河、沙岭河后，在左权县上交漳村与清漳东源汇流，全长 101.8 千米，流域面积 1 569 平方千米，河床平纵坡 6.3%。清漳东源、西源汇合后称清漳河，东南行流经刘家庄、涉县县城、匡门口至合漳村汇浊漳河。清漳河流域大部分属山石地区，地表植被较好，且河床尽属沙砾，水色澄清，故称之为清漳河。多年平均流量为 17.77 米³/秒，最小流量为 0.11 米³/秒，最大洪峰流量 5 660 米³/秒，干旱季节常出现断流现象。

浊漳河有南源、西源、北源三源，均发源于太岳山区。因其流域内植被稀疏，支流多且为季节性河流，水流湍急，夹带大量泥沙，故名浊漳河。浊漳河南源发源于山西省长子县发鸠山，途纳绛河、岗水、陶清河、石子河，经长治县，全长 160 千米。浊漳西源发源于山西省沁县漳源村，全长 80 千米。浊漳河北源发源于山西省榆社县两河口村，流经榆社、武乡、襄垣，全长 116 千米。浊漳河南源、西源在襄垣县甘村汇合后称浊漳西南源，然后向东流至襄垣县合河口村附近与浊漳北源相汇，称为浊漳河。浊漳河东南流经石梁、侯壁，经三省桥出山西省，向下形成河北、河南两省的界河，约 20 千米，又经天桥断至河北省涉县合漳村与清漳河汇流形成漳河干流，长约 50 千米，仍然是河北、河南两省界河。

漳河流域属温带大陆性季风型气候，四季分明。春季蒸发量大，天气干旱；夏季受太平洋副热带高压控制，温和多雨，形成主要降雨季节；秋季季风减退，秋高气爽少雨；冬季受极地大陆性气团控制，气候寒冷降水较少，干旱多风。全年夏短冬长。多年平均气温 7.4~10.3℃，降水量受气候、地形因素影像，地带差异明显。无霜期 170 天左右。总体来说，流域内冬季不太冷，夏季不过热，气候温和宜人，适于人类居住和各种农作物生长。

11.1.2　漳河上游流域的社会经济概况

本书研究范围为漳河岳城水库坝址以上漳河山区，包括山西、河北与河南三省四个地级市的 18 个市（县、区），其中山西省面积 15 847 平方千米，河北省 1 813 平方千米，河南省 624 平方千米，总面积 18 284 平方千米。按照水资源控制工程分布及河流水系完整性，将漳河分为六个子流域，分别为浊漳河南源（至漳泽水库）、浊漳河西源（至后湾水库）、浊漳河北源（至关河水库）、清漳河（至刘家庄）、浊漳干流（三源水库至侯壁）和漳河干流（刘家庄、侯壁至观台），见表 11.1。

表 11.1　漳河上游水资源分区

子流域编号	子流域名称	出口控制断面	行政分区
1	清漳河	刘家庄站	晋中、长治
2	浊漳河南源	漳泽水库站	长治
3	浊漳河西源	后湾水库站	长治
4	浊漳河北源	关河水库站	晋中、长治
5	浊漳干流（三源水库至侯壁）	侯壁站	长治
6	漳河干流（侯壁、刘家庄至观台）	观台站	邯郸、安阳

根据《全国水资源综合规划》要求，一般需水预测的用水户分生活、生

产、生态环境用水三类。生活需水分为农村居民生活用水和城镇居民生活用水。生产需水是指有经济产出的各类生产活动所需的水量，包括第一产业（种植业、林牧渔业）、第二产业（工业、建筑业）及第三产业。生态环境需水分为维护自然生态环境功能和生态环境建设两类，并按河道内与河道外用水划分。因此，漳河上游区总需水量包括生活需水量、生产需水量和生态环境需水量三大部分。

目前，漳河上游流域的山西省境内，建设了大、中、小型水库 100 多座，总库容约 14 亿立方米。河北省通过小跃峰渠、大跃峰渠，引浊漳河、清漳河水到滏阳河流域。河南省通过跃进渠、红旗渠，引浊漳河水到卫河流域。漳河上游水资源开发利用程度较高，河北、河南四大灌区的设计引水能力已超过 90 米³/秒，而河道基流不足 10 米³/秒。同时，两省沿河村庄依赖漳河水生产发展，基本上处于"吃干喝尽"状态。

漳河上游流域依旧存在下面几个问题[1]：

一是流域内各行政区域的经济社会发展严重依赖漳河水资源供应。漳河上游流域及其所属的海河流域，是我国水资源最短缺的地区之一，人口密集、工农业相对发达。

二是流域水资源处于过度开发利用状态。流域内的水资源开发利用程度已经远远超过了流域水资源的承载能力，其中岳城水库以上的水资源开发利用率超过 80%，已经超过国际公认的 40%的安全线，整个流域基本上已经没有进一步开发的空间。

三是流域水事纠纷发生频发。由于水资源短缺，大家对引用水量、土地利用、水能资源开发、河道采砂、涉河旅游项目等非常重视又十分敏感。由于漳河水资源开发已经超过了其承载能力，任何新的开发，必然造成利益格局的调整，引发水事纠纷。

四是流域水资源整体利用效率偏低。目前，漳河上游地区万元工业产值用水量是海河流域的 2 倍以上，2009 年农业灌溉用水量为 6.66 亿立方米，灌溉水利用率仅为 0.49，低于全国平均水平。

五是流域水资源统一管理还未形成。尚未建立流域水资源的统一管理、统一调配机制，无法实施全流域水量的统一管理和规划。上游水库归山西省管理调度，流域水资源管理机构缺乏调度能力和手段。

11.2   漳河上游流域水资源冲突

漳河上游流域由于工农业较为发达，水资源短缺，人口密度大，水资源一直处于供不应求的状态。水资源不断减少、生产生活用水需求持续增加，供需不平衡所引发的水事纠纷最为典型。且由于近年来该流域社会经济的快速发展，用水矛盾突出，在历史上多次发生水事矛盾，甚至群体性暴力事件。

11.2.1   漳河上游流域水资源供需分析

本书采用平水年（$P = 50\%$）、枯水年（$P = 75\%$）和特枯年（$P = 95\%$）三种代表年，以及 2010 年、2020 年和 2030 年三个规划水平年，首先对研究区内的水资源供需状况进行分析。漳河分区 1956~2000 年多年平均水资源总量为 13.02 亿立方米，多年平均河川径流量为 10.74 亿立方米，地下水资源量 5.77 亿立方米，地表水与地下水重复量 3.49 亿立方米。50%、75%和 95%三种代表年水资源总量分别为 107 846 万立方米、75 976 万立方米和 55 181 万立方米。漳河多年平均水资源可利用量为 97 805 万立方米，其中地表与地下重复计算量为 21 776 万立方米。近年来清漳河和浊漳河合计过境水量有明显减少的趋势，1956~1979 年平均过境水量为 14.45 亿立方米，而 1980~2010 年的平均过境水量只有 6.88 亿立方米，多年平均过境水量减少了一半以上，具体如图 11.1 所示。

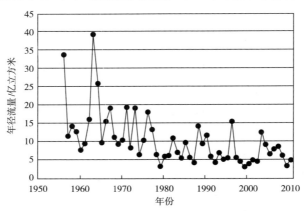

图 11.1   浊漳河和清漳河历年合计过境水量

经过计算可以得到流域全部地表水资源可利用量，仍然按照来水频率不同分为平水年、枯水年及特枯水年水资源可利用量，具体见表 11.2。

表 11.2　不同频率下漳河上游流域地表水资源可利用量（单位：万立方米）

区间	平水年 $P=50\%$	枯水年 $P=75\%$	特枯水年 $P=95\%$
清漳河（刘家庄以上）	16 769	6 051	1 257
浊漳河（侯壁以上）	66 100	47 900	36 600
侯刘观区间产水	17 345	14 412	12 047
共计	100 214	68 363	49 904

由于本书所考虑的水资源冲突问题是跨行政区河流水资源分配不均而产生的，在预测水资源需求的时候，流域将被按照不同的行政区划来划分为不同的需水区域。涉及漳河上游流域的具体情况，水资源需求分为山西省、河北省以及河南省共三个需水区域。根据区域经济发展情况、未来发展规划及水资源利用现状，以 2010 年为基准年，对 2020 年和 2030 年区域生活、生产和生态环境需水量进行预测，参照《清漳河水资源配置方案（技术报告）》和《浊漳河水量分配方案（技术报告）》的数据信息，表 11.3 给出侯壁以上区域不同规划水平年的需水量，表 11.4 给出按行政区域来分的不同规划水平年的总需水量。

表 11.3　不同规划水平年浊漳河侯壁以上需水量（单位：万立方米）

水平年	城镇生活用水	农村生活需水	农业灌溉	工业用水	建筑业用水	第三产业	生态用水	合计
2010	3 343	3 869	20 238	16 540	298	909	436	45 633
2020	5 651	4 237	22 379	21 011	359	2 187	588	56 412
2030	7 064	3 984	22 778	23 209	240	2 934	740	60 949

表 11.4　不同规划水平年各行政区需水总量（单位：万立方米）

水平年	山西	河北	河南	合计
2010	51 098	12 861	7 956	71 915
2020	56 830	16 671	15 173	88 674
2030	61 368	27 678	16 464	105 510

仔细分析漳河上游流域的水资源需求和流域可用水资源总量，不难发现整个区域的水资源需求在可预见的时间段内呈现出增加的趋势而可用水资源

数量依赖于来水概率大小。在平水年情况下，三个规划水平年的水资源需求中，2010 年和 2020 年的水资源需求可以被满足，2030 年的用水需求超出平水年可用水资源数量。而在其他两种年型下，三个规划水平年的用水需求都存在不同程度的水资源短缺。我们依据可用水资源数量与需水量大小的关系，构造三种年型和三个规划水平年的供需水关系，见表 11.5。

表 11.5　漳河流域水资源供需情况

来水年	2010 年	2020 年	2030 年
平水年	供>需	供>需	供<需
枯水年	供<需	供<需	供<需
特枯水年	供<需	供<需	供<需

在地表水资源短缺的情况下，可以使用地下水资源进行补充。然而，在供水时优先使用地表水资源是世界通行的原则，且漳河流域现在处于地下水严重超采状态。也因此我们只考虑流域地表水资源在各行政区域之间的分配。

11.2.2　漳河上游流域水资源冲突的跨界特征

漳河上游流域跨越山西省、河北省及河南省，其中河北省内有大跃峰、小跃峰两大灌区，河南省内有红旗渠和跃进渠两大灌区，而各个灌区的农作物种类并没有很大的区别，因此灌溉季节农业需水量较大。

漳河上游流域水事纠纷始于 20 世纪 50 年代，至今已有 60 多年的历史。漳河水事纠纷主要发生在山西、河北、河南三省交界地区的浊漳、清漳和漳河干流上。当地土地贫瘠，农业耕种条件较差，自然环境恶劣。由于该区域以山区地貌为主，沿河大多数村庄人均仅有几分耕地。因此，易于耕作、单产较高的河滩地被当地老百姓视为"保命田"，成为沿河两岸村民争夺的对象[2]。为争水、争滩地等赖以生存的基本资源，沿河村庄竞相拦河建坝、围河造地、建坝护地、凿洞引水，从而使界河两岸的群众经常发生利益冲突，形成对峙争斗。纠纷双方主体曾多次使用枪支、土炮炸毁水利工程及生产、生活、交通设施，甚至互相炮击村庄，造成严重人员伤亡和巨大经济损失。红旗渠纪念馆的资料显示，山西省、河南省、河北省群众因争水引发的冲突至今已有 30 余起，严重影响了该地区的社会稳定和经济发展。然而几十年来，却始终没有最终解决水资源冲突的方案。在一定范围内产生较大影响的漳河上游流域水资源冲突典型案例，见表 11.6。

表 11.6　漳河上游流域主要水资源冲突事件及协商情况

时间	冲突事件	协议及规定
1976 年	因围河造地，河南、河北两个沿河村庄之间发生大规模持枪械斗流血事件，河南省村庄的一位民兵营长不幸被击中死亡	
1991 年	12 月，河北省涉县黄龙口村与河南省林县前峪村因修水利工程引发纠纷，隔江发生炮战，造成多人受伤和严重火灾	
1992 年	8 月 22 日，河南省林州市红旗渠总干渠被炸，数十米渠墙被毁，村庄和耕地被冲淹，直接经济损失近千万元	国务院在北京组织召开漳河水事协调会议，并形成了《国务院漳河水事协调会议纪要》，决定成立海河水利委员会漳河上游管理局
1997 年	3 月 9 日，河北省涉县白芟村和河南省林州市前峪村因水利施工发生较大规模的械斗，两岸村民数百人参与其中，造成数十人受伤	水利部批准《漳河侯壁、匡门口至观台河段治理规划》
1997 年	6 月，河北省涉县白芟渠连续四次被炸	
1998 年	5 月，河南省、河北省沿漳河村庄之间多次发生炮击和破坏水利工程事件，多处生产生活设施及水利工程设施被毁	
1999 年	春节期间，河南省的古城村与河北省的黄龙口村发生了大规模的爆炸、炮击事件，造成 3 000 多间民房遭到破坏，近百名村民受伤，直接经济损失 800 多万元	国务院办公厅印发了《关于落实中央领导同志对河北、河南两省漳河水事纠纷事件批示精神的会议纪要》
2004 年	2 月 18 日，河南省安阳县东岭西村与河北省涉县田家嘴村村民因康庄电站河滩地的权属问题发生械斗流血事件	
2007 年		水利部发布了《水量分配暂行办法》
2008 年	河北涉县丁岩电站拦河坝违规实施超高施工，引发漳河干流左岸上下游水事纠纷	
2009 年	山西省左权县在清漳河干流上修建泽成西安水电站（二期）工程，引发山西省与河南省、河北省之间的水事纠纷	
2010 年	山西省平顺县石城村水电站擅自加固拦河坝，改变引水现状与河南省红旗渠灌区争夺上游来水，引发山西省、河南省两省间的水事纠纷	

时间	冲突事件	协议及规定
2012年	山西省平顺县未经海河水利委员会审批擅自在浊漳河上游违规修建溯头水电站和辛安泉引水工程，引发山西省、河南省及河北省三省之间的水事纠纷	
2012年	12月31日长治市潞城市境内的山西天脊煤化工集团股份有限公司发生苯胺泄漏事故，造成下游邯郸市、安阳市大面积断水停水事故，引发下游不满	
2013年	"吴家庄水库"项目位于长治市黎城县境内的浊漳河干流上，曾被山西省政府列为"十一五"水利建设的"一号工程"。然而"上下游，左右岸"的复杂关系，使得规划超过50年的水库方案已经被连续否决3次	
2014年		山西、河南两省签订《辛安泉域水电开发和引水矛盾协调会纪要》
2015年		漳河上游管理局出台《漳河水量调度管理办法》

纵观漳河上游流域历次水事纠纷，不难看出漳河上游流域水事纠纷的跨行政区特征。前期用水纠纷主要集中在下游河北省、河南省之间，也即是河流左右岸之间的水资源冲突。随着漳河上游管理局的成立，左右岸之间的用水纠纷得到一定的控制。近年来，漳河上游流域的水事纠纷呈现出上下游之间用水冲突的特点，这主要是因为随着上游来水量减少，处于下游的河北省、河南省与处于上游的山西省之间产生用水冲突，下游区域希望保持已有的来水量，而上游区域则优先考虑自身用水然后考虑下游用水。

总的来看，漳河上游流域水资源冲突的主要特征在于流域内不同省份之间的用水矛盾，包括流域上下游省份之间的用水矛盾和河流左右岸的用水矛盾。上下游之间的冲突涉及山西省与河南、河北两省的纠纷；左右岸的冲突涉及河南、河北两省沿河村庄和四大农业灌区之间的用水冲突。同时也可以看出，漳河上游流域水资源冲突主要是流域有限水资源的配置冲突，且具有明显的跨行政区特征，故而本书将漳河上游流域水资源冲突抽象为跨行政区河流水资源冲突问题。流域水资源冲突的解决就是一个科学、合理、被各个区域接受的配置方案，而一个配置方案能否成为流域水资源冲突的解依赖于该方案能否被用水区域接受。

11.2.3　漳河上游流域水资源冲突分析

漳河上游流域由于水资源供给低于水资源需求而出现水资源短缺状态，流域内山西省、河北省与河南省之间出现用水竞争行为，造成漳河上游流域水资源冲突。由于漳河上游流域没有统一的流域水资源管理机构，跨界水资源冲突的解决缺少协调者，故而冲突状态长期得不到妥善解决。

随着处于流域内的河北省部分以及河南省部分区域的人口增长、经济发展，下游对水资源的需求也在逐步增加，流域水资源冲突从河北省与河南省之间的左右岸冲突转向下游区域与上游区域之间的用水冲突，两种形式的冲突共存使得漳河上游流域水资源分配更加复杂。仅仅依靠三个行政区域之间的自主协商，至今为止并没有出现冲突得到解决的趋势。因此，实施漳河上游流域水资源统一管理和规划在新时期我国水利工作改革的大背景下势在必行。

漳河上游流域水资源冲突在本质上属于水资源短缺危机及需水管理的缺失，以需定供的水资源管理思维使得水资源没有得到经济有效的合理利用。水资源协商管理制度的实施可以从制度上变革用水思维，从需求管理角度考虑以供定需的水资源利用模式。

11.3　漳河上游流域水资源冲突的协商决策分析

11.3.1　水资源冲突协商的个体利益决策

本节依据上述关于个体利益的讨论，从公平性角度协商解决漳河上游流域水资源冲突，采用第 6 章中的破产准则并根据漳河上游流域的具体情况进行分析。

首先根据流域各区域的需水总量和漳河上游流域总的可用地表水资源量数据计算不同来水频率以及不同规划水平年的流域水资源分配结果。漳河上游流域用水行政区域集合 $N = \{1, 2, 3\}$，其中 1 代表山西省、2 代表河北省、3 代表河南省。三种来水频率下的可用地表水资源数量为 $EI(P=50\%) = 100\,214$ 万立方米、$EI(P=75\%) = 68\,363$ 万立方米、$EI(P=95\%) = 49\,904$ 万立方米。由于在国内在做水资源规划时，将生态用水看作一种平行于生活需要和工业、农业需水的水资源需求，并且用于维系生态环境的水量也依赖于可用水资源的多少。且在计算河流径流时，已经区分了过境水量和可用水量。本书所考虑的生态环境用水指的是为维系河道周边环境所需的水资源数量，并非维系河道本身的需水量。因此，将生态环境需水量作为区域水资源需求的一部分，统筹整个流域的水资源总量和总的水资源需求。

在 2010 规划水平年，由漳河上游流域内各行政区域的需水量所组成的向量为 $c^{2010} = (51\,098, 12\,861, 7\,956)$；在 2020 规划水平年，由漳河上游流域内各行政区域的需水量所组成的向量为 $c^{2020} = (56\,830, 16\,671, 15\,173)$；在 2030 规划水平年，由漳河上游流域内三个行政区域的需水量信息所组成的用水需求向量为 $c^{2030} = (61\,386, 27\,678, 16\,464)$。

按照第 6 章的个体利益决策模型，在不同来水频率的情况下，山西省、河北省及河南省在三个规划水平年中所可以获得的水资源数量 $\boldsymbol{x} = (x_1, x_2, x_3)$ 满足式（11.1）：

$$\begin{cases} x_1 + x_2 + x_3 = E \\ x_i = F(N, E, \boldsymbol{C}), \quad i = 1, 2, 3 \end{cases} \quad (11.1)$$

其中，N 表示主体个数；E 表示总的可分配水资源量；$\boldsymbol{C}$ 表示各主体需水量。

若规划水平年是平水年，则流域地表水资源可以满足 2010 规划水平年的水资源需求，也可以满足 2020 规划水平年的水资源需求。然而随着人口的继续增长和社会经济的发展，即使 2030 年是来水的平水年，地表水资源无论如何都不能够满足流域全部水资源需求。而枯水年和特枯水年的地表水资源与三个规划水平年的流域全部水资源需求相比，都存在一个差额，且这个差额随着时间的延后而增大。所以对于平水年的来水量而言，2010 规划水平年和 2020 规划水平年的流域水资源冲突解决的个体利益模型属于 $E > C$ 的情况，按照两步法先满足各个区域的水资源需求再按照破产准则分配流域剩余水资源。而对于枯水年和特枯水年的来水量而言，三个规划水平年的流域水资源冲突解决的个体利益模型都是 $E < C$ 的情况，只需要按照典型的水资源分配破产准则就可以得到流域水资源冲突解决的可能分配方案。在 LINGO 中采用基于 GRG 算法的求解器编程来求解这些约束方程。具体结果如表 11.7~表 11.9 所示。

表 11.7　平水年漳河上游流域水资源个体利益分配（单位：万立方米）

准则	2010 规划水平年			2020 规划水平年			2030 规划水平年		
	山西	河北	河南	山西	河北	河南	山西	河北	河南
P	71 206	17 922	11 086	64 226	18 841	17 148	58 287	26 289	15 638
CEA	61 270	23 033	15 912	60 677	20 518	19 020	56 072	27 678	16 464
CEL	79 397	12 861	7 956	68 370	16 671	15 173	59 602	25 913	14 699
Tal	68 989	19 292	11 934	60 677	20 518	19 020	59 602	25 913	14 699
Pin	68 989	19 292	11 934	60 677	20 518	19 020	56 072	27 678	16 464
CE	68 989	19 292	11 934	60 677	20 518	19 020	56 072	27 678	16 464
AP	68 989	19 292	11 934	60 677	20 518	19 020	59 602	25 913	14 699
RA	68 989	19 292	11 934	60 677	20 518	19 020	59 602	25 913	14 699
MO	71 641	17 966	10 608	60 677	20 518	19 020	59 602	25 913	14 699

表 11.8　枯水年漳河上游流域水资源个体利益分配（单位：万立方米）

准则	2010 规划水平年			2020 规划水平年			2030 规划水平年		
	山西	河北	河南	山西	河北	河南	山西	河北	河南
P	48 574	12 226	7 563	43 813	12 852	11 698	39 762	17 934	10 668
CEA	47 546	12 861	7 956	36 519	16 671	15 173	25 949	25 949	16 464
CEL	49 914	11 677	6 772	50 060	9 901	8 403	48 985	15 296	4 082
Tal	49 914	11 677	6 772	50 060	9 901	8 403	46 292	13 839	8 232
Pin	47 546	12 861	7 956	36 635	16 555	15 173	35 887	19 042	13 435
CE	47 546	12 861	7 956	36 519	16 671	15 173	30 684	21 215	16 464
AP	49 914	11 677	6 772	48 920	10 179	9 264	44 393	15 030	8 940
RA	49 914	11 677	6 772	48 597	10 258	9 509	43 960	15 005	9 398
MO	49 914	11 677	6 772	50 059	9 900	8 402	47 579	13 890	6 894

表 11.9　特枯水年漳河上游流域水资源个体利益分配（单位：万立方米）

准则	2010 规划水平年			2020 规划水平年			2030 规划水平年		
	山西	河北	河南	山西	河北	河南	山西	河北	河南
P	35 458	8 925	5 521	31 983	9 382	8 539	29 026	13 091	7 787
CEA	29 087	12 861	7 956	18 060	16 671	15 173	16 720	16 720	16 464
CEL	43 761	5 524	619	43 907	3 748	2 250	41 797	8 107	0
Tal	39 495	6 431	3 978	33 982	8 336	7 587	27 833	13 839	8 232
Pin	30 533	11 415	7 956	36 635	16 555	15 173	27 833	13 839	8 232
CE	29 087	12 861	7 956	28 415	10 744	10 744	27 833	13 839	8 232
AP	39 495	6 431	3 978	33 982	8 336	7 587	27 833	13 839	8 232
RA	39 495	6 431	3 978	33 982	8 336	7 587	27 833	13 839	8 232
MO	42 147	5 105	2 652	39 040	5 807	5 058	33 321	11 095	5 488

首先，分析在不同来水频率下不同规划水平年漳河上游流域水资源个体利益再分配的结果。其次，在分配结果中，不同准则下的结果存在一致的情况，这与各个具体的准则有关，如对于 Tal 准则、Pin 准则和 CE 准则，当可用水资源总量小于总的水资源需求的二分之一时采用相同分配方法，也因此使得部分分配结果相同。

CEA 准则和 CEL 准则作为两个从相反角度思考分配水资源的方法，前者将尽可能多地减少水资源未得到满足的用水区域的数量，换句话说该准则在分配水资源的时候将更多地倾向于需水量较小的用水区；而后者将尽可能多地满足需水量较大的用水区域的水资源需求。如表 11.9 所示，在 CEL 准则下，2030 规划水平年河南省所分得水量为 0，这也说明了 CEL 准则给需水量较大的区域以较高的优先权的特征。

Tal 准则、Pin 准则和 CE 准则的不同之处在于，其对待可用水资源数量大于总需水量的二分之一时所采用的分配方法不同，Tal 准则首先分给各个区域其需水量的二分之一再利用 CEL 准则分配剩余水量；Pin 准则首先分给各个区域其需水量的二分之一再利用 CEA 准则分配剩余水量；CE 准则是利用一个极小极大函数来建立新的分配方法。在这三种分配准则中，CE 准则尝试最大限度地减少分配结果的方差。这可以通过表 11.10 中的结果得出。

表 11.10　不同来水频率下各区域的产水量（单位：万立方米）

来水频率	平水年			枯水年			特枯水年		
	山西	河北	河南	山西	河北	河南	山西	河北	河南
产水量	80 071	14 130	6 013	54 622	9 639	4 102	39 873	7 036	2 994

P 准则、AP 准则、RA 准则及 MO 准则与 CEA 准则、CEL 准则相比，既没有偏袒需水量较大的用水区域也没有偏袒于需水量较小的用水区域，属于折中的分配准则。在不同情况下，AP 准则与 RA 准则所得结果也是最接近的两个分配准则。

总之，流域水资源冲突协商解决的个体利益分配结果不仅依赖于分配准则的选取，同时区域间需水量的差异的大小也是影响分配的一个重要因素。

在对各个准则所得结果的稳定性进行分析的时候，由于要考虑各个区域的贡献水量进而构造各个区域在冲突协商中的权重。而漳河上游流域山西省、河北省及河南省的产水量所占百分比依次为 79.9%、14.1%和 6.0%。该比例来源于漳河上游管理局《关于建设"和谐流域、美丽漳河"的思考》一文中所阐述的漳河上游流域各区域的产水量信息。我们利用该百分比乘以不同来水量情况下流域地表水资源总量即可得各个区域当年的产水量,也即贡献水量。当然在不同来水频率下,各个区域的贡献水量比例往往依赖于来水情况而发生变化。此处由于缺少逐年的贡献水量信息而采用一个固定的产水量百分比,虽然会有一些误差在里面,但仍不失为一种合理的解决问题办法。则按照固定产水量百分比,可以得出不同年型下各区域的产水量信息,具体如表 11.10 所示。

根据第 6 章中的水资源冲突协商解决的个体利益稳定性研究,本书所提出的 CPBSI 中权重的计算方法是考虑各个区域的需水量和贡献水量所建立的。依据表 11.4 和表 11.9 的信息,可以计算漳河上游流域山西省、河北省及河南省在流域水资源冲突解决中的协商话语权,也即折中规划中的利益主体权重,结果如表 11.11 所示。由于我们认为不同来水频率下三个省份的产水量百分比保持不变,所以在相同规划水平年不同来水频率下各个区域的权重相同。从时间维度来看,山西省的权重在增加而河北省与河南省的权重在降低。这也从一个方面说明了近年来漳河上游流域水资源冲突表现出上下游间的用水矛盾,而历史上冲突更多地发生于左右岸也即是河北省、河南省界河的两边村庄直接的用水冲突。随着河北省、河南省区域用水需求的增加,加之上游来水量的减少,河北省与河南省两区域之间的用水冲突逐渐转向两区域与上游山西省之间的争水冲突。然而,清漳河和浊漳河皆发源于上游山西省境内,且上游山西省境内已修建水库的总库容达 14 亿立方米以上,使得漳河上游山西省对漳河水地表水资源的控制能力较强。而下游河北省与河南省界河沿岸村庄以及四大农业灌区除本区域少量产水外,其余水资源需求都严重依赖上游来水。这也是造成上下游用水矛盾的根本原因。尤其是在枯水年和特枯水年,流域地表水资源不足以满足整个流域的用水需求,而山西省由于上游优势而优先满足本区域的用水需求,其次才将河流水资源下放到下游区域。在水资源短缺时,这种上下游的用水冲突更加严峻。因为,漳河上游流域并没有一个具有约束力的分水协议。而漳河上游管理局也只是负责其中 108 千米河段的水资源统一管理,对山西省境内的水资源缺少管理权限。

也因此，从公平性角度来解决漳河上游流域水资源冲突就具有十分重要的实践意义，寻找到一个科学、合理的流域短缺水资源的公平配置方案有助于跨界水资源冲突的解决。

表 11.11　漳河上游流域水资源冲突解决的稳定性分析的区域权重

水平年	山西	河北	河南
2010	0.362 8	0.320 7	0.316 5
2020	0.386 0	0.317 7	0.296 3
2030	0.405 8	0.292 9	0.301 3

那么按照 BASI 和 CPBSI 的定义及式（6.27）~式（6.30），可以求得不同破产准则在两种稳定性定义下的稳定性大小，具体如表 11.12 和表 11.13 所示，最终分配结果如表 11.14 所示。

表 11.12　BASI 稳定性指数

准则	2010 年			2020 年			2030 年		
	平水年	枯水年	特枯水年	平水年	枯水年	特枯水年	平水年	枯水年	特枯水年
P	0.723 2	0.492 7	0.255 3	0.799 4	0.276 3	0.272 8	0.332 2	0.251 7	0.534 5
CEA	0.632 3	0.866 0	0.935 4	0.000 0	0.868 9	0.868 9	0.866 0	0.863 7	0.278 8
CEL	1.732 1	0.000 1	1.028 1	1.732 1	0.248 9	1.244 8	0.000 0	0.703 6	1.284 8
Tal	0.467 7	0.000 1	0.467 7	0.000 0	0.248 9	0.434 4	0.000 0	0.473 1	0.473 1
Pin	0.467 7	0.866 0	0.729 4	0.000 0	0.859 0	0.102 0	0.866 0	0.261 7	0.473 1
CE	0.467 7	0.866 0	0.935 4	0.000 0	0.868 9	0.021 1	0.866 0	0.511 7	0.473 1
AP	0.467 7	0.000 1	0.467 7	0.000 0	0.152 0	0.434 4	0.000 0	0.382 1	0.473 1
RA	0.467 7	0.000 1	0.467 7	0.000 0	0.124 5	0.434 4	0.000 0	0.351 8	0.473 1
MO	0.784 2	0.000 1	0.784 2	0.000 0	0.249 0	0.846 4	0.000 0	0.561 6	0.779 7

表 11.13　CPBSI 稳定性指数

准则	2010 年			2020 年			2030 年		
	平水年	枯水年	特枯水年	平水年	枯水年	特枯水年	平水年	枯水年	特枯水年
P	0.367 8	0.002 4	0.093 7	0.756 7	0.052 5	0.191 2	0.002 5	0.123 9	0.277 8
CEA	0.246 8	0.001 8	0.067 3	0.688 6	0.049 3	0.179 7	0.003 0	0.136 3	0.260 7
CEL	0.709 4	0.009 9	0.381 0	0.859 2	0.116 9	0.425 8	0.005 0	0.245 6	0.489 0
Tal	0.312 5	0.009 9	0.178 0	0.688 6	0.116 9	0.215 9	0.005 0	0.173 0	0.269 7
Pin	0.312 5	0.001 8	0.062 8	0.688 6	0.048 8	0.174 6	0.003 0	0.108 7	0.269 7
CE	0.312 5	0.001 8	0.067 3	0.688 6	0.049 3	0.161 9	0.003 0	0.117 4	0.269 7
AP	0.312 5	0.009 9	0.178 0	0.688 6	0.100 6	0.215 9	0.005 0	0.155 1	0.269 7
RA	0.312 5	0.009 9	0.178 0	0.688 6	0.096 4	0.215 9	0.005 0	0.149 6	0.269 7
MO	0.387 0	0.009 9	0.268 4	0.688 6	0.116 9	0.304 4	0.005 0	0.195 0	0.323 8

表 11.14　漳河上游流域水资源协商分配结果（单位：万立方米）

来水频率	2010 年			2020 年			2030 年		
	山西	河北	河南	山西	河北	河南	山西	河北	河南
平水年	79 397	12 861	7 956	60 677	20 518	19 020	58 287	26 289	15 638
枯水年	47 546	12 861	7 956	36 635	16 555	15 173	35 887	19 042	13 435
特枯水年	30 533	11 415	7 956	28 415	10 744	10 744	16 720	16 720	16 464

本书所建立的 CPBSI 指数相比于 BASI 稳定性指数具有更好的区分性，尤其是对于水资源短缺时的流域水资源冲突协商解决的个体利益配置。

在 2010 规划水平年，平水年来水情况下由于流域地表水资源处于足以满足流域所有需求的状态，偏向需水量较小区域的 CEA 准则所得结果具有最好的稳定性，偏向需水量较大区域的 CEL 准则所得结果的稳定性最差；枯水年来水情况下 CEA 准则、Pin 准则及 CE 准则所得结果具有相同的最好稳定性，CEL 准则、Tal 准则、AP 准则、RA 准则及 MO 准则所得结果的稳定性最低；而在特枯水年来水情况下 CE 准则所得结果具有最好的稳定性，CEL 准则所得结果的稳定性最低。

在 2020 规划水平年，平水年来水情况下除去 P 准则和 CEL 准则之外的其他准则所得结果的稳定性相同，高于 P 准则所得结果的稳定性，CEL 准则所得结果的稳定性最低；枯水年来水情况下 Pin 准则所得结果具有最好的稳定性，CEL 准则、Tal 准则和 MO 准则所得结果的稳定性最低；而在特枯水年来水情况下 Pin 准则所得结果依然具有最好的稳定性，CEL 准则所得结果的稳定性最低。

由于不同准则所具有的特性不同，而流域水资源分配本身的复杂性使得各个准则在流域水资源冲突解决的个体利益分配中所能够体现的作用具有差异，如 CEL 准则所得结果在所有情况下的稳定性都是最低的，这与其偏向需水量较大的区域的特点相关。在水资源短缺的情况下，需水量较大的用水区域可以采取的调整需水量的措施比需水量较小的区域的可用措施要大，也即是在一定范围内需水量较大的用水区域对水资源短缺的适应性要高于需水量较低的用水区域。

在 2030 规划水平年，平水年来水情况下 P 准则所得结果具有最好的稳定性，CEL 准则与 Tal 准则、AP 准则、RA 准则及 MO 准则所得结果的稳定性最低；枯水年来水情况下 Pin 准则具有最好的稳定性，CEL 准则所得结果的稳定性最低；而在特枯水年来水情况下 CEA 准则所得结果具有最好的稳定性，CEL 准则所得结果的稳定性依旧最低。

11.3.2　水资源冲突协商的集体利益选择决策

依据上面关于联盟模型的讨论内容，从效率角度解决漳河上游流域水资源冲突，采用联盟模型并根据漳河上游流域的具体情况进行分析，建立不考虑用水总量控制的用水联盟模型。这主要是考虑到节水成本以及水价信息的获取存在障碍。目前，漳河上游流域并没有统一的流域水资源管理机构和涵盖整个流域的分水协议，但是在漳河上游管理局的协调下双边的用水合作却是存在的。

基于上述事实，我们认为双边用水合作是漳河上游流域实践中发生的具体用水合作形式。因此，共有三种可能的两人联盟及一个大联盟。

S_1：山西省与河北省之间达成合作用水协议。

S_2：山西省与河南省之间达成合作用水协议。

S_3：河北省与河南省之间达成合作用水协议。

S_4：山西省、河北省及河南省达成合作用水协议。

用水效益指的是单位水资源所产生的社会经济价值，狭义上是指单位水资源能够为生产生活带来的经济价值，本书选取狭义的用水效益概念。对于不同的行业而言，用水效益差别很大，一般而言农业最低，工业次之，服务业最高。然而由于本书将各个行政区域看作一个独立的决策主体，并未将水资源利用细分为农业用水、工业用水及第三产业用水，所以每个行政区域只能用一个值来表示用水效益，也即必须取一个各产业用水效益的平均值。但是考虑到实践中的用水效益是一个很难获取的经济指标，在流域或者省区做水资源规划时，并不会列出用水效益这个具体的指标。所以本书从另一个角度来思考用水效益——各区域的地区生产总值与用水量是公开的信息，且各区域统计年鉴或者水资源公报等公开发布的报告一般都有"万元地区生产总值用水量"（有时也会被表述为"万元地区生产总值耗水量"或"万元地区生产总值水耗"）这一指标。对这一指标的直观理解是地区生产总值产出万元所需要的水资源数量，也即生活生产活动的水耗指标，反过来讲也即是这么多的水资源所能够产出的产值是 1 万元，那么平均下来单位水资源所能够产生的地区生产总值就可以被作为用水效益。所以本书将"万元地区生产总值用水量"这一指标的单位换算为元/米^{3}核算各个行政区域的用水效益。

漳河上游流域各行政区域的用水效益可以参考全国和流域内各行政区域的水资源规划进行估计确定。其中，2020 年和 2030 年的用水效益参数在 2010 年基础上按照万元地区生产总值耗水量分别下降 35%和 45%计算所得，其中山西省 2030 年按照下降 41%计算，具体参数见表 11.15。

表 11.15　漳河上游流域各行政区用水效益参数（单位：元/米^3）

参数	2010 年			2020 年			2030 年		
	A1	A2	A3	A1	A2	A3	A1	A2	A3
B_i	182	93	115	280	142	176	310	168	209

对于各个由不同行政区域参与的联盟而言，其用水效益指的是区域之间的用水合作使得水资源在联盟内可以产生的经济价值，本书认为由于区域之间的用水合作发生，联盟的用水效益得到提高。考虑到山西省境内主要是工业和农业用水，而河北省与河南省境内基本是农业用水，因此本书认为联盟 S_1 和联盟 S_2 具有较高的用水效益而联盟 S_3 的用水效益低于前两者。

根据漳河上游流域内的具体情况，给定联盟 S 的最大容量 $C(S)$，此处规定 $C(S)$ 取值为组成联盟的行政区需水量之和的 50%，具体参数见表 11.16。

表 11.16　漳河上游流域用水联盟用水效益参数和容量

指标	2010 年			2020 年			2030 年		
	S_1	S_2	S_3	S_1	S_2	S_3	S_1	S_2	S_3
$B(S)$ /（元/米^3）	179	193	146	274	296	175	299	324	207
$C(S)$ /万立方米	31 980	29 527	10 409	36 751	36 002	15 922	44 523	38 916	22 071

根据表 11.14~表 11.16，按照式（6.12）所建立的模型利用 GAMS 平台中的 BARON 求解器可以求得三个行政区域参与联盟 S_1、S_2 和 S_3 的参与水平向

量，如表 11.17 所示，进而可以按照夏普利值求得最终的协商利益分配。

表 11.17 漳河上游流域各行政区参与联盟的水量（单位：万立方米）

来水频率	行政区域	2010 年			2020 年			2030 年		
		S_1	S_2	S_3	S_1	S_2	S_3	S_1	S_2	S_3
平水年	A1	14 149	25 549	0	3 846	26 492	0	0	30 339	0
	A2	6 431	0	0	10 259	0	0	10 259	0	0
	A3	0	3 978	0	0	9 510	0	0	9 510	0
枯水年	A1	0	23 773	0	0	18 318	0	0	18 318	0
	A2	6 431	0	0	8 278	0	0	8 278	0	0
	A3	0	3 978	0	0	7 587	0	0	7 587	0
特枯水年	A1	0	15 267	0	0	14 208	0	0	14 208	0
	A2	5 708	0	0	5 372	0	0	5 372	0	0
	A3	0	3 978	0	0	5 372	0	0	5 372	0

由表 11.17 中数据我们可以看出，河北省与河南省之间没有形成用水合作联盟，对这一结果的解释是：处于漳河流域内的河北省与河南省区域具有类似的产业结构，对漳河水资源的需求基本都属于生活用水和农业用水，其农业种植结构也具有同质性。因此，在需水的时间和空间上具有竞争性，因而两者之间的用水合作不具有经济上的可行性。反观联盟 S_1 和联盟 S_2，各区域参与联盟的参与水平都达到了给定的参与约束 $\lambda = 0.5$。这与漳河上游流域水资源用水合作现状相符合，流域上游山西省境内工业、农业用水之和占 75%以上，其中工业需水约占 50%，农业需水在灌溉季节达到用水高峰而其余时间需水量较小，因此在灌溉季节上游可以向下游转移部分水资源而在非灌溉季节下游可以向上游转移部分水资源由此而达成流域内的用水合作。对于模糊联盟中应急水资源由流域水资源管理机构实时分配各参与该模糊联盟的省份，完成模糊联盟水资源的高效利用。表 11.18 和表 11.19 分别给出不同规划水平年三个行政区域在形成联盟以后的收益以及没有联盟时的收益。

表 11.18　漳河上游流域形成用水联盟后的收益（单位：万元）

来水频率	行政区域	2010 年	2020 年	2030 年
平水年	A1	1 469	1 739	1 987
	A2	175	427	479
	A3	123	449	507
枯水年	A1	891	1 055	1 200
	A2	175	344	387
	A3	123	358	404
特枯水年	A1	572	818	931
	A2	155	223	251
	A3	123	254	286

表 11.19　漳河上游流域个体收益（单位：万元）

来水频率	行政区域	2010 年	2020 年	2030 年
平水年	A1	1 445	1 699	1 881
	A2	120	291	345
	A3	91	335	398
枯水年	A1	865	1 026	1 136
	A2	120	235	278
	A3	91	267	317
特枯水年	A1	556	796	881
	A2	106	153	180
	A3	92	189	225

根据表 11.18 和表 11.19 的逐项比较可知，漳河上游流域三个行政区域在不形成用水联盟时的收益低于形成联盟之后的收益，且平水年情况下的收益增加值高于特枯水年的收益增加值，同一来水情况下在时间维度上也体现了收益的增加。此处的用水收益只是利用漳河水量所产生的收益，并没包含其他水源用于生活生产活动所产生的收益。

11.3.3　水资源冲突的协商解决结果分析

在对漳河上游流域自然地理和社会经济概况进行介绍及跨界水资源冲突

问题的具体分析之后，考虑在三种来水概率下，2010 规划水平年、2020 规划水平年和 2030 规划水平年的漳河上游流域水资源供需水量及潜在的水量分配冲突情况。按照本书所建立的流域水资源冲突共容利益协商决策的个体利益模型和联盟模型，对漳河上游流域水资源冲突共容利益协商决策的实践问题进行分析，共容利益协商决策机制在促进该流域整体收益的同时也改善了山西省、河北省与河南省的用水收益，所得结果对解决漳河上游流域的水资源冲突实践问题和水资源短缺情况下的流域水资源分配具有一定的实践指导价值和理论指导意义。

首先，将流域内的行政区域看作独立的用水主体，从流域层面进行各个行政区域的个体利益决策，将短缺的水资源按照公平原则分配给流域内的用水区域。公平性体现在，在对短缺水资源进行分配的时候考虑每个区域的真实水资源需求；在有多种分配方案时，按照各个行政区域的贡献水量和需求水量情况构建稳定性分析的权重系数并对可行的分配结果进行稳定性分析，通过行政区域间的互相协商达成各区域一致同意的水资源分配方案，最终获得流域水资源冲突共容利益决策的个体利益分配方案。通过这种个体利益的分配，流域内的山西省、河北省和河南省获得自身的初始水资源数量，该数量的大小决定其在用水联盟中所得收益的大小。通过计算可知，在流域水资源供需变化的情况下，不同分配准则所得水资源分配方案的稳定性并不相同，这也表明各个准则的侧重点存在区别。因此，依据不同的水资源供需情景，选择不同的分配准则来解决实际问题体现出了这种个体利益决策的应用价值。同时，根据本书所建立的稳定性指标，在流域水资源总量降低的时候，由同一分配准则所得的水资源分配方案的稳定性也会降低，这也就是由流域水资源的供需关系以及需水量和产水量结构所决定的。而漳河上游流域内由于下游河北省与河南省未来需水量的增加，这种上下游之间的用水冲突也更加明显，本书所构建的共容利益决策的个体利益模型对于解决这种冲突具有很好的适用性和适应性。

其次，从考虑流域水资源用水收益最大化的角度，所构建的漳河上游流域水资源冲突共容利益协商决策的联盟模型，从效率层面分析通过形成行政区域间的用水联盟达到流域水资源协商合作用水帕累托改进状态，而这种考虑效率的联盟分析是建立在个体利益分配的基础之上的讨论[3]。通过流域内不同行政区域间的协商合作用水行为进而提高整个流域的用水效益，考虑区域间的部分协商合作情况，寻找稳定的模糊联盟结构。进而，将用水收益的增加部分采用夏普利值的方法分配给参与联盟的各个区域。通过计算分析可知，形成联盟之后流域用水收益在不同的水资源供需情景下出现不同程度的增加，从 2010 规划水平年在平水年的约 6.7% 到 2030 规划水平年在枯水年的约 15%。同时，在水资源相对丰富的平水年情况下，流域水资源收益的增加幅度也高于同一规划水平年在枯水年和特枯水年的增加幅度，表明在可用水资源更多的情况下，形成用水联盟可以更加明显地增加流域整体用水收益。如图 11.2 所示，在图中用三条折线表示形成用水联盟时三种规划水平年在三个来水情况下的流域用水收益的增加。

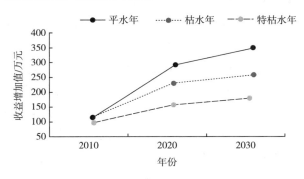

图 11.2　流域用水收益增加值

11.4　漳河上游流域水资源冲突的协商政策建议

通过漳河上游流域水资源冲突共容利益协商决策问题的研究和结果分析，提出漳河上游流域水资源冲突的协商管理政策建议，即建立漳河上游流域水资源冲突共容利益协商决策制度保障、实施流域水资源统一管理和建设漳河上游流域节水型社会。

11.4.1　建立水资源冲突的协商决策保障性制度

漳河上游流域水资源冲突长期存在，近年来随着人口增长及流域内社会经济的发展，水资源冲突形势更加严峻。结合本书建立流域水资源冲突共容利益协商决策机制，提出建立漳河上游流域水资源冲突共容利益协商决策的制度保障。这些保障性制度从公共政策角度而言都是实施选择性激励的具体措施，能够从制度上形成对漳河上游流域行政区域的约束、激励和奖惩，创造流域水资源冲突解决的政策环境。这可以从以下四个方面进行阐述。

1. 构建基于大数据的漳河上游流域水资源信息管理

流域水资源管理正迅速成为一个大数据的问题，而不仅仅是简单的水务问题[4]。水资源冲突的协商解决方案不仅涉及更具体的物理基础设施，同时也需要更加集成化的水资源管理决策支持系统。

同时，准确的流域水资源供需水量分析是实施共容利益决策的前提条件，通过对流域水资源供需的大数据信息分析，提高对水资源信息的掌控能力，进而从水资源信息层面保障流域水资源管理。这其中两个主要的技术问题是在气候变化条件下未来规划水平年的来水情况预测以及未来规划水平年的需水量预测。基于大数据分析的供需水量预测能够使流域水资源信息的准确性得到提高，从而保障了共容利益决策结果的科学性和合理性。

通过设立流域水资源大数据中心实现流域水资源信息以及区域水资源信息的共享共建，可以避免由于信息不畅而产生的水资源矛盾。

2. 强化流域水资源管理协商制度

现存的漳河上游水利联席会议每年召开一次，参与人员为漳河上游管理局、流域内五县市水利部门负责人及四大灌区负责人，这种形式的水资源协调制度不能很好地适应愈发紧张的漳河上游水资源冲突形势。首先，会议的间隔周期较长，会议内容就存在一定的形式化；其次，参与会议的人员多为基层管理人员，缺少省一级的水利部门负责人。

考虑到漳河上游流域水资源冲突属于一个跨省级行政边界的水量分配冲突，设立由流域水资源管理机构及流域内各行政区域政府参与的水资源委员会就显得尤为重要。通过流域水资源委员会协调流域水资源利益关系，在水量分配及水资源转移中起到引导性作用。水资源委员会的召开可以采取定期与不定期相结合的方式进行，定期的会议对宏观问题进行讨论，不定期的会议针对具体的水资源冲突问题进行协商。通过强化流域水资源管理协商制度建设来实现行政区域间的横向协调以及行政区域与流域水资源管理机构和中央政府之间的纵向协调，流域水资源冲突共容利益协商决策所依赖的利益协调能够在制度上得到保障[5]。

3. 强化流域水资源管理法律制度建设

针对漳河上游流域水资源冲突问题，制定合理的水资源管理法律制度是依法治水、依法管水的前提，要强化规章制度建设。对于违反规定的水资源利用行为进行相应的惩罚，而对有利于流域水资源管理的行为进行相应的表彰，落实水资源利用的奖惩制度。对流域水资源取水进行监督，减少非法取水行为及超额取水行为，从水量管理上降低流域水资源冲突发生的概率。

通过社会公众的有效参与提高监管的效率，降低流域水资源管理的成本。依据政府主导、公众参与的流域水资源管理原则，构建群众参与流域水资源社会管理的合理、有效机制，构建流域水资源社会管理的民主决策机制和利益诉求表达机制，支持社会性组织参与流域水资源管理特别是监督监测管理，引导群众积极主动地参与水资源节约、保护过程，培养企业、用水户及利益相关者的水资源管理责任和义务。

4. 建设流域水资源补偿机制

流域水资源补偿机制作为生态补偿机制在水资源领域的具体体现[6]，是实现水生态文明的重要制度保障。漳河上游流域当前的水资源冲突形式主要是水量不足造成的用水矛盾，水资源在行政区域间的转移和合作利用就势必要求相应引水利益补偿，确定补偿的多少及补偿的形式是漳河上游流域水资源补偿机制建设的核心。而实施流域水资源冲突共容利益决策也需要良好的补偿机制作为保障，实践中用水收益的分享具有更加复杂的利益关系，因此流域水资源补偿机制建设就势在必行。按照谁开发谁保护、谁受益谁补偿的基本原则，尝试运用政府手段和市场手段补偿水资源效益。

11.4.2　实施漳河上游流域水资源统一管理

当前情况下，漳河上游流域并没有统一的水资源管理机构：漳河上游管理局作为海河水利委员会的下设机构其职权范围只是对漳河干流 108 千米河段（浊漳河侯壁水电站以下、清漳河匡门口水文站以下至漳河干流观台水文站以上，三省边界地区的 108 千米河段）实行统一管理，而对于山西省境内的河段和水库调度没有管辖权限。这种水资源的分割管理使得漳河上游流域水资源冲突长期以来得不到有效的解决，随着流域需水量的增加，冲突形势愈加严峻。同时，由于需水量关系的变化，个体利益分析中的权重大小关系受到影响，这与漳河上游流域水资源冲突的上下游间冲突的特征愈发明显也相符。

通过上文的计算和分析，若能够完成漳河上游流域水资源冲突的协商个体利益决策并形成漳河上游流域水资源模糊联盟，就可以在流域水资源总收益增加的同时改善各个行政区域的用水收益。在这个共容利益决策机制中，流域水资源管理机构所具有的第三方协调作用至关重要。在流域水资源冲突的协商中，能够承担第三方协调者角色的机构或组织应该具有强制性和公信力。尤其是在我国非营利性公益环保组织这类第三方力量还不够成熟的情况下，流域水资源管理机构就成为能够协调流域水资源冲突的最佳协调者。而流域水资源管理机构的这种协调协商作用的发挥在于其拥有统一管理和调度流域水资源的能力，进行流域水资源的供需情景分析，执行个体利益决策形成的水资源分配方案，协调形成水资源模糊联盟，对各行政区域的取用水行为进行监控和管理。准确的流域水资源供需数据也是现实共容利益决策的前提条件，流域水资源管理机构作为负责全流域水资源规划和管理的职能部门具有更加完备的流域自然社会及经济信息。

11.4.3   建设漳河上游流域最严格水资源管理制度体系

有限的水资源如何满足不断增长的用水需求不仅仅是行政区域政府和流域水资源管理机构所需要思考的公共资源管理难题，也是包括企业、居民等所有日常用水主体需要关心的公共政策议题。在供给给定的情况下，控制需求是正常的解决供不应求问题的思路。对于水资源问题而言，也必须借鉴这一思路才有可能走出水资源短缺的困境。这也正是我国当前水资源短缺大背景下，中央政府所提出的建设最严格水资源管理制度，其目的就在于解决我国水资源供需矛盾[7]。

解决漳河上游流域水资源短缺的治本之策，根本在节水[8]。通过完善水资源配置、节约和保护的法律法规，建立覆盖流域层面和行政区域的用水总量控制红线指标体系、用水效率控制红线指标体系和水功能区的限制纳污红线指标体系，着力推动节水型社会建设。漳河上游流域内水资源需求随着流域内社会经济的持续发展而在同步性增加，到 2030 年，需水总量在 2010 年需水量的基础上增加了近 42%。而地表可用水资源数量却有下降的趋势，1980~2010 年的平均过境水量只有 1956~1979 年平均过境水量的约 48%。以 2030 规划水平年为例，在平水年的情况下，漳河上游流域的缺水率为约 13%，枯水年缺水率达到 40%，特枯水年的缺水率高达 57%。同时，个体利益决策形成的水资源分配方案的稳定性也随着缺水率的增加而降低，也即是水资源短缺的程度加深会使得区域间用水冲突的程度加深。水资源短缺程度的加深不利于水资源冲突的解决。而通过物理节水和政策节水可以有效控制流域需水总量，进而降低水资源短缺程度。在鼓励用水主体节水这方面，可以有效借鉴发达国家的成功经验，通过采取节水器具补贴及阶梯水价的政策鼓励用水主体节约使用水资源[9]。因此，为了缓解漳河上游流域水资源冲突状态，控制流域需水量势在必行。

参 考 文 献

[1]李占伟，牛富.漳河上游水事纠纷及解决对策探索[J].海河水利，2015，（2）：15-16.

[2]牛富，靳利翠，李占伟.多利益方参与的漳河流域管理委员会研究[J].海河水利，2015，（6）：10-12.

[3]孙冬营，王慧敏，于晶.基于模糊联盟合作博弈的流域水资源优化配置研究[J].中国人口·资源与环境，2014，24（12）：153-158.

[4]刘予伟，刘东润，陈献耘.大数据在水资源管理中的应用展望[J].水资源研究，2015，4（5）：470-476.

[5]王勇.论流域政府间横向协调机制——流域水资源消费负外部性治理的视阈[J].公共管理学报，2009，6（1）：84-93.

[6]刘桂环，文一惠，张惠远.基于生态系统服务的官厅水库流域生态补偿机制研究[J].资源科学，2010，32（5）：856-863.

[7]陈雷. 适应新常态 落实新理念 全面加快"十三五"水利改革发展[J]. 中国水利，2017，
（2）：1-5.

[8]陈文科.转型中国水危机的多维思考[J].江汉论坛，2013，（2）：63-70.

[9]李可任，左其亭.节水器具推广财政补贴方式研究[J].中国水利，2012，（18）：50-52.

第　12　章

鄱阳湖流域水资源协商管理政策选择及应用

我国最大淡水湖鄱阳湖对整个长江中下游有重要的生态调控功能。鄱阳湖流域与江西省行政区域高度重合，是典型南方丰水地区，本章主要尝试探讨丰水地区内水资源协商管理政策选择情况。与北方缺水地区相比，鄱阳湖流域社会节水意识相对淡薄、用水效率偏低；21 世纪以来，由于人口增长和工业发展，水资源消耗量迅速增长；据预测，如果按目前的发展模式和速度，未来 20 年内江西省经济社会发展用水将迅速增长，远远突破国家所制订的水量分配计划。可以预见未来水资源短缺问题将是制约鄱阳湖流域或者江西省经济发展的一个重要因素。因此，本章以鄱阳湖流域为例，采用 SIS 分析方法、设置以节水为目标的政策情景，进行水资源政策模拟分析，讨论不同政策影响及优劣，研究结果可以为政策设计提供参考依据。

12.1　鄱阳湖流域概况

12.1.1　自然地理、水文气象及河网水系

1. 自然地理

鄱阳湖地理位置北纬 28°22′至 29°45′，东经 115°47′至 116°45′，地处江西省的北部，长江中下游南岸，以松门山为界，分为南北两部分，北面为入江

水道，长 40 千米，宽 3~5 千米，最窄处约 2.8 千米[1, 2]；南面为主湖体，长 133 千米，最宽处达 74 千米；湖岸线长 1 200 千米，通江湖体面积 3 283 平方千米（湖口水位 21.71 米），平均水深 8.4 米，最深处 25.1 米左右，容积约 276 亿平方千米，是我国目前最大的淡水湖泊。它承纳赣江、抚河、信江、饶河、修河五大河（简称五河）及清丰山溪、西河、博阳河、漳田河、潼津河等来水，经调蓄后由湖口注入长江，是一个过水性、吞吐型、季节性的湖泊。鄱阳湖水系流域面积 16.22 万平方千米，97%的面积在江西省，占长江流域面积的 9%，江西省 94%的面积属于鄱阳湖流域。其水系年均径流量为 1 525 亿立方米，约占长江流域年均径流量的 16.3%。

湖区地貌由水道、洲滩、岛屿、内湖、汊港组成。赣江南昌市以下分为四支，主支在吴城与修河汇合，为西水道，向北至蚌湖，有博阳河注入；赣江南、中、北支与抚河、信江、饶河先后汇入主湖区，为东水道。东、西水道在渚溪口汇合为入江水道，至湖口注入长江。洲滩有沙滩、泥滩、草滩三种类型，共 3 130 平方千米。全湖主要岛屿共 41 个，面积约 103 平方千米[1~5]。内湖有由赣江主支、修河尾间河道与局部高地分隔形成的大湖池、大汉湖、沙湖、蚌湖等九个湖泊。除大汉湖为开口湖外，其余八个湖泊均为可控湖，由小矮堤和水闸控制内湖水位，湖底高程一般在 13.1~15.3 米。主要汊港共约 20 处。

根据地貌形态分类标准，全区可划分为山地、丘陵、岗地、平原四个类型，其中平原及岗地分布面积较大，约占全区总面积的 61.9%[6]。

鄱阳湖水位涨落受五河及长江来水的双重影响，每当洪水季节，水位升高，湖面宽阔，一望无际。鄱阳湖多年平均水位为 12.86 米，最高水位为 1998 年 7 月 31 日的 22.59 米，最低水位为 1963 年 2 月 6 日的 5.90 米（湖口水文站，吴淞基面）。年内水位变幅在 9.79~15.36 米，绝对水位变幅达 16.69 米。随水量变化，鄱阳湖水位升降幅度较大，具有天然调蓄洪水的功能。由于水位变幅大，湖泊面积变化也大。汛期水位上升，湖面陡增，水面辽阔；枯水季节，水位下降，洲滩出露，湖水归槽，蜿蜒一线。洪、枯水的水面、容积相差极大。"高水是湖，低水似河""洪水一片，枯水一线"是鄱阳湖的自然地理特征，湖口水文站历年最高水位（22.59 米，1998 年实测）与最低水位（5.9 米，1963 年实测）相比，相应的湖体面积相差 31 倍，容积相差 75.6 倍[3, 7~9]。

2. 水文气象

1）水量

鄱阳湖流域属典型的亚热带湿润季风气候，湖区气候温和，年平均气温17℃左右；雨量充沛，最大年降水量 2 142.4 毫米（1975 年），最小年降水量1 143.2 毫米（1963 年），年平均降水量 1 400~1 700 毫米，多年平均降水量为1 620 毫米。流域径流量年内分配不均匀，汛期 4~9 月占全年的 75%，其中主汛期 4~6 月占 50% 以上。经湖口站出湖入江的多年平均水量为 1 460 亿立方米，占长江年径流量的 15.5%。

多年平均蒸发量在 800~1 200 毫米。高值区在南昌市和赣州市，低值区在铜鼓、婺源、遂川等县，以南昌站 1 307 毫米为最大，庐山 700 毫米为最小。蒸发量的年变化与气温的年变化趋势大体一致，一般以 12~次年 1 月蒸发量为最小，7~9 月蒸发量为最大。水热基本同期，无霜期近 300 天，适合水稻等多种高产作物生长。

年径流深大部分地区在 600~1 100 毫米，其时空分布基本与降水量相应，汛期 4~6 月的径流量占全年的 55%。各站年最大径流深多在 1 300~1 900 毫米，以信江铁路坪流域 2 329.9 毫米为最大。多年平均年径流量 1 416 亿立方米，其中湖口控制的年径流量为 1 336 亿立方米，以赣江的 675 亿立方米为最大，占 50%[10, 11]。

2）水位

鄱阳湖水位受五河和长江来水的双重影响，年际、年内变幅大。以星子站为例，多年平均水位为 13.39 米，年际最大变幅达 15.41 米，年内变幅7.67~14.19 米。进入 20 世纪以来，特别是 1998 年以后，流域内降水偏少，加之长江上游来水偏少等原因，1999 年之后星子站多年平均水位为 13.01 米，比 1999 年之前低 0.45 米，最低月平均水位主要出现在 2003 年之后的年份，特别是 2006 年、2007 年居多。巨大的水位变幅给湖区的生产、生活造成极大的不方便[11]。

3）泥沙

根据 1956~2005 年泥沙资料统计，鄱阳湖多年平均入湖沙量 1 689 万吨，其中五河入湖沙量 1 450 万吨，占入湖沙量的 85.8%，区间 239 万吨，占

14.2%，入湖沙量主要集中在 3~7 月，占年输沙量的 85.5%。鄱阳湖多年平均年出湖沙量 976 万吨，泥沙淤积量 713 万吨，泥沙淤积量占入湖总量的42.2%。出湖沙量主要集中在 2~5 月，占 74.9%，最大年出湖沙量 2 170 万吨（1969 年），最小年出湖沙量 372 万吨（1963 年）。在洪水期，当长江水倒灌入鄱阳湖时，长江泥沙随江水倒灌入湖，根据湖口站历年沙量资料分析，多年平均长江倒灌沙量 157 万吨，主要集中在 7~9 月，占倒灌泥沙总量的96.9%，年最大倒灌沙量为 699 万吨（1963 年）[1, 5, 10]。

3. 河网水系

江西省境内五河均汇入鄱阳湖，经湖口注入长江，形成较为完整的鄱阳湖水系，入江出口湖口为长江中下游分界点[5]。湖口站控制流域面积为 16.22万平方千米，其中，江西境外面积 0.51 万平方千米，境内面积 15.71 万平方千米。

（1）赣江为江西省第一大河流，干流发源于闽赣交界的石城县石寮岽，至永修县吴城入湖，全长 766 千米。下游外洲站以上流域面积 80 948 平方千米，占全省面积近 50%。赣江在赣州以上为上游，由章水、贡水于赣州汇合而成，集水面积 34 753 平方千米；赣州以下至新干为赣江中游，河长 303 千米。沿程接纳支流众多，主要有遂川江（流域面积 2 895 平方千米）、蜀水（流域面积 1 306 平方千米）、孤江（流域面积 3 084 平方千米）、禾水（流域面积 9 075 平方千米）、乌江（流域面积 3 911 平方千米）等较大支流；新干以下为赣江下游，河长 208 千米。主要支流有袁水（流域面积 6 486 平方千米）、锦江（流域面积 7 884 平方千米）。赣江流域内有大型水库 15 座。沿河有赣州、万安、泰和、吉安、吉水、峡江、新干、樟树、丰城、南昌等市（县）。

（2）抚河位于江西省东部，干流发源于广昌、宁都、石城三县之交的灵华峰，流经 15 个县（市），于进贤三阳入鄱阳湖，流域面积为 15 856 平方千米，干流长 349 千米。抚河控制站李家渡以上流域面积为 15 811 平方千米。南城以上为上游，在南城渡口纳黎川水（流域面积 2 478 平方千米）；南城至临川区为中游，抚河临川区以上河段又称盱江，临川区以下河段为下游。在临川区下 7 千米有支流临水汇入，临水为抚河最大支流，由崇仁水和宜黄水汇合而成，其流域面积约 5 120 平方千米。流域内有大型水库 1 座，沿河有南丰、南城、临川、进贤等市（县）。

（3）信江位于江西省东北部，发源于浙赣边界仙霞岭西侧，全流域面积 16 784 平方千米，主河长 312 千米，以上饶、鹰潭两市所在地分别为上、中、下游分界。信江控制站梅港以上流域面积为 15 535 平方千米。主要支流有丰溪水（流域面积 2 233 平方千米）、白塔河（流域面积 2 838 平方千米）；流域内有大型水库 2 座，沿河有上饶、弋阳、贵溪、鹰潭、余干等市（县）。

（4）饶河由乐安河与昌江于鄱阳县姚公渡汇合而成，流域于赣东北及安徽、浙江省各有小部分，全流域面积 15 428 平方千米。左支乐安河，发源于婺源五龙山西侧半岭村，姚公渡以上乐安河流域面积为 8 773 平方千米，全长 313 千米，其中 287 平方千米分属安徽、浙江省；右支昌江，发源于安徽省祁门县大洪岭，姚公渡以上昌江流域面积为 6 220 平方千米，全长 250 千米，其中 1 894 平方千米属安徽省。两河汇合后称饶河，绕波阳县城南面西流，于尧山分两支，北支出太子湖，西支出龙口入鄱阳湖。流域内有大型水库 2 座；沿河有景德镇、乐平、德兴等市。

（5）修河位于赣西北，干流发源于幕阜山脉黄龙山寨下洞，流域面积 14 700 平方千米，河长 389 千米。主要支流有东津水、潦河等。修河在修水县城以上为上游，柘林以下进入下游区，永修县城以下为滨湖圩区，水流缓慢，汛期受鄱阳湖顶托，洪涝为患。流域内有大中型水库 3 座，江西省最大水库柘林水库就坐落在修河干流中下游，控制集水面积 9 340 平方千米。沿河有永修、武宁、修水、靖安、安义等县。

三峡水库建成、蓄水运行后，改变了大坝以下的径流情势，也改变了鄱阳湖区域的江湖关系。突出影响表现为使鄱阳湖的枯水期提前且延长，枯水期水位下降，对湖区供水及生态环境造成了较大不利影响。

12.1.2 水资源开发利用现状

1.鄱阳湖生态经济区水资源量

鄱阳湖生态经济区地表水资源量 432.80 亿立方米，地下水资源量 102.52 亿立方米，地下水资源量与地表水资源不重复量为 18.70 亿立方米，全区水资源总量为 451.50 亿立方米，占全省水资源总量的 31.7%[12]。全区人均水资源量 2 246 立方米，较全省人均水资源量 3 149 立方米少 28.7%。

2. 鄱阳湖生态经济区供用水量

鄱阳湖生态经济区供水总量 134.34 亿立方米，其中，地表水源供水 129.95 亿立方米，地下水源供水 4.39 亿立方米。全区用水总量 134.34 亿立方米，占全省用水总量的 50.7%，其中：农田灌溉用水量 77.41 亿立方米，占全省农田灌溉用水量的 46.7%；工业用水量 39.66 亿立方米，占全省工业用水量的 66.0%；居民生活用水量 9.78 亿立方米，占全省居民生活用水量的 46.0%；林牧渔畜用水量 3.11 亿立方米，占全省林牧渔畜用水量的 31.2%；城镇公共用水量 3.20 亿立方米，占全省城镇公共用水量的 56.8%；生态环境用水 1.18 亿立方米，占全省生态环境用水量的 55.7%[13, 14]。

3. 鄱阳湖生态经济区水资源质量

根据区内 26 条主要河流 103 个监测断面的水质资料，采用《地表水环境质量标准》（GB 3838—2002），对鄱阳湖生态经济区 38 个县（市、区）已监测的 1 953 千米的河流水质状况进行评价。评价结果表明，全年 I~III 类水占 88.1%，其中 I 类水占 16.7%，II 类水占 64.7%，III 类水占 6.7%；劣于 III 类水占 11.9%，其中 IV 类水占 2.0%，V 类水占 1.3%，劣 V 类水占 8.6%。污染河段主要分布于赣江青山闸段、乐安河韩家渡段、泊阳桥段、镇桥段、石镇街段、昌江吕蒙桥段、鄱阳段、东乡铁路桥段等河段，主要污染物为氨氮和总磷[11]。

2013 年鄱阳湖生态经济区共有 90 个水功能区开展了水质常规监测，全年采用全因子进行达标评价，达标 82 个，达标率为 91.1%；采用水功能区限制纳污红线主要控制项目进行达标评价，达标 84 个，达标率为 93.3%。未达标的水功能区主要超标项目为氨氮和总磷。

鄱阳湖是国际重要湿地，其生物多样性非常丰富，浮游植物有 800 余种，浮游动物有 607 余种，鱼类有 140 种，鸟类 310 多种，鄱阳湖有世界上最大的白鹤群，被称为"白鹤世界""珍禽王国"，是全球候鸟迁徙途径中的重要越冬地之一。

4. 鄱阳湖生态经济区用水指标

鄱阳湖生态经济区人均用水量 668 立方米，较全省人均用水量 586 立方米多 82 立方米；万元地区生产总值（当年价）用水量 161 立方米，较全省万元地区生产总值用水量少 24 立方米；万元工业增加值（当年价）用水量 103 立方米，较全省万元工业增加值用水量多 10 立方米；农田灌溉亩均用水量 648 立方米，较全省灌溉亩均用水量多 12 立方米；城镇居民人均生活用水量每日 167 升，农村居民人均生活用水量每日 94 升。

12.2　鄱阳湖流域水资源 PSR 系统诊断

按照水资源协商管理政策选择框架，应首先对鄱阳湖流域水资源 PSR 系统现状评估诊断，以便进一步分析鄱阳湖流域发展面临的主要水资源问题。

12.2.1　鄱阳湖流域水资源 PSR 系统脆弱性指标体系

水资源协商管理政策分析方法中阐述了构建和选取评价脆弱性的操作层指标的基本思路。首先，依据脆弱性诊断指标体系初选了 94 个具体指标；其次，结合鄱阳湖流域实际情况，使用频度分析法、理论分析法和专家咨询法对初选指标进行筛选；最后，考虑鄱阳湖流域自然资源条件和社会经济发展情况，遵循系统性、综合性、可比性、数据可获得性、可操作性等原则，通过相关性分析，选取三个维度总共 34 个指标，具体指标及熵权见表 12.1~表 12.3[15]。

表 12.1　胁迫性指标熵权

		指标	熵权
胁迫性	气候、环境变化 0.387 0	气温	与多年平均比年平均气温增度/（℃/ΔT）	0.089 7
		降水	与多年平均比年降水量变幅/%	0.297 3
	经济、人文变化 0.613 0	经济发展压力	能源消耗总量/万吨标准煤	0.105 0
			可再生能源占能源消耗总量比重/%	0.139 4
			用水量/亿立方米	0.015 5
			污水排放量/（万吨/年）	0.023 1
		人口压力	人口自然增长率/%	0.005 3
		土地利用变化	造林面积/千公顷	0.251 1
		流域开发治理	水资源开发利用率/%	0.073 5

表 12.2 敏感性指标熵权

		指标		熵权
敏感性	自然系统 0.243 7	水资源系统	水量	与多年平均比年径流量变幅/%	0.195 5
			水质	鄱阳湖 Ⅰ~Ⅲ类水面积/%	0.020 2
		其他生态系统	保护区面积	自然保护区面积比重/%	0.028 0
	经济社会系统 0.756 3	经济发展	生产力影响	洪灾受灾作物面积占播种面积比重/%	0.213 2
				旱灾受灾作物面积占播种面积比重/%	0.238 5
		生活水平	受灾人数	洪涝灾受灾人数/万人	0.106 2
		基础设施	受灾损失	水利等设施受灾损失/亿元	0.195 7
		人体健康	敏感人群	0~14岁和65岁及以上人口比重/%	0.001 6
		社会安定	城乡差距	城乡恩格尔系数比值（0~1）	0.001 1

表 12.3 适应性指标熵权

		指标		熵权
适应性	管理能力 0.237 6	城市建设及工程设施	排涝系统	排水管道密度/（千米/千米²）	0.030 4
		科技水平	万人发明专利数	万人发明专利申请本年授权量/件	0.149 6
		应急水平	道路（疏散能力）	城市人均拥有道路面积/平方米	0.042 1
			医疗条件	每万人中有病床数/张	0.015 4
	经济响应能力 0.306 5	资源使用效率	用水效率	万元地区生产总值用水量/立方米	0.084 3
			能源利用效率	亿元地区生产总值耗能/万吨标准煤	0.020 6
		经济能力	政府经济状况	政府收入/亿元	0.131 8
			居民经济状况	城镇居民人均可支配收入/元	0.069 9
	社会响应能力 0.185 2	弱势群体状态	农业就业人口	农业就业人口比例/%	0.006 3
		文化水平及环保意识	受教育程度	高中及以上文化水平人口比率/%	0.027 2
		社会保障水平	医疗保险	全省医疗保险参保人数/万人	0.151 7
	生态治理水平 0.270 7	生态及环保措施	污染控制	污水处理率/%	0.150 0
			绿化及水土保持	治理水土流失面积/%	0.014 0
			节水措施	工业用水重复利用率/%	0.033 4
				节水面积达到灌溉面积比重/%	0.017 1
		投入力度	治理投资	环境污染治理投资占地区生产总值比重/%	0.056 3

表 12.1 中，气温、降水指标的多年平均是指 1990 年以来数据核算的平均值；可再生能源是指非化石能源，因此可再生能源量占能源消耗总量比重等于水电、核能等非化石能源消耗量占能源消耗总量比重；水资源开发利用率按照当年用水量占当年水资源总量比重核算。

表 12.2 中，水量指标的多年平均是指 1990 年以来数据核算的年径流量平均值。鄱阳湖是国际重要的生态湿地和长江干流重要的调蓄性湖泊，鄱阳湖水质生态直接影响流域生态环境，且 2001~2010 年鄱阳湖水质年下降明显，Ⅰ~Ⅲ类水面积由 99%一度下降至 63%，相对于流域内河流，鄱阳湖区水质变化对人类活动更加敏感，因此选取鄱阳湖Ⅰ~Ⅲ类水面积作为流域水质指标，反映水资源系统生态状况。由于儿童和老人健康易受环境变化影响，可采用此人群占总人口比重简单衡量人体健康对环境变化的敏感程度。城乡恩格尔系数比值是指城市居民恩格尔系数与农村居民恩格尔系数比值，可表征城乡差异，间接反映社会公平和安定，城乡恩格尔系数比值取值在[0,1][15]。

表 12.3 中，一般用万人拥有发明专利有效量作为科技研发活动的产出来衡量科技创新水平，但由于我国只从 2005 年后开始统计该数据，故采用相对完整的万人发明专利申请本年授权量数据替代[15]。

12.2.2　脆弱性诊断及结果分析

为了分析变化环境下江西省水资源 PSR 系统的"压力-状态-响应"变化过程和系统脆弱程度，更深入剖析江西省经济发展存在的问题，收集了来自历年《江西省统计年鉴》[16]、《江西省水资源公报》[17]、国家知识产权局公布的专利数据[18]、科技统计信息中心公布的科技统计数据[19]，对鄱阳湖流域脆弱性变化进行了实证研究分析。

根据熵权法和集对分析计算出的结果，可绘制出图 12.1 和图 12.2。图中纵轴表示各指标相对于最优集的贴近度，即最优贴近度 r_m；图 12.1 中三条曲线分别显示胁迫性最优贴近度、敏感性最优贴近度、适应性最优贴近度，图 12.2 显示脆弱性最优贴近度的变化趋势。所有指标的最优贴近度值 r_m 按五分法分为优、良、中、差、劣五等，数值越大越好。

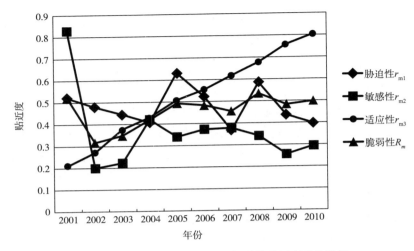

图 12.1　2001~2010 年三维度指标最优贴近度变化趋势

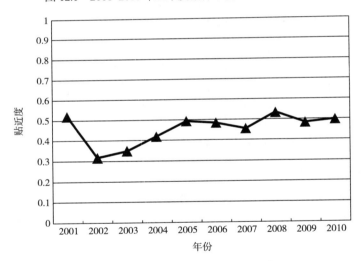

图 12.2　2001~2010 年水资源 PSR 系统脆弱性最优贴近度

需说明，熵权法指标权重根据相对信息量的大小来衡量，再采用集对分析核算的时序变动，分析结果仅能表明各年实际数据与由其构建的理论最优集相比的变动趋势，得到的结果具有相对性，而不表示绝对的好坏水平。熵权法计算出的权重除了能表示各指标的重要程度，还可以侧面反映评价对象各指标的变异程度。

通过分析可明显看出以下几点。

（1）由于自然生态和人类活动变化，系统胁迫性波动明显，但整体处于中等状态。

水资源 PSR 系统胁迫性，受自然生态系统变化和人类生产生活活动两方面影响，胁迫性最优贴近度曲线基本反映了气候因素的反复波动和经济、社会发展压力的变化趋势。分析气候、环境变化和经济、人文变化两类指标熵权可看出，降水是影响系统的主要气候因素，经济发展是主要的经济社会子系统压力来源。

在 2001~2010 年，江西省的经济发展和人口增长增加了生态环境压力，且自然气象要素变化剧烈，年平均气温增度在 0.5~1.3℃波动上升、多年平均比年平均降水量变幅在−20.85%~27.2%反复剧烈波动，洪旱灾频发、洪旱急转多发，在自然灾害严重的年份，整个系统受到的压力风险明显较强。例如，2007 年是 10 年间降水最少的一年，年降水量与多年平均降水量比减少20.85%，全省出现了大范围严重干旱，且经济发展带来的能源和污染压力也较大，所以胁迫性较高[15]。但由于 10 年间坚持开展了退田还湖、退耕还林等生态修复工作，造林面积增加了 1 442.35 千公顷、森林覆盖面积和自然保护区面积增加，同时水资源开发利用率远低于水资源开发利用红线，保证了水资源可持续利用，一定程度缓解了其他因素的负面影响，使系统胁迫性没有过于增大，而是在中等程度反复波动。

（2）流域水资源 PSR 系统尤其是经济社会子系统对压力刺激较敏感[15]。

经济社会子系统敏感性权重为 0.756 3，说明经济社会系统对压力变化更加敏感。这是由于江西省农业生产以高耗水作物为主，灌溉用水方式落后，农业经济对气象要素和自然灾害十分敏感，自然灾害尤其是频发的洪涝灾害易对农业人口生活和基础设施造成巨大损失。

2001 年后敏感性最优贴进度由优等剧降至差等，虽然之后波动中略微回升，敏感性整体处于差等水平，表明 2001 年水资源 PSR 系统还处于一个相对稳定的状态，2002 年以来由于经济迅速发展、人口增长、污染排放、能源消耗快速增长，生态环境遭到了破坏，鄱阳湖Ⅰ~Ⅲ类水面积从 99%一度下降到 63%，水土流失率上升至近 30%。同时洪旱灾害频发，平均每年约有 11.7%的播种面积的农作物遭受洪灾，7.1%的作物遭受旱灾；对农业生产、农民生活和基础设施产生连续性的负面影响，仅水利等基础设施受灾损失总计约 227 亿元。因此，2002 年开始水资源 PSR 系统对压力变化较敏感，自然灾害和不科学的资源开发利用活动对环境与社会产生的负面影响更加显著。

其中，2002 年、2003 年洪灾受灾人数分别 1 007 万人和 828 万人，同时 2003 年高温干旱导致全省受旱面积为 1951 年来最大，旱灾受灾面积达 203.39 平方千米，且与以后年度相比，这两年第一产业在国民经济中重要性高，气候等对经济社会系统带来的冲击相对更强烈，因此在曲线图中敏感性最差。

敏感性最优贴近度曲线变化趋势基本反映了水资源 PSR 系统受气候因素和经济社会发展、人类活动变化产生的胁迫性影响的程度，也体现了自然子系统生态状况和经济社会子系统的经济发展、人类生活及生命健康等方面的变化。

（3）经济发展和生态治理使流域水资源 PSR 系统适应性明显增强[15]。

在适应性维度中，经济应对能力指标和生态治理指标均占 25%以上的权重，图 12.1 显示 2001~2010 年，适应性最优贴近度 r_{m3} 从差等水平上升至相对良好水平；说明在这 10 年间，江西省的经济发展、居民生活水平得到了明显的提高，能源消耗控制、生态治理力度明显改善，江西省应对环境变化的适应能力显著提高。

实际上，2001~2010 年江西省社会、经济发展迅速，地区生产总值从 2 175.00 亿元上升到 9 451.26 亿元，人均地区生产总值翻了四倍；科技投入加大，科技水平提高，研发经费支出占地区生产总值比重涨了三倍，发明专利申请本年授予量提高了五倍；资源利用效率提高，亿元地区生产总值耗能减少 0.4 万吨标准煤，万元地区生产总值用水量减少 581 立方米。防洪排涝、交通运输等基础设施逐渐完善，同时环保生态治理投入力度加强，各项治理措施成果明显，森林覆盖率全国排名第一，达到 63%，污水处理率上升至 80.83%，工业用水重复上升至 76.83%。适应性的变化趋势真实反映了江西省社会经济发展的实际情况。同时，从适应性维度的各项指标，尤其是生态治理指标的逐年持续上升趋势，可以看出发展经济、加大基础设施建设和生态治理是提高适应能力的重要途径。

（4）流域水资源 PSR 系统脆弱性与理论最优集的脆弱性相比总体上处于中等偏差水平[15]。

脆弱性可以看作胁迫性、敏感性、适应性的函数，胁迫性、敏感性与脆弱性同向变化，适应性与脆弱性反向变化。受胁迫性和敏感性的变化趋势影响，2001~2010 年江西省水资源 PSR 系统脆弱性经历了一个先降后提高、略有波动的变化过程。起初因为适应性尚处于较差水平，但胁迫性相对不大且系统敏感性小，脆弱性处于中等水平。但由于经济发展加快、能源消耗和污染排放等活动加强，再加上自然灾害共同对流域系统产生较大负面影响，2002~2003 年脆弱性明显增强。随后由于经济发展和生态环保活动的有效开展，江西省经济社会应对风险的适应性能力得到大幅提高，R_m 逐渐回升，系统脆弱性得到改善。

通过以上分析可看出，图 12.1、图 12.2 中曲线变化趋势基本符合 2001~2010 年江西省自然系统状况和经济社会发展实际情况，反映了江西省水资源 PSR 系统的胁迫性、敏感性、适应性及脆弱性变化趋势。分析结果与江西省实际情况相符，也说明应按照水资源适应性管理理念，在分析气候变化对自然系子统的影响基础上，应更加关注压力对经济社会子系统的冲击引发的经济社会系统脆弱性。

12.3　鄱阳湖水资源协商管理政策选择

政策选择的目的是更好地调节水资源合理利用，缓解地区水资源脆弱性。本节主要探讨适应鄱阳湖流域水资源系统的相关政策，并希望通过这些政策的情景模拟结果分析为鄱阳湖不同流域水量分配提供协商政策参考。

12.3.1　政策需求分析

1. 区域系统脆弱性现状及已有适应措施

根据第 8 章水资源 PSR 诊断分析，鄱阳湖流域水资源 PSR 系统现状诊断结果表明 2001~2010 年在胁迫性、敏感性和适应性变化的共同影响下鄱阳湖水资源 PSR 系统整体脆弱性基本处于中等偏差水平。结合鄱阳湖流域 10 年间的自然系统状态和经济社会发展情况分析，可发现：

（1）导致鄱阳湖水资源 PSR 系统脆弱性的主要原因是气候变化导致的降水量变化产生的自然灾害和经济快速发展带来的能源消耗、污染压力。

（2）虽然鄱阳湖流域是南方丰水地区，但由于处在传统农业大省，水资源对鄱阳湖经济发展十分重要，系统对水资源量变化和水灾害较为敏感。

（3）发展经济、推动科技进步、采用生态治理和提高防灾抗灾管理能力等适应性措施，对增加系统响应能力和缓解系统脆弱性有明显作用[15]。

水资源对鄱阳湖流域经济、社会发展和生态环境有重要影响。为了缓解随着经济发展日益突出的水资源问题的负面影响，江西省在经济建设的同时，努力提高居民生活水平和社会福利，实施生态治理，提高用水效率，推广"节水减污"的绿色生产生活方式。这些措施取得了一定的成效，截至 2010 年污水处理率 80.8%，工业废水排放达标排放率 94.18%，主要河流和鄱阳湖水质有所回升；用水效率稳定提高，万元地区生产总值用水量仅为 2001 年的 1/4。然而经济总量快速增长导致的用水需求增加量超过了用水效率提高节约的水资源量，存在明显的用水效率回弹现象；因此经济社会发展需要的用水总量总体呈增长趋势，逼近国家分配给江西省的总量。

2. 区域未来趋势发展分析

已有关于鄱阳湖流域和江西省未来气候变化的研究表明，2001~2030 年鄱阳湖流域气温继续升高，与 1961~1990 年平均值比，A2 情景下流域径流变化幅度不明显，A1B 情景下流域径流呈减少趋势（−2%~+28%），B1 情景下径流变化相对较小（−5%~+15%）。三种情景分析都说明此期间江西省水资源总量总体上不太可能有较大增加，在特定年份由于气候变化径流减少的可能性更大。同时，2000 年以来江西省经济发展保持 13%左右的年增长率，人口年增长率达到 7‰，根据经济社会发展趋势预测，在 50%来水频率平水年情况下，到 2030 年全流域需水总量至少达 351.57 亿立方米，与 2007 年相比增长 50%。

在天然来水量不增加的情况下，要满足流域用水需求，则无法保持原有的水资源开发利用率，按多年平均径流量估算平水年水资源开发利用率上升至 23%以上；若遇到枯水年发生干旱灾害，水资源供需矛盾会更加突出，为保证经济发展加大水资源开发利用可能会对生态环境产生不利影响。据预计，未来气候变化很可能使生态环境总体呈退化趋势，农业生产受影响较大，产量不确定性增强。

可预见，未来经济发展导致的水资源需求压力的增长会进一步加剧水资源 PSR 系统的脆弱性，水资源问题对生态和经济发展的负面影响将更加明显。如果遵从国家水量分配方案，并保持现有的 13%的地区生产总值增长速度和 20%以下的水资源开发利用率，水资源供需不匹配导致的水短缺问题将成为限制江西省经济发展的主要水资源问题。因此，应该未雨绸缪开始实施各种水资源管理适应措施，调整江西省用水主体用水行为和经济发展模式，提高用水效率，建设节水型社会，以提高系统适应性能力、减少系统脆弱性，应对未来气候变化和经济发展带来的风险。

12.3.2　政策情景设计与数据来源

1. 政策情景设计

将水资源 CGE 模型作为政策影响模拟模型，设计以节水为目标的三类政策，水资源要素价格政策（情景 a）、用水补贴政策（情景 b）和技术进步政策（情景 c）。同时为了分析同一政策不同强度的影响以及同一目标下不同政策的影响，设定了 6 个不同子政策情景，如表 12.4 所示。使用 GAMS 软件进行水资源 CGE 模型建模和政策模拟，可以分析说明不同情景政策的各种影响，包括间接效益和间接成本。

表 12.4　政策情景

项目	情景 0（基准期）	情景 a1	情景 b1	情景 c1
政策冲击	无	水价提高 2.82%	补贴减少 4.75%	技术进步 27.6%
用水总量变化	无	−1.00%	−1.00%	−1.00%

项目	情景 a2	情景 b2	情景 c2
政策冲击	水价提高 10%	补贴减少 52.65%	技术进步 200%
用水总量变化	−3.37%	−3.37%	−1.83%

2. 水资源 SAM 表编制

基于投入产出表编制的 SAM 是 CGE 模型最重要的原始来源，SAM 的结构必须和 CGE 模型相匹配。参考王其文和李善同主编的 1997 年中国宏观 SAM 编制的方法和地区 SAM 编制方法，结合研究需要，本书编制包括活动、商品、要素、经济主体、资本账户和省外其他地区大账户的水资源 SAM①。由于主要研究水资源管理政策，本书编制的水资源 SAM 包含资本、劳动力及水资源三要素；将国民经济生产部门简化为农业、工业、服务业三大部门，并且将水生产与供应业单独作为第四部门列出；经济主体简化为两类居民、企业、政府和地区；并增加一个账户（wsub）反映政府对生产部门的用水补贴及税收，见附表 12.1。

主要数据来自历年统计年鉴、水资源公报、江西省投入产出表及陈锡康和杨翠红[20]、单豪杰[21]等相关研究。由于研究期间我国最新的投入产出表②是 2007 年投入产出表，本书的基准期水资源 SAM 也采用 2007 年江西省数据，待新投入产出表出后可做数据调整。

需说明，本书所指水资源要素价格是由水资源经济价值决定的水资源影子价格，依照刘秀丽和陈锡康[22]对中国九大流域的水资源影子价格研究方法计算，具体公式如下：

$$PP = 0.796 + 2.2114\ln(RW + 0.6024) \qquad (12.1)$$

$$IP = -0.7592 + 6.2605\ln(RW + 1.0581) \qquad (12.2)$$

其中，PP、IP 和 RW 分别为生产用水影子价格、工业用水影子价格和用水量占水资源量的比例。

3. 参数估计

CGE 模型中的参数包括主要份额参数和弹性参数。其中生产函数的替代弹性可根据基准年数据估算或者通过多年统计资料测算。生产函数中的份额

---

① 王其文和李善同主编的《社会核算矩阵原理、方法和应用》中详细说明了 SAM 的编制方法，此处不再赘述。

② 我国投入产出表 5 年编制一次，2012 年的全国投入产出表要 2014 年才能完成，地区投入产出表完成时间则更晚。由于精力和资料限制，无法将地区投入产出表更新到最新年度，故只能采用 2007 年作为研究的基准期。

参数可利用已有函数、弹性参数和基准期数据反推得到；份额参数（如中间投入系数、收入支出份额系数、各种税率）可通过基准年的 SAM 相关数据校准估算，计算结果见附表 12.2~附表 12.5。本书中资本存量数据采用单豪杰[21]的研究成果并根据历年价格指数进行处理[20]。由于数据的可获得性的限制，参考已有研究成果选取、估算相关参数，如表 12.5 所示。

表 12.5　替代弹性

	项目	农业	工业	服务业	供水业
生产函数	劳动与资本-水替代弹性	0.427	0.435	0.727	2.541
	水与资本替代弹性	0.265	0.265	0.265	0.265
贸易函数	阿明顿弹性	3.0	3.8	1.9	4.4
	CET 弹性	3.6	4.6	2.8	4.6

12.3.3　政策影响模拟及结果分析

本书的 CGE 模型和情景模拟采用 GAMS 软件来实现其程序表达及模型求解，在假定生产技术、各产业部门的资本存量等不变的情况下，分析单纯的政策变动导致其他变量变化的结果；模拟采用比较静态分析方法，比较适合模拟近期内（五年左右）经济社会结构和技术水平不发生明显变化情况下的政策研究。若要同时考察其他自然变化和人类活动因素，如自然水量变化导致的水短缺、经济发展、人口增长等与水资源适应性政策共同作用下区域系统的变化，则需要引入动态模块，参考未来区域发展情景进行动态模拟和分析。

本书关注水资源问题，参考其他研究成果和经验估计方法对水与资本的替代弹性进行了设定，因此敏感性分析集中在这一与水资源要素相关的替代弹性上。参照徐卓顺[23]、赵永等[24]的方法，本书对表 12.5 中水与资本替代弹性系数在-30%~+30%区间随机取值，并对三种政策情景下（a1、b1、c1）的总用水量、总产出、地区生产总值、单位地区生产总值耗水量、企业收入、政府收入、居民（农村、城镇）收入、居民（农村、城镇）社会福利（EV）、就业水平几个指标进行敏感性分析，变量变化情况见表 12.6。

表 12.6　水与资本替代弹性系数变化敏感性分析

| 政策情景 | 水与资本替代弹性系数变化幅度 | | | | | |
| | −30% | | | +30% | | |
	a1	b1	c1	a1	b1	c1
1 总用水量	−18.3%	−3.1%	−9.6%	+18.4%	+3.9%	+3.9%
2 总产出	−22.1%	−0.7%	−15.6%	+21.9%	+0.8%	+9.4%
3 地区生产总值	−15.2%	−0.5%	−15.3%	+15.1%	+0.5%	+9.2%
4 单位地区生产总值耗水量	−18.5%	−4.2%	−12.0%	+18.6%	+5.3%	+6.1%
5 企业收入	+2.8%	+0.1%	−15.1%	−2.7%	−0.1%	+9.0%
6 政府收入	+14.9%	+0.3%	−17.3%	−14.8%	−0.4%	+11.1%
7 农村居民收入	−7.7%	−0.2%	−15.1%	+1.1%	−5.9%	+2.4%
8 城镇居民收入	−7.7%	−0.2%	−15.1%	−7.0%	−7.3%	−5.9%
9 农村居民 EV	−7.1%	−0.2%	−14.9%	+7.1%	+0.2%	+8.8%
10 城镇居民 EV	−8.1%	−0.2%	−15.0%	+8.0%	+0.2%	+8.9%
11 就业水平	−7.9%	−0.2%	−15.1%	+7.8%	+0.2%	+9.0%

注：左侧合并单元格文字为"变量变化百分比"。

表 12.6 结果显示，当弹性系数在此区间内变化时，总产出、总用水量、地区生产总值和单位地区生产总值耗水量对弹性变动相对要敏感，但变化幅度也仅在−22.1%~+21.9%，而用水补贴情景下模拟结果变化幅度仅有−7.3%~+5.3%。其中水资源要素价格政策情景下，模拟结果对弹性系数变动最敏感，这是因为本模型中假设在部门生产决策时水被视为基本生产要素，其价格直接影响生产决策，因此水资源要素价格调整情景下相关的变量相对要敏感一些。分析结果说明水与资本替代弹性系数变化对计算结果影响有限，模型基本稳健[①]。

1. 政策情景模拟结果

对三类六种情景进行模拟，将模拟结果分别与基准期均衡解对比，对比出的各项指标变化差异程度显示了水要素价格调整、生产用水补贴变化和技术进步的影响。政策的经济影响包括对部门产出、经济主体（企业、政府、居民）收入、宏观经济、物价及用水效率的影响，如表 12.7 所示，各指标数值为与基准期数据相比变动百分比。

---

① 即当水与资本替代弹性系数变化至一般公认上限 2.5 时（变化幅度达到 944%），三类情景中变量模拟值变化。

表 12.7　政策情景下经济影响对比

控制目标：用水总量变动率		情景 a1	情景 b1	情景 c1	情景 a2	情景 b2	情景 c2
		−1.000	−1.000	−1.000	−3.373	−3.372	−1.835
部门产出	农业	−0.224	−1.273	1.975	0.772	−4.261	3.619
	工业	−0.015	−0.085	0.582	−0.054	−0.318	1.018
	服务业	−0.010	−0.098	0.440	−0.035	−0.336	0.785
	供水业	−0.378	−2.228	3.120	−1.299	−7.589	5.781
	合计	−0.035	−0.211	0.691	−0.123	−0.728	1.229
企业收入		−0.111	−0.609	0.563	−0.385	−2.107	1.003
政府收入		0.175	1.436	0.347	0.605	4.952	0.609
农村居民收入		−0.066	−0.523	0.754	−0.228	−1.769	1.364
城镇居民收入		−0.074	−0.580	0.837	−0.253	−1.962	1.513
地区生产总值		−0.050	−0.295	0.776	−0.172	−1.011	1.389
物价		0.015	0.073	−0.167	0.052	0.253	−0.302
单位地区生产总值耗水量		−0.953	−0.709	−1.765	−3.207	−2.384	−3.180
农业用水占用水总量比重		−0.026	−0.238	−0.783	−0.087	−0.796	−1.411

　　见表 12.8，社会影响以政策对就业、居民福利的冲击衡量[1]；以用水总量和部门用水量指标反映生产用水对水资源系统的环境影响。各指标数值除有特殊标明外，均为与基准期数据相比变动百分比。

表 12.8　政策情景下社会及环境影响对比

控制目标：用水总量变动率		情景 a1	情景 b1	情景 c1	情景 a2	情景 b2	情景 c2
		−1.000	−1.000	−1.000	−3.373	−3.372	−1.835
就业水平		−0.084	−0.664	0.962	−0.288	−2.246	1.741
农村居民 EV（数值）		−0.958	−6.906	10.586	−3.302	−23.466	19.158
城镇居民 EV（数值）		−1.145	−8.575	13.301	−3.946	−29.096	24.064
用水总量变动/亿立方米		−2.334	−2.334	−2.334	−7.854	−7.851	−4.273
用水量	农业	−1.027	−1.238	−1.778	−3.457	−4.141	−3.220
	工业	−0.759	−0.125	0.200	−2.552	−0.456	0.361
	服务业	−0.738	−0.020	0.355	−2.481	−0.061	0.634
	供水业	−1.634	−2.004	1.611	−5.516	−6.856	2.672
	用水总量	−1.000	−1.000	−1.000	−3.373	−3.372	−1.835

---

　　① 用等价性变化量 EV 衡量居民福利变化幅度最大才能达到 6 倍，而最小变化幅度仅有−2.7%。但一般生产要素间的替代弹性极少达到如此高的水平。

2. 同类情景不同调整幅度的政策结果分析

1）水要素价格调整情景分析

（1）总体看来，通过水资源要素价格上涨政策控制用水总量，需要牺牲一定的部门产出和宏观经济机会，付出间接成本[20]。主要体现为减少各部门产出、地区生产总值和居民、企业的收入，并且使得物价上涨，就业机会减少，居民消费能力下降。但是由于用水成本增加，用水需求会减少，而且单位地区生产总值耗水量减少、用水效率提高。虽然企业和居民收入减少会影响政府税收，但在不增加补贴率，保证多增收的水资源要素报酬能纳入国库的前提下，水资源价格上涨 10%可以提高政府收入 0.605%。

（2）水资源要素价格提高 2.82%和 10%的模拟结果对比显示，上涨幅度越大，需要付出越多间接成本，但对降低水资源消耗量、提高用水效率有更显著的作用。

（3）除供水业外①，国民经济三大部门中农业部门对水资源要素价格变动最为敏感。以水要素价格上涨 10%（情景 a2）为例，此时总产出下降 0.123%，同时总用水量减少 3.373%；农业总产出提高 0.772%，用水需求减少 3.457%。原因在于农业部门用水效率低、耗水量最多，2007 年农业用水量占总用水量的 71.45%，只要水要素价格上涨农业部门将受较大影响。

（4）由于本书的水资源要素价格是计量部门自取生产用水、供水业产品价格的基础，其调整通过两条途径直接影响生产部门用水总成本：其一，直接影响生产部门的取水成本；其二，水资源要素价格提高 10%，供水业生产的水商品价格提高 1.22%，使用水商品的生产部门的用水成本再次增加。并且由于水资源要素报酬的计量基础是部门总用水量，远远大于一般研究中所计量的部门使用的水商品量。因此，与其他以供水业产品价格和数量作为水价政策调整基础的研究相比，水资源要素价格上涨的影响从数值上看明显大于此类研究的结果。

---

① 供水业受影响比农业大是因为水资源要素是其最主要的生产要素，水资源要素在总要素中所占比重大于农业。为体现水的特性和水商品价格对生产的影响，故将此行业单独列出。但由于供水业并非传统的水量和水价政策调控对象，在此不单独重点分析，文中分析还是以国民经济三大传统产业为主。

2）用水补贴政策调整情景分析

（1）总体看来，生产用水补贴价格上调对促进部门生产和宏观经济发展有激励作用，地区生产总值和居民、企业的收入都有明显增加，物价下降，就业机会增加，改善居民实际收入，使得居民消费能力提高[25]。补贴增加政府财政负担，却同时使得用水成本相对降低，刺激了用水需求。相对地，减少生产用水补贴（等同增加水资源费的实际增收额），虽然可以控制用水量，但同样增加了用水成本，需要牺牲宏观经济增长的机会。

（2）模拟结果表明，补贴越低越能降低单位地区生产总值耗水量，但会减缓经济发展。生产用水补贴减少 14.75%（情景 b1），单位地区生产总值耗水量减少 0.709%，说明补贴减少，提高了用水成本，促进了生产者提高用水效率。这也反向证明了如果保持高补贴，会使生产者缺少提高用水效率的经济驱动力，可以认为生产用水补贴促进了低效用水行为。

（3）出于保护农业发展的目的，江西省农业水资源费征收极低，甚至免收、不收水资源费，因此在本模型中核算出的农业用水补贴率最高、补贴数额最大。同时由于水要素是江西省农业中的主要投入要素，农业对生产用水补贴的调整敏感，补贴减少 14.75%，产出减少 1.273%，总用水量减少 0.238%。

3）技术进步情景分析

（1）生产节水技术进步、用水效率提高对促进部门生产和宏观经济发展有激励作用，主要体现在用水技术进步时，部门总产出、地区生产总值增加，各类主体收入增长，多创造了就业机会[25]。收入增加和物价下降使居民的实际收入增加，消费能力增强。

（2）模拟结果表明，节水技术提高了用水效率，单位地区生产总值用水量和水资源总需求量减少。但各部门的用水量变化不一致。由于江西农业主要采取传统的灌溉方式，节水技术的使用能对农业产生明显正面影响，模拟数据显示各部门中农业产出增长，且农业需水量显著减少。而在除了农业之外的所有产业水资源需求量都有所增加，这是因为用水效率提高导致用水成本相对下降，因此在刺激生产的同时，相应刺激了水资源消耗的增长。

（3）虽然其他产业由于扩大生产，生产需水量增加，但农业用水效率的提高节约了大量水资源，从而缓解了其他产业用水增长导致的用水供需矛盾。

3. 同一节水目标下不同类政策情景结果分析

分析表 12.6 和表 12.7 中能实现用水总量减少 1%的情景，可以对比相同节水效果的三类政策其他影响的区别。

所有情景中，只有技术进步情景既能够达到节水目标，又能促进经济发展、增加用水主体收入，其他政策在控制用水总量时必然会造成经济发展损失。但由于用水技术进步能够刺激经济发展和资源消耗，技术进步政策对用水量的控制能力相对较差，在只有纯粹的用水技术进步而其他条件不变时，需要较大幅度的技术进步才能达到和水价政策、补贴政策类似的用水量控制目标。

在相同政策目标下，实施水资源要素价格调整政策带来的地区生产总值损失、经济主体收入损失和失业冲击均小于削减生产用水补贴政策造成的损失。且就单位地区生产总值耗水量指标变动看来，水资源要素价格调整更能够促进生产用水效率的提高。虽然由于用水补贴由国家支付，减少补贴能够增加政府财政收入，但就节水效果和其他影响来看，水资源要素价格调整政策比生产用水补贴政策有优势。

综合以上政策影响结果分析可以得到六个主要结论。

结论 12.1 水资源协政策的影响具有多样性和传导性。

本章研究模拟的三类水资源政策的直接作用对象均是经济系统，但前文的理论分析和模拟结果显示，三类政策不但能影响用水主体的用水决策，还能通过经济机制使各部门产品市场价格、商品产出、经济主体收入与消费等都发生连锁变化；并且由于经济发展和产业结构变化，区域劳动就业、生产总用水量、居民群体福利[①]等也受到影响。同时用水总量和用水效率等变化意味着生态环境面临的资源消耗及排污压力将有所改变。因此，三类水资源政策影响从经济系统内部逐渐传导至社会和自然系统。

结论 12.2 水资源价格提高、减少用水补贴和技术进步三类政策均能促

---

① 用等价性变化量 EV 衡量居民福利变化。

进经济社会用水行为调整、实现节水目标[26]。

通过分析模拟结果可以发现，在水资源价格提高、减少用水补贴和技术进步三类情景中单位地区生产总值用水量下降、经济生产和社会生活用水总量减少、农业用水比重降低。说明三类政策均能改变经济主体用水行为，实现提高用水效率、控制用水总量的目标，同时有利于用水结构调整；也反向证明低水价、高补贴和落后的用水技术导致长期的低效用水行为。同类情景不同政策幅度影响结果表明，政策调整幅度越大，影响越明显。

结论 12.3 技术进步政策基本只有正面激励作用，仅从这一点看是符合政策选择中成本效益原则的最佳方案，但实施效果受时间和科技水平限制。

技术进步对促进部门生产和宏观经济发展有激励作用，同时相应刺激了水资源消耗的增长。技术进步虽然扩大了经济生产规模、推动了除农业外所有产业的水资源使用量；但江西省农业用水效率较低，农业用水效率提高可以节约大量水资源，可以满足其他产业的用水需求，因此还是减少了经济生产总用水量。这说明江西省农业节水空间巨大，也许当农业节水空间充分利用后，技术进步推动生产规模和用水总量增长的"回弹效应"会显现出来；但是目前看来，江西省实施技术进步政策能兼顾水资源可持续利用和经济稳定发展双重目标[26]。

但由于存在"回弹效应"，需要较大幅度的技术进步才能达到和水资源要素价格政策、补贴政策类似的用水量控制效果。而实际上短期内不太可能实现大幅的技术水平提高，一般研究认为自然条件下，取 4%的年生产技术进步率较合适。因此，就经济社会发展速度和政策的可操作性来看，在其他生产条件（其他资源效率和管理水平等因素）不变的情况下，短期内纯粹的用水技术进步率迅速达到 27.6%有困难，短期内不能纯粹靠节水技术实现节水目标。但因此技术进步政策需要长期推广实行，不如调整水资源要素价格和补贴政策简单、见效快[25]。

结论 12.4 水资源要素价格政策和补贴政策可以控制用水量，但需要付出间接成本，其中水资源要素价格政策的间接成本稍小[25]。

宏观经济和社会福利等指标变化显示，这两类政策需要付出间接成本，主要体现为牺牲一定发展机会和经济收入。以用水总量减少目标相同的政策情景为例，1%的节水目标下总产出、经济主体收入等指标减少基本远小于

1%，说明政策间接成本并不高。另外，实施水资源要素价格调整政策带来的地区生产总值、企业和居民收入、就业变化均小于削减生产用水补贴政策造成的相应变化，且更能够促进生产用水效率的提高；虽然由于用水补贴由国家支付，减少补贴能够增加政府财政收入，但总体来看，水资源要素价格调整政策比生产用水补贴政策有优势。但现实中调整生产用水补贴提高水要素报酬（水资源费）征收水平更加简便易行，也更符合最严格水资源管理制度的思想。

结论 12.5　农业和供水业对水资源政策更敏感。

四部门中，由于水资源要素是农业和供水业的主要生产要素，水资源政策对这两部门产出和用水需求的影响更为显著。总体上，供水业比农业敏感是因为水资源要素在其生产消耗的要素总量中所占比重大于农业。但由于供水业并非传统的水量和水价政策调控对象，而农业是国民经济基础产业，水资源政策更应该关注农业。数据分析表明与工业和服务业相比，由于农业用水量最大、水价最低、用水补贴数额最大且用水效率低，农业部门对三类政策变动更敏感。并且水资源协商管理政策实施使农业用水比重略微下降，推动经济社会生产用水由低效率的农业向其他行业转移。

结论 12.6　两类居民群体的收入对政策的敏感性有差异[26]。

由于农村居民收入相当一部分来自在外地的转移支付，2007 年约达17%，水资源管理政策对农村居民总收入和福利的影响小于其对城镇居民总收入和福利的影响，但如果只计算省内获得的收入，当采取适应性政策减少用水总量时农村居民收入下降幅度更大。

12.3.4　管理政策对系统脆弱性状态的影响评估

通过模拟证实了水资源管理政策实施可能同时产生多样化的经济、社会等影响，且可能需要付出间接成本；由此说明在模拟分析政策具体影响后，存在进一步定量模拟政策实施后区域系统脆弱性的综合变化的必要性[26]。

由于水资源政策方案影响的多样性，需要在模拟分析三类六种情景下政策影响后，进一步估测政策方案实施对水资源 PSR 系统脆弱性的综合影响。本书研究基准期是 2007 年（情景 0），在基准期基础上发生政策冲击后，模拟出情景集的水资源 PSR 系统脆弱性，如图 12.3 所示。图中圆点表示水资源价格政策情景，三角形表示用水补贴政策情景，菱形表示技术进步情景；纵坐标值为脆弱性距离理论最优集的贴近度 r，取值越大越好，即系统脆弱性越小。

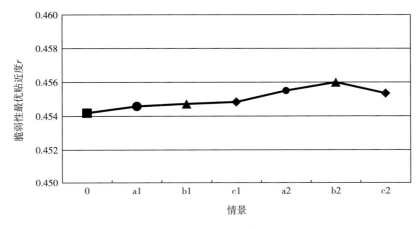

图 12.3　不同情景下脆弱性

本书主要是提供一种通过定性和定量相结合、模拟分析水资源管理政策影响及改善系统脆弱性能力的方法。研究中模拟情景下脆弱性绝对值变动较小，主要是因为：系统脆弱性诊断指标中只有一部分受到本书设计的政策的影响，主要是用水行为和经济发展相关的用水总量、水资源开发利用率、万元地区生产总值用水量、城镇居民可支配收入、政府收入、第一产业人口就业比重等几个指标。短期模拟中假定系统整体结构、资本等条件未发生改变，因此政策基本只对胁迫性和适应性有影响。研究模拟的政策用水量控制为 1%~3%[①]，总体幅度不大。然而，通过对比分析还是看出水资源管理政策能够改善区域脆弱性，不同政策作用的途径、效果有差异。虽然模拟的短期内脆弱性的改善并不大，但这也说明解决水资源问题和实现区域可持续发展是一项长期艰巨任务，需要坚持不懈努力[26]。

结论 12.7　水资源管理政策能促进用水行为调整、改善系统脆弱性[26]。

三类政策情景模拟结果说明在政策影响下经济主体采取了适应行为，节约用水并转变用水途径，有利于整个经济社会子系统水资源利用方式改善。

[①]　江西省 1%的总用水量约等于 2.3 亿立方米，3%的总用水量约等于 7 亿立方米。

由于水资源管理政策可控制低效用水行为，所有模拟政策情景脆弱性均比基准情景脆弱性小，说明总体上本书所模拟的水资源政策具有改善系统脆弱性的能力。对比同一类政策不同幅度情景，如情景 a1、情景 a2 或补贴情景 b1、情景 b2，发现正如前文分析，同类政策实施力度越强，节水效果和对系统各方面的影响也越强，因此水资源管理政策实施力度越大，越能够提高适应能力、减少胁迫性，对系统脆弱性的缓解和改善作用越强。

基于条件限制，政策情景模拟的是在基准情景基础上区域系统的近期内价格和技术政策的影响，并未描述系统长期动态发展，因此各模拟情景中的区域自然生态状态和社会经济结构并未发生重大变化，区域系统的敏感性没有受到政策实施影响。因此，本书模拟的政策主要是通过减少区域系统的胁迫性和增强适应能力两种途径对系统脆弱性产生影响。

结论 12.8　不同政策对系统适应性的影响有差别。

三类政策都能够通过减少用水、排污，缓解经济社会发展对自然系统的胁迫性[26]。然而，由于政策具体影响的差异，三类协商政策影响下适应性变化有细微的差别。实施水资源要素价格政策和用水补贴政策略微牺牲了经济发展的机会，会相对降低适应能力中的经济响应能力，但同时资源利用效率、政府财政能力等因素的改善和收入易受水资源变化影响的农业就业人口比例降低对适应能力提高具有正面影响；综合作用下，总体上这两类政策还是对区域人类适应能力的提高具有积极作用。相比之下，技术进步政策则更能够提高适应能力。

结论 12.9　达到同一节水目标时，三种政策中技术进步政策缓解脆弱性效果最好，调整用水补贴政策次之，提高水资源要素价格政策最差[26]。

达到同一政策目标时（情景 a1、情景 b1、情景 c1），技术进步能同时实现经济社会持续发展和控制用水总量，更有效地提高人类社会应对风险的经济和社会保障能力，即技术进步政策更能改善系统脆弱性；减少生产用水补贴政策由于能较快增加政府财政收入，相比水价政策更能够提高经济社会应对风险的响应能力，缓解系统脆弱性程度。

结论 12.10　技术进步政策需要长期大力推动才能发挥明显作用[26]。

技术进步会增加除农业外其他部门发展的水资源消耗压力，因此纯粹的用水技术进步而其他条件不变时，需要大幅度的用水效率提高才能达到和其他政策近似的改善系统脆弱性的效果。这意味着如果要技术进步产生明显的效果需要较大力度的政策投入和时间积累。由于客观条件的限制，实现同样节水或改善系统状态的目标时，技术进步政策实行起来比其他两类政策要费时、费力，可能需要投入更多的直接成本。

12.4　大数据监控下鄱阳湖水量分配协商方案形成

本节将结合第 9 章大数据监控协商决策平台体系和本章 12.3 节所选的政策内容促进鄱阳湖赣江流域水量分配协商方案形成。

12.4.1　鄱阳湖赣江水量分配总量控制

赣江是江西省内第一大河流，纵贯江西南北，亦为入鄱阳湖五河之首，长江八大支流之一。主河道长 823 千米，流域面积 82 809 平方千米（不含尾闾），约占全省总面积的 50%。赣州市以上为上游，贡水为主河道，习惯上称为东源，流域面积 27 095 平方千米，河长 312 千米。赣江流域多年平均降水量 1 580.8 毫米，中游西部罗霄山脉一带为高值区，可达 1 800.0 毫米以上，最大值为 2 137.0 毫米。水资源年内分配大致为：1~3 月占 21%~25%，4~6 月占 38%~46%，7~9 月占 20%~25%，10~12 月占 11%~12%。目前，赣江流域水质尚好。2007 年后，按江西省人民政府要求，赣江流域水质严格按照水功能区划要求进行管理。赣江流域用水区域（水量分配对象）包括赣州、吉安、新余、萍乡、宜春、南昌、抚州 7 个设区市和 1 个跨设区市灌区（袁惠渠灌区），共 8 个用水区域，各用水区域基本资料调查情况见表 12.9。

表 12.9　赣江流域各用水区域社会经济主要情况

用水区域	总人口 /万人	城镇居民 /万人	农村居民 /万人	牲畜 /万头	耕地面积 /万亩	林牧渔面积 /万亩	农业总产值 /万元	工业总产值 /万元
赣州市	791.62	160.73	630.89	338.83	414.84	173.88	836 813	3 667 826
吉安市	464.35	100.93	363.42	242.89	481.74	70.91	686 809	2 512 376

续表

用水区域	总人口 /万人	城镇居民 /万人	农村居民 /万人	牲畜 /万头	耕地面积 /万亩	林牧渔面积 /万亩	农业总产值 /万元	工业总产值 /万元
新余市	86.17	36.40	49.77	56.64	61.74	6.86	133 415	2 238 971
萍乡市	45.91	6.52	39.39	28.68	28.32	3.36	61 802	729 980
宜春市	327.08	91.24	235.84	196.65	303.72	37.63	408 387	2 671 015
南昌市	260.30	163.60	96.70	65.49	133.14	28.30	174 495	7 622 779
抚州市	19.80	6.87	12.93	7.83	20.81	0.89	28 501	20 370
袁惠渠灌区	33.63	5.08	28.55	28.01	37.11		80 702	
合计	2 028.86	571.37	1 457.49	965.02	1 481.42	321.83	2 410 924	19 463 317

据调查资料，赣江流域（含尾闾）已建各类大小供水设施共 1 822 938 座。其中蓄水工程 117 664 座，大型水库 11 座（不含在建的山口岩和筹建的峡江）、中型水库 106 座、小型水库 3 841 座、塘坝 113 706 座；引水工程 53 300 处，其中大型 1 处、中型 8 处、小型 53 291 处；提水工程 13 224 处、均属小型；地下水水井 1 638 750 眼，其中生产井 5 292 眼、生活井 1 633 458 眼（含农村的压水井）。上述各类大小供水设施实际年最大供水能力 155.7 亿立方米，约占流域多年平均水资源总量的 21.94%。其中蓄水工程供水 89.0 亿立方米；引水工程供水 38.4 亿立方米；提水工程供水 15.8 亿立方米；地下水水井供水 12.5 亿立方米。调查成果显示，赣江流域蓄水工程和引水工程的现状供水能力在整个供水组成中占有绝对优势，两项供水量之和占总供水量的 81.81%。而蓄水工程与引水工程大部分取水用于农业灌溉，因此农业灌溉用水在赣江流域用水组成中占有最大份额。

然而，通过对赣江流域经济社会发展规模及用水定额变化趋势预测发现：在来水 50% 频率的情况下，2030 年需水总量为 161.1 亿~169.0 亿立方米，分别比现状需水增加 23.6%~26.7%；在来水 75% 频率的情况下，2030 年需水总量为 176.1 亿~185.6 亿立方米，分别比现状需水增加 18.3%~21.2%；在来水 95% 频率的情况下，2030 年需水总量为 189.7 亿~200.7 亿立方米，分别比现状需水增加 14.7%~17.3%。从预测结果看，到 2030 年的需（用）水结构发生重大变化。总体上，农业需（用）水比重逐年下降，工业需（用）水比重逐年上升。以 50% 频率中方案为例，到 2030 年，生活用水稳步增长，增幅 6.2 亿立方米，年均增长 2.1%，与全国水平接近，在总量中所占比重由现状年的 9.0%上升到 10.9%。农业用水逐年减少，减幅 18.9 亿立方米，年均减少 0.8%，在总量中所占比重由现状年的 68.7%下降到 43.4%。林牧渔业用水稳步增长，增幅 1.9 亿立方米，年均增加 1.4%，在总量中所占比重由现状年的 4.1%上升到 4.4%。工业用水快步增长，增幅 44.0 亿立方米，年均增长 7.3%，高于全国水平（4.6%），在总量中所占比重由现状年的 18.2%上升到 41.2%，基本与农业持平。需（用）水结构的变化直接带来用水总量分配是否合理的需求。

为此，赣江流域根据成熟的水量分配总量控制相关方法，计算得到 2030 参照年的实际分水总量控制结果（详细结果参见表 12.10~表 12.12）：①在 50%来水频率情况下，2030 参照年除袁水四级区的需水预测量略大于本区可供分配的水资源量，需进行以供定需限制外，其他四级区的需水预测量均小于本区可供分配的水资源量，全流域实际上仍是以需定供。②在 75%来水频率情况下，尽管 2030 参照年的需水预测总和均小于全流域可供分配的水资源量总和，但此时流域中存在需水预测量大于该区可供分配的水资源量的四级区，如袁水、章水。在这种情况下，就需对上述四级区体现以供定需原则，以四级区可供分配的水资源量为分水总量，将其需水预测量下调至可供分配的水资源量。因此，经调整后，全流域的分水总量小于原需水预测总量。③在 95%来水频率情况下，2030 参照年的需水预测总和均大于全流域可供分配的水资源量总和，同时，流域中存在需水预测量大于该区可供分配的水资源量的四级区，如袁水、锦江、章水和平江等；也存在需水预测量小于该区可供分配的水资源量的四级区，如桃江、上犹江、梅江和湘水等；还存在有客水补充，但本区自产水可供分配的水资源量小于需水预测量的四级区，如中游干流、下游干流和赣抚尾间等。在这种情况下，首先，就需对上述四级区中出现需大于供的四级区体现以供定需原则，以四级区的可供分配的水资源量为分水总量，将其需水预测量下调至可供分配的水资源量；其次，就需对上述四级区中出现需小于供的四级区和有客水补充的四级区体现"全流域协调"原则，通过下调其需水预测量，使全流域的需水预测量下调至全流域可供分配的水资源总量，即使全流域分水总量为全流域可供分配的水资源总量。

表 12.10　2030 参照年 50% 频率下需水预测量与可供分配
水资源量对比分析（单位：万立方米）

三级区名称	四级区名称	可供分配水资源量与需水预测量对比				对比分析结果			
		本四级区可供分配水资源量	需（用）水预测量			水量分配总量控制指标			有关说明
			低方案	中方案	高方案	低方案	中方案	高方案	
赣江上游区	章水	78 900	72 995	74 314	75 633	72 995	74 314	75 633	以需定供
	贡水	111 211	62 743	64 387	66 030	62 743	64 387	66 030	以需定供，有客水补充
	上游干流	54 620	24 855	25 561	26 266	24 855	25 561	26 266	以需定供，有客水补充
	桃江	177 086	77 114	79 305	81 496	77 114	79 305	81 496	以需定供
	平江	73 045	37 338	38 779	40 219	37 338	38 779	40 219	以需定供
	上犹江	104 273	38 527	39 606	40 684	38 527	39 606	40 684	以需定供
	濂水	55 004	19 981	20 668	21 354	19 981	20 668	21 354	以需定供
	梅江	191 150	71 540	74 354	77 169	71 540	74 354	77 169	以需定供
	湘水	47 099	15 010	15 531	16 052	15 010	15 531	16 052	以需定供
	遂川江	72 056	28 708	29 636	30 565	28 708	29 636	30 565	以需定供
	合计	964 444	448 811	462 141	475 468	448 811	462 141	475 468	以需定供
赣江中游区	孤江	82 651	36 944	38 063	39 182	36 944	38 063	39 182	以需定供
	中游干流	135 308	102 630	105 880	109 130	102 630	105 880	109 130	以需定供，有客水补充
	禾水	236 340	123 085	127 130	131 176	123 085	127 130	131 176	以需定供
	乌江	106 424	46 411	48 041	49 670	46 411	48 041	49 670	以需定供
	蜀水	27 765	11 592	12 067	12 542	11 592	12 067	12 542	以需定供
	合计	588 488	320 662	331 181	341 700	320 662	331 181	341 700	以需定供
赣江下游区	下游干流	105 455	142 045	146 037	150 029	142 045	146 037	150 029	以需定供，有客水补充
	袁水	232 099	225 219	229 586	233 953	225 219	229 586	232 099	低、中方案以需定供，高方案以供定需
	锦江	246 814	179 589	184 688	189 787	179 589	184 688	189 787	以需定供
	合计	584 368	546 853	560 311	573 769	546 853	560 311	571 915	以需定供
鄱阳湖环湖区	赣抚尾闾	102 700	294 274	296 439	298 604	294 274	296 439	298 604	以需定供，有客水补充
	合计	102 700	294 274	296 439	298 604	294 274	296 439	298 604	以需定供
总计		2 240 000	1 610 600	1 650 072	1 689 541	1 610 600	1 650 072	1 687 687	以需定供

表 12.11　2030 参照年 75%频率下需水预测量与可供分配水资源量对比分析（单位：万立方米）

三级区名称	四级区名称	可供分配水资源量与需水预测量对比				对比分析结果			有关说明
		本四级区可供分配水资源量	需（用）水预测量			水量分配总量控制指标			
			低方案	中方案	高方案	低方案	中方案	高方案	
赣江上游区	章水	70 237	78 008	79 590	81 173	70 237	70 237	70 237	以供定需
	贡水	101 063	68 989	70 961	72 934	68 989	70 961	72 934	以需定供，有客水补充
	上游干流	48 875	27 536	28 382	29 229	27 536	28 382	29 229	以需定供，有客水补充
	桃江	158 458	85 440	88 069	90 699	85 440	88 069	90 699	以需定供
	平江	65 869	42 812	44 540	46 269	42 812	44 540	46 269	以需定供
	上犹江	94 758	42 625	43 919	45 214	42 625	43 919	45 214	以需定供
	濂水	49 218	22 590	23 414	24 238	22 590	23 414	24 238	以需定供
	梅江	173 707	82 235	85 612	88 990	82 235	85 612	88 990	以需定供
	湘水	43 130	16 990	17 616	18 241	16 990	17 616	18 241	以需定供
	遂川江	66 489	32 237	33 351	34 465	32 237	33 351	34 465	以需定供
	合计	871 804	499 462	515 454	531 452	491 691	506 101	520 516	以需定供
赣江中游区	孤江	75 109	41 197	42 540	43 883	41 197	42 540	43 883	以需定供
	中游干流	127 713	114 979	118 879	122 779	114 979	118 879	122 779	以需定供，有客水补充
	禾水	221 407	138 458	143 312	148 167	138 458	143 312	148 167	以需定供
	乌江	97 456	52 602	54 557	56 513	52 602	54 557	56 513	以需定供
	蜀水	25 815	13 398	13 969	14 539	13 398	13 969	14 539	以需定供
	合计	547 500	360 634	373 257	385 881	360 634	373 257	385 881	以需定供
赣江下游区	下游干流	98 792	157 214	162 004	166 794	157 214	162 004	166 794	以需定供，有客水补充
	袁水	190 586	242 575	247 815	253 056	190 586	190 586	190 586	以供定需
	锦江	231 622	198 965	205 084	211 202	198 965	205 084	211 202	以需定供
	合计	521 000	598 754	614 903	631 052	546 765	557 674	568 582	以需定供
鄱阳湖环湖区	赣抚尾闾	91 187	302 501	305 099	307 697	302 501	305 099	307 697	以需定供，有客水补充
	合计	91 187	302 501	305 099	307 697	302 501	305 099	307 697	以需定供
总计		2 031 491	1 761 351	1 808 713	1 856 082	1 701 591	1 742 131	1 782 676	

表 12.12　2030 参照年 95%频率下需水预测量与可供分配
水资源量对比分析（单位：万立方米）

三级区名称	四级区名称	可供分配水资源量与需水预测量对比				对比分析结果			
		本四级区可供分配水资源量	需（用）水预测量			水量分配总量控制指标			有关说明
			低方案	中方案	高方案	低方案	中方案	高方案	
赣江上游区	章水	47 177	82 519	84 339	86 159	47 177	47 177	47 177	以供定需，参与本区调整
	贡水	77 580	74 610	76 878	79 147	66 275	66 244	66 280	以需定供，但参与全流域调整，有客水补充
	上游干流	36 507	29 948	30 922	31 895	26 603	26 644	26 710	以需定供，但参与全流域调整，有客水补充
	桃江	118 360	92 934	95 957	98 981	82 551	82 683	82 890	以需定供，但参与全流域调整
	平江	49 883	47 738	49 725	51 713	47 738	49 725	49 883	高方案以供定需，参与本区调整
	上犹江	72 740	46 314	47 802	49 290	41 139	41 189	41 277	以需定供，但参与全流域调整
	濂水	36 363	24 938	25 885	26 833	22 152	22 305	22 471	以需定供，但参与全流域调整
	梅江	133 344	91 860	95 744	99 628	81 597	82 500	83 432	以需定供，但参与全流域调整
	湘水	33 554	18 773	19 492	20 211	16 675	16 795	16 925	以需定供，但参与全流域调整
	遂川江	52 412	35 413	36 694	37 976	31 456	31 618	31 802	以需定供，但参与全流域调整
	合计	657 920	545 047	563 438	581 833	463 363	466 880	468 847	
赣江中游区	孤江	57 656	45 024	46 569	48 251	39 994	40 127	40 407	以需定供，但参与全流域调整
	中游干流	104 619	126 094	130 578	135 063	112 006	112 515	113 106	以需定供，但参与全流域调整，有客水补充
	禾水	179 061	152 293	157 876	163 459	135 279	136 037	136 886	以需定供，但参与全流域调整
	乌江	75 817	58 174	60 423	63 231	51 675	52 064	52 952	以需定供，但参与全流域调整
	蜀水	20 610	15 024	15 680	16 337	13 346	13 511	13 681	以需定供，但参与全流域调整
	合计	437 763	396 609	411 126	426 341	352 300	354 254	357 032	

续表

三级区名称	四级区名称	可供分配水资源量与需水预测量对比				对比分析结果				有关说明
		本四级区可供分配水资源量	需（用）水预测量			水量分配总量控制指标				
			低方案	中方案	高方案	低方案	中方案	高方案		
赣江下游区	下游干流	79 897	170 866	176 374	181 883	151 776	151 976	152 314	以需定供，但参与全流域调整，有客水补充
	袁水	140 115	258 195	264 221	270 248	140 115	140 115	140 115	以供定需，参与本区调整
	锦江	170 284	216 403	223 440	230 477	170 284	170 284	170 284	以供定需，参与本区调整
	合计	390 296	645 464	664 035	682 608	462 175	462 375	462 713	
鄱阳湖环湖区	赣抚尾闾	67 142	309 906	312 893	315 881	275 282	269 611	264 528	以需定供，但参与全流域调整，有客水补充
	合计	67 142	309 906	312 893	315 881	275 282	269 611	264 528	
总计		1 553 121	1 897 026	1 951 492	2 006 663	1 553 120	1 553 120	1 553 120	

结合赣江流域实际情况，分别从尊重现状原则、公平原则、侧重公平适度兼顾效率原则出发，相应选择用水定额预测法、分类权重法、层次分析决策法三种方法进行分析探讨，基本上已确定了流域各用水区域水量分配的幅度范围。在三种方法分水的成果基础上，运用德尔菲法的基本原理，赣江流域水量分配方案研究项目组成员经各自评判、总结，然后对各方案的期望值进行赋值评判，再逐步进行意见集中，初步确定综合意见的预选分水方案[19]。并通过水量分配模拟模型评价各初步预选方案的可行性，模拟模型运行评价的边界条件为分水方案是否能满足河流生态环境需水的要求，是否影响河流健康生命。

根据模拟模型计算结果及分析评价，2030 参照年各频率的高方案均有可行性。依据水法、《取水许可和水资源费征收管理条例》和《江西省水资源条例》及其他相关法规，水量分配方案的总量控制指标是指多年平均来水频率情况下的分水总量，即 50%来水频率。另经研究预测，流域用水高峰将在2030 年前后出现。考虑各用水区域的经济社会发展需求和水资源权属管理相对稳定性的需要，建议采用 2030 参照年的方案。因此，本节推荐 2030 参照年的 50%频率的水量分配高方案为协商确认技术依据。

12.4.2 水量分配协商方案形成

赣江流域水资源分配是一个多主体参与的多阶段协商、反复修正、集中决策的研讨过程。赣江流域水量分配通过实践摸索，总结了一套过程参与、民主协商、集中决策的协商确认工作机制，成立了用水主体广泛参与的水量分配协调工作小组作为最终集中决策者，明确协商程序和内容，并协商贯穿于水量分配的全过程。协调工作小组办公室设省水利厅水资源处，负责日常工作。工作小组成员包括省水利厅厅长、省发展和改革委员会农村经济处处长、省水利厅水资源处处长、各地市人民政府相关工作人员、各地市水利或水务部门负责人、技术依托科研单位江西省水利科学研究院副院长等。协调工作主要以会议方式进行，每次会议形成会议纪要。在协调过程中，针对用水区域提出的问题，逐一进行单方协调，并及时将协调成果以函件的形式相互通报。水量分配方案最终的协商成果由各用水区域人民政府返函进行确认。在协商程序上，遵循民主协商、循序渐进的原则。水量分配确认需要进行反复比较论证，多次协商，最终确定，是一个协调多方关系的复杂过程。在协商过程中，遵循了以下循序渐进的工作程序，见图 12.4。

在协商内容上，明确了协商确认的主要任务是对分水方案中所依据的基础数据、现状用水指标、用水定额发展变化趋势、经济社会发展趋势、分水方案进行协商和确认，形成水量分配协商确认推荐方案，并按有关程序上报江西省人民政府批准实施。经多次协商，形成最终水量分配报批方案。具体如下：赣江流域可供分配的水资源总量为 224.00 亿立方米；实际用于分配的水资源总量为 168.77 亿立方米，占水资源总量的 23.71%，占可供分配水资源总量的 75.34%；余留可供分配的水资源总量为 55.23 亿立方米，占水资源总量的 7.76%，占可供分配水资源总量的 24.66%。

各设区市及跨设区市灌区用水区域分配方案见表 12.13 和图 12.5。

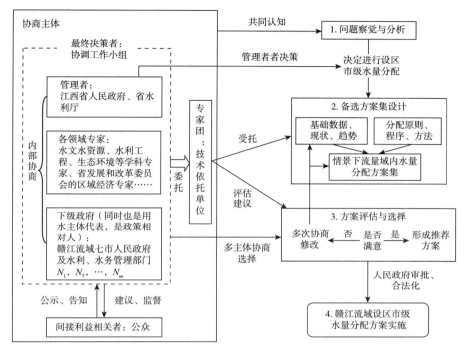

图 12.4　流域设区市级水量分配协商确认程序

表 12.13　赣江流域 2030 参照年水量分配协商方案

分水区域	赣州市	吉安市	新余市	萍乡市	宜春市	南昌市	抚州市	袁惠渠灌区	合计
分水量/亿立方米	43.96	39.22	11.74	5.26	29.01	35.54	1.37	2.67	168.77
分水比例/%	26.05	23.24	6.95	3.12	17.19	21.06	0.81	1.58	100.00

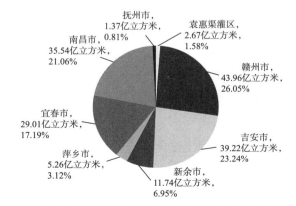

图 12.5　2030 年 50%频率赣江流域各设区市及跨市灌区分水量及分水比例

12.5 鄱阳湖流域水资源管理协商调控政策

鄱阳湖流域虽处南方丰水地区，但降水量时间分布不均导致洪涝和旱灾并存，近年来受极端气候变化影响，降水量波动剧烈，出现多次大旱，给江西省生态和社会经济带来了极大破坏。江西省是传统农业大省，农业用水占用水总量的三分之二，"十一五"期间农业灌溉用水有效利用系数为 0.446，低于全国平均水平，耗用了大量水资源。可预见，随着经济发展、人口增长，江西省水资源需求量将进一步增长，用水供需矛盾将更加凸显[25]。为应对未来的水资源短缺，防止出现生产生活用水增加影响生态环境用水而导致水生态环境恶化、经济社会发展不稳定。区域系统脆弱性增强的局面，必须未雨绸缪，采取以节水为目标的水资源管理协商政策，通过多种手段提高用水效率，控制用水总量增长。

本书结合鄱阳湖流域实际情况，构建了水资源 CGE 模型，模拟分析了水资源要素价格调整、生产用水补贴调整和技术进步政策情景的影响及系统脆弱性的可能变化。模拟证明水资源管理相关协商政策影响具有多样性和传导性；因此有必要在模拟政策具体影响基础上，评估对系统脆弱性的综合影响，才能判断政策措施是否真正有利于改善系统脆弱性，进行更科学的适应性政策研究[25]。模拟显示水资源管理协商政策能够促进经济主体采取适应行为，调整经济生产、消费等一系列活动，实现整个经济社会子系统水资源利用方式改善（用水效率提高、用水量减少、用水结构变化等），从而缓解系统脆弱性；然而，短期内靠单一措施不可能明显改善水资源 PSR 系统，解决水资源问题和建设可持续发展的节水型社会还有待长期的努力。对于鄱阳湖流域实施水资源管理政策的主要建议如下：

（1）从现实区域脆弱性成因出发，定量定性研究可采用的政策措施，通过模拟分析和实践调查，分析协商政策是否最终具有改善系统脆弱性的能力，并以此为长期目标不断学习调整水资源管理协商政策实施[26]。

水资源管理部门依据现实条件和全面定量的政策评估，科学地进行政策设计和选择。水资源管理政策协商方案的设计应结合地区条件和发展规划，综合考虑可操作性、生效速度、效果持续性和政策影响。由于政策影响具有复杂性，且对不同主体利益影响不同，应该对比研究不同政策的具体优劣、谨慎决策，以免造成社会不公、激化矛盾；同时应该分析政策是否有利于改善系统脆弱性程度和区域可持续发展，以此作为政策实施的长期目标。

（2）在实践中研究适用于本地区的水资源管理政策方案组合，通过长期坚持实施水资源管理政策遏制低效用水行为，实现可持续发展[25]。

不同管理政策影响有差异，各有优劣势，可以根据管理需要组合选择适合的水资源管理政策。应该依据现实管理目标，通过政策模拟分析和不断地实践调整来选择具体的适用的政策方案。由于建设节水型社会不可能一蹴而就，需要长期坚持实施水资源管理政策，促进生产节水和水资源优化配置，才能有效改善区域系统的脆弱性状态，实现经济、社会和生态可持续发展。

（3）提高水资源要素价格和减少用水补贴所支付的间接成本属于可承受范围，应采用此类经济激励型政策鼓励节水行为，其中可优先选择调整水资源要素价格政策[25]。

水资源价格政策和用水补贴政策通过提高用水成本控制用水总量，减少1%的总用水量（约 2.3 亿立方米），地区生产总值减少不超过 0.3%，经济主体收入降低不大于 0.6%，属于可承受范围；牺牲较小的经济利益能减少用水总量、缓解生态环境压力、改善水资源 PSR 系统脆弱性，政策具有较好的经济性。这两种经济刺激政策效果相对显著，能在短期快速生效，较小的政策调整能产生明显的效果，具有杠杆作用；因此可以作为短期经济调控手段使用。由于达到同样用水控制效果时，提高水资源要素价格政策的间接成本小于减少用水补贴的间接成本，但两者对区域系统的脆弱性综合改善能力没有明显区别，因此，相对减少用水补贴政策而言江西省更适合采用调整水资源要素价格政策。

（4）节水技术进步政策能大幅度促进用水效率提高并刺激江西省经济增长，应将其纳入长期战略，重点发展江西省农业灌溉节水技术[26]。

技术进步能全面促进经济发展并使得全体社会成员受益，是最符合社会经济与自然环境可持续理念的节水方法；但受现实条件制约，短期效果可能有限，需要长期推行才能发挥显著作用。而且鄱阳湖流域丰水时期水量丰富，多数用户节水意识薄弱，阻碍了节水技术的推广。尤其是农业灌溉技术落后和设施老化，灌溉方式以漫灌、串灌为主，灌溉用水效率低下，浪费了大量水资源。技术进步对江西省农业节水和生产激励尤为明显；政府应该将用水技术进步政策纳入长期战略，采用法律强制、行政推广、经济鼓励、技术扶持、教育普及等多种手段全面推广节水技术和环保的生产、生活方式；并重点推广先进灌溉技术、提高农业用水效率。

（5）将农业作为节水建设的重点目标行业，并适当调整产业结构[25]。

江西省产业中农业占有重要地位，但用水效率偏低。模拟结果证实由于农业用水效率低，耗水量过多，江西省农业有较大的节水潜力，且农业对水资源管理政策调整敏感。因此，应将农业作为重点节水行业，提高农业用水效率；可以考虑同时综合使用多种水资源政策，促进生产节水和水资源优化配置；同时调整产业布局，依靠科技创新和技术进步，发展节水型经济。

（6）关注水资源政策对农村居民和农业就业人口的影响，资助农业节水生产[26]。

如果以提高生产用水成本的措施刺激节水，应同时考虑农村居民尤其是农业就业人员的经济能力和承受能力。用水成本上升不应该增加农业就业人口的经济负担，给予采用节水生产方式的农户技术、资金、政策等方面的资助可能会更有效地激励农业节水。

（7）完善配套基础设施和制度建设。

尤其是加强流域内水利工程及相关设施建设，提高防洪排涝及抗旱能力和突发水污染事件应急能力；加强减缓气候变化的相关法制建设，制定和实施节水、节能等强制性标准[15]。另外，因为农村居民尤其是农业从业人员是易受水资源适应性政策影响的群体，在设计政策时应充分考虑对农村居民群体的影响和补偿，如有必要应该建立相应补偿和救助机制。

实现水资源管理还需要建立完善的决策、实施、监测反馈机制，如气候变化应急预案、水质监测数据库等，保证水资源管理政策能够灵活应对新变化、新问题。

总而言之，鄱阳湖流域应该通过制度建设、经济激励、技术推广和环保宣传等措施，引导和激励用水主体从维护自身利益出发、自主采取节水生产和生活方式，推动节水和环保理念成为社会共识。由此达到控制用水总量增长，缓解用水矛盾、协调用水主体利益的直接政策目标，实现增强经济社会系统应对变化环境的不确定风险的能力、缓解系统脆弱性，维持区域可持续发展的长远目标。

参 考 文 献

[1]林玉茹. 鄱阳湖枯水现象的水文分析及湿地生态系统响应研究[D]. 南昌大学硕士学位论文，2010.

[2]陈月红，熊文红，汪岗. 从98洪水看鄱阳湖流域的水土保持可持续发展[J]. 泥沙研究，2002，（4）：48-51.

[3]徐德龙，熊明，张晶. 鄱阳湖水文特性分析[J]. 人民长江，2001，32（2）：21-22.

[4]龙智勇. 鄱阳湖有机氯农药分布特征与来源研究[D]. 南昌大学硕士学位论文，2009.

[5]蔡玉林. 多源遥感数据应用于鄱阳湖水环境研究[D]. 中国科学院遥感应用研究所博士学位论文，2006.

[6]莫明浩. 鄱阳湖典型湿地土地覆盖及景观格局动态变化分析[D]. 江西师范大学硕士学位论文，2006.

[7]黄佑生. 兴建鄱阳湖控制工程，完善长江防洪体系[J]. 江西水利科技，2003，29（2）：89-92.

[8]朱琳，赵英伟，刘黎明. 鄱阳湖湿地生态系统功能评价及其利用保护对策[J]. 水土保持学报，2004，18（2）：196-200.

[9]何坦，唐庆霞，郑亚慧. 基于卫星遥感技术的鄱阳湖水体面积快速监测[J]. 价值工程，2013，（19）：213-215.

[10]肖俊. 江西省水资源安全评价[D]. 长沙理工大学硕士学位论文，2008.

[11]孙晓山. 加强流域综合管理 确保鄱阳湖一湖清水[J]. 江西水利科技，2009，35（2）：87-92.

[12]陈守真. 福建节水型社会建设的水资源问题初探[C]. 节水型社会建设的理论与实践——福建省科学技术协会第七届学术年会水利分会，2007.

[13]王法磊. 流域生态需水研究[D]. 江西师范大学硕士学位论文，2010.

[14]曹卫兵. 湘江流域初始水权分配研究[D]. 国防科学技术大学硕士学位论文，2011.

[15]李昌彦，王慧敏，佟金萍，等. 气候变化下水资源适应性系统脆弱性评价——以鄱阳湖流域为例[J]. 长江流域资源与环境，2013，22（2）：68-74.

[16]江西省统计局，国家统计局江西调查总队. 江西省统计年鉴[M]. 北京：中国统计出版社，2001~2010.

[17]江西省水利厅. 水利公报：江西省水资源公报 [EB/OL]. http://www.jxsl.gov.cn/list.jsp? classid=62，2016-11-01.

[18]国家知识产权局. 统计信息：国家知识产权局统计年报[EB/OL]. http://www.sipo.gov.cn/tjxx/，2016-09-01.

[19]科技统计信息中心. 主要统计数据：中国科技统计数据[EB/OL]. http://www.sts.org.cn/sjkl/kjtjdt/index.html，2016-11-09.

[20]陈锡康，杨翠红. 投入产出技术[M]. 北京：科学出版社，2011.

[21]单豪杰. 中国资本存量 K 的再估算：1952-2006 年[J]. 数量经济技术经济研究，2008，（10）：17-31.

[22]刘秀丽，陈锡康. 投入产出分析在我国九大流域水资源影子价格计算中的应用[J]. 管理评论，2003，（1）：49-53.

[23]徐卓顺. 可计算一般均衡（CGE）模型：建模原理、参数估计方法与应用研究[D]. 吉林大学博士学位论文，2009.

[24]赵永，王劲峰，蔡焕杰. 水资源问题的可计算一般均衡模型研究综述[J]. 水科学进展，2008，19（5）：756-762.

[25]李昌彦，王慧敏，佟金萍，等. 基于 CGE 模型的水资源政策模拟分析——以江西省为例[J]. 资源科学，2014，36（1）：84-93.

[26]李昌彦，王慧敏，王圣，等. 水资源适应对策影响分析与模拟[J]. 中国人口·资源与环境，2014，24（3）：145-153.

本 章 附 件

附表 12.1　水资源 SAM

项目		活动				商品				要素		
		农业	工业	服务业	供水业	农业	工业	服务业	供水业	资本	劳动	水资源
		sec1	sec2	sec3	secwater	com1	com2	com3	comwater	lab	cap	water
活动	农业					1 426.784						
	工业						9 574.320					
	服务业							3 544.150				
	供水业								39.742			

续表

项目		活动				商品				要素		
		农业	工业	服务业	供水业	农业	工业	服务业	供水业	资本	劳动	水资源
		sec1	sec2	sec3	secwater	com1	com2	com3	comwater	lab	cap	water
商品	农业	184.297	359.701	69.320	0.000							
	工业	233.831	5 118.969	739.302	11.217							
	服务业	102.879	1 296.420	964.731	7.163							
	供水业	0.153	10.515	17.236	0.106							
要素	资本	781.462	1 220.475	856.271	8.616							
	劳动	123.735	1 427.251	722.042	11.437							
	水资源	51.903	42.502	0.841	6.047							
主体	农村居民	0	0	0	0					1 104.367	14.719	
	城镇居民	0	0	0	0					1 762.456	24.475	
	企业	0	0	0	0					2 245.272		
	政府	0.410	140.020	175.219	1.010	0.146	30.949	0.0003	0			101.293
用水补贴		−51.886	−41.532	−0.814	−5.855	0	0	0	0			
投资		0	0	0	0	0	0	0	0			
国内其他地区						5.882	1 767.530	625.407	7.198			
国外						0.960	345.800	0.003	0			
合计		1 426.784	9 574.321	3 544.148	39.741	1 433.772	11 718.60	4 169.560	46.940	2 866.823	2 284.466	101.293

项目		主体				用水补贴	投资	国内其他地区	国外	合计
		居民 1	居民 2	企业	政府					
		hhr	hhu	ent	gov	wusb	inv	roc	row	total
活动	农业									1 426.784
	工业									9 574.320
	服务业									3 544.150
	供水业									39.742
商品	农业	229.713	167.633	0.000	36.516	0.000	69.775	304.995	11.822	1 433.772
	工业	545.410	741.701	0.000	6.355	0.000	2 591.343	1 292.972	437.498	11 718.60
	服务业	323.720	439.188	0.000	708.268	0.000	132.104	193.336	1.750	4 169.559
	供水业	4.959	15.972	0.000	0.000	0.000	−2.002	0.000	0.000	46.939

续表

项目		主体				用水补贴	投资	国内其他地区	国外	合计
		居民1	居民2	企业	政府					
		hhr	hhu	ent	gov	wusb	inv	roc	row	total
要素	资本									2 866.823
	劳动									2 284.466
	水资源							0.000		101.293
主体	农村居民			5.505	54.625			239.150	1.688	1 420.055
	城镇居民			19.791	196.375			40.515		2 043.611
	企业									2 245.272
	政府	2.984	22.580	417.820		−100.086				792.346
用水补贴										−100.086
投资		313.269	656.538	1 802.155	−209.794	0.000	0.000	335.046	−105.995	2 791.219
国内其他地区		0.000								2 406.016
国外										346.763
合计		1 420.055	2 043.612	2 245.271	792.345	−100.086	2 791.220	2 406.014	346.763	

附表 12.2　中间投入的投入产出系数

行业	农业	工业	服务业	供水业
农业	0.353 63	0.053 01	0.038 71	
工业	0.448 67	0.754 39	0.412 88	0.606 79
服务业	0.197 40	0.191 05	0.538 78	0.387 47
供水业	0.000 29	0.001 55	0.009 63	0.005 74

附表 12.3　直接消耗系数

行业	农业	工业	服务业	供水业
农业	0.129 2	0.037 6	0.019 6	0.000 0
工业	0.163 9	0.534 7	0.208 6	0.282 3
服务业	0.072 1	0.135 4	0.272 2	0.180 2
供水业	0.000 1	0.001 1	0.004 9	0.002 7

附表 12.4　各行业用水影子价格及应缴纳水资源要素报酬

行业	农业	工业				服务业	供水业	合计
	农林牧渔业	采掘业	制造业	电力燃料燃气	建筑业			
影子价格	0.336 6	0.727 8	0.727 8	0.727 8	0.336 6	0.336 6	0.727 8	
应缴水资源要素报酬	51.903 4		42.501 9			0.841 4	6.046 5	101.293

附表 12.5　企业及居民平均所得税率

企业	农村居民	城镇居民
0.186 09	0.002 1	0.011 05

第 13 章

云南省干旱缺水应急协商管理实践

干旱是云南省最主要的自然灾害之一。近年来，云南省干旱灾害频繁发生，影响范围大，持续时间长，损失严重。干旱的频繁发生和长期持续不但给云南省经济特别是农业生产等带来巨大的损失，而且还造成水资源短缺、河流断流等生态环境问题。干旱缺水已成为云南省社会经济发展的重要障碍。因此对云南省干旱缺水进行应急协商管理研究，对干旱期云南省生活、生产水资源保证具有重要的现实意义。

13.1　云南省水资源现状分析

13.1.1　云南省自然地理概况

云南省位于北纬 21°8′32″~29°15′8″和东经 97°31′39″~106°11′47″，青藏高原东南侧，地势高耸，山高谷深，地形地貌极为复杂。全省平均海拔高程接近 2 000 米，区内海拔高度变化较大。总的趋势是西北高、东南低，呈不均匀阶梯状逐级降低，最高点在西北部的梅里雪山卡格博峰，海拔为 6 740 米，最低点位于与越南接壤的河口县境内南溪河和红河的交汇点，海拔仅76.4 米，高差达 6 663.6 米；由东南向西北，每推进 1 000 米，海拔高程平均升高 6~7 米，海拔高度悬殊之大在全国少见。云南省地貌类型众多，并有明显的地域性。按形态分类，有高原、山地、盆地等；以山地为主，占全省土地面积的 84%，高原、丘陵占 10%，坝子（盆地、河谷）仅占 6%。

云南省南北走向的山脉地形孕育了六大江河水系，即长江、珠江、红河、澜沧江-湄公河、怒江-萨尔温江、伊洛瓦底江（云南省境内称为独龙江），这六大水系均为入海河流的上中游，水量较为丰富。云南省河流众多，境内流域面积在 100 平方千米以上的河流有 908 条，1 000 平方千米以上的河流有 108 条，5 000 平方千米以上的河流有 25 条，10 000 平方千米以上的河流有 10 条。除了源远流长的大小江河之外，还有分布在各地的大小天然湖泊共 30 多个，其中泸沽湖、程海、滇池、阳宗海、星云湖、抚仙湖、杞麓湖、异龙湖、洱海等九大高原湖泊蓄水量丰富，同时也是人口相对集中、经济较为发达地区的工业和城镇供水水源。

云南地处高原，海拔较高，太阳辐射较强。总体上，全省四季变化不明显，气候特征主要表现为干季和湿季交替，干季因受来自印度、巴基斯坦北部的干暖气流控制，天气晴朗、干燥、风速大、蒸发量大，降水量十分稀少，仅有年降水量的 5%~20%。因此，这段时期容易出现大范围的干旱灾害。全省平均降水量为 1 278.8 毫米，折合水量 4 900 亿立方米。降水量地区时空分布复杂，西部、西南部和东南部年降水量较大；而中部和北部的降水量较少。从全省范围来看，降水量分布规律为：山区降水量多，河谷、坝区降水量少；迎风坡降水量大，背风坡降水量小。因此，虽然降水量丰富，但受复杂地形的影响时空分布不均，存在明显的地区差异，并且降水量主要集中在汛期（5~10 月），一般占全年的 85%以上，造成云南极易出现干旱和洪涝等自然灾害。

13.1.2　云南省干旱总概况

1. 云南省干旱情况

云南省各种自然灾害频繁发生，其中旱灾发生频率高，影响范围大，不仅影响农业生产，而且对工业用水、人民生活用水和农村牲畜用水造成巨大危害，还会导致浅山区森林植被死亡，对生态环境有着重大的影响。在 1950~2010 年 61 年，云南省共出现 58 旱年，其中大旱 22 年，小旱 36 年，平均 3 年一大旱，1 年一小旱。特大旱情发生在 1963 年、1979 年、1987 年、2005 年、2010 年；两年连旱发生在 1979~1980 年、1982~1983 年、2009~2010 年；四年连旱发生在 2003~2006 年；五年连旱发生在 1985~1989 年。在 1990~2010 年 21 年，有 10 年发生了比较严重的干旱，发生干旱的年份分别是 1991 年、1992 年、1999 年、2002 年、2003 年、2005 年、2006 年、2007 年、2009 年、2010 年，其中 2009~2010 年为百年不遇大旱，2011 年云南省再遇大旱，大部分地区旱情超过 2010 年，是自 1959 年以来降水第二少的年份[1, 2]。据统计，2005 年云南省春夏连旱，共造成农业经济损失 53 亿元、工业经济损失约 80 亿元；2010 年春夏西南地区大旱经济损失超 351.86 亿元，受灾人口超 5 826.73 万人，耕地受旱面积达 1.01 亿亩。其中，2010 年是云南省百年一遇的全省性特大干旱年，该次干旱出现早、持续时间长、影响范围广、灾情程度重，全省农业直接经济损失已超过 200 亿元，造成 16 个州市 2 512 万人受灾。

受季风影响，云南省水资源年内分配极不均匀，来水和需水时间上的不对应性，致使干旱灾害频繁发生，特别是农业生产用水量最大的 4、5 两月占用水量的 30%~40%，而同期来水量仅有全年的 2%~3%，形成了农业需水量最多的时候，正是降水、径流量最少的时候。冬春季降水量少，极易发生干旱，以冬春旱发生最为频繁，对农业生产影响较大。春夏连旱是造成云南省全省性大旱的主要因素，危害极大，其次是夏旱，影响相对小的是秋旱。加之，云南省处于低纬度高原地区，地理位置特殊，地形地貌复杂，气候的区域差异和垂直变化十分明显，年温差小，日温差大，干湿分明。降水量最多的 6~9 月 4 个月，约占全年降水量的 60%。11 月至次年 4 月的冬春季节为旱季，降水量只占全年的 10%~20%，甚至更少。不仅如此，在小范围内，由于海拔高度的变化，降水的分布也不均匀[2]。因此，干旱频繁出现。

有研究以干旱综合指数，用云南省 1959~2005 年的资料分析得出云南省 1~3 月干旱最严重，平均每年有约 2/3 的土地受旱；其次是 11~12 月，有约 50%的土地受旱；4~6 月上旬干旱也较严重，有 22%的土地受旱；9~10 月干旱较轻，有约 5%的土地受旱；6~8 月平均受旱面积不到 1%，基本不受干旱的影响。但近几年云南省旱灾综合指数呈显著上升趋势，4~6 月上旬和 9~10 月这两个时段干旱气候有发展加重的变化趋势，其他月份旱情也仍然较为突出。旱灾的发生和变化总是由气候因素主导，近 3 年以来云南省年降水量是该省有气象记录以来比较少的几年，大部分地区甚至是有记录以来降水量最少的年份，加之由于气候变化及云南省特殊的地理环境，云南省的干旱加剧。近年来全球气候变化异常，云南省进入了干旱多发期，干旱灾害严重程度呈加重势态。

2. 云南省干旱灾害时空分布规律

干旱作为一种自然灾害，其发生往往具有一定的时空分布规律。基于历史数据，统计分析云南省干旱灾害在时间分布与空间分布的规律。旱灾的时间分布，不仅表现在不同年际，即使是特定的年份，各个季度、月份也表现不同。在空间上，由于各个区域地理位置及自然环境的差异，不同的区域呈现出不同旱灾特性。

在 1950~2010 年 61 年中，自 1979 年全省大范围干旱之后便进入了干旱多发期，至今干旱灾害严重程度呈加重势态。依据《云南统计年鉴》《云南省水利统计年鉴》《水资源公报》《云南省抗旱研究》等资料，重点研究自 1990 年以来全省各县市区的受旱、受灾状况，统计结果发现：1990~2007 年的 18 年中，每年均有部分州市发生严重以上干旱，少则 1 个州市，多达 15 个州市。自 2000 年以后，全省每年发生严重以上干旱州市数量明显增多，2005 年达最大，全省 16 个州市中，有 15 个州市发生严重以上干旱。

云南省受季风影响，水资源年内分配也极不均匀，年份、季度、月份降水不均导致出现季节性和连季持续干旱。水资源时空分布不均，需水和产水时间不相适应，是造成云南省干旱的重要原因。根据各州市 1950~2007 年共58 年干旱发生情况及旱灾等级分类，统计各地区经历不同级别的旱灾，结果见表 13.1。

表 13.1　1950~2007 年各州市干旱灾害年表

项目	昭通		德宏		曲靖		昆明	
干旱等级	轻旱-中度	严重-特大	轻旱-中度	严重-特大	轻旱-中度	严重-特大	轻旱-中度	严重-特大
发生次数	17	23	20	6	26	23	25	13
项目	玉溪		文山		红河		楚雄	
干旱等级	轻旱-中度	严重-特大	轻旱-中度	严重-特大	轻旱-中度	严重-特大	轻旱-中度	严重-特大
发生次数	23	16	17	21	22	15	19	22
项目	大理		丽江		临沧		普洱	
干旱等级	轻旱-中度	严重-特大	轻旱-中度	严重-特大	轻旱-中度	严重-特大	轻旱-中度	严重-特大
发生次数	17	26	19	12	20	8	27	4

项目	西双版纳		迪庆		怒江		保山	
干旱等级	轻旱-中度	严重-特大	轻旱-中度	严重-特大	轻旱-中度	严重-特大	轻旱-中度	严重-特大
发生次数	22	1	20	9	22	6	17	13

据表 13.1 分析，云南省受旱面积广、受旱率高、严重干旱以上易发区主要集中在昭通、曲靖、昆明、玉溪、文山、红河、楚雄、大理、丽江、保山，发生严重以上干旱的频次均大于 10，其中以昭通、曲靖、文山、大理、楚雄最为严重。

3. 云南省干旱发展趋势

随着全球气候变暖趋势的发展，水资源时空分布不均加剧，年径流减少趋势明显，径流年内分配更不均匀，洪涝与干旱灾害发生频次增加。特别是云南省，干旱多发生在冬春少雨季节，受全球气候变暖的影响，干旱发生频次增加的趋势更加明显。1950~2007 年的统计资料显示，云南省的旱灾发生频次、受旱面积、旱灾损失等均呈上升趋势。特别是 20 世纪八九十年代和 21 世纪初旱灾发生频次、受旱面积、旱灾损失等均呈明显上升趋势[1]。通过选取受旱率、成灾率和粮食损失率三个干旱灾害指标，依据 1990~2009 年云南省、各州市上报的干旱灾害汇总数据以及《云南水旱灾害》1950~1993 年干旱灾害统计数据成果，可以看出每 10 年累计，受旱面积、成灾面积、粮食损失呈明显增长趋势，特别是 20 世纪八九十年代和 21 世纪初增长最为明显，幅度也最大。平均粮食损失率由不到 3.3%增长到 14.9%，反映了干旱灾害的严重程度随年代呈上升的趋势。

13.2 云南省干旱缺水应急协商研讨决策体系

13.2.1 干旱缺水应急协商决策研讨主体

1. 参与应急协商的决策研讨主体

为促进抗旱减灾工作科学、规范、有序进行，最大限度减轻旱灾损失，保障经济社会全面、协调、可持续发展，针对云南省干旱频发的特殊省情，云南省人民政府始终把抗旱减灾当做头等大事来抓，初步建成了强有力的组织指挥网络。依据国家抗旱条例、云南省抗旱条例、云南省防汛抗旱预案等相关的法律法规，云南省政府建立了防汛抗旱指挥部及其常设机构，指挥全省的防汛抗旱工作。云南省特大干旱缺水应急协商研讨系统中，主要参与主体及职责和任务描述如下[3]。

（1）中央政府代表。中央政府层级主要从宏观政策及地区稳定发展的角度来把握应急协商管理方案的运行。在云南省特大干旱应急协商的研讨过程中，作为中央政府的代表主要有国家防汛抗旱总指挥部。国家防汛抗旱总指挥部在水利部单设办事机构——国家防汛抗旱总指挥部办公室，在国务院的领导下，负责领导组织全国的防汛抗旱工作。

（2）云南省防汛抗旱指挥部（简称省防指）。负责领导、组织协调全省的防汛抗旱工作，贯彻"安全第一，常备不懈，以防为主，全力抢险"的方针，制定全省防汛抗旱工作的方针政策、发展战略。主要职责是审定重要江河湖泊、水库、防洪城市的防汛抗旱预案，指挥抗洪抢险及抗旱减灾、调控和调度全省水利水电设施的水量。各成员单位根据防汛抗旱需求配合开展相关工作。

（3）云南省防汛抗旱指挥部办公室（简称省防指办公室）。省防指办公室设在省水利厅，省防指成员单位有省委宣传部、省发展和改革委员会、省经济和信息化委员会、省公安厅、省民政厅、省财政厅、省国土资源厅、省住房和城乡建设厅、省交通运输厅、省水利厅、省农业厅、省林业厅、省卫生厅、省环境保护局、省新闻出版广电局、省安全生产监督管理局、省信息产业办公室、省地震局、省气象局、省通信管理局、昆明铁路局、民航云南安全监督管理办公室、云南电网公司、武警云南省总队、武警云南省森林总队、省公安边防总队、省公安消防总队等单位，各单位一位负责人和武警部队各一位首长为省防指成员。省防指办公室承办省防指的日常工作，贯彻落实国家和省防汛抗旱工作的法律、法规、政策。主要职责是遵照省防指的指示，在国家防汛抗旱总指挥部办公室、流域防汛抗旱总指挥部办公室的指挥下，按照分级负责的原则，协调相关成员单位开展省级负责的防汛抗旱各项具体工作，组织拟订重要江河、九大湖泊及大中型蓄水工程的防御洪水方案。及时掌握全省汛情、旱情、灾情，提出具体的抗洪抢险、抗旱减灾措施建议；对全省防汛抗旱工作进行督促，指导各地做好江河防御洪水方案、抗旱预案、水利工程防洪预案，指导防汛抗旱现代化、信息化建设以及防汛机动抢险队和抗旱服务组织建设及管理。及时向省防指报告重大汛情、旱情、灾情，向国家防汛抗旱总指挥部办公室、流域防汛抗旱总指挥部办公室和省防指成员单位报告及通报防汛抗旱信息。

（4）县级以上人民政府。办事机构设在同级水行政主管部门。认真贯彻落实国务院、水利部有关文件精神，实现统一规划、统一治理、统一调度、统一管理。负责监督、协调河道治理规划及分水方案实施中的有关问题。同时，在旱期，全省129个县市、16个州市的水利/务局均设立了防汛抗旱指挥部办公室，处理防汛抗旱的日常管理工作，在上级防汛抗旱指挥机构和本级人民政府的领导下，组织和指挥本地区的防汛抗旱工作。

（5）其他协调指挥结构。水利部门所属的水利工程管理单位、施工单位及水文部门等，汛期成立相应的专业防汛抗旱组织，负责本单位的防汛抗旱工作；针对重大突发事件，可以组建临时指挥机构，具体负责应急处理工作。

（6）专家。参与研讨的相关领域专家也是旱灾应急研讨系统中不可或缺的角色，是复杂问题求解任务的主要承担者。专家体系作用的发挥主要体现在各个专家"心智"的运用上，专家利用顿悟、经验和创造力来解决关键问题。通过专家间相互研讨、补充、激发，形成决策方案。因此，专家是整个研讨的核心。

2. 协商研讨主题

在云南省干旱发生发展的过程中，省防指与省防指办公室、县级以上政府及有关专家将关于云南省干旱缺水应急协商展开研讨，主要包括以下主题。

1）区域应急水源分析

该研讨主题由省防指主持，参加人员包括省防指及其办公室、县级以上政府、专家、重点区域的民众代表。研讨内容包括：①昆明、楚雄、曲靖、红河、文山、大理、昭通、丽江等重点地区应急水源分布情况；②城市、乡镇、山区、半山区应急水源情况及应急供水指导措施。

2）突发旱灾情况下的备水水源分析

该研讨主题由省防指主持，参加人员包括省防指及其办公室、县级以上政府、专家、重点区域的普通民众代表。研讨内容包括：①突发干旱情况下的应急备用水源调配；②应急备用水源水质安全问题；③应急备用水源选择分析；④初选水源饮用水安全分析等。

3）制订云南省应急水源分水方案

研讨主题由省防指主持，参加人员包括省防指及其办公室、县级以上政府。研讨内容包括：①生活用水、农业用水、工业用水的应急水源保障方略及分水方案；②限制用水定额拟定；③应急供水定额拟定等。

4）制订云南省应急水源调度方案

研讨主题由省防指主持，参加人员包括省防指及其办公室、县级以上政府。研讨内容包括：省防指根据云南省防汛抗旱应急预案，会同各重点区域制订区域应急水源调度方案，展开云南省抗旱应急水源、备用水源等调度方案制订，确保人饮安全。

5）救灾

该研讨主题由省防指主持，参加人员包括省防指及其办公室、县级以上政府，以及其他相关职能部门。研讨内容包括云南省各级人民政府协同有关部门、单位做好受灾人员安置、生活供给、卫生防疫、物资供应、治安管理、运用补偿、恢复生产和重建家园等工作，同时协同有关部门按规定进行灾情调查统计，并及时上报。

6）各级应急响应的启动

研讨主题由省防指主持，参加人员包括省防指及其办公室、县级以上政府。研讨内容包括从责任制落实到预案制订、从队伍组织到工程调度、从应急响应到区域协调、从应急水源分水到应急水源调度等方面。

13.2.2　干旱缺水应急协商的决策流程

围绕云南省干旱缺水应急协商展开其决策研讨分析及制定，主要包括干旱情景决策信息获取、干旱等级划分、应急水源及备用水源研讨分析和多主体决策研讨应急方案集形成。

1. 应急协商决策信息获取

通过对干旱基础信息、历史旱情信息及旱灾信息等进行分析、加工和处理，获取旱灾决策信息。主要包括云南省历史干旱灾害分析、现代干旱灾害分析和干旱灾害频率分析。

1）云南省历史干旱灾害信息分析

在云南省历史干旱灾害资料数据基础上，分别从时间尺度和空间尺度获取云南省历史旱灾发生的规律特征、旱灾发生具体区域、旱灾空间分布动态演变及旱灾重现概率等信息。数据分析时间区间为云南省历史干旱灾害 500 年（1450~1949 年），以 100 年为时间间隔，划分为 5 个阶段：第一个阶段为 15 世纪下半叶到 16 世纪上半叶（1450~1549 年）；第二个阶段为 16 世纪下半叶到 17 世纪上半叶（1550~1649 年）；第三个阶段为 17 世纪下半叶到 18 世纪上半叶（1650~1749 年）；第四个阶段为 18 世纪下半叶到 19 世纪上半叶（1750~1849 年）；第五个阶段为 19 世纪下半叶到 20 纪上半叶（1850~1949 年）。

云南省历史干旱灾害年际分布特征信息。以 100 年为期来看，每个阶段发生灾害的频次呈上升趋势，第五个阶段达到平均每年发生一次旱灾，也就是说每年都有不同程度的旱灾发生。总体来看，云南省 500 年干旱灾害发生为平稳—波动交替进行，具有一定的周期性，某些年份发生了较为严重的干旱灾害，且时常出现多年干旱的情况。

云南省历史干旱灾害年间分布特征信息。单季节旱灾发生率在各阶段夏季最高，冬季最低，春、秋两季则是相互缠绕，各有高低。季节连旱灾发生率在各阶段内春夏连旱最高，夏秋连旱、秋冬连旱、冬春连旱、春夏秋连旱、冬春夏连旱则是相互缠绕，各有高低。就跨年旱灾来看，五个阶段共发生 10 次跨年旱灾，其中第五个阶段最为严重，发生 5 次跨年旱灾，涉及 15 年。总体来看，云南省历史干旱灾害严重，无论是单季旱、季节连旱还是多年连旱，特别是第五个阶段，几乎每年都有旱灾发生。

云南省历史旱灾空间分布特征信息。以州市尺度分析来看，近 500 年来，云南省各州市都遭受了不同程度旱灾。以区县尺度分析来看，云南历史干旱灾害发生最多的是在滇中、滇东部分地区，滇西地区发生旱灾较少，滇东北、滇东南、滇中部分地区发生旱灾处于中间水平。根据重心概念分析可知，云南省 500 年干旱灾害重心集中于云南省中部，并且云南省历史干旱灾害重心具有自西向东小范围移动的特点。

2）云南省现代干旱信息分析

选取《云南水旱灾害》（1950~1990 年）、《中国统计年鉴》（1991~2009 年）、《云南年鉴》（1991~2007 年）、《云南减灾年鉴》（1996~2003 年）中的旱灾受灾面积、旱灾成灾面积、旱灾粮食损失三类旱灾损失数据，构成本章研究的数据系列。通过分析后，获取信息：①云南省是一个旱灾灾害频发的省份，平均每 2.3 年就会出现一次比较严重的旱灾；②近 60 年来云南省干旱灾害频发，特别是较大以上灾害发生次数以 10 年为期呈现上升趋势；③2000 年以来 10 年期间，旱灾形势严峻，发生重大灾害 1 次，特大灾害 8 次[4]。结果表明：云南省发生重大灾害以上次数在以 10 年为期内呈现上升趋势，防灾减灾形势严峻。

3）云南省干旱灾害频率分析

主要获取旱灾重现概率信息，即通过受灾面积、成灾面积和粮食损失三类指标及基于这三类指标综合得到的综合损失指数分析云南省 2003~2006 年的四年连旱以及 2009 年秋季以来的特大干旱灾害的重现期。通过分析获取下列信息：以受灾面积、成灾面积、粮食损失和综合损失指数来看，2003 年发生旱灾的重现期分别约为 11.3 年、16.5 年、11.2 年和 11.3 年，2004 年发生旱灾的重现期分别约为 11.9 年、22.5 年、11.7 年和 24.3 年，2005 年发生旱灾的重现期分别约为 211.1 年、105.6 年、211.0 年和 136.5 年，2006 年发生旱灾的重现期分别约为 19.8 年、107.1 年、38.4 年和 31.0 年，2009 年发生旱灾的重现期分别约为 33.1 年、9.3 年、17.8 年和 20.0 年。这是由于 2009 年云南省大旱是从秋季开始一直到 2010 年夏季结束，而本章研究采用的数据资料为一年统计得到，即 2009 年数据资料只统计到 2009 年结束，因此，计算得到 2009 年的旱灾为 20 年一遇[4]。总之，云南省近 10 年来旱灾灾害严重，旱灾农业损失巨大。

2. 干旱灾害等级划分

云南省位于季风气候区，降水量时空分布不均匀，而且地形地貌复杂，相对高差大，水资源开发利用难度大、程度低，气象干旱即降水量少及分布差异是导致云南省干旱的主要原因。根据云南省干旱特性和资料条件，经综合分析，确定降水量距平百分率（Pa）、标准化降水指数（SPI）、农作物受旱率（I）和因旱饮水困难人口比率（Y）四个指标为干旱评价的指标。

根据《气象干旱等级》（GB/T 20481—2006）和《旱情等级标准》（SL 424—2008）等相关标准及规定，云南省旱灾应急响应的干旱等级划分为轻度干旱、中度干旱、严重干旱、特大干旱四个等级。以降水量为基础资料的降水量距平百分率（Pa）和标准化降水指数（SPI）的干旱等级采用《气象干旱等级》（GB/T 20481—2006）中的判别标准，以农业受旱面积和农村饮水困难为基础资料的农作物受旱率（I）、因旱饮水困难人口比率（Y）的干旱等级分别采用《云南省防汛抗旱应急预案》和《旱情等级标准》（SL 424—2008）中的判别标准，各级别干旱等级判别标准见表13.2。

表 13.2　干旱等级标准

指标名称	轻度干旱	中度干旱	严重干旱	特大干旱
降水量距平百分率（Pa）/%	$-50 < \text{Pa} \leqslant -25$	$-70 < \text{Pa} \leqslant -50$	$-80 < \text{Pa} \leqslant -70$	$\text{Pa} \leqslant -80$
标准化降水指数（SPI）	$-1.0 < \text{SPI} \leqslant -0.5$	$-1.5 < \text{SPI} \leqslant -1.0$	$-2.0 < \text{SPI} \leqslant -1.5$	$\text{SPI} \leqslant -2.0$
农作物受旱率（I）/%	$10 < I \leqslant 30$	$30 < I \leqslant 50$	$50 < I \leqslant 70$	$70 < I$
因旱饮水困难人口比率（Y）/%	$15 \leqslant Y < 20$	$20 \leqslant Y < 30$	$30 \leqslant Y < 40$	$40 \leqslant Y$

为了说明干旱等级划分，选择南盘江流域为示范区。根据南盘江流域所涉及的昆明、曲靖、玉溪、红河、文山五个州市降水量、灾情统计资料，首先采用不同指标对旱灾进行划分，并比较采用不同指标划分的干旱等级的一致性，然后选择适合的评价指标作为应急响应的启动指标。通过分析可知：南盘江流域涉及的昆明、曲靖、玉溪、红河、文山五个州市干旱以无旱和轻旱为主。按降水量距平百分率法划分的干旱等级统计，1990~2010年的21年中，无旱年份3~8年，轻旱9~16年，中旱1~5年，重旱1~4年，特旱仅玉溪出现1年。干旱频次发生最高的是曲靖，统计的21年中有18年发生不同等级的干旱；其次是玉溪和文山，21年中有17年发生不同等级的干旱；昆明

21 年中有 15 年发生不同等级的干旱，文山 21 年中有 13 年发生不同等级干旱。干旱等级划分结果与当地处于季风气候区、降水量分布不均匀、易发生干旱的实际相符。由于标准化降水指数、农作物受旱率、因旱饮水困难人口比率三种方法划分的干旱等级一致率较其他方法的一致率高，可选择这三种方法作为南盘江流域干旱等级划分方法。并结合气象预报，选择标准化降水指数作为干旱应急响应的启动指标，更能体现抗旱减灾的效益，对干旱变化反应敏感，在各个区域和各个时段均能有效地反映干旱状况。

3. 应急水源及备用水源研讨分析

1）应急水源研讨分析

根据现有水源条件分析，若出现较大旱情，昆明、曲靖、楚雄、红河、文山、昭通、大理、丽江等州市的水源条件较差，其他南部丰水地区除部分县市外水源条件均相对较好。分别对云南省昆明、曲靖、楚雄、红河、文山、昭通、大理、丽江等重点地区水源进行分析。

2）应急备用水源选择原则和条件

如果发生了严重干旱，应急备用水源选择的原则是：在深入分析各主要河流、湖泊未来几个月（汛期到来前）可能的来水情况下，为抗旱后期水利工程蓄水水源枯竭后寻找新的抗旱备用水源，指导当地政府的应急供水，缓解人民群众饮水困难，保障他们的生命安全。

首先，各州市必须将已有水源集中调配。为了便于统一指挥，应急备用水源分析的对象按州市进行划分，在各州市的基础上再确定各县的应急备用水源点。各地区旱情发展情况不同，区域水资源条件差异较大，因此在选择时以 2009~2010 年大旱情况为参考，分重点区域和一般区域分别进行分析。重点区域：昆明、楚雄、曲靖、红河、文山、大理、丽江、昭通；一般区域：玉溪、保山、德宏、普洱、西双版纳、怒江、迪庆、临沧。

根据突发情况下备用水源方案的要求，备用水源选择的条件是：①河流、湖泊来水量在未来时段能满足周边区域的人畜饮水需求；②应急备用水源是为了保障人畜饮水的需求，因此应具备一定的交通条件，满足人背、马驮、车拉的要求；③在来水量满足的条件下，水源点的水质能保障人畜饮用水安全；④2009~2010 年云南省旱情严重，个别较小河流水量大幅减少，旱灾面广，村民居住分散，因此流量较小的河流在一定程度上可缓解分散居民点的用水需求；但由于水量不能保证，选择时不作为备用水源。

4. 多决策主体研讨的缺水应急协商方案集形成

在上述信息基础上，通过多决策主体研讨形成云南省干旱缺水应急协商方案集，具体如下。

（1）城市应急供水方案集。要积极启用备用水源，加强后备水源的输水管线改造工作，并加强水源管理。各县市区都要制订合理的供水计划，节约用水，科学管理，以满足各县市区中心城镇的需水要求。现状条件下，各主要城镇都有一定的蓄水工程，供水保障程度较好。个别地表水源缺乏的城镇，可通过寻找地下水源的方式进行解决。

（2）乡镇应急供水方案集。从现有水源看，蓄水工程能满足云南省部分乡镇的人畜用水需求，存在缺水问题的乡镇主要分布在河流中上游等海拔较高地区。对于缺水地区可通过积极寻找新水源，购置抽水设备和运水工具缓解供水困难；加强现有水利工程水量的调度能力，加大运水调度力度，通过节约用水，定点、定时供水，尽量满足缺水地区的人畜饮水需求。对于地表水源较缺乏地区，可进一步挖掘周边水源，积极寻找地下水源，加大打井力度，采取临时打井解决缺水问题。

（3）山区、半山区应急供水方案集。由于云南省地形地貌复杂，山高谷深，山区、半山区水源主要为小型坝塘、水窖和山箐长流水，水源保证程度不高；特别是在严重干旱形势下，大部分水源已经干涸，滇东南岩溶山区更为严重。根据山区、半山区的水源状况和缺水形势，应急措施主要有：积极寻找各种新水源；加大提水工程和临时输水设施建设；根据区域水文地质条件，在适宜的地区寻找地下水源；加大运水、送水、储水力度，保障人畜饮水。在边远山区、半山区则组织抗旱救灾服务队拉水、送水上门供应。

（4）突发干旱条件下应急备用水源方案集。经过应急备用水源初选和初选水源饮水安全分析，最终确定突发干旱条件下的昆明、曲靖、玉溪、昭通、楚雄、红河、文山、普洱、西双版纳、大理、保山、德宏、丽江、怒江、迪庆、临沧等地区应急备用水源。

综上，在获取干旱缺水应急相关决策信息后，云南省干旱缺水应急协商最关键的是对现有应急水源和应急备用水源进行有效分水，因此科学的分水方案是应急协商的重要一环。

13.3 云南省干旱缺水应急协商管理分水方案

13.3.1 干旱缺水应急协商分水方案的设计思想

根据干旱应急水资源合作储备模型和应急水资源调配模型[5~7]，计算云南省各州市应急水资源量。在此基础上，结合水资源协商管理决策支持系统、技术平台体系等，设计短、中期干旱缺水应急协商管理的滚动式应急调水优化方案。

滚动计划法（rolling plan，也称滑动计划法）是企业生产管理中一种编制生产计划的特殊方法，它是一种动态编制计划的方法，是按照"近细远粗"的原则制订一定时期内的计划，即在每次编制或调整计划时，均将计划按时间顺序向前推进一个计划期，即向前滚动一次，按照制订的项目计划进行施工，对保证项目的顺利完成具有十分重要的意义。

传统滚动计划法的编制方法是：在已编制出的计划的基础上，每经过一段固定的时期（如一个月或一个季度，这段固定的时期被称为滚动期），根据变化了的环境条件和计划的实际执行情况，从确保实现计划的目标出发，对原计划进行调整。每次调整时，保持原计划期限不变，而将计划期顺序向前推进一个滚动期。

近年来国内外灾害应急决策的研究水平已经取得了一定的发展[8~10]，但从应急决策制定周期的角度来看，这些已有的应急响应方案大多侧重阶段性（中期）调度与配置，针对干旱缺水应急调度的研究也相对较少。云南省干旱缺水的应急水源调度通常是一个阶段性调度与短期调度相统一的动态调度，因此拟采用改进的滚动式计划法，即"预报、决策、实施、修正、再决策、再实施"的循环往复、向前滚动的决策过程。干旱缺水应急协商的分水调度不仅要满足面临时段的最优调度，同时还要保证阶段性优化调度目标的实现。同时，云南省干旱缺水应急协商决策支持系统的调度时段步长是变化的，长短时间步长保持动态嵌套，保证总体目标的实现。

因此，云南省干旱缺水应急协商管理中分水方案的总体设计思想可概括为"实时决策、中短嵌套、滚动修正、宏观总控"。其中"实时决策"是指在滚动期初始时间节点下，对旱情进行实时监测、预测，并根据短期（滚动期）的供需水情况进行短期调度决策；"中短嵌套"是指在短期调度方案的基础上滚动制订阶段性的中期调度预案，即中期调度预案以短期调度为嵌套条件；"滚动修正"是指根据最新的气象、环境变化和上一期调度配置的执行情况对调度偏差进行修正，逐旬、逐月滚动修正、优化，直到调度期结束；"宏观总控"是指上述优化调度应该以云南省长期气象规律与特征及历史灾情统计分析为阶段性调度方案的决策控制基础，保证月、旬各时段的调度合理性。

13.3.2　干旱缺水应急协商分水方案设计及应用

1. 干旱缺水协商分水方案设计

1）以旬为滚动期的短期方案滚动优化

云南省干旱缺水应急协商滚动式分水决策主要围绕以旬为滚动期的短期应急方案的制订和执行。由于干旱缺水应急调度是一个事前决策、风险决策的过程，调度与配置执行过程中会遇到气象环境的变化、供需水的变化以及遇到的不确定性和随机性所造成的失真，为了纠正这些因素导致的影响，干旱缺水应急协商决策的调度管理必须包含短期滚动修正的机制修正调度偏差以防止偏差积累影响中期调度与配置方案的制订。以旬为滚动期的干旱缺水应急协商方案的制订流程（图 13.1）：①进行旬计划方案的制订，需在本旬起始日对当前干旱监测、预测结果及供需水情况进行分析；②制订本旬的旱灾应急调度方案；③根据旬计划方案执行应急调度与配置，并对本旬应急响应方案执行的效果进行分析、评价；④在制订下一个旬计划之前，先对上一旬方案执行的偏差量、下一旬供需水变化情况和旱情监测预测结果等信息进行综合分析；⑤经上述分析后，判断本旬与上旬应急方案，其设置条件和参数是否发生变化，若无变化，则直接转入流程②，若有变化，则转入流程⑥；⑥修正上旬应急方案中的条件或参数，再转入流程②；⑦继续按上述方式逐旬对应急方案的计划进行滚动制订。

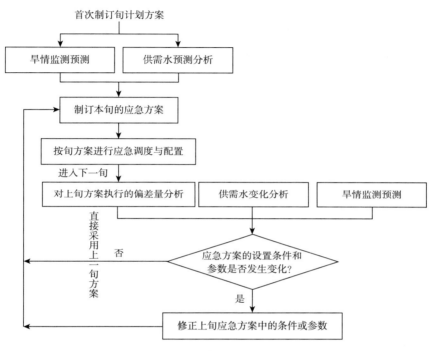

图 13.1　云南省干旱缺水应急协商分水方案的旬计划制订及滚动修正

2）以月为滚动期的中期应急响应方案滚动优化

在干旱缺水滚动式分水方案滚动优化的制订流程中，短期应急协商分水方案是中期应急协商分水方案的基础，中期应急协商分水方案以短期应急分水方案为嵌套条件。在每个月的上、中、下旬应急分水方案执行完毕的基础上，可以制订出下月的应急分水预案，从而对下月所包含的各旬计划方案形成一定的约束和参照，进一步控制各滚动期的调度合理性，并按此模式逐月向前滚动。

以月为滚动期的干旱缺水应急分水方案制订流程（图 13.2）：①当应急协商方案的第 N 月的上、中、下旬应急方案依次滚动执行完毕后，即可进行汇总形成第 N 月的应急协商方案；②分析第 N 月应急协商方案的执行效果；③结合中长期干旱特征描述与干旱分区信息，对第 N 月应急协商方案执行的偏差量、第 $N+1$ 月供需水变化情况以及旱情监测预测结果等信息进行综合分析；④在第 N 月应急协商方案基础上对发生变化的条件或参数进行修正，其中对于没有发生变化的各指标参数可以直接沿用第 N 月方案中的值；⑤制订出第 $N+1$ 月的应急协商预案；⑥将原先经过滚动优化的第 $N+1$ 月各旬时段的应急协商方案与流程⑤中所形成第 $N+1$ 月应急协商预案中经拆解后的旬预案进行比较、修正，从而进一步实现中期方案与短期方案之间的嵌套、约束与控制。

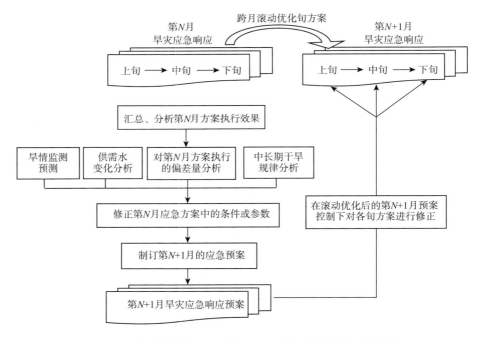

图 13.2　云南省干旱缺水应急协商分水方案的月计划制订及滚动修正

2. 干旱缺水应急协商分水方案应用——云南省某区

云南省某区位于云南省东部，根据该区防洪抗旱指挥部提供的资料，自2009 年 7 月以来，该区连续 5 个多月降水持续偏少，4 个多月气温偏高，遭遇了 50 年一遇特大干旱。至 2010 年 2 月，降水量为 50 年来最少，达重旱或特旱，发布干旱红色预警。根据《云南省防汛抗旱应急预案》相关规定，云南省防指于 2010 年 1 月 26 日启动了云南省防汛抗旱应急预案重大级（Ⅱ

级）应急响应，于 2 月 23 日将全省抗旱应急响应级别由目前的重大级（Ⅱ级）提升为特别重大级（Ⅰ级），该区同日启动了相应级别的抗旱应急响应。因此，选择该区作为云南省干旱缺水应急协商管理的示范实例，重点进行以生活用水保障为主体的旱灾应急响应分水计划方案设计。

（1）某区用水水源分析。首先，对某区 11 个乡、镇、街道的人口、生活饮用水水源进行详细调查与分析；其次，对该区农业灌区用水水源情况进行调查与分析。

（2）某区应急（备用）水源分析。该区常规水源工程包括 1 个大型水库、3 个中型水库、2 个小型水库，由市水务局直管和统一调度。目前没有专门的抗旱应急（备用）水源工程，发生干旱时可将常规水源工程有选择性地作为抗旱应急（备用）水源，如果干旱导致人饮用水困难或严重影响重点工业的正常生产，可根据实际情况启动抗旱应急水源，规模灌区发生干旱时也可根据实际情况启动应急（备用）水源调水，如果是非灌区作物发生干旱一般不启用应急（备用）水源，应急（备用）水源主要保障原控制范围内的作物不受旱。

（3）某区应急协商滚动式分水方案的设计。为确保某区在旱灾期间能够平稳有序应急，针对某区现有水源和应急备用水源，展开该区应急协商滚动式分水方案的决策分析，具体设计流程如下：①通过监测与预测得出当前某区的旱情等级专题图；②对某区下属各乡镇的旱情进行分析，明确其旱情等级及特征；③分析应急水源地"网络图"，确定各乡镇是否有可用的常规水源和应急备用水源（如小水窖，小水塘，小一、小二型及中型水库），掌握各水库对应的分水地区；④以乡镇为出发点，计算各乡镇常规水源工程中的小一、小二型水库可外调的蓄水量，即 $w=$ 各水库当前的蓄水量-各用水主体（城镇人饮、农业灌溉、工业用水等）的需水量-保证未来最低供水量-"死库容"的容量，其中，由各水库的库容曲线可得出当前的蓄水量，各用水主体的需水量要根据当前旱情等级下的供水保证率×各用水主体的需水定额标准进行计算；⑤若为该乡镇供水的小一、小二型水库可外调的蓄水量 w 大于或等于 0，则可由乡镇通过本地的小一、小二型水库自行进行抗旱分水；⑥若为该乡镇供水的小一、小二型水库可外调的蓄水量 w 小于 0，其值就代表当前该乡镇仍缺的水量，说明通过本地的小一、小二型水库供水仍不能满足抗旱应急的需求，系统将发出预警，提示该地区需进一步向市级主管部门提出对中型以上水库的应急调水申请；⑦确定对各用水主体进行供水的次序；⑧综上内容形成各乡镇的抗旱应急协商方案；⑨方案执行后对缓解旱情所采取的措施和效果进行分析评价，具体包括解决人饮困难、减少工业损失、抗旱浇地面积和减少农作物损失等。

在上述分水方案决策分析基础上，基于综合集成研讨开发了云南省旱灾应急合作响应决策平台，模拟云南省旱灾应急分水方案，分别研究以旬、月为滚动期的应急响应方案滚动优化流程，确保了本技术方案在整体决策流程上的可行性和有效性。通过云南省旱灾应急响应平台，可得到某区滚动式应急分水响应方案。

（4）某区分水调度预案生成。根据该区当前的旱灾等级、供需水分析及应急分水配置等过程生成包括抗旱水源调度、抗旱物资运输等应急响应方案，从而为各防汛抗旱指挥成员单位的应急响应行动部署提供辅助决策参考。可在应急响应平台上对该区旬、月配水方案进行配置和查询，也可查询应急水源点供水情况。

综上，某区旱灾应急分水预案可通过旱灾应急合作响应决策系统实时展现。因此，可以利用这一决策支持系统对云南省旱灾应急合作响应实时跟踪分析，同时该系统也可为其他地区旱灾应急管理提供服务。

13.4　云南省干旱缺水协商的保障措施及对策

在云南省抗旱时期，应建立统一、快速、协调、高效的应急处置机制，做到职责明确，规范有序，反应及时，保证抗旱救灾工作高效有序进行，最大限度减少干旱带来的影响和损失，保障缺水地区居民的人畜饮水需求，达到科学应对干旱。具体保障措施及对策如下。

（1）不断健全政府主导的抗旱减灾体系。这是干旱缺水应急协商的组织和法律保障。2008年，云南省政府在全国率先在全省范围内建设行政问责制，并在干旱缺水应急中发挥较好作用。在今后干旱缺水应急协商中，不断完善抗旱应急协商组织体系，进一步强化抗旱责任制、多方协调的联动机制等工作机制。加强抗旱应急法律法规建设，促进有法可依的应急协商分水行动。组织进一步修订完善干旱缺水应急预案，增强预案的针对性和可操作性，确保抗旱工作有力、有序、有效开展。

（2）多渠道广辟水源，科学分水、配水、取水。这是干旱缺水应急协商的基础资源保障。加强水利基础设施建设和各大中小型水源调蓄工程建设，提高水资源调蓄能力，实行调水引流、多源互补。各地区要统筹协调地表、地下水源，减少工农业用水。各级防汛抗旱指挥部门要统一调配各种水源，并编制本地区的应急供水方案。采取限制供水、联合供水、划片区分时段供水、循环用水等节约用水方案，科学合理地利用现有供水水资源。充分利用现状电站水库的蓄水条件，对适宜作为备用水源点的电站，要调控发电水量，最大限度地满足周边需水地区的用水要求。同时，积极新建和改造老旧输水设施设备、增加拉（运）水设备和储水设施等，积极寻找周边的零散水源，加强地下打井找水工作，积极挖掘本地的水源及供水能力。此外，如供水水源无法满足人畜用水需求，将按突发情况下的应急拉水措施实施或迁移人口。

（3）科学提高旱灾应急能力。这是干旱缺水应急响应的技术保障。科学监测、科学预报、科学决策和科学行动是减轻灾害损失的必要手段与重要前提。加强旱情监测预警系统建设，增加易旱地区旱情监测站点数量和密度。建立旱灾应急信息收集、管理、报送机制。加强干旱信息数据库建立，提升对历史干旱资料的收集、整理和分析能力，提高旱情分析、预测和评估的综合能力。进一步加强干旱缺水应急协商决策支持的建设和完善，构建旱灾应急信息共享平台，为干旱缺水应急预案制订提供决策支持和科学依据。

（4）加强抗旱应急投入机制建设。这是干旱缺水应急协商管理的资金保障。建立与应急响应级别相挂钩的分级投入机制，在预案中补充完善资金保障方面的刚性条款，补充各级财政投入责任与规模方面的具体规定。进一步调整改革现行救灾资金拨付程序，强化资金拨付时效，提高与应急协商机制的协调性。明确应急过程中中央和地方政府的投入责任、比例和规模，建立防汛抗旱资金投入责任考核机制，将其纳入各级政府年度考核体系，以确保各级政府承担的救灾资金能足额、及时到位。在此基础上，健全救灾资金使用监管和绩效评价制度，提高灾害资金使用效益。

（5）提高抗旱节水意识。这是干旱缺水应急协商管理的社会保障。人类活动对干旱的影响越来越大，水资源的严重浪费、污染与人类活动有着密不可分的关系。因此，各级部门应做好抗旱宣传，增加人们的法律意识，不断提高人们参与防灾减灾活动的自觉性和参与干旱风险管理的积极性，真正做到治与防相结合。大力宣传节水意识，贯彻节水思想，树立节水道德规范，合理利用水资源，尤其是农业水资源的利用率较低，节水灌溉方面的政策、法规相对滞后，节水灌溉技术水平低，需要加强节水灌溉技术的研究和科学试验，建立健全的农业节水技术支撑体系，保证水资源的有效利用。在经济发展相对落后且旱情较严重的昭通、文山、大理加强抗旱投入，同时重点宣传节水思想。

参 考 文 献

[1]马显莹，白树明，黄英. 浅析云南干旱特征及抗旱对策[J]. 中国农村水利水电，2012，（5）：101-104.

[2]罗丽艳，李芸，马平森，等. 云南省干旱及演变趋势分析[J]. 人民珠江，2011，（2）：13-16.

[3]国务院. 国家防汛抗旱应急预案[EB/OL]. http://www.gov.cn/yjgl/2006-01/11/content_155475.htm，2006-01-11.

[4]余航，王龙，田琳，等. 基于信息扩散理论的云南农业旱灾风险评估[J]. 中国农村水利水电，2011，（12）：91-94.

[5]张乐，王慧敏，佟金萍. 云南极端旱灾应急管理模式构建研究[J]. 中国人口·资源与环境，2014，24（2）：161-168.

[6]张乐，王慧敏，佟金萍. 干旱灾害应急水资源合作储备模型研究[J]. 资源科学，2014，36（2）：342-350.

[7]张乐，王慧敏，佟金萍. 突发水灾害应急合作的行为博弈模型研究[J]. 中国管理科学，2014，24（3）：145-153.

[8]南广顺，绍香福，张涛. 对山区抗旱减灾工作的几点思考[J]. 中国防汛抗旱，2005，（2）：58-59.

[9]刘学峰，万群志，吕娟. 对全面推行抗旱预案制度的思考[J]. 中国水利，2009，（6）：22-24.

[10]王冠军，张秋平，柳长顺. 构建与国家防汛抗旱应急响应等级相适应的分级投入机制探讨[J].
中国水利，2009，（17）：13-15.

索　引